德布罗意的工作是天才的一笔，是照亮我们最难解开的物理之谜的第一缕微弱的光。他掀开了巨大面纱的一角。

——爱因斯坦

从某种意义上来说，德布罗意是晶体管和所有微电子设备的"鼻祖"。没有物质波，就没有计算机科学和宇宙探测，也就没有其他许多东西。

——德布罗意的学生洛切克

德布罗意——您为您那已经闻名几个世纪的家族增添了新的光彩。

——1929年诺贝尔物理学奖委员会主席奥西思

本书列入"十三五"国家重点图书出版规划

科学元典丛书

The Foundations of Geometry

主　　编　任定成

执行主编　周雁翎

策　　划　周雁翎

丛书主持　陈　静

科学元典是科学史和人类文明史上划时代的丰碑，是人类文化的优秀遗产，是历经时间考验的不朽之作。它们不仅是伟大的科学创造的结晶，而且是科学精神、科学思想和科学方法的载体，具有永恒的意义和价值。

科学元典丛书

德布罗意文选

Selected Works of de Broglie

[法] 德布罗意 著　沈惠川 译

北京大学出版社
PEKING UNIVERSITY PRESS

图书在版编目(CIP)数据

德布罗意文选/(法)德布罗意著;沈惠川译.—北京： 北京大学出版社，2012.2
（科学元典丛书）

ISBN 978-7-301-19916-9

Ⅰ.①德…　Ⅱ.①德…②沈…　Ⅲ.①科学普及 – 波动力学 – 文集　Ⅳ.①O413.1-53

中国版本图书馆 CIP 数据核字（2011）第 260615 号

书　　　名	德布罗意文选
	DEBULUOYI WENXUAN
著作责任者	[法]德布罗意　著　沈惠川　译
丛 书 策 划	周雁翎
丛 书 主 持	陈　静
责 任 编 辑	陈　静
标 准 书 号	ISBN 978-7-301-19916-9
出 版 发 行	北京大学出版社
地　　　址	北京市海淀区成府路 205 号　　100871
网　　　址	http://www.pup.cn　　　新浪微博：@北京大学出版社
微信公众号	科学元典（微信号：kexueyuandian）
电 子 信 箱	zyl@ pup.pku.edu.cn
电　　　话	邮购部 010-62752015　发行部 010-62750672　编辑部 010-62767346
印 刷 者	北京中科印刷有限公司
经 销 者	新华书店
	787 毫米 × 1092 毫米　16 开本　22.25 印张　8 插页　340 千字
	2012 年 2 月第 1 版　2021 年 7 月第 4 次印刷
定　　　价	56.00 元

弁　言

　　这套丛书中收入的著作，是自古希腊以来，主要是自文艺复兴时期现代科学诞生以来，经过足够长的历史检验的科学经典。为了区别于时下被广泛使用的"经典"一词，我们称之为"科学元典"。

　　我们这里所说的"经典"，不同于歌迷们所说的"经典"，也不同于表演艺术家们朗诵的"科学经典名篇"。受歌迷欢迎的流行歌曲属于"当代经典"，实际上是时尚的东西，其含义与我们所说的代表传统的经典恰恰相反。表演艺术家们朗诵的"科学经典名篇"多是表现科学们的情感和生活态度的散文，甚至反映科学家生活的话剧台词，它们可能脍炙人口，是否属于人文领域里的经典姑且不论，但基本上没有科学内容。并非著名科学大师的一切言论或者是广为流传的作品都是科学经典。

　　这里所谓的科学元典，是指科学经典中最基本、最重要的著作，是在人类智识史和人类文明史上划时代的丰碑，是理性精神的载体，具有永恒的价值。

一

科学元典或者是一场深刻的科学革命的丰碑,或者是一个严密的科学体系的构架,或者是一个生机勃勃的科学领域的基石,或者是一座传播科学文明的灯塔。它们既是昔日科学成就的创造性总结,又是未来科学探索的理性依托。

哥白尼的《天体运行论》是人类历史上最具革命性的震撼心灵的著作,它向统治西方思想千余年的地心说发出了挑战,动摇了"正统宗教"学说的天文学基础。伽利略《关于托勒密与哥白尼两大世界体系的对话》以确凿的证据进一步论证了哥白尼学说,更直接地动摇了教会所庇护的托勒密学说。哈维的《心血运动论》以对人类躯体和心灵的双重关怀,满怀真挚的宗教情感,阐述了血液循环理论,推翻了同样统治西方思想千余年、被"正统宗教"所庇护的盖伦学说。笛卡儿的《几何》不仅创立了为后来诞生的微积分提供了工具的解析几何,而且折射出影响万世的思想方法论。牛顿的《自然哲学之数学原理》标志着17世纪科学革命的顶点,为后来的工业革命奠定了科学基础。分别以惠更斯的《光论》与牛顿的《光学》为代表的波动说与微粒说之间展开了长达200余年的论战。拉瓦锡在《化学基础论》中详尽论述了氧化理论,推翻了统治化学百余年之久的燃素理论,这一智识壮举被公认为历史上最自觉的科学革命。道尔顿的《化学哲学新体系》奠定了物质结构理论的基础,开创了科学中的新时代,使19世纪的化学家们有计划地向未知领域前进。傅立叶的《热的解析理论》以其对热传导问题的精湛处理,突破了牛顿《原理》所规定的理论力学范围,开创了数学物理学的崭新领域。达尔文《物种起源》中的进化论思想不仅在生物学发展到分子水平的今天仍然是科学家们阐释的对象,而且100多年来几乎在科学、社会和人文的所有领域都在施展它有形和无形的影响。摩尔根的《基因论》揭示了孟德尔式遗传性状传递机理的物质基础,把生命科学推进到基因水平。爱因斯坦的《狭义与广义相对论浅说》和薛定谔的《关于波动力学的四次演讲》分别阐述了物质世界在高速和微观领域的运动规律,完全改变了自牛顿以来的世界观。魏格纳的《海陆的起源》提出了大陆漂移的猜想,为当代地球科学提供了新的发展基点。维纳的《控制论》揭示了控制系统的反馈过程,普里戈金的《从存在到演化》发现了系统可能从原来无序向新的有序态转化的机制,二者的思想在今天的影响已经远远超越了自然科学领域,影响到经济学、社会学、政治学等领域。

科学元典的永恒魅力令后人特别是后来的思想家为之倾倒。欧几里得的《几何原本》以手抄本形式流传了1800余年,又以印刷本用各种文字出了1000版以上。阿基米德写了大量的科学著作,达·芬奇把他当作偶像崇拜,热切搜求他的手稿。伽利略以他的继承人自居。莱布尼兹则说，了解他的人对后代杰出人物的成就就不会那么赞赏了。为捍卫《天体运行论》中的学说，布鲁诺被教会处以火刑。伽利略因为其《关于托勒密与哥白尼两大世界体系的对话》一书，遭教会的终身监禁，备受折磨。伽利略说吉尔伯特的《论磁》一书伟大得令人嫉妒。拉普拉斯说，牛顿的《自然哲学之数学原理》揭示了宇宙的最伟大定律，它将永远成为深邃智慧的纪念碑。拉瓦锡在他的《化学基础论》出版后 5 年被法国革命法庭处死，传说拉格朗日悲愤地说，砍掉这颗头颅只要一瞬间，再长出这样的头颅一百年也不够。《化学哲学新体系》的作者道尔顿应邀访法，当他走进法国科学院会议厅时，院长和全体院士起立致敬，得到拿破仑未曾享有的殊荣。傅立叶在《热的解析理论》中阐述的强有力的数学工具深深影响了整个现代物理学，推动数学分析的发展达一个多世纪，麦克斯韦称赞该书是"一首美妙的诗"。当人们咒骂《物种起源》是"魔鬼的经典""禽兽的哲学"的时候，赫胥黎甘做"达尔文的斗犬"，挺身捍卫进化论，撰写了《进化论与伦理学》和《人类在自然界的位置》，阐发达尔文的学说。经过严复的译述，赫胥黎的著作成为维新领袖、辛亥精英、"五四"斗士改造中国的思想武器。爱因斯坦说法拉第在《电学实验研究》中论证的磁场和电场的思想是自牛顿以来物理学基础所经历的最深刻变化。

在科学元典里，有讲述不完的传奇故事，有颠覆思想的心智波涛，有激动人心的理性思考，有万世不竭的精神甘泉。

二

按照科学计量学先驱普赖斯等人的研究，现代科学文献在多数时间里呈指数增长趋势。现代科学界，相当多的科学文献发表之后，并没有任何人引用。就是一时被引用过的科学文献，很多没过多久就被新的文献所淹没了。科学注重的是创造出新的实在知识。从这个意义上说，科学是向前看的。但是，我们也可以看到，这么多文献被淹没，也表明划时代的科学文献数量是很少的。大多数科学元典不被现代科学文献所引用，那是因为其中的知识早已成为科学中无须证明的常识了。即使这样，科学经典也会因为其中思想的恒久意义，而像人文领域里的经典一样，具有永恒的阅读价值。于是，科学经典就被一编再编、一印再印。

早期诺贝尔奖得主奥斯特瓦尔德编的物理学和化学经典丛书"精密自然科学经典"从 1889 年开始出版，后来以"奥斯特瓦尔德经典著作"为名一直在编辑出版，有资料说目前已经出版了 250 余卷。祖德霍夫编辑的"医学经典"丛书从 1910 年就开始陆续出版了。也是这一年，蒸馏器俱乐部编辑出版了 20 卷"蒸馏器俱乐部再版本"丛书，丛书中全是化学经典，这个版本甚至被化学家在 20 世纪的科学刊物上发表的论文所引用。一般把 1789 年拉瓦锡的化学革命当作现代化学诞生的标志,把 1914 年爆发的第一次世界大战称为化学家之战。奈特把反映这个时期化学的重大进展的文章编成一卷,把这个时期的其他 9 部总结性化学著作各编为一卷,辑为 10 卷"1789—1914 年的化学发展"丛书,于 1998 年出版。像这样的某一科学领域的经典丛书还有很多很多。

科学领域里的经典,与人文领域里的经典一样,是经得起反复咀嚼的。两个领域里的经典一起,就可以勾勒出人类智识的发展轨迹。正因为如此,在发达国家出版的很多经典丛书中,就包含了这两个领域的重要著作。1924 年起,沃尔科特开始主编一套包括人文与科学两个领域的原始文献丛书。这个计划先后得到了美国哲学协会、美国科学促进会、美国科学史学会、美国人类学协会、美国数学协会、美国数学学会以及美国天文学学会的支持。1925 年,这套丛书中的《天文学原始文献》和《数学原始文献》出版,这两本书出版后的 25 年内市场情况一直很好。1950 年,他把这套丛书中的科学经典部分发展成为"科学史原始文献"丛书出版。其中有《希腊科学原始文献》《中世纪科学原始文献》和《20 世纪(1900—1950 年)科学原始文献》,文艺复兴至 19 世纪则按科学学科(天文学、数学、物理学、地质学、动物生物学以及化学诸卷)编辑出版。约翰逊、米利肯和威瑟斯庞三人主编的"大师杰作丛书"中,包括了小尼德勒编的 3 卷"科学大师杰作",后者于 1947 年初版,后来多次重印。

在综合性的经典丛书中,影响最为广泛的当推哈钦斯和艾德勒 1943 年开始主持编译的"西方世界伟大著作丛书"。这套书耗资 200 万美元,于 1952 年完成。丛书根据独创性、文献价值、历史地位和现存意义等标准,选择出 74 位西方历史文化巨人的 443 部作品,加上丛书导言和综合索引,辑为 54 卷,篇幅 2 500 万单词,共 32 000 页。丛书中收入不少科学著作。购买丛书的不仅有"大款"和学者,而且还有屠夫、面包师和烛台匠。迄 1965 年,丛书已重印 30 次左右,此后还多次重印,任何国家稍微像样的大学图书馆都将其列入必藏图书之列。这套丛书是 20 世纪上半叶在美国大学兴起而后扩展到全社会的经典著作研读运动的产物。这个时期,美国一些大学的寓所、校园和酒吧里都能听到学生讨论古典佳作的声音。有的大学要求学生必须深研 100 多部名著,甚至在教学中不得使用最新的实验设备而是借助历史上的科学大师所使用的方法和仪器复制品去再现划时代的著名实验。至 20 世纪 40 年代末,美国举办古典名著学习班的城市达 300 个,学员约 50 000 余众。

相比之下,国人眼中的经典,往往多指人文而少有科学。一部公元前 300 年左右古希腊人写就的《几何原本》,从 1592 年到 1605 年的 13 年间先后 3 次汉译而未果,经 17 世纪初和 19 世纪 50 年代的两次努力才分别译刊出全书来。近几百年来移译的西学典籍中,成系统者甚多,但皆系人文领域。汉译科学著作,多为应景之需,所见典籍寥若晨星。借 20 世纪 70 年代末举国欢庆"科学春天"到来之良机,有好尚者发出组译出版"自然科学世界名著丛书"的呼声,但最终结果却是好尚者抱憾而终。20世纪90年代初出版的"科学名著文库",虽使科学元典的汉译初见系统,但以10卷之小的容量投放于偌大的中国读书界,与具有悠久文化传统的泱泱大国实不相称。

我们不得不问:一个民族只重视人文经典而忽视科学经典,何以自立于当代世界民族之林呢?

<h1 style="text-align:center">三</h1>

科学元典是科学进一步发展的灯塔和坐标。它们标识的重大突破,往往导致的是常规科学的快速发展。在常规科学时期,人们发现的多数现象和提出的多数理论,都要用科学元典中的思想来解释。而在常规科学中发现的旧范型中看似不能得到解释的现象,其重要性往往也要通过与科学元典中的思想的比较显示出来。

在常规科学时期,不仅有专注于狭窄领域常规研究的科学家,也有一些从事着常规研究但又关注着科学基础、科学思想以及科学划时代变化的科学家。随着科学发展中发现的新现象,这些科学家的头脑里自然而然地就会浮现历史上相应的划时代成就。他们会对科学元典中的相应思想,重新加以诠释,以期从中得出对新现象的说明,并有可能产生新的理念。百余年来,达尔文在《物种起源》中提出的思想,被不同的人解读出不同的信息。古脊椎动物学、古人类学、进化生物学、遗传学、动物行为学、社会生物学等领域的几乎所有重大发现,都要拿出来与《物种起源》中的思想进行比较和说明。玻尔在揭示氢原子光谱的结构时,提出的原子结构就类似于哥白尼等人的太阳系模型。现代量子力学揭示的微观物质的波粒二象性,就是对光的波粒二象性的拓展,而爱因斯坦揭示的光的波粒二象性就是在光的波动说和粒子说的基础上,针对光电效应,提出的全新理论。而正是与光的波动说和粒子说二者的困难的比较,我们才可以看出光的波粒二象性学说的意义。可以说,科学元典是时读时新的。

除了具体的科学思想之外,科学元典还以其方法学上的创造性而彪炳史册。这些方法学思想,永远值得后人学习和研究。当代研究人的创造性的诸多前沿领域,如认知心理学、科学哲学、人工智能、认知科学等,都涉及对科学大师的研究方法的研究。一些科学史学家以科学元典为基点,把触角延伸到科学家的信件、实验室记录、所属机构的档案等原始材料中去,揭示出许多新的历史现象。近二十多年兴起的机器发现,首先就是对科学史学家提供的材料,编制程序,在机器中重新做出历史上的伟大发现。借助于人工智能手段,人们已经在机器上重新发现了波义耳定律、开普勒行星运动第三定律,提出了燃素理论。萨伽德甚至用机器研究科学理论的竞争与接受,系统研究了拉瓦锡氧化理论、达尔文进化学说、魏格纳大陆漂移说、哥白尼日心说、牛顿力学、爱因斯坦相对论、量子论以及心理学中的行为主义和认知主义形成的革命过程和接受过程。

除了这些对于科学元典标识的重大科学成就中的创造力的研究之外，人们还曾经大规模地把这些成就的创造过程运用于基础教育之中。美国兴起的发现法教学，就是几十年前在这方面的尝试。近二十多年来，兴起了基础教育改革的全球浪潮，其目标就是提高学生的科学素养，改变片面灌输科学知识的状况。其中的一个重要举措，就是在教学中加强科学探究过程的理解和训练。因为，单就科学本身而言，它不仅外化为工艺、流程、技术及其产物等器物形态、直接表现为概念、定律和理论等知识形态，更深蕴于其特有的思想、观念和方法等精神形态之中。没有人怀疑，我们通过阅读今天的教科书就可以方便地学到科学元典著作中的科学知识，而且由于科学的进步，我们从现代教科书上所学的知识甚至比经典著作中的更完善。但是，教科书所提供的只是结晶状态的凝固知识，而科学本是历史的、创造的、流动的，在这历史、创造和流动过程之中，一些东西蒸发了，另一些东西积淀了，只有科学思想、科学观念和科学方法保持着永恒的活力。

然而，遗憾的是，我们的基础教育课本和科普读物中讲的许多科学史故事不少都是误讹相传的东西。比如，把血液循环的发现归于哈维，指责道尔顿提出二元化合物的元素原子数最简比是当时的错误，讲伽利略在比萨斜塔上做过落体实验，宣称牛顿提出了牛顿定律的诸数学表达式，等等。好像科学史就像网络上传播的八卦那样简单和耸人听闻。为避免这样的误讹，我们不妨读一读科学元典，看看历史上的伟人当时到底是如何思考的。

现在，我们的大学正处在席卷全球的通识教育浪潮之中。就我的理解，通识教育固然要对理工农医专业的学生开设一些人文社会科学的导论性课程，要对人文社会科学专业的学生开设一些理工农医的导论性课程，但是，我们也可以考虑适当跳出专与博、文与理的关系的思考路数，对所有专业的学生开设一些真正通而识之的综合性课程，或者倡导这样的阅读活动、讨论活动、交流活动甚至跨学科的研究活动，发掘文化遗产、分享古典智慧、继承高雅传统，把经典与前沿、传统与现代、创造与继承、现实与永恒等事关全民素质、民族命运和世界使命的问题联合起来进行思索。

我们面对不朽的理性群碑，也就是面对永恒的科学灵魂。在这些灵魂面前，我们不是要顶礼膜拜，而是要认真研习解读，读出历史的价值，读出时代的精神，把握科学的灵魂。我们要不断吸取深蕴其中的科学精神、科学思想和科学方法，并使之成为推动我们前进的伟大精神力量。

任定成

2005 年 8 月 6 日

北京大学承泽园迪吉轩

德布罗意（Louis de Broglie, 1892—1987）

🔼 1740年,路易十四(图)封德布罗意家族为世袭公爵,此封号由一家之长承袭。德布罗意家族是法兰西的名门望族,族中出过许多首相、总理、外交部长、司法部长等。

🔼 德布罗意的祖父雅克–维克托–阿贝尔的漫画像。

"Pour l'Avenir"

🔼 德布罗意家族的祖训"为了将来"(上)和族徽(下)。（沈惠川 提供）

🔼 德布罗意的出生地法国迪厄浦。

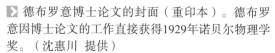

🔼 第一次世界大战期间，德布罗意在埃菲尔铁塔上的军用无线电报站服役6年，熟悉了有关无线电波的知识。（沈惠川　提供）

🔼 巴黎大学主楼。1909年，德布罗意考入巴黎大学。

▶️ 德布罗意博士论文的封面（重印本）。德布罗意因博士论文的工作直接获得1929年诺贝尔物理学奖。（沈惠川　提供）

◀️ 德布罗意博士论文的主要成果之一，就是由莫培督（左）定理和费马（右）原理之间的互通性得到量子力学的波粒二象性。

庞加莱（图）的两本著作——《科学和假设》和《科学的价值》把德布罗意引上了研究物理学的道路。

德布罗意最伟大的思想，来自柏格森（图）的哲学的影响。

德布罗意荣获诺贝尔物理学奖是由爱因斯坦（图）亲自提名的。

△ 晚年的路易·德布罗意（右三）和兄长莫里斯·德布罗意（右二）在一起。

△ 纪念莫里斯·德布罗意的邮票。莫里斯是一位研究X射线的实验物理学家。（沈惠川 提供）

△ 第七届索尔维会议合影。前排右三为路易·德布罗意，右四为莫里斯·德布罗意。莫里斯·德布罗意曾经担任过第一届索尔维会议的大会秘书。

▷ 莫里斯·德布罗意和路易·德布罗意的博士生导师朗之万。

1933年，德布罗意当选为法兰西学院（图）第一席位院士。那时正当第二次世界大战，德国纳粹占领法国期间，很多院士或过世，或被俘虏，学院无法达到选举所必需的最少20位人数。但因这是特别时期，在参与的17位院士都一致投赞成票的状况下，学院接受了这一选举结果。

1942年，德布罗意当选为法国科学院（图）数学科学终身常务秘书。

1952年，由于德布罗意热心教导民众科学知识，联合国教育、科学及文化组织授予他一级卡琳加奖（Kalinga Prize）。德布罗意是首位获此奖者。

1961年，德布罗意荣获法国荣誉军团大十字勋章。

1953年，德布罗意当选为伦敦皇家学会（图）的院士。

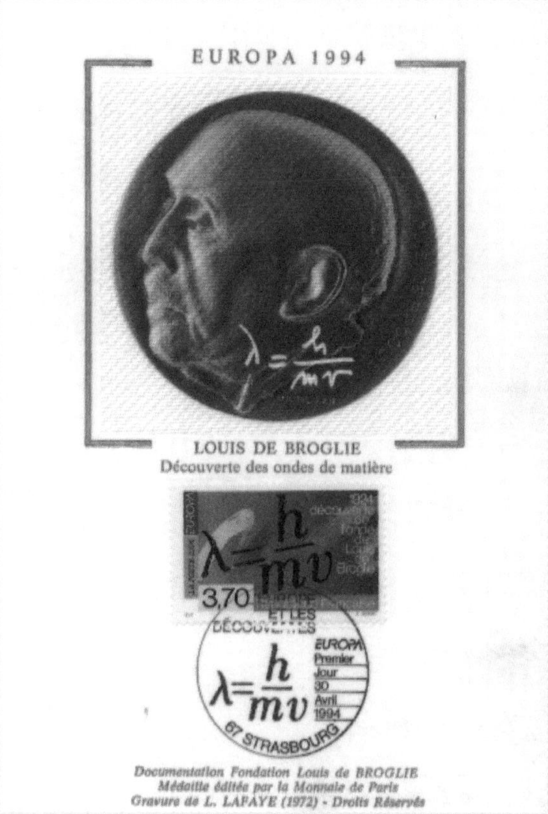

纪念德布罗意的邮票。（由洛切克惠赠给沈惠川）

洛切克所著的《路易·德布罗意》的封面。（沈惠川 提供）

邮票上的德布罗意关系式。

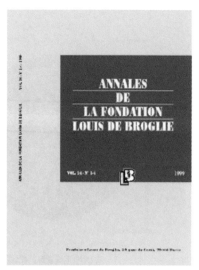

◀ 路易·德布罗意基金会的会徽。（沈惠川 提供）

▶《路易·德布罗意基金会纪事》的封面。（沈惠川 提供）

Si l'on me demandait quelle devrait être à mon avis la devise de cette Fondation je dirais volontiers "Pour l'Avenir"

Louis de Broglie

⬆ 德布罗意将具有历史意义的祖训赠给路易·德布罗意基金会。图为德布罗意的手迹。（沈惠川 提供）

⬇ 巴黎塞纳河附近的德布罗意文化中心。

目　录

导　读

沈惠川

（中国科学技术大学　教授）

· Introduction to Chinese Version ·

　　当爱因斯坦在发展玻色（Bose，1894—1974）的统计力学的文章中提到德布罗意的"相位和谐定理"（尽管没有提到这一术语）之后，当薛定谔在德布罗意博士论文的基础上发展了波动力学，并提出著名的薛定谔方程之后，当 1927 年戴维森（Davisson，1881—1958）和革末（Germer，1896—1971）意外发现电子在镍晶材料中的衍射现象，并得到玻恩的认证之后，德布罗意名声大振，科学地位迅速提升，并终于使他于 1929 年荣获诺贝尔物理学奖。可以看出，这里起关键作用的是爱因斯坦。没有爱因斯坦的文章，薛定谔还不知已发生的事；没有爱因斯坦给玻恩的信，玻恩也不会想起戴维森和革末的实验与德布罗意思想之间的联系。更为关键的是，德布罗意荣获诺贝尔物理学奖，是爱因斯坦亲自提名的。除玻尔以外，在所有该获奖的量子力学创始人当中，爱因斯坦首先提名德布罗意。

量子力学奠基人普朗克（Max Karl Ernst Ludwig Planck, 1858—1947），1918年获诺贝尔物理学奖。

路易·德布罗意(Louis de Broglie,1892—1987)(以下"德布罗意"特指"路易·德布罗意")是量子力学的创始人之一,是"非正统"量子力学的领军人物。

德布罗意著作等身,其中有两本传世之作:一是 1924 年出版的博士论文《量子力学的研究》,二是 1956 年出版的《因果诠释和非线性波动力学:双重解理论》(包括 1957 年出版的其续书《波动力学的测量理论:流行诠释和因果诠释》);前者的重大意义甚至连量子力学哥本哈根学派也无法否认,而后者更是被奉为"非正统"量子力学的"圣经"。

1987 年 3 月 19 日,这位法国公爵和德国亲王,在巴黎市郊离纳伊(Neuilly)不远的塞纳河谷(Val-de-Seine)医院无疾而终。翌日,法国大小报刊纷纷刊载了这一消息。《费加罗报》的通栏标题是:"德布罗意逝世/波动力学的生父/法兰西的爱因斯坦";一张满头银发的照片下面写着:"德布罗意:近代物理学的重要人物"。《人道报》的通栏标题是:"德布罗意公爵逝世/波和光子的结合",并以约二分之一的版面刊登了德布罗意与朗之万(Langevin,1872—1946)和约里奥-居里(Joliot-Curie,1900—1958)于 1945 年的合影。

德布罗意自 20 世纪 20 年代初就开始投身于物理学事业[他的第一篇有关物理学的研究通报是 1920 年 3 月 8 日在《法国科学院通报》(CRAS)上发表的《重元素中 K 层和 L 层吸收极限频率的计算》],在三分之二世纪内他为物理学、为人类的文明事业作出了许多重要的贡献。德布罗意是一位传奇式的英雄:面对哥本哈根学派当时处于主流的强大势力,他敢于独树一帜、与之抗争。在追求物理学"实在"的过程中,他有过失败和屈辱,但也有过成功和荣耀。他是一位亲王,身份和教养使其文质彬彬;他又曾是一名战士,传统和智慧使其不畏强敌。他爱好文学和历史,不亚于他迷恋物理学;他在日常生活中的人情味,与他在学术争辩中的火药味形成强烈的反差。他的朋友和战友是伟大睿智的爱因斯坦和多才多艺的薛定谔(Schrödinger,1887—1961)。他的导师朗之万和他的助手维吉尔(Vigier,1920—2004)都是法国左派共产党员,而他自己却是一位贵族子弟。在人们的眼里,他本身似乎就是一个谜。

一、关于德布罗意

1. "九五至尊"

德布罗意 1892 年 8 月 15 日生于法国塞纳河下游的迪厄浦(Dieppe)。"Broglie"是诺曼底(Normandie)地区的一座小城,是德布罗意祖先的封地。德布罗意 1987 年逝世,享年 95 岁。"九五至尊",本意指他的贵族身份,因为他一出生就是"德国亲王",1960 年又承袭"法国公爵"爵位。但又隐含他在世 95 个年头。

德布罗意家族的远祖于公元 10 世纪前居住在现意大利境内佩德蒙特(Piedmont)地区的蔡里(Chieri)。公元 10 世纪,其家族随一支诺曼(Norman)人迁居至法国塞纳河口,并接受了法兰西文化。当地人称他们为诺曼底(Normandie)人。

德布罗意家族在法兰西是名门望族。其家族的第一代公爵是弗朗索瓦(François-Marie de Broglie,1671—1745),其父德·塞诺谢(Victor-Maurice Broglia de Senonches)

侯爵是德布罗意家族中的第一位元帅。弗朗索瓦为子孙后代的题词"为了将来",后来成了1976年成立的"路易·德布罗意基金会(Fondation Louis de Broglie)"的铭牌,并印在每一期《路易·德布罗意基金会纪事》(AFLB)的封面上。弗朗索瓦之子维克托·弗朗索瓦(Victor-François de Broglie,1718—1804)公爵于1759年因战功被封为德国亲王,这是一个全家人都可享用的头衔,而法国公爵的头衔只能由嫡长世袭。德布罗意家族中还出了许多首相、总理、外交部部长、司法部部长、驻英大使,但由于第三代(准)公爵(应当是第二代亲王,因其父此时尚未去世;若干年后被追封为伯爵)维克托-克劳德(Victor-Claude de Broglie,1756—1794)被革命党斩杀于断头台的悲剧阴影一直笼罩着家族的子孙们,"为了避免沿着军事或外交的仕途发展",德布罗意的长兄莫里斯·德布罗意(Maurice de Broglie,1875—1960)最终选择了科学作为自己的职业。1901年祖父雅克-维克托-阿贝尔(Jacques-Victor-Albert de Broglie,1821—1901)去世后,莫里斯从海军部中无限期地休假,1906父亲维克托(Victor de Broglie,1846—1906)去世后,莫里斯正式辞去了在海军部的军职,并在1908年投师于物理学家朗之万攻读博士学位。他的反叛行为影响了德布罗意。

德布罗意的父亲于1871年任驻英大使,1873—1874年又任内阁总理,是一名虔诚的天主教徒和保守议会的代表;母亲泡令娜(Pauline d'Armaillé)也出身名门。父母生有3男2女:(1)长女Albertine de Broglie,婚后成为Albertine de Luppé侯爵夫人;(2)长子Maurice de Broglie公爵,娶妻Camille de Rochetaillée;(3)次子Philippe de Broglie亲王,7岁夭折;(4)次女Pauline de Broglie,婚后成为Pauline de Pange伯爵夫人;(5)幼子Louis de Broglie亲王,1960年继袭公爵。父亲去世后,比德布罗意年长17岁的莫里斯和美丽妩媚的大嫂凯米尔起到了半兄(嫂)半父(母)的作用。

德布罗意的全名是Louis Victor Pierre Raymonde de Broglie,其中Louis(路易)来自他的外公Louis d'Armaillé,Victor(维克托)来自他的父亲和家族传统,Pierre(皮埃尔)来自他的教父(后来成为他大姐的公爹)Pierre de Luppé侯爵,而Raymonde(雷蒙德)则来自他的教母Raymonde de Galard夫人。在学术论文中,他总是使用"路易·德布罗意"这一署名。

2. 青少年时期的彷徨

德布罗意的早期教育是请一些基督教徒至家中传授知识,因而相对来说是枯燥乏味的。但他读了许多新奇的神话故事,有时候他到远处去散步,可以自言自语几小时。直至1906年父亲去世后,德布罗意才到沙叶(Sailly)的简森(Janson)公学去注册。尽管在简森公学中也能接触到数学和哲学,但由于家庭的影响,少年德布罗意只对政治和历史感兴趣。德布罗意的大姐后来在回忆录中说,早在1904年,其父有一次带他进上议院,在回家的路上,12岁的德布罗意就会以令人惊讶的口才抨击议会政治,提议对某些怪诞的法律进行讨论修改,并对第三共和国经常更迭的内阁部长的完整名单如数家珍。在公学中,德布罗意主修历史,他打算继承祖父的事业,成为一名研究中世纪的历史学家。德布罗意具有非凡的记忆力,并经常用报刊上的新闻来说事并发表即席演说。他后来为自己举办了一个私人展览会,展出了自己的历史学手稿和原始图表。德布罗意的祖父和父亲都冀望他能成为一位政治家。

1909 年,德布罗意通过中学会考进入巴黎大学。1910 年,德布罗意写了一篇有关约 1717 年间统治者以及内阁和议会更替的论文,并取得了历史学学士学位。在取得学士学位之后,德布罗意又花了一年时间专攻法律。

他的长兄莫里斯很担心德布罗意在事业上摇摆不定、三心二意,因为此时德布罗意又开始被科学哲学所吸引。引导德布罗意转变兴趣的,是庞加莱(Poincaré,1854—1912)的两本著作:《科学和假设》和《科学的价值》。而庞加莱的去世则激发了德布罗意钻研物理学的热情。他不倦地重读了数学物理学教程和庞加莱关于科学哲学方面的论文。德布罗意后来回忆说,有一天(1912 年 7 月 18 日)他乘火车回老家 Broglie 城度国假日,在列车上突然读到了庞加莱逝世(1912 年 7 月 17 日)的消息,"我有一种大难临头的感觉,仿佛法国科学在伟大革命的瞬间被残酷地扼杀了,我认为对物理学来说他的存在是必需的"。在青年德布罗意的心目中,庞加莱就是法兰西科学的同义语。莫里斯后来回忆道:"德布罗意希望取代庞加莱的地位成为一名革命领袖。"多年之后,德布罗意终于成为继庞加莱之后法国最伟大的科学家。

1913 年,德布罗意取得了物理学硕士学位,指导老师就是莫里斯的博士生导师朗之万。

除了庞加莱之外,影响德布罗意思想的还有以下几位著名人物:

(1)柏格森(Bergson,1859—1941)。柏格森是 1927 年诺贝尔文学奖得主,但他其实是一位哲学家。尽管德布罗意没有直接与柏格森发生过联系,但他的确信奉柏格森的叛逆哲学。早在巴黎大学求学期间,柏格森关于时间、延续性和运动的思想吸引了他。他后来写道:"甚至在我十分年轻的时候就研究柏格森,但这是因为他的思想是可靠的因而吸引了我,老实说我从来不是一名拥护者。"莫里斯曾说:"德布罗意懂得物理哲学多于物理学本身,但德布罗意沿着自己的道路终于回到了物理现实。"德布罗意在以后的文章中经常提到柏格森(例如在 1972 年法国科学院为德布罗意 80 华诞所举办的庆祝会上,德布罗意引用柏格森的话说:"一个人在其一生中只能有一个伟大的思想。"接着又补充道:"如果我确实有过这么一个思想的话,它无疑就是我在 1924 年于我的博士论文第一章中所表达出来的相位和谐定理。"),以至于爱因斯坦也重新审阅了柏格森的著作。

(2)费里埃(Ferrié,1868—1932)。1914 年 8 月第一次世界大战爆发后,德布罗意应征入伍,并在费里埃将军和布雷诺(Brenot)上校麾下的军事无线电部门工作,军衔是下士。德布罗意虽然对几乎没有时间致力于物理学研究感到遗憾,但还是对能学到一种实用的电子技术知识和能在实验室气氛中进行工作而感到庆幸。他格外热衷于研究利用埃菲尔铁塔作为军事无线电发射台的计划。费里埃将军既是一名职业军事家,又是一位科学家和思想家。1949 年在纪念这位将军的集会上,德布罗意曾说过:"撇开他的战功显赫的军事经历外,费里埃还是一位伟大的科学家,他的工作庇荫着科学的各种不同的领域。"

古今科学家中对德布罗意影响较大的,主要有以下几位:

(1)费马(Fermat,1601—1665)。德布罗意在多篇论文中提到费马及其原理。

（2）莫培督（Maupertuis，1698—1759）。德布罗意博士论文中的主要成果之一，就是由费马原理和莫培督原理之间的互通性得到量子力学（当时被称为"波动力学"）的"波粒二象性"［但德布罗意讨厌玻尔（Bohr，1885—1962）所说的"波粒二象性"］。

（3）安培（Ampere，1775—1836）。德布罗意曾为安培写过一篇传记。

（4）菲涅尔（Fresnel，1785—1827）。菲涅尔与德布罗意是隔代同乡；菲涅尔出生于他家的封地 Broglie 城。

（5）爱因斯坦。德布罗意的工作中经常用到爱因斯坦的相对论，在他的博士论文中推导德布罗意公式（真空中"相速度"与"群速度"之乘积等于"光速的平方"；粒子的"广义动量"与波的"波长"成反比，比例系数等于"普朗克常数"；"相位和谐定理"；等等）时，更是用到了全套的相对论公式。在量子力学创始人中，坚持以相对论作为讨论问题出发点的，只有德布罗意和狄拉克（Dirac，1902—1984），而在始终应当贯彻相对论宇宙观方面德布罗意比狄拉克更彻底。路易·德布罗意基金会前主席洛切克（Lochak）说："相对论是德布罗意理论的基本骨架：因为他的相位和谐定理正是基于相对论不变……没有相对论，德布罗意无从理解波动力学，这也是他致力于狄拉克方程而很少顾及薛定谔方程的原因（他的光子理论的出发点就是狄拉克方程）；他的几乎所有工作都是基于相对论的。"德布罗意自己也承认："薛定谔和我都深深崇敬爱因斯坦，将他视为导师和科学巨人。"

从德布罗意的博士论文中可以看出，他的基本出发点除了相对论和分析力学（包括拉格朗日力学和哈密顿力学）外，还有麦克斯韦（Maxwell，1831—1879）和玻耳兹曼（Boltzmann，1844—1906）的统计力学。维吉尔曾引用他的话说："物理学史中有过多次这种战斗，表面上被打倒的理论多次复活，这可以回顾一下原子理论和麦克斯韦-玻耳兹曼气体运动论的命运。"这表明德布罗意对麦克斯韦和玻耳兹曼的统计力学相当熟悉，但是他似乎对吉布斯（Gibbs，1839—1903）的统计力学不是很精通，他提到"系综"的概念仅在《因果诠释和非线性波动力学：双重解理论》一书的第 13 章第 2 节中。

3."掀开了巨大面纱的一角"

1918 年 11 月第一次世界大战结束后，德布罗意复员回家后，重新进行科学研究。起先，他在莫里斯的私人实验室里从事 X 射线的研究，并常常与莫里斯促膝长考，莫里斯也乐意同年轻的小弟交换看法。

从德布罗意的早期论文可以看出，最早的论文中有不少是他们兄弟两人合作完成的。这可以猜想得到，莫里斯在其中起到了主要的作用。稍后由德布罗意独立完成的论文，除了前几篇是由笛朗德尔（Deslandres，1853—1948）和佩兰（Perrin，1870—1942；1926年诺贝尔物理学奖得主，是德布罗意博士论文答辩的主持人）推荐的以外，其余全部是由莫里斯推荐或递交的，直到德布罗意成名。德布罗意关于量子的知识，是莫里斯担任索尔维会议秘书期间向德布罗意提供的，德布罗意在会议召开之前就已看到了预印件。莫里斯还利用一切机会宣传他的这位年轻的兄弟。在一张物理学会议的"大合照"上人们发现，莫里斯宁可坐在下首，也要让他的小弟德布罗意成为会议的主角。

自 1920 年 3 月 8 日起，德布罗意有科学论文陆续问世。开头的 5 篇论文可以看作是为了紧跟玻尔的思想（他的第一篇论文《重元素中 K 层和 L 层吸收极限频率的计算》中的第一个词就是"玻尔"）。到了 1923 年，德布罗意路线和玻尔路线之间的区别和分歧就越来越明显了。这一年的 9 月 10 日、9 月 24 日、10 月 8 日，德布罗意连续在《法国科学院通报》第 177 卷第 507 页、第 548 页和第 630 页上发表了 3 篇短文《波和量子》《光量子、衍射和干涉》和《量子、气体运动论和费马原理》，阐述了波动力学的基本思想。他证明了应用于某一电子运动的莫培督最小作用量原理解析地对应于某一波列的费马原理。他的最本质的创造性，是证明了每一物质粒子都与其"缔合波"相对应。德布罗意的"缔合波"是真实的物质波，它与薛定谔的"组态波"和玻恩（Born，1882—1970）的"概率波"是完全不同的。由德布罗意当时的物质波，可以导出玻尔的那些对应于实验光谱资料的电子所具有的稳定非连续最优化轨道。在德布罗意理论中，最优化轨道起因于物质波的叠加干涉。当然，德布罗意的"缔合波"思想在当时还不够尽善尽美，它的完善是在他 1927 年提出"双重解理论"之后。

1924 年 11 月 29 日下午 6 时，是科学史上一个非常重要的历史性时刻。德布罗意向巴黎大学提交了他的博士论文《量子理论的研究》。这篇论文是在前几年论文的基础上总结提炼而成的。论文的引言为"历史回顾"。据洛切克说，德布罗意博士论文的第一个词就是"历史"，这绝非偶然的巧合，因为德布罗意告诉过他，"相信自己读过的历史书比物理学方面的书多得多"。洛切克认为这不仅是博学的嗜好或消遣，而且是德布罗意综合思想的原动力。在论文的第一章中，德布罗意应用全套爱因斯坦相对论公式，包括时钟频率的相对论变化和质量的相对论变化，提出了"相位和谐定理"。通过"相位和谐定理"，将物质周期现象的内在频率与"缔合波"的波频率联系起来。德布罗意在 80 岁时曾说："如果一生中我有过重大思想的话，那就是它！"在博士论文中，德布罗意得到一个很重要的公式：运动参考系中驻波的相速度 V 和它的群速度 v 之间，应满足关系 $Vv = c^2$。此公式甚至比另一关系式 $mc^2 = h\nu$ 还重要。有趣的是，通常量子力学教科书中一再强调的德布罗意波长的公式 $\lambda = \dfrac{h}{p}$，在德布罗意的博士论文中只是在第 90 页谈到玻尔原子理论时才给出的，而且是顺便提到的。德布罗意所定义的"缔合波"是一种调幅波而不是一个波包，这为他以后提出"双重解理论"埋下了伏笔。他在博士论文中说："电子的能量分布在整个空间，但只在线度很小的一个区域内有极高的能量密度。"在论文的后几章中，德布罗意又将费马原理和莫培督最小作用量原理推广到四维时空，并在四维时空中将它们对应起来。他还讨论了相位波在原子结构、统计力学和光学领域中的应用。整篇论文充满了创造性和革命思想，以至于参加论文答辩的许多专家学者都目瞪口呆。当天的论文答辩委员会由佩兰、朗之万、数学家嘉当（Cartan，1869—1951）和晶体学家莫吉安（Mauguin，1878—1958）等人组成。德布罗意的论文使全场倾倒，人们提不出任何问题。当时只有佩兰问了一句："这些波怎样用实验来证实呢？"德布罗意胸有成竹地回答："用晶体对电子的衍射实验可以做到。"关于相位波的实验验证，在论文答辩前莫里斯曾建议加进一段，但德布罗意认为无此必要。论文获一致通过。论文通过评语是由导师朗之万和主席佩兰签署的，时间是 1924 年 11 月 25 日。（《路易·德布罗意基金会纪事》上已刊出论文评语全文。）答辩会后，佩兰在回答别人的提问时说："对这个问题我所能回答的是,德布罗意无疑是一个很聪明的人。"而朗之万的回答则是:"德布罗意的这种观点虽然很难使我信服,但是他的论文实在是才华横溢,因此我还是同意授予他博士学位。"德布罗意的博士论文后来成了他的诺贝尔物理学奖获奖论文。

德布罗意的博士论文答辩虽说已获通过,但人们仍不十分放心,这可从大学当局对此论文的评价"我们赞扬他以非凡的能力坚持作出的为克服困扰物理学家的难题所必须作的努力"中听出弦外之音。朗之万为保险起见,将德布罗意的论文副本寄给了爱因斯坦。爱因斯坦的赞语是众所周知的:他赞扬德布罗意的博士论文"掀开了巨大面纱的一角"。他告诉哲学家迈尔森(Meyerson,1859—1933),德布罗意的工作是"天才的一笔";他对玻恩说:"这篇仿佛出自疯子的文章,还真有点道理呢!"最后,爱因斯坦于1924年12月16日写信告知洛伦兹(Lorentz,1853—1928):"我相信这是照亮我们最难解开的物理学之谜的第一束微弱的光。"德布罗意直到爱因斯坦逝世后才看到这封信的内容。信的真迹现已收入《路易·德布罗意基金会纪事》所重印的《量子理论的研究》。

当爱因斯坦在发展玻色(Bose,1894—1974)的统计力学的文章中提到德布罗意的"相位和谐定理"(尽管没有提到这一术语)之后,当薛定谔在德布罗意博士论文的基础上发展了波动力学,并提出著名的薛定谔方程之后,当1927年戴维森(Davisson,1881—1958)和革末(Germer,1896—1971)意外发现电子在镍晶材料中的衍射现象,并得到玻恩的认证之后,德布罗意名声大振,科学地位迅速提升,并终于使他于1929年荣获诺贝尔物理学奖。可以看出,这里起关键作用的是爱因斯坦。没有爱因斯坦的文章,薛定谔还不知已发生的事;没有爱因斯坦给玻恩的信,玻恩也不会想起戴维森和革末的实验与德布罗意思想之间的联系。更为关键的是,德布罗意荣获诺贝尔物理学奖,是爱因斯坦亲自提名的。在所有该获奖的量子力学创始人当中,爱因斯坦首先提名德布罗意。

德布罗意后来回忆道:"1924年我将我的博士论文提交给巴黎大学,在论文中我提出了关于波动力学的新思想。朗之万将我的论文送给了爱因斯坦。稍后,1925年1月,这位伟大的科学家向柏林科学院递交了一篇论文,在文中他强调了我的博士论文中的基本思想的重要性,进而演绎出许多推论。爱因斯坦的这篇论文引起了科学家们对我工作的注意,而在这之前我的工作鲜为人知。正由于这一原因,我一直为未能回报爱因斯坦对我的巨大知遇而感到不安。"

4. 困惑和转折

1927年10月,德布罗意应洛伦兹之邀,在第五届索尔维会议上作了一个学术报告。在这之前,他在论文《物质及其辐射的波动力学和原子结构》中提出了"双重解理论"。由于"双重解理论"在当时存在极大的数学困难(当时"非线性波动"的理论还没有发展起来),因而德布罗意后退了一步,他在文末的"结果和评述"一节中,将"双重解"的两个解合二为一,提出了一种所谓"引导波"的概念。在第五届索尔维会议上,德布罗意接着又犯了一个大错:没有提原始的"双重解理论",而只是提了其退化形式"波导理论"。这种"波导理论",失去了因果理论的逻辑一致性。因为在"波导理论"中,因果性是借连续波的"引领"或"引导"来观测粒子的,而连续波的概率意义又是众所周知的。在会议上,"波导理论"遭到了以玻尔、海森伯（Heisenberg，1901—1976）、泡利（Pauli，1900—1958）、玻恩为首的哥本哈根学派的围攻。他们热衷于提出"一个建立在海森伯新近发现的测不准原理基础之上的全新的概率诠释"。泡利以他特有的犀利语言指责："德布罗意先生的理论竟然无法处理两粒子的相互作用！"当时，洛伦兹年事已高，说不出个所以然来；薛定谔则忙于为自己的波包理论做宣传；而爱因斯坦"对这种努力似乎没有给予足够的重视"。德布罗意这里所说的"这种努力"，指的是"寻找简单、直观的量子理论图像"的努力。德布罗意多年后回忆道，由于他本人从双重解理论立场向波导理论立场的退让，"实际上大大地削弱了自己的地位"；而"1927 年 10 月的索尔维会议上这一努力的失败，产生了一个意想不到的后果，事实上这次失败造成纯概率诠释表面上大获全胜的态势"。后来的冯·诺伊曼（von Neumann，1903—1957）和贝尔（Bell，1928—1990）正是抓住这一点来做文章的。德布罗意自己坦然承认："波导理论无论在哪一点上似乎都与冯·诺伊曼定理中某种缺陷相一致。"德布罗意自从在第五届索尔维会议上摔了一个大跟头以后，便再也没有在索尔维会议发言。1930 年的第六届索尔维会议和 1933 年的第七届索尔维会议在巴黎举办，会议由朗之万主持。德布罗意在会场上出现过，但未做发言。1948 年的第八届索尔维会议，是德布罗意的学生兼私人秘书托内拉特夫人（Mme M-A Tonnelat）代表他去参加的。

诺贝尔物理学奖得主的光彩并没有给德布罗意带来多少兴奋，他仍沉思于第五届索尔维会议的失败之中。当时，德布罗意误认为"双重解理论"可能是错误的，因而暂时放弃了在这方面的进一步探索。自 1927 年至 1932 年，除偶尔作些综述外，他未发表过一篇有创意的论文！1930 年，由于发表综述《波动力学研究》，德布罗意获摩纳哥阿尔伯特一世奖。他违心地加入了"正统"量子力学哥本哈根学派主张的行列。作为令人痛苦的抉择，他被迫接受了另外一种信仰。1932 年，他同意任庞加莱研究所和巴黎大学自然科学系的教授职位，分别在这两处讲授理论物理学，但究竟讲授哪一方面的理论仍使他感到为难。他想利用讲课的机会，重新对量子力学基础问题进行深入的研究。

德布罗意在第五届索尔维会议上所遭受到的重创使他许多年振作不起来。直到 1950 年前后［标志性的事件是 1952 年玻姆（Böhm，1917—1992）和维吉尔等人的工作］德布罗意才重新回到"双重解理论"的立场。

在"正统"量子力学哥本哈根学派的科学家当中，德布罗意唯一"看得上"的是狄拉克。1934 年，终于有一天，他从狄拉克方程出发，建立起了光子的波动力学，并提出了复合粒子的波动方程和创造了一整套数学变换方法（全是"正统"的）。利用这些变换，德布罗意证明了由两个狄拉克方程聚合而成的德布罗意方程可分解为两类：其中一类与在当时实验还未证实的自旋为零的粒子有关；另一类是含有电磁势补充项的简化麦克斯韦方程。后来，德布罗意又将此方法推广到任意自旋的粒子。他为此奋斗了 10 年并奉献了 20 篇论文和 6 本书。德布罗意提出了一种所谓"聚合方法"，将自旋数大于 1/2 的粒子全部分解为自旋数为 1/2 的粒子的组合。有意思的是，即使在这些用正统诠释阐述的著作中，德布罗意也没有完全顺从玻尔的观点，而更多的是作者本人的深刻思想和出自心底的理解。海森伯后来写道："根据 1936 年德布罗意的思想，光量子一定是复合实体，作为一个重大原理它所带来的难题与物质波发现所引起的困扰同样重要。"德布罗意之所以钟情于狄拉克方程是与他绝对信赖相对论有关的。他有一次对洛切克谈起广义相对论："这是一种令人钦佩的数学结构,尽管形式复杂,它仍然是十分直观的,而且是一座金字塔。其顶尖之处在于用一个十分小的效应便可加以证实。由这一情况可知,量子力学无法与之相比。量子力学有赖于一批不同的实验及其应用。"洛切克认为他"同布里渊(Brillouin,1889—1969)一样,属于少数绝对完全信赖广义相对论的物理学家之一";他也"完全信赖比广义相对论更多地依赖于实验的狭义相对论"。

在第二次世界大战期间,德布罗意作为德国亲王未受德军骚扰,但生活上的缺衣少食使他十分狼狈。他离开了在巴黎拜伦路(rue Perronet)上宫殿似的家,住进尚蒂依(Chantilly)树林(属于法兰西研究所所有)中的一间烧木炭的小屋子,过着隐居生活,常常为找一本书,冻得哆哆嗦嗦。这种修道士似的生活一直延续到战争结束之后。在此期间的研究工作尽管没有中断,但德布罗意觉得有一点失落和空虚。在光子的波动力学已完成得差不多以后,将何以为继呢?尽管对原子核问题稍有兴趣,但不值得投入全部精力。德布罗意在此期间发表的论文,内容涉及光与自旋粒子(愈来愈少)、相位波和电子本征频率(20年中第一次)、导波、自旋测量的实验问题、量子场论、概率量子系综的结构、原子核、电子光学、经典力学的绝热不变性、经典力学和电动力学的热力学模拟、温度变换的相对论定律,等等。在1950年前,德布罗意就已发现核理论所面临的困难,他说过:"目前,波动力学的解释能力在各方面都仿佛显得软弱。"他认为量子电动力学在时空描述方面存在根本性的缺陷。此外,德布罗意还不时对当时流行的或正统的量子力学诠释提出质疑。这些论文十分"正统",论说有据,证明充分,充满了最根本的考虑。可以看出,作者具有非凡的物理分析能力。洛切克认为这些作品中有一部分是应同事之邀的即兴之作。1940—1942年,德布罗意的《光的新理论:光子波动力学》两卷本出版。1942年,德布罗意当选为法国科学院数学科学终身常务秘书。

法国是1944年八九月间获得解放的,但自1944年年初起,庞加莱研究所的理论物理学讨论班就已决定在每年春季举办为期数周的研讨会,以研讨当前最热门、最有趣的理论物理学课题。德布罗意是这一会议的主席,而且在1944年和1945年亲自为会议撰写论文。1944年他的论文题目是"介子"(Le méson),1945年他的论文题目是"光电子学"(L'Optique électronique)。每年的会议论文都汇编成册,德布罗意多次为这些小册子作序。

德布罗意在1950年之前有关量子力学的工作基本上都是"正统"的,这一点连反对他的哥本哈根学派也无法否认("正统"量子力学教科书上均提到了德布罗意博士论文中的一些结论)。为了照顾"普通"量子力学工作者(他们中的绝大多数是由哥本哈根学派的教授培养出来的)的观感,路易·德布罗意基金会在纪念德布罗意100周年诞辰时,作为宣传品仅仅拿出(重印)了他的"博士论文"而没有着重提及他后来的作品《非线性波动力学》。出于相同的原因,本书也基本上以介绍德布罗意的前期工作为重点,然而恰恰是他的后期工作更为重要。

1952年,德布罗意回到了"双重解理论"的立场上,找到了自我。这是德布罗意第二次自动转型,一场新的战斗打响了。

5. 双重解理论

1935 年,爱因斯坦、波多耳斯基(Podolsky,1896—1966)、罗森(Rosen,1909—1995)在《物理评论》(*Phys Rev*)第 47 卷第 777—780 页上发表了著名的 EPR 论文。在 EPR 论文的第二部分中指出:"我们假设有两个体系,Ⅰ和Ⅱ,在时间 $t=0$ 到 $t=T$ 之间允许它们相互发生作用,而在此以后,假定这两部分不再有任何相互作用。""由于在量度时两个体系不再相互作用,那么,对第一个体系所能做的无论什么事,其结果都不会使第二个体系发生任何实在的变化。这当然只不过是两个体系之间不存在相互作用这个意义的一种表达而已。"德布罗意立即就注意到了 EPR 论文在量子力学基础理论中的重要性。

据博勒加尔[Beauregard,德布罗意的早期学生,但后来与德布罗意的观点相背离;他现任路易·德布罗意基金会主席,曾接替德布罗意任《物理学基础》(*Foundations of Physics*)杂志的编委之一]回忆,在 1940 年时,德布罗意就"不盲目相信有一种……可接受的形式体系";而且更使博勒加尔惊奇的是,早在那时,德布罗意就认为现有的量子力学形式体系不可能与(广义)相对论相协调。1947 年,在一次讨论 EPR 论文的学术交流后,德布罗意的双眼中闪发出奇光。托内拉特夫人悄悄对博勒加尔说:"你有没有注意到德布罗意亲王的眼神?它实在怪极了……"1951 年,博勒加尔在普林斯顿收到了一封"几乎不相信自己的眼睛"的来自德布罗意的回信:德布罗意说他已改变立场,转为支持爱因斯坦的观点。

1951 年,玻姆的《量子理论》一书出版。书中建议用统计学中的关联函数来描述两自旋数为 1/2 的粒子之间的量子关联,并将 EPR 实验改为他自己的实验。玻姆说:"现在让我们来描述 EPR 的假想实验。我们把这个实验稍微修改了一下,但其形式本质上与他们提出的相同,不过在数学上处理起来要容易得多。""假定有一个双原子分子,处于总自旋等于零的状态,再假定每个原子的自旋等于 $\hbar/2$。""现在假定分子在某一过程中被分解成原子,且在这个过程中其总角动量保持不变。于是两个原子开始分开,并很快就不再有显著的相互作用。"玻姆的"不再有显著"的相互作用,与 EPR 的"不再有任何"相互作用是有实质性差别的。EPR 实验必须是彻底相对论的,而玻姆实验则必然是非相对论的。实际上,玻姆实验倒是与他后来提出的量子力学"量子势"诠释一脉相承的。德布罗意在观念上并不同意玻姆的诠释。

在 EPR 思想实验同玻姆思想实验之间存在明显和重要差别这一问题上,那些标榜为正统量子理论家的人(即哥本哈根学派)是不够诚实的或者是故意把水搅混的;其目的无非是想利用爱因斯坦的名气来提高自己的身价,或是用贬低爱因斯坦来证明自己的"伟大"。因而正如诸位所看到的那样,许多所谓"正统量子理论家"有事无事总要说上爱因斯坦几句,例如"爱因斯坦不可能全对"等哲学命题,和"事实证明爱因斯坦错了"等等自以为是的话。换言之,他们希望爱因斯坦"下课"。

1952 年玻姆在《物理评论》第 85 卷第 2 期上发表了两篇总题名为"关于量子理论隐变量诠释的建议"的论文。泡利在得到玻姆论文的预印本后重复他 1927 年的批评:"这完全是新瓶装陈酒!"而德布罗意在得到同样的预印本后向玻姆指出,此文实际上是他

1927 年不成功的波导理论的翻版，同时他对波导理论的否定态度不会改变。但是，玻姆的论文促使德布罗意加快重新思考他原来的双重解理论。德布罗意说过："从双重解理论来看，波导理论是没有什么价值的。"此外，德布罗意的另一名学生维吉尔在准备其博士论文期间曾向他指出，双重解理论在观念上有些类似于广义相对论中沿短程线运动的物体。德布罗意立即领悟到，要正确地描写波和粒子的缔合就必须用到两个方程：一个线性方程用来描述波动（犹如广义相对论中的短程线），另一个非线性方程用来描述粒子结构（犹如广义相对论中的场方程）；而这两个方程必须以相位和谐定理相联系（犹如广义相对论中的场方程已经包含物质运动方程一样）。在以后的日子里，这一"差点丢失的图像"变得"越来越清晰"，他越来越认为这才是自己所追求的。另一件促使德布罗意改变观点的事是薛定谔所使用的激将法。薛定谔说："……我认为，德布罗意先生过去像我一样不喜欢波动力学的概率诠释……目前我几乎是单枪匹马地在探索我的道路，并且是同一大群聪明人相对垒。"薛定谔的这番话肯定激发了德布罗意的自尊心和勇气。在重新回到双重解理论的立场上以后，德布罗意不断地战斗着，他坚信自己的事业必定成功，当然也决不否认还有大量的困难要克服。

与玻姆两篇论文发表差不多时候，名古屋大学的高林武彦（Takabayasi，1919—1999）也发表了一篇长文，同样得到了德布罗意 1927 年的不成功的波导理论，以及所谓的量子力学的流体力学表象。此流体力学表象可追溯到 1927 年 10 月（与德布罗意向第五届索尔维会议提出波导理论在同一天）由马德隆（Madelung，1881—1972）在《物理学杂志》（*Zs Phys*）上所发表的另一篇文章《量子力学的流体力学形式》。据洛切克分析，马德隆的文章只是提供了一种解释，而德布罗意的报告则是为了发展新的观念。必须立即指出，流体力学表象中的向导公式与德布罗意的向导公式之间是有微妙差别的：德布罗意向导公式中的速度，确确实实就是粒子的运动速度；而马德隆向导公式中的速度，则是流线在空间各处的"当地速度"。此外，马德隆流体力学表象中有一个致命的缺陷：粒子不见了！高林武彦首先指出，德布罗意波导理论中和马德隆流体力学形式中以及玻姆隐变量诠释中的量子势，实际上与连续介质力学中的应力张量有关。

在 1952 年或 1953 年间，德布罗意开始重新研究双重解理论并提出新的解决方案。他将新方案寄给爱因斯坦征求意见。1953 年 5 月，爱因斯坦在回信中说："你建议以下列形式表示物理学的实在（完备描述）：$\Psi = \psi\Omega$；在这个乘积中，一个余因子表示粒子结构，另一个表示波结构；毫无疑问这里包含着使我们能在实验上接受的令人满意的双重结构概念。这将真正是一个新的理论，而不是对旧理论的补充。"爱因斯坦还对德布罗意的方案提出了修改意见。德布罗意确实听从了爱因斯坦的修改意见：在 1956 年的传世之作《因果诠释和非线性波动力学：双重解理论》中，他将 $\psi\Omega$ 乘积改成了 $u = f\exp\left(\dfrac{i}{h}S\right)$，其中 f 表示粒子结构。

由于德布罗意重新回到双重解的立场，使他的处境变得很糟糕。洛切克在 1984 年回忆说，当时，"在庞加莱研究所的走廊上，人们叽叽喳喳，似乎德布罗意犯了重病，最好还是离他远点……那时，所有官方科学委员会都认为，这完全是毫无趣味的无稽之谈，它只能说明德布罗意已经不折不扣地变成了一位老朽"；德布罗意则处之泰然，"这并没有影响善意、虔诚、安静的听众蜂拥着去参加他的讲座和研讨班，而德布罗意仍像平时一样镇定自若和友好，装作什么也不知道"。

德布罗意在《因果诠释和非线性波动力学：双重解理论》出版前后已认识到，描述粒子内部结构和运动的方程必定是非线性的。他特别注意到当时刚出现于流体力学中的孤立波解析理论；他认为双重解理论中描述粒子内部结构及其运动的那个解一定与孤立波十分相似；在此书第 18 章的一个脚注中，德布罗意明白无误地表达了自己的这一思想。在他的学生中，都称当时尚未命名"孤立子"的解为"驼峰解"。1956 年时，国际上尚未对孤立子理论进行大规模研究，德布罗意的先见之明可谓是超越时代的。"双重解原理"系指："相当于波动力学中传播方程的每一连续解 $\psi = R\exp\left(\dfrac{i}{h}S\right)$，必然有一个与 ψ 具有同相位 S 的奇异解 $u = f\exp\left(\dfrac{i}{h}S\right)$，而奇异解的振幅 f 包含有一个一般是能动的奇异点。"有用的向导公式也被全面移植到双重解理论中来。德布罗意指明了，在建立双重解理论时，有三条原则必须遵守：(1) 物质波应当被描述于物理空间而不是位形空间；(2) 粒子必须永久局域于物质波中；(3) 描述波动的线性方程的相位，必须同描述粒子的非线性方程的相位相和谐。洛切克说，这就是德布罗意的科学贡献。

1957 年，德布罗意的《波动力学的测量理论：流行诠释和因果诠释》一书出版。他在此书中对测量理论做了补充和修改。早在 1952 年，德布罗意就注意到物理量的测量问题。他说过："实际上，在所有能够实际加以测量的物理量中，位置单独作为一方，所有其他可能的变量的集合作为另一方，其间存在着很强的非对称性。一般说来，位置是任何物理学系统中唯一可以加以观测而无须制备的物理量。你只需记录下，比如说，一个波撞到一堵墙上发生什么就行；利用一块感光板或任何其他记录仪，你就知道在何处，即在波的哪一点上，粒子是局域化的。"德布罗意认为时间和空间也具有某种不对称性。他曾说过："实际上，空间和时间是真实的而且是完全不同的。首先，时间的延伸，对我们不幸的是，它永远在同一方向，这就是它的基本特征；但在空间上，任何轨道及其逆轨道都是可能的。"他认为分析动力学和统计力学中的时间反演只能作为方便的理论虚构，而不能视为物理真实。他的这一思想无疑来自柏格森。洛切克注意到，德布罗意从来没有说过"在时空中"这个词，尽管他是一个彻底的相对论者。

德布罗意的测量理论包括两方面的内容：(1) 微观物理学中所有那些可测量的物理量中，位置的测量是极为特殊的；(2) 与位置测量紧密相关的是关于概率的三种定义，即所谓的存在概率、预测概率和隐概率。与一个不需任何制备就可加以观测的事件有关的概率，称为存在概率；与一个在测量前必须对系统加以制备的事件有关的概率，称为预测概率；涉及隐变量统计分布而同时又满足经典计算方法的概率，称为隐概率。德布罗意还区分了"经典"和"量子"两种统计方案。正统量子力学教科书中不承认有隐概率，而且故意混淆存在概率和预测概率、经典统计方案和量子统计方案之间的区别。德布罗意将正统量子力学教科书中的这种概率称为"纯概率"。在引入三种不同的概率定义后，他说："在这一统计方案中，那些由正统诠释考察同一问题时所出现的奇谈怪论就被一扫而空了。"洛切克后来说："当冯·诺伊曼宣称隐变量理论不可能时，他就错了。因为他忽视了这样一件事实：在该理论中，概率必须都是经典的，而且，还必须是'隐'的（而不是存在的）。冯·诺伊曼的错误在于,他试图将隐变量指派给量子的预测概率,而不是经典的隐概率。"针对海森伯所主张的"物理理论只应当接受可观测的量"的观点,德布罗意在此书中说:"我不能同意那种微观物理学实在的测量必须以可观测的宏观现象为中介的意见,因为宏观现象与粒子的局部运动是无关的。在这里我要附带说一句:粒子在空间的永久局域基本概念正是双重解理论的结果。"

双重解理论导致了两个重要观念的形成:(1)物理上的(而不仅是操作意义上的)量子测量理论;(2)在量子力学中引入"孤立子"。德布罗意早在 1927 年就尝试在线性薛定谔方程中寻找"奇异解";1956 年后,他开始研究非线性方程的"孤立子解"。当时国际上大规模研究孤立子的态势尚未形成,在这一点上以及其他许多方面,德布罗意是走在时代最前列的。现在已知,"孤立子解"有两类:通常的非线性方程(如立方非线性薛定谔方程)的"孤立子解"并不描述粒子,只有另一类不存在"非局域关联"项的非线性方程才有描述粒子的"孤立子解"。

1960 年,莫里斯公爵去世。由于莫里斯没有子嗣,德布罗意承袭"法国公爵"称号。

尽管德布罗意早在 1927 年就已提出双重解原理,然而德布罗意本人始终没有找到那个关于 u 波的运动微分方程。以至于他在《因果诠释和非线性波动力学:双重解理论》一书的"前言"中说"我非常希望富有物理洞察力的青年物理学家们和富有经验的数学家们,对……我所提出而不能真正加以辩解的那些假设发生兴趣"这样的话。可以在数学和物理学上证明,具有"孤立子解"的非线性薛定谔方程或类似的非线性克莱因-戈登方程或非线性狄拉克方程(相当于简化的海森伯方程)实际上所描述的仍旧是系综而非粒子。1982 年,盖雷(Guéret)和维吉尔在《物理学基础》第 12 卷上发表论文,求得了 0 自旋量子所满足的(符合德布罗意双重解理论和爱因斯坦局域性条件的)德布罗意方程。他们所使用的方法是几何的,而且相当复杂。德布罗意对此未做评论。沈惠川于 1995 年在中国的《自然杂志》上也发表了一篇有关 1/2 自旋量子所满足的"德布罗意方程"的短文(用的是另外的方法)。

德布罗意还对贝尔定理进行了反驳。1964 年,贝尔在《物理》(Physics)上发表了论文《关于量子力学的隐变量问题》;其后的 1966 年,又在《现代物理评论》(Rev Mod Phys)上发表了论文《关于 EPR 佯谬》。在前一篇文章中,贝尔在二分量自旋空间构造了一个与正统量子力学相容,但又避开冯·诺伊曼"可加性假设"的隐变量模型;他说,要击破EPR 论证,必须"找到一些对局域性条件或对远距离系统的可分性的'不可能性'证明"。在后一篇文章中,贝尔将玻姆的自旋关联方案具体化(实际上对玻姆的自旋关联方案有所偏离,而玻姆的自旋关联方案对 EPR 论证亦有所偏离),导出了所谓的贝尔不等式;同时,他提出了现在称为贝尔定理的结论——任何局域隐变量理论都不可能重现量子力学的全部统计性预言。贝尔定理和贝尔不等式后来被正统量子力学学派和主张"非局域性"的量子力学学派所利用,用作攻击 EPR 论文和"局域实在论"的工具。德布罗意对贝尔定理和贝尔不等式的注意是在自己的双重解理论可能成为攻击对象之后。洛切克说:"即使因为我们不同意贝尔定理而同他辩论,贝尔仍是德布罗意所赞赏的人。我们不乐意的是,他的定理不仅是德布罗意思想的对立面,而且也是他自己的期望的对立面。"直到 20 世纪 70 年代中叶,德布罗意对贝尔定理还未加注意,"对这种问题没有什么兴趣。

他后来有兴趣仅仅在明白了他自己的理论有可能成为靶子之后"。洛切克说:"然而,给予他的时间不多了,其他的工作需要他剩下的时间,因而要求我在他那里投入这一问题。我在那里度过了几个月。在他全部的时间中,他镇定自若继续自己的工作,因为贝尔定理还不能完全迷惑他。"

1974 年,德布罗意在一篇题为"反驳贝尔定理"的讲话中指出,在贝尔推导其不等式时用到的一个公式"反映了位形空间中两电子波函数的反对称化。然而,正为此故,我很久前就注意到这种反对称化是无法证明的"。因为"它们的运动……总是关联的,而且这种关联对于费米子是以反对称化公式显示出来的,对于玻色子则是以对称化公式显示出来的"。他接着指出此式的有效性在物理上也是不成立的。他说,由于"与粒子缔合的波"的波长都很小(除激光的发射外),尤其电子"其波长只是 μm 级或 $10^{-6}m$ 的量级",因此当"最初处在同一波列中的两电子受到斯特恩-革拉赫型仪器的作用后回按不同的方向甩出,它们的波列……会在不超过 $10^{-12}s$ 的时间内析离",此时该式"不再有效",亦即"贝尔定理失效"。他认为"大部分量子理论家都未虑及这一点"。德布罗意还指出贝尔不等式的推理违背相对论:"如果,对两个分立电子自旋的测量是关联的,即在两台测量仪器之间出现'即时'的信息交流,这就违背了相对论。这一批判是有力的,因为粒子不可能不是局域的。"受德布罗意的委托而研究贝尔不等式有了一段时间的洛切克于 1976 年一篇发表在《物理学基础》上的文章中说:"$\rho(\lambda)$(同 λ 一样)在系统的初态中取定,以使测量结果的统计不依赖于测量过程本身。就是这个假设与量子力学相矛盾!"因为它已"隐含了(与海森伯不确定性和实验相矛盾的)对同一粒子的两自旋分量作同时测量的可能性"。换言之,在贝尔的推理过程中已隐含着对测量统计的经典方案。

1966 年,纳尔逊(Nelson,1932—)在《物理评论》第 150 卷上首先提出现代意义上的"量子力学随机诠释";此后的 1969 年,德·拉·佩纳(de la Pena-Auerbach,1931—)又重新发现了它。随机诠释起源于玻姆的量子势诠释和马德隆-高林武彦的流体力学表象;它统一了布朗运动的科耳莫果罗夫方程和量子力学的薛定谔方程,并且建立起经典概率同量子概率之间的严格对应关系。这一诠释引起了许多物理猜测,并成为若干年来研究量子力学基础问题之一。随机诠释用严格的数学演绎证明了态函数的演化相当于位形空间中的马尔科夫过程,因此量子力学同分子布朗运动一样,都可以用表示经典概率时间演化的福克-普朗克方程来描述;其次,随机诠释恢复了经典概率和随机过程在量子力学推理中的主导地位。德布罗意早在 1967 年就对纳尔逊的工作作出了积极反应,他在《法国科学院通报》第 264B 卷上发表了一篇题名为"波中微粒的布朗运动"的论文。德布罗意认为,如果随机诠释正确,那么粒子周围的"真空"就应该是一种"有更深激烈运动背景(当然是协变的)"的亚量子分布。他提出的这种"空间的更深背景"(或别人所谓的"亚量子水平""以太零点涨落""隐恒温器",等等),可视为在其中运动粒子可用热形式交换能量的"热浴",如同花粉在液体中的布朗运动一样。因此,如果随机诠释正确,随机力就应该是运动粒子同周围"亚量子分布"交换热能的一种机理描述。然而,由于"亚量子分布"实际上是相当于"以太"那样的一种东西,表现出很强的"非局域性";由于福克-普朗克方程并不总是在所有情况下都是非线性的;由于随机诠释必然同相对论相对立;大为失望的德布罗意最终还是否定了它。但他的学生们因而分裂成两派:以洛切克为首的一派反对随机诠释,而以维吉尔为首的一派则赞成随机诠释并与玻姆和贝尔合流。

6. 走出光轮的德布罗意

德布罗意的科学生涯分为三个阶段。

第一阶段(1920—1927)是德布罗意风华正茂,激扬文字的时期。许多思想、观念都是那时产生的。第二阶段(1927—1952)是德布罗意困惑违心,生活和精神上都不太顺心的时期。第三阶段(1952—1987)是德布罗意重新恢复斗志,勇往直前的时期。德布罗意第一阶段的代表作是博士论文《量子理论的研究》,第二阶段的代表作是《光的新理论:光子波动力学》,第三阶段的代表作是《因果诠释和非线性波动力学:双重解理论》和《波动力学的测量理论:流行诠释和因果诠释》。德布罗意第一阶段的工作没有任何争议,连"正统"量子力学哥本哈根学派也不得不承认。本书所选论文以第一阶段为主。

在德布罗意的周围,经常聚集着一些年轻人。除洛切克外,还有托内拉特夫人以及维吉尔的科研小组成员,其中包括以高林武彦为首的一些日本物理学家。这些年轻人中,有些人与德布罗意的观点并不相同,如博勒加尔,而维吉尔则与玻姆和贝尔走得很近。

博勒加尔曾回忆与德布罗意亲密相处的日子。他认为德布罗意是一位深邃的思想家,一位懂得物理学史的人,一位真正的人文科学家,"在他的群体中,我们的关系很融洽。我们经常请他写总评,他常在办公室写,随后归还,常常是注释满篇,当他向学生们解释经典的或'新'的物理课题中问题的症结,并指出我们可能会误入的歧途时,他从不吝啬时间和精力。他的学识和直觉令人惊奇,他的耐心和他所传授的一切,使我们获益匪浅。我永远也忘不了那些激动人心的谈话。他的声音、表情,和他充满智慧和时代精神的眼神,面临疑难时的深沉,(经典的或'新'的)解释完满时的安详,你或我误入歧途时的责怪,或者他觉得没问题而你的提议却与之相反时的微嗔——这一切都使我永生难忘"。

德布罗意对历史有着浓厚的兴趣,对文学和诗作有着天才的鉴赏能力。

德布罗意热爱体育运动,还喜欢饲养珍禽,有一次不惜重金买下一对罕见的尼泊尔红鸟。尽管这对红鸟后来死去,德布罗意还是将它们的彩色照片压在案头的玻璃板下。

德布罗意认为钱财应该适得其用。有一次回老家度假,他就为当地筹建一所高等学校捐赠了许多资金。路易·德布罗意基金会的基金,就更不用说了。

德布罗意对客人从不谢绝,他的平易近人使人如沐春风。梅拉(Mehra)在其《量子理论的历史发展》一书中也不得不承认这一点,尽管就观点和立场而言,他与德布罗意是完全对立的。

7. 纪念德布罗意 100 周年诞辰

1992 年是德布罗意 100 周年诞辰。在世界各地所举行的各种形式的纪念活动中,最重要的和最引人注目的无疑应当首推以法国科学院和路易·德布罗意基金会为中心的学术举措。他们的学术举措主要有以下几个方面。

会议

(1) 1992 年 5 月 15 日至 20 日,由路易·德布罗意基金会主持召开了名为"量子物理:保持理性"的国际会议。该会议共有专题报告 13 个。

（2）1992 年 6 月 16 日至 17 日,由法国科学院主办、法国国家科学研究中心和路易·德布罗意基金会等组织协办的国际会议:"物质波的发现"。该会议共有专题报告 11 个。路易·德布罗意基金会前主席洛切克在会上做了题为"德布罗意怎样做物理学?"的学术报告。

（3）1992 年 10 月 3 日,由路易·德布罗意基金会等组织联合举办的国际会议:"量子技术"。该会议共有 5 个专题报告。洛切克在会议上作了题为"德布罗意:基础物理学和技术"的学术报告。

书

（1）重印了德布罗意 1924 年的博士论文。重印的博士论文共 142 页,其中收录了德布罗意 1923 年在《法国科学院通报》第 177 卷第 507 页、第 548 页和第 630 页上的三篇研究短文《波和量子》《光量子、衍射和干涉》和《量子、气体运动论和费马原理》,接着收录了由四位论文评审人佩兰、嘉当、莫吉安和朗之万署名的评审报告;还收录了爱因斯坦 1924 年 12 月 16 日为评论博士论文致朗之万的信（手迹）;最后还收录了德布罗意 1973 年在《科学院通报》第 277B 卷第 71 页上发表的题为"论量子力学基本思想的实在性"的文章。

（2）重印了德布罗意 1956 年所著《微观物理学的新远景》一书。当年此书是由阿耳宾-密切耳公司出版的,1992 年的新版改由弗拉马里翁公司出版。

（3）路易·德布罗意基金会前主席洛切克为纪念德布罗意 100 周年诞辰所著的新书《德布罗意:科学亲王》于 1992 年由弗拉马里翁公司出版。书中有许多新发掘的历史资料。

（4）路易·德布罗意基金会纪念德布罗意 100 周年诞辰所出版的回忆录《我们身边的路易·德布罗意》。书中有德布罗意的照片 8 张和他的手迹 28 幅,共 55 篇文章。

（5）洛切克和迪内尔（Diner,德布罗意理化研究所）、法尔格（Fargue,巴黎矿务学校）合著的书《量子客体》也由弗拉马里翁公司于 1992 年出版。

特刊

纪念德布罗意 100 周年诞辰的特刊主要由《路易·德布罗意基金会纪事》（法文版）和《物理学基础》（英文版）各自组稿。前者包括 1992 年的第 17 卷的四期（全年只有四期）,后者包括 1992 年第 22 卷第 10、11、12 期和 1993 年第 23 卷第 1 期共四期。《物理学基础》曾在德布罗意 90 华诞时的 1982 年第 12 卷第 10、11 上开辟过两期特刊。《物理学基础》上的文章内容较杂,涉及量子力学基础理论的各种诠释。

《路易·德布罗意基金会纪事》1992 年第 1 期全文刊登了德布罗意 1924 年的博士论文,第 3 期刊登了对博士论文的 241 篇评论文章的详细目录,第 4 期上有德布罗意论著的详细目录（其中通报和论文 153 篇,科学小品和作品集 37 篇,科学哲学作品 10 本,学术评论和演讲 20 篇,会议论文和综述 68 篇）。

《物理学基础》的四期特刊上,刊有贝尔、霍兰德（Holland,玻姆的学生）、波普（Popper,1902—1994）、维吉尔和博勒加尔等人的文章,其中波普的文章中有爱因斯坦的手迹,而贝尔的文章谈到了量子力学的 6 种主要诠释。

论文集

1982 年为纪念德布罗意 90 岁华诞,曾由路易·德布罗意基金会编辑出版了一本论文集《波粒二象性》（1984 年出书）。这次为纪念德布罗意 100 周年诞辰,路易·德布罗意基金会又编辑出版了论文集《微观物理学：潮流、彼岸和暗礁》，其中作者有博勒加尔和洛切克等 40 余人。

二、关于量子力学的诠释

初涉或不懂量子力学的读者可能会有一些疑问，即德布罗意为什么要提出双重解理论而与"正统"量子力学哥本哈根学派或"大多数"量子理论家作对？为什么已经功成名就、名利双收的他还不满足，非要将自己的处境搞得如此糟糕？

这里涉及量子力学的诠释，涉及量子力学中的一些深奥的物理学问题和哲学问题，还涉及一位物理学家怎样理解对真理的追求。

先来看一下关于量子力学诠释的历史：

1927 年德布罗意提出量子力学"双重解理论"及其退化形式"波导理论"。

1927 年马德隆和 1952 年高林武彦提出量子力学的"流体力学表象"。

1932 年冯·诺伊曼提出[和维格纳（Wigner，1902—1995）又重新提出]量子力学的"标准诠释"。

1936 年贝克霍夫（Birkhoff，1884—1944）提出"量子逻辑理论"。

1948 年费恩曼（Feynman，1918—1988）提出量子力学"路径积分表象"。

1949 年布洛欣采夫（Blokhintsev，1908—1979）提出量子力学"系综诠释"。

1952 年玻姆提出量子力学"量子势诠释"。"量子势诠释"实际上是德布罗意"波导理论"的翻版。

1957 年艾弗雷特三世（Everett Ⅲ，1930—1982）和惠勒（Wheeler，1911—2008）提出量子力学"大千世界诠释"（又译为"多世界诠释"）。

1964 年阿哈罗诺夫（Aharonov，1932—　）提出"时间对称理论"。

1966 年纳尔逊和 1969 年德·拉·佩纳提出"量子力学随机诠释"（又称为"随机力学"）。

1970 年哲赫（Zeh，1932—　）提出"智者千虑诠释"。

1984 年格瑞菲斯（Griffiths，1937—　）提出"一致历史诠释"。

1986 年吉拉尔迪-黎米尼-韦勒（Ghirardi-Rimini-Weber）提出"客观崩塌理论"。

1986 年克拉麦（Cramer，1934—　）提出"和谐诠释"。

1994 年罗富利（Rovelli，1956—　）提出"相关量子力学"。

除此（只有罗富利的"相关量子力学"是在德布罗意逝世后出现的）之外，还有大大小小，能自圆其说的各种"量子力学诠释"若干。玻姆及其合作者海利（Hiley）认为："事实上，不必告诉我们量子力学有什么毛病，只要看一看量子力学有那么多的诠释，这本身就表明有些东西不太对劲。""在文献中还可以找到更多的诠释，但列举这六种就足以表达我们的观点了。"在这里，玻姆和海利所说的"量子力学"指的是正统量子力学，他们所指的"六种"诠释即玻尔-海森伯的哥本哈根诠释，冯·诺伊曼-维格纳的"标准诠释"（合称"正统诠释"）以及布洛欣采夫的"系综诠释"，玻姆"量子势诠释"，艾弗雷特的"大千世界诠释"和纳尔逊-德·拉·佩纳的随机诠释或"随机力学"。后四种量子力学诠释的影响不亚于正统诠释,在某些特定的领域内它们的影响甚至超过正统诠释(例如"大千世界诠释"之对于"量子宇宙论")。

几种主要的量子力学诠释(均以薛定谔方程为出发点)的物理学特征可以总结为下表所示。(德布罗意的双重解理论不在其中,因为双重解理论已不再仅仅是以薛定谔方程为出发点了。)

量子力学诠释	作者	是否决定论的?	波函数是否实在的?	是否一致性历史?	是否有隐变量?	波函数是否编缩?	测量有何作用?
Copenhagen 诠释	Niels Bohr, Werner Heisenberg, 1927	否	否	是	否	是	毫无
Bohm-de Broglie 量子势诠释	德布罗意, 1927, David Bohm, 1952	是	是	是	是	否	毫无
von Neumann 标准诠释	von Neumann, 1932, Wheeler, Wigner	否	是	是	否	是	有因果
Quantum 逻辑理论	Garrett Birkhoff, 1936	未知	未知	是	否	否	视诠释
系综诠释	D. E. Blokhintsev 1949	未知	否	是	未知	否	毫无
大千世界诠释	Hugh Everett III, 1957	是	是	否	否	否	毫无
时间对称理论	Yakir Aharonov, 1964	是	是	是	是	否	否
随机诠释	Edward Nelson, 1966	否	否	是	否	否	毫无
智者千虑诠释	H. Dieter Zeh, 1970	是	是	否	否	否	视诠释
一致历史诠释	Robert B. Griffiths, 1984	未知	未知	否	否	否	视诠释
客观崩塌理论	Ghirardi-Rimini-Weber, 1986	否	是	是	否	是	毫无
和谐诠释	John G. Cramer, 1986	否	是	是	否	是	毫无
相关量子力学	Carlo Rovelli, 1994	否	是	未知	否	是	真实

从表格中可以看出:第一,即使在以薛定谔方程为出发点的量子力学中,其诠释也是五花八门的,难怪费恩曼要说:"100 个物理学家有 100 种量子力学。"第二,在以薛定谔方程为出发点的"量子力学"中,有 6 个问题是必须回答的,即,"此理论是否决定论的","其中的波函数是否实在的","此理论是否符合一致性历史","此理论中是否有隐变量","其

中的波函数是否需要编缩","测量是否对理论起作用",不同的答案反映了不同的诠释,也反映了不同的物理学家对大千世界的不同看法。第三,在这些以薛定谔方程为出发点的量子力学中,绝大部分都是一种思辨,能够用数学公式进行描述的只有玻姆的"量子势诠释"和纳尔逊的"随机力学",以及属于"系综诠释"的马德隆和高林武彦的"流体力学表象"和费恩曼的"路径积分表象",而这三种诠释都与德布罗意有关。与德布罗意有关的这三种诠释详细介绍如下,其余因篇幅关系在此不便详谈。

1. 纳尔逊的随机力学诠释了海森伯的测不准关系

量子力学随机诠释是美国普林斯顿大学数学系的纳尔逊在 1966 年《物理评论》第 150 卷上的一篇文章中首先提出的;此后,墨西哥国立物理研究所的德·拉·佩纳于 1969 年又重新发现了它。除他们之外,还有不少数学家或物理学家参与其事。玻姆曾撰文说,随机诠释是他本人同维吉尔在 1954 年《物理评论》第 96 卷上另一篇文章中首先创立的。玻姆的说法当然有他的道理,但未得到公认;因为他与维吉尔的文章和目前所谓的量子力学随机诠释有许多不同。近年来,量子力学随机诠释又称为随机力学。

用中文介绍量子力学随机诠释或随机力学的文章只有两篇。一篇是中国台湾王敏生教授于 1990 年在台湾《物理》上发表的《随机力学介绍》,另一篇是沈惠川于 1995 年在《自然杂志》上发表的《量子力学随机诠释的数学结构和物理学特征》。两篇文章中列出了量子力学随机诠释或随机力学的主要参考文献,尤其是纳尔逊的论著。至于德·拉·佩纳等人的论文,则可在《物理学基础》等杂志上找到。

量子力学随机诠释或随机力学的理论基础是量子力学薛定谔方程与统计力学随机过程某类福克-普朗克方程之间的完全等价性。除了在纳尔逊和德·拉·佩纳等人的论著中证明了这种完全等价性外,在统计力学的许多参考书中也提到了这种等价性。例如,在 H. Risken 的《福克-普朗克方程:解法及应用》和黄祖洽及丁鄂江的《输运理论》中就有。只不过纳尔逊和德·拉·佩纳是从正面推导这种等价性,而 Risken 和黄祖洽等人是从反面推导了这种等价性。换言之,这种完全等价性是充分必要的。

纳尔逊和德·拉·佩纳注意到傅立叶扩散方程与量子力学薛定谔方程之间的相似性。他们用一个系数来控制这两个方程:当该系数等于(-1)时称为爱因斯坦过程,得到傅立叶扩散方程;当该系数等于($+1$)时称为德布罗意过程,得到量子力学薛定谔方程。由此,可用处理薛定谔方程的方法来处理傅立叶扩散方程,同样也可用讨论傅立叶扩散方程的步骤来讨论薛定谔方程。他们用类似与量子力学波函数的一个通解代入此方程,分开其"双号"部分与"单号"部分,并利用德布罗意型的向导公式,最后得到两个方程,其中之一是含有(马尔科夫近似下的)随机导数的统计力学朗之万方程。这是纳尔逊和德·拉·佩纳工作中的第一个十分精致之处。其第二个十分精致之处是,此朗之万方程所规定的随机力必须满足的两个条件也与描述分子布朗运动的随机力必须满足的两个条件完全吻合。

纳尔逊假设粒子运动除漂移速度外还有渗透速度,粒子的运动微分方程是朗之万方程。朗之万方程同福克-普朗克方程之间有确定的换算关系。通过简单的变换,可立即得到"前瞻"和"后顾"两个科尔莫戈罗夫方程。其中前瞻科尔莫戈罗夫方程就是福克-普朗克方程。值得注意的是，福克-普朗克方程中的概率分布函数是对应于真实物理场的经典概率，与正统量子力学中的量子概率完全不同。量子概率是与波函数的"相位"或"动量"（速度）无关的，但此处得到的经典概率则与"相位"或"动量"有关。这从一个侧面反映了经典概率不受海森伯测不准关系的制约。

于是，由随机力学最终导出的福克-普朗克方程可以推断，随机力学的基本公设是：(1) 经典分布函数作为态函数及其概率解释；(2) 力学量（测量值）是马尔科夫过程的统计平均；(3) 时间演化方程是福克-普朗克方程；(4) 全同性。

纳尔逊和德·拉·佩纳以及 F. Guerra, A. M. Cetto, D. de Falco, S. de Martino, S. Golin 等人在随机力学方面做了不少工作，其中包括双粒子问题、自旋粒子问题、势垒贯穿问题、路径积分问题、场量子化问题和在任意温度条件下的推广等。他们还计算了个别实例，如谐振子问题等。王敏生教授的文章证明了费恩曼路径积分可由随机力学导出，费恩曼路径积分可包含在随机力学之中。实际上费恩曼在提出量子力学的路径积分表象前，他已经参考了扩散方程的格林函数解法。

随机力学或量子力学随机诠释给人们印象最深的是，它的表述形式使得统计型的量子力学重新回到统计力学这个大家庭中来。关于这一点，可以从以下两个方面来看：

首先，随机力学用严格的数学演绎证明了态函数的演化相当于位形空间（组态空间）中的马尔科夫过程，因此量子力学同布朗运动一样，都可以用表示经典概率时间演化的福克-普朗克方程来描述。换言之，随机力学成功地统一了布朗运动和量子力学的基本方程。纳尔逊在其名著《布朗运动的动力学理论》和《量子涨落》中讲的就是这件事。由于可将布朗运动与量子力学放在一起讨论，许多物理学家有事可干了。他们想起了爱因斯坦和斯莫洛绰夫斯基（Smoluchowski, 1872—1917）在 20 世纪初所写的相关经典论文。德布罗意最早对纳尔逊的工作作出了积极反应，1967 年他在《法国科学院通报》第 264B 卷上发表了一篇题名为"波中微粒的布朗运动"的论文。1994 年，《路易·德布罗意基金会纪事》第 19 卷 1～2 期合刊，重新翻译，并评论了斯莫洛绰夫斯基于 1915 年在《维也纳皇家科学院通报》第 124 Ⅱa 卷上所发表的题名为"从分子论观点看不可逆热力学过程的反转和奇异态的重现"的论文。

其次，随机力学恢复了经典概率和随机过程在量子力学推理中的主导地位。德布罗意在《波动力学的测量理论》一书中曾指出，在不同层次中有存在概率、预测概率和隐概率这三种概率；并指出，提出经典的隐概率就是为了取代量子的预测概率。纳尔逊的工作似乎解决了德布罗意的问题，他的态函数不再是定义于抽象的希尔伯特空间中的概率波，而的的确确成为演变于具体的相空间中的概率分布函数。换言之，随机力学严格建立了经典概率同量子概率之间的对应关系。因此，纳尔逊的下列三项目标均已达到：

(1) 在随机力学中，概率分布函数对应于真实的物理场，这种物理场仍与系综有关；微观客体具有波粒二象性。

(2) 在随机力学中，粒子及其缔合波随时间因果性地演化，而不需要诸如"波包编缩"那样无根据的附加公设。

(3) 在随机力学中，海森伯测不准关系并不制约一对共轭力学量的同时性，但仍表示与亚量子随机运动和波粒二象性有关的测量值之间的误差关系。

王敏生教授的文章中说,海森伯测不准关系"可以很容易地在随机力学的架构中导出";并说,在随机力学的架构中,海森伯测不准关系"是因为粒子做随机运动,在量度上由统计误差而来,而 $\frac{\hbar}{2}$ 的值则和扩散系数 $\frac{\hbar}{2m}$ 有关"。

尽管量子力学薛定谔方程与随机力学福克-普朗克方程是完全等价的,但是二者在概念上却有很大的不同。在随机力学中,量子涨落是理论的起点,是造成量子现象的原因,但是在正统量子力学中,量子涨落是理论的结果。在随机力学中,粒子并不具有波动性质,干涉现象来自动力学:迁移概率密度与粒子的漂移速度有关,而漂移速度由朗之万方程决定,此外概率的观点在一开始就建立在随机力学的理论框架内,但是在正统量子力学中,波粒二象性是前提假设,干涉现象来自波动性,此外概率的观点则在一开始是建立在正统量子力学的理论框架内的。

在正统量子力学中是无法和不允许计算粒子的轨迹的,但在随机力学中则可以计算粒子的轨迹。由粒子的轨迹可以算出粒子自一点到另一点所需的平均时间。这一平均时间在正统量子力学中是无法计算的,因为在正统量子力学中时间只是参数而不是动力学变量,由海森伯测不准关系,粒子自一点到另一点所需的时间无法准确测量。然而,隧道效应的一些动力学性质与这一平均时间有关。由随机力学算出粒子穿越势垒的时间,可以很方便地得到双能势垒隧道效应的动力学性质,其结果与用薛定谔方程做数值模拟所得结果完全吻合。

但是,随机力学或量子力学随机诠释也有其局限性。纳尔逊原先导出福克-普朗克方程的时候,其另一企图是想使得非局域的正统量子力学呈现出局域性。可是,对随机力的分析和计算表明,这最初的念头是异想天开。随机力的形式就表明了这种随机力是全域相关的。这说明了一条真理:非局域性不可能通过数学变换来消除。

由线性薛定谔方程导得的特殊福克-普朗克方程具有明显的线性特征。这一点同爱因斯坦和德布罗意的愿望正好相反。

由于随机力学的线性非局域性,它必然与相对论相对立。还有许多更本质的原因不再一一详述。

在随机力学理论框架内,也有一些问题未解决。例如,动量和能量的定义尚无定论,它们与海森伯测不准关系的讨论有关。再如,相对论性的随机力学还没有建立,若要建立相对论性的随机力学,则需将时间和位形在数学上做同等处理,即需将时间化成一随机变量,它相当于在正统量子力学中将时间写成算符一样困难。

2. 系综诠释表征"正统"量子力学无法描述单个体系

严格而言,纳尔逊的量子力学随机诠释以及马德隆和高林武彦的流体力学表象和费恩曼的路径积分表象都可纳入系综诠释的理论体系。从这一意义而言,德布罗意关于量子力学随机诠释的论述应当归属系综诠释的范畴,尽管他很少提到"系综"这一科学术语。此外,德布罗意双重解理论中一个线性薛定谔方程应当用系综诠释来理解才对,而

那个非线性的 u 波方程才是描述粒子的。

系综诠释已逐渐演化成具有取代正统诠释力量的"王者之象"。尽管系综诠释还不能使爱因斯坦和德布罗意满意,但对大多数量子理论家来说具有心理上的安慰作用。有人称系综诠释是现有量子力学体制下各种诠释中最"苗条"(minimal)的诠释。

"系综"的概念甚至可以追溯到 1755 年的欧拉(Euler,1707—1783)。流体力学有两种描述方法:(1)拉格朗日法将流体视为质点系(1759 年亦由欧拉提出),研究的是"点";(2)欧拉法则以流体所占空间中固定点的流动状况为出发点,换言之,欧拉法研究的是"场"。拉格朗日法相当于量子力学的哥本哈根观点,欧拉法相当于量子力学的系综观点。

流体力学以欧拉描述来处理已被证明是十分有效的。塑性力学起先用脱胎于弹性力学的形变理论来处理显得步履维艰,而改用欧拉描述的流动理论来处理后已被证明是十分成功的。统计力学起先用"最可几理论"和"平均值理论"(这两种理论也以"点"为出发点)来处理,其应用范围十分有限而且存在原理上难以自洽的困难,后来改用系综理论处理,出现了柳暗花明的新局面。量子力学也同样,舍弃哥本哈根诠释启用系综诠释后可以使原先的固有矛盾减低至最少(在量子场论中就是这么做的)。实际上,根据量子力学的流体力学表象就可以知道,系综诠释对于量子力学来说是最自然的。然而就是在这再明显不过的问题上,铁杆哥本哈根学派至今仍坚持自己的立场。他们心中有一个解不开的"结",那就是希望本来只是描述波动(或"场")的薛定谔方程、克莱因-戈登方程、狄拉克方程可以用来描述粒子。当然,这是不可能的。回忆一下在统计力学中的经验我们还记得:即使"配分函数"$\exp\left(-\dfrac{H}{k_B T}\right)$ 中的哈密顿量 H 可能是按单个粒子写出的,但总体而言,统计力学只可能描述系综。(在量子力学中和在统计力学中有一点是相同的。将波函数 $R\exp\left(\dfrac{i}{\hbar}S\right)$ 代入量子力学薛定谔方程、克莱因-戈登方程或狄拉克方程,所得到的哈密顿-雅可比方程带有表征非局域相关的"量子势"项;当然此项也可理解为系综理论流体力学欧拉方程中的"量子熵",或统计力学朗之万方程中的"量子随机力"。同样,将配分函数 $R\exp\left(-\dfrac{H}{k_B T}\right)$ 代入刘维尔方程后,也可得到表征非局域相关的项。)

1949 年,爱因斯坦为文集《爱因斯坦:哲学家和科学家》写了一篇文章《对批评者的答复》。在此文中,爱因斯坦陈述了自己的观点:

(1)事实上,我坚定地相信:当代量子理论的本质上的统计特征,完全是由于这种理论所运用的是一种对物理体系的不完备的描述。

(2)在这种论证中我所不喜欢的,是那种基本的实证论态度。这种态度从我的观点看来是站不住脚的……

(3)结论是:在统计性的量子理论框子里,不存在关于单个体系的完备描述这样的事情。

(4)物理学中的"实在"应当被认为是一种纲领。

(5)"正统的"是指这样的论点:波函数彻底地表征了单个体系。

在爱因斯坦的这篇文章中,有一段是他总结玻尔对量子力学非局域性的论证。原文

是(许良英译):

"他论证如下:如果两个局部体系 A 和 B 形成一个总体系,这个总体系是由它的波函数来描述的,那就没有理由说,分别加以考查的局部体系 A 和 B 是什么互不相干的独立存在(实在的状态),即使这两个局部体系在被考查的特定时间在空间上是彼此分隔开的也不行。因此,认为在后一种情况下,B 的实在状态不会受到任何对 A 进行量度的(直接)影响,这种论断在量子理论的框子里是没有根据的,而且(正如这个悖论所表明的)是不能接受的。"

在总结了玻尔对量子力学非局域性的论证之后,爱因斯坦接着说:

"在用这种方法研究问题时,显然,这个悖论在迫使我们放弃下述两个论断之一:一方面,(1)用波函数所作的描述是完备的;(2)空间上分隔开的客体的实在状态是彼此独立的。另一方面,如果人们认为波函数是关于(统计)系综的描述,那就可以坚持(2)[因而也就要放弃(1)]。可是,这种观点打破了'正统的量子理论'的框框。"

爱因斯坦的意思很清楚:玻尔的论证将迫使人们在正统量子力学是"完备的"或是"非局域性的"之间作出抉择,而量子力学系综诠释可保留量子之间的"局域性",条件是抛弃量子力学的哥本哈根诠释。

爱因斯坦对自己提出的"系综说"从来没有认真对待过(即提出一种修正量子力学诠释的方案),原因很简单,因为"系综说"还不是他追求的目标,因为他认为即使量子力学基本方程描述了统计系综仍然是不完备的,仍然有许多更本质的问题无法解决。"系综说"后来发展成系综诠释并备受关注完全得益于布洛欣采夫在 1949 年出版的《量子力学原理》及其 1944 年的著作《量子力学导论》。关于布洛欣采夫在提出量子力学系综诠释前后的遭遇,可参阅沈惠川的文章《量子力学系综诠释纵横谈》。

1970 年,主张量子力学系综诠释的巴伦梯诺(Ballentine)就在《现代物理评论》(*Reviews of Modern Physics*)上撰文说:"一个纯态提供了由同样方法制备出来的一些系统所组成的系综的某些统计性质的描述,而不一定提供对一个单个系统的完备描述。"考虑到巴伦梯诺曾是《物理评论》中专门主持量子力学来稿评审的编委,他的这番话应当引起深思。1998 年,巴伦梯诺出版了以系综诠释为理论基础的《量子力学:近代发展》。在书中,巴伦梯诺进一步强调:"量子力学的经典极限,总是经典的统计力学而非经典的质点力学。"

在从事理论工作(不是量子力学基础研究)的物理学家中,实际上以系综诠释为行动准则的人是最多的;只不过他们并不明白自己在干些什么,自己属于量子力学各种诠释中哪一派而已。众所周知,在物理学家中从事固体物理学或凝聚态物理学的人占七至八成,是人多势众的一族。而固体物理学或凝聚态物理学中的薛定谔方程从来就不是描述单个粒子的,其中一些薛定谔方程是用来描述整个系统的,另外一些薛定谔方程则是在讨论某个根本与量子力学波函数无关的物理量时用近似处理手段得到的。严格说来,多粒子系统的量子理论必然是量子场论的或系综诠释的,而另外一些用与量子力学波函数无关的物理量写出来的"假"薛定谔方程涉及的是宏观量,因此也必然是系综诠释的。正统量子力学哥本哈根诠释里的许多说教实际上与其中的问题毫不相干,在其中毫无用处。

在量子电动力学和量子光学中有类似的情况。由于电磁场是第一个必须量子化的经典场,而量子化经典场又必须借助量子场论,因此凡是与经典场有关的量子力学同样应是系综诠释的。朗道(Landau,1908—1968)和栗弗席兹(Lifshitz,1915—1985)等人认为:"……把场看作许多光子组成的系统……电磁场是具有无限多个自由度的系统。对这种系统,粒子(光子)数不守恒,具有任意粒子数的状态也是可能的。一般来说,在相对论性理论中,任何粒子组成的系统都应该具有这样的性质……在相对论力学中没有质量守恒定律,只有系统的总能量(包括粒子的静止能量)守恒。所以,粒子数不一定守恒。因而,粒子的任何相对论性理论都必须是无限多个自由度的系统的理论。换句话说,这样的粒子理论一定具有场论的性质。"此外,根据德布罗意在 20 世纪 30—40 年代的工作,甚至光子本身也不能视为单个系统,它可能是另一些更基本量子的复合体(哥本哈根学派的掌门人之一海森伯对此也十分重视)。量子电动力学和量子光学中另外一些用与量子力学波函数无关的物理量写出来的"假"薛定谔方程同样涉及的是宏观量,因此同样必然是系综诠释的。

由此可以看出,凡多粒子系统,凡相对论性理论,凡与经典场有关的量子力学,必然应当是系综诠释的。只有如此才合理,否则便不能自圆其说。

在剩下来的"非相对论性"量子力学中,明显使用系综诠释的也比比皆是。

在剥离所有这些显而易见的外围问题之后,最后必须面对的问题就是:在通常的(非相对论性)量子力学中,波函数所描述的到底是单个系统还是"系综"? 爱因斯坦在《物理学和实在》一文中指出"波函数所描述的无论如何不能是单个体系的状态,它所涉及的是许多个体系,从统计力学的意义来说,就是'系综'","也正是波函数同系综的对应关系才消除了一切困难"。爱因斯坦在《对批评者的答复》一文中又说:"如果人们企图坚持这样的论点,即统计性的量子理论原则上能对单个系统作出完备的描述,那么,人们将得到一种非常难以置信的理论概念。但是,如果人们把量子力学描述为对于系统系综的描述,理论解释中的这些困难就消失了。"话讲得更清楚一点,对通常的(非相对论性)量子力学中的波函数来说,尽管其中的相因子 S 可以被写成是单个体系的,然而波函数的总效果却是对系综而言的,这正如配分函数在统计力学中一样。

在量子力学系综诠释中,解释玻姆实验的困难可能不复存在。人们可以争辩所考察的对象不是单个体系而是整个系综,在该系综中对身边粒子体系和对远方粒子体系来说(当人们测量它们时),它们具有不同的自旋的概率都是 50%。

在量子力学系综诠释中,解释薛定谔"猫佯谬"的困难也不复存在。人们可以说,在50%的情况中猫是活的,而在另外 50%的情况中猫是死的。这样一来,"理解"量子力学的困难或许会减至最少。

对量子力学系综诠释最主要的质疑,就是格列宾(Gribbin)在《寻找薛定谔的猫》一书中所引述的观点:"在几十年之前,量子物理学家只能处理大量的量子实体,这种方法看起来是合理的。现在,在实验中可以使光子一个一个地发射,而且观察到这些光子与其自身的相干。此时这种方法看起来就有些愚蠢了。"然而,对于什么是一个一个的光子,却是有争议的。没有人看到过真实的光子。所谓一个光子,只不过是理论上达到某些确定值的光能或电磁能罢了,而且对不同频率的光谱来说这些确定的光能或电磁能是不一样的。可见光是不同频率的光谱的合成，除可见光外还有不可见光。因而笼统地说一个光子不见得是科学的，更何况纯单色光的获得几乎不可能。光子一个一个地发射无非是将电磁能减至极小（而且由于可以观察到这些光子与其自身的相干则必然是可见光的极小电磁能），但发射的电磁能是否是单一频率却不敢肯定，从而是否是一个光子与其自身相干也无法肯定。前面已介绍过，德布罗意很早就根据玻色子的统计权重是等比级数的求和公式这一点判断出光子是各种不同频率的量子的叠加，他还由狄拉克方程曾在聚合理论的基础上证明光子一定是复合物，这一证明曾得到海森伯的重视。爱因斯坦对什么是光，至死未能释怀。量子场论中是将光子场作为有无限多自由度的经典场来处理的，而与经典场有关的量子力学都是系综诠释的。因而格列宾的说法仔细想来道理不够充分。

即使格列宾所说的"现在，在实验中可以使光子一个一个地发射，而且观察到这些光子与其自身的相干"完全正确，也与现有的量子力学基本方程取何种诠释毫不相干，也与量子力学系综诠释是否错误毫不相干。因为具体的量子和对它（或"它们"）的诠释现在是完全脱节的。换言之，量子论并不就是哥本哈根正统量子力学，也并不就是其他各种诠释的量子力学。一个正确的物理理论，必须能够解释以往，预言未来。量子力学的各种诠释都不能正确地解释全部以往，因而对它们是否能正确地预言全部的未来，人们表示担心。量子力学系综诠释当然也需要修正，这就是爱因斯坦后来又支持德布罗意双重解理论的原因。

关于量子力学系综诠释中存在的问题，可简述如下。首先，同在哥本哈根诠释和在量子势诠释中一样，量子力学系综诠释中的基本方程也是线性的，因而此理论中的量子（粒子或系统）都仅仅是数学点，即使变换为拉格朗日描述也同样如此。其次，在系综诠释中，能解释的仅仅是玻姆实验，而对 EPR 实验依然无能为力；即使是对玻姆实验，也看上去似乎仅仅是被一种故意的数学定义所掩盖；同时，一些被其他各种诠释解释得较为合理的量子特征（如测不准原理和波粒二象性等）却变得模糊不清了。再次，量子力学系综诠释仍然未能始终如一地服从相对论的要求，而"始终如一地服从相对论"是物理理论中最基本、最重要的要求。最后，系综诠释关于"无限大广延宇宙"的概念也无法同广义相对论相协调。

以上这些问题，大部分可在德布罗意的双重解理论中得到解决。

3. 玻姆的量子势诠释了量子力学"非局域相关"

玻姆的量子势诠释在数学上并不神秘，将波函数 $R\exp\left(\frac{i}{\hbar}S\right)$ 代入通常的薛定谔方程，分开其"实数"部分与"虚数"部分，利用德布罗意型的向导公式，并与哈密顿-雅可比方程对比即可得到一项"量子势"，（在量子力学系综诠释"流体力学表象中，则与流体力学欧拉方程对比得到一项量子应力"或"量子熵"；而在量子力学随机诠释中，则与统计力学朗之万方程对比得到一项"量子随机力"。）这在数学上没有任何问题。出现的问题是对量子势本身的诠释，实际上，玻姆后来所撰写的许多哲学书都是围绕这一目的，并由此引发了许多联想。

　　量子势诠释是哥本哈根学派反对程度较轻的一种非正统诠释,原因是这种诠释自称是描述单个粒子的,可以被哥本哈根学派所接受。哥本哈根学派所不能接受是将量子势理解为系综理论流体力学欧拉方程中的量子熵,或统计力学朗之万方程中的量子随机力。对一个小小的恒等式做何解释,反映了不同物理学家对波粒二象性的不同见解。

　　然而,尽管量子势诠释是德布罗意在 1927 年无意之中(实际原因是当时还没有非线性方程的概念,而线性方程的奇异解并不能描述粒子,即在当时存在数学上的困难)通过简化双重解理论首先提出来的,但他在 1952 年已经表明玻姆的量子势诠释实际上是他1927 年不成功的波导理论的翻版,同时他对波导理论的否定态度不会改变。德布罗意认为"从双重解理论来看,波导理论是没有前途的"。因此,量子势诠释是独立于德布罗意的。这一方面说明了玻姆和德布罗意在物理观念上的不同,另一方面说明德布罗意看问题要比一般人深刻。

　　主要分歧集中在是否同意爱因斯坦在"EPR 论证"中所提出来的分离性原则和局域性原则这一点上。由此两条原则可以自然地得出"现有量子力学薛定谔方程只是系综描述而不是单个粒子描述"的结论。德布罗意甚至在 1952 年之前就已倾向于爱因斯坦的立场,1952 年之后更是断言这才是他所追求的目标。但玻姆一方面接受爱因斯坦关于正统量子力学对物理实在的描述不完备的观点,另一方面又采纳和继承了玻尔关于量子现象的整体性观点,同意微观粒子对宏观环境的全域相关。玻姆原先以为量子势诠释中的这种"不可分离性"和"非局域性"可能是该理论的某种缺陷。20 世纪 70 年代后特别是阿斯派克特(Aspect,1947—　　)等人的所谓实验结果的出现,以及对夸克禁闭问题的研究进展,使得玻姆重新觉得原先的缺陷正是解释上述实验结果和研究进展所需要的不可约化的属性。其中实质性的问题是,是否要坚持相对论的问题。

　　从世界观来看,德布罗意赞成决定论,而玻姆主张非决定论。德布罗意在《量子论是非决定论的吗?》一文中说:"在伟大天才们的经典时期,从拉普拉斯(Laplace,1749—1827)到庞加莱,总是宣传着自然现象的决定论……将概率引进科学理论中来,那是我们无知的结果。"但玻姆则说:"在许多方面我不喜欢决定论,因为它太僵化。它顽固地、武断地限制了可能性……即使是我 1952 年的理论也不是决定论的……我提出这一理论,只是为了简单地给出海森伯的理论基础……我提出的理论支持海森伯早期的理论。所以这不是什么赞成决定论。"在这里,玻姆提到了"决定论限制可能性"的问题。其实,这一问题在非线性量子力学中根本不是问题:非线性同样提供了多种可能性,但其哲学并不需要牺牲决定论。

　　量子势诠释所要诠释的是量子力学哥本哈根诠释无法诠释的"量子力学中固有的非局域性相关"这一性质。从这一意义上来理解,量子势就是非局域相关的数学表达式。后来提出的贝尔定理和贝尔不等式,显然是受到了玻姆量子势有关非局域相关的影响(当然贝尔不等式有其本身的问题,如隐含着经典统计方案等,因而它并不完全等价于量子势所产生的关联)。至于量子势诠释以及对量子势本身的诠释的哲学含义,可阅读玻姆的著作《现代物理中的因果性和机遇》《整体性与隐缠序》《论创造力》《科学,序与创造力》。对玻姆的哲学观点是否同意或是否愿意进行深入讨论,则是另外一个问题了。

　　贝尔曾经在《关于不可能的波导》一文中说过:"为什么后来玻恩没有人告诉人这个

'波导'？即使只指出它有什么错误又何妨呢？为什么冯·诺伊曼不考虑它呢？更奇怪的是，为什么在 1952 年之后仍在继续进行'不可能性'的证明，而且直到最近的 1978 年还有？何时泡利、罗森菲耳德（Rosenfeld，1904—1974）和海森伯才能对玻姆的论述不再提出比污蔑它为'形而上学的'和'意识形态的'更有败坏性的批评？为什么波导图像在教科书中被忽视了呢？难道连将它既作为一种方法，又作为对普遍存在的自满情绪的一种解毒剂来讲授也不可以吗？难道是靠故意的理论选择把模糊性、主观性和非决定论强加于人而可以不顾实验事实吗？"

引用贝尔的这段话要说明两个问题：(1)那些标榜为正统量子理论家的人（即哥本哈根学派）说话不负责任，不讲究科学的传统由来已久；(2)至今仍有人说话不负责任、不讲究科学。

玻姆的量子势诠释，是在量子力学哥本哈根诠释走向没落的今天可以取代它的一种量子力学诠释。著名量子理论家维吉尔、贝尔、阿斯派克特、海利以及霍兰德等人都是量子势诠释的主力。他们的观点，基本上就是玻姆的观点。国外量子理论家对玻姆的量子势诠释评价很高，已有人将使用"量子势"的量子力学称为"Bohmian 力学"。

三、关于本书

1. 本书内容

前已提及，德布罗意的科学生涯分为三个阶段。科学生涯第一阶段的代表作是博士论文《量子理论的研究》。德布罗意第一阶段的工作不存在任何争议，连"正统"量子力学哥本哈根学派也不得不承认。本书所选论文以第一阶段为主（当然也偶尔有个别几篇论文涉及第二、第三阶段）。

本书第一部分有两篇文章，其一是博士论文《量子理论的研究》，其二是诺贝尔奖演讲《电子的波动性》。博士论文总结了德布罗意在 1924 年年底之前的所有工作，将所有有意义的开创性成果熔于一炉，而将意义不大或间有错误的想法置于一边。诺贝尔奖演讲则是对 1929 年年底之前具有共识的工作的进一步总结，而对没有达成共识的结果故意略而不提，当然这里面肯定有 1927 年 10 月第五届索尔维会议的阴影在起作用。博士论文和诺贝尔奖演讲的意义给予如何高的评价都是不为过的。

本书第二部分和第三部分（除第三部分最后一篇文章外），囊括了德布罗意自从事科学研究活动以来至荣获诺贝尔物理学奖期间所发表的所有论文。本书第三部分的德布罗意论文属于"研究通报"，而第二部分的论文则是"重点论文"；"研究通报"闪烁着思想火花，而"重点论文"则是成果总结。

在本书第二部分"重点论文"中，五篇论文都很重要，其中最值得关注的是第四篇《新波动力学原理》和第五篇《物质及其辐射的波动力学和原子结构》。在《新波动力学原理》一文中，德布罗意尝试建立波动力学的基本运动微分方程；而在《物质及其辐射的波动力学和原子结构》一文中，德布罗意提出了双重解理论并错误地将其简化为波导理论。德布罗意在 1956 年出版的《因果诠释和非线性波动力学：双重解理论》一书，就是对《物质及其辐射的波动力学和原子结构》一文中正确部分的详细表述；而玻姆在 1952 年《物理评论》第 85 卷第 2 期上所发表的两篇总题名为"关于量子理论隐变量诠释的建议"的论文，则是对错误的波导理论的重新恢复。从这两件事出发进行衡量，德布罗意此文具有划时代的重要意义。

在本书第三部分"研究通报"中，最值得关注的是第六篇《波和量子》，第七篇《光量子、衍射和干涉》，第八篇《量子、气体运动论和费马原理》，第九篇《波和量子》和第十三篇《电子的固有频率》。其中前三篇（第六、七、八）是波动力学（即薛定谔表象的量子力学）的开局之篇；德布罗意的许多科学思想在这三篇文章中已初见端倪。第九篇是德布罗意为《自然》（*Nature*）所撰写的通报，英文仅一页纸，有人误以为此即德布罗意的博士论文，其实不是（可能是有关"波动力学"的第一篇英文文献的缘故）。从第十三篇开始，德布罗意转向探索波动力学的基本运动微分方程。在一系列文章中，读者应重点关注德布罗意在相对论和分析力学知识方面的熟练运用。人们不难发现，他对麦克斯韦-玻耳兹曼的统计力学也运用自如，但不是吉布斯的系综理论。在《电子的固有频率》一文中，德布罗意证明了，若相位波

$$\phi(x_k, t) = \psi(x_k, t) \exp\left[2\pi i\nu \left(t - \frac{x_3}{v} \right) \right]$$

满足达朗贝尔方程，则其振幅 $\psi(x_k, t)$ 服从以下方程：

$$\nabla^2 \psi - \frac{1}{c^2} \frac{\partial^2 \psi}{\partial t^2} = -\left(\frac{m_0 c}{\hbar} \right)^2 \psi。$$

此方程不同于后来的克莱因-戈登方程，因为二者等号右边的符号是相反的。符号的反向并非推导错误，而是出发点不同。关于薛定谔方程的工作一发表，德布罗意就立刻修改了他的结果。此外，德布罗意并未求解过此方程，也未推导过有外场存在条件下的类似波动方程。第三部分的最后一篇文章《用聚合方法研究自旋粒子的普遍理论》报道了德布罗意的科学生涯第二阶段所做的主要工作。所谓"聚合方法"，就是将自旋大于 $\frac{\hbar}{2}$ 的粒子作为合成对象。最先考虑的是"光子"。用相对论性的狄拉克方程研究"聚合方法"，是他当时的主要工作。在德布罗意的科学生涯第二阶段中所发表的论文，基本上都是"正统"的，即使是与他在量子力学诠释问题上意见相左的哥本哈根学派对此也无争议。这一阶段所发表的论文，其实也应编译成书。只是重要性方面，不如科学生涯第一阶段和第三阶段所发表的论文。

本书第四部分反映了德布罗意的科学生涯第三阶段的代表性工作。其中第一篇《量子力学是非决定论的吗？》和第二篇《波动力学诠释》是一般性论述，第三篇《对贝尔定理的批判》是对具体的贝尔定理的分析批判。自从贝尔定理和贝尔不等式问世以来，一些理论物理学家尤其是量子力学的哥本哈根学派，就拿贝尔定理和贝尔不等式作为武器来堵实其他的理论物理学家的嘴，很少有人对贝尔定理和贝尔不等式做过认真的分析和评论（当然，即使有人做过认真的分析和评论，也很少有人会去听）。其实，贝尔定理和贝尔不等式中的物理学问题和数学问题有许多，并非如某些所谓"正统"量子力学专家所宣称

的那样是"金科玉律"。科学界的怪事集中出现在量子力学的"诠释"之中:在这里往往靠的是人多势众和一言堂,直到几个著名的哥本哈根学派代表人物辞世后情况才有所改观。德布罗意文章的重要意义由此可见。他在这方面的论文还有不少,本书中的三篇仅是代表作。

本书附录中的文章从不同的方面反映了德布罗意的人生及其思想。

2. 说　　明

本书事关科学家德布罗意及其科学论文,科学论文不应仅仅是考古或训诂的老古董,而应有当代的实用意义;因此,与其他同类书只翻译语言叙述而不翻译数学物理公式不同的是,本书对个别当时应用得很普遍而现在应用得很少或基本不用的数学物理符号也进行了翻译。例如,本书某些论文中采用了符号 $\hbar$,而不用原文中的 h(它等于 $2\pi\hbar$);又如,当时对周期函数记成一个以正弦(sin)和余弦(cos)相叠的符号,在本文中一律改成指数(exp)符号。另外,本书在适当的地方引入了张量记法和爱因斯坦求和约定。至于某些与当前使用不同的力学量记号(例如用大写 W 表示能量,用大写 G 表示动量等),则一仍其旧。

3. 致　　谢

本书中的部分译稿是为纪念德布罗意 100 周年诞辰而准备的,由于会议前会议主办者在是否出版这些译稿的问题上出尔反尔,我最终未能与会,因此这些译稿一直没有发表。在这之后,为了工作上的需要,我对这些译稿作了多次修订并补充了更多新的译稿。部分译稿的内容,在我已发表的论文中有所反映。

在资料搜集方面,首都师范大学物理系的顾之雨教授出了许多力。

当时,参加个别文章友情助译的有中国科学技术大学的丁泽军教授、赵波同学等(以上英文);曹则贤研究员(现在中国科学院理论物理所)、张明尧教授(现在华东理工大学)、卞波同学、张新同学等(以上法文)。文稿最后由我把关,尤其是在物理学上把关。尽管现在的这些译稿已非昔比,但我仍要向他(她)们表示感谢!

当时,中国科学技术大学的钱临照教授和复旦大学的王福山教授给予了极大的帮助和鼓励;钱临照教授曾亲题书名,王福山教授曾亲自写序(这些现在都不能用了),他们还找到了个别几篇社会上已出现的译稿供我对照(有些合理的译法可以参考)。在此一并致谢!

我最要感谢的是洛切克:他自约 1989 年下半年开始就向我邮寄大量的资料(其中最主要的是每年 4 期的《路易·德布罗意基金会纪事》和若干本德布罗意的著作以及他本人的著作)直至他退休。我还要感谢玻姆和维吉尔的来信,维吉尔 1987 年的来信使我很早就得知了德布罗意逝世的消息。

参 考 文 献

[1] Lochak G. Louis de Broglie:un prince de la science[M]. Flammarion,1992(书中有

详尽文献目录).

［2］ Feuer L S. Louis Victor prince de Broglie：aristocratic revolutionist［M］. 载 Ein-
stien and the generations of science，Basic Books，1974；Transaction Books，1982（书
中有详尽文献目录）.

［3］ George A（ed）. Louis de Broglie：physicien et penseur［M］. Albin-Michel，1953.

［4］ La Varende. Les Broglie，Fasquelle，1950.

［5］ Lochak G，Diner S et Fargue D，L'Objet quantique［M］. Flammarion，1992.

［6］ Lochak G. The evolution of the ideas of Louis de Broglie on the interpretation of
wave mechanics. 载 Les incertitudes d'Heisenberg et l'interprétation probabiliste de
la mécanique ondulatoire（L de Broglie 著）［M］；又载 Found Phys，1982，12：931
～954.

［7］ Lochak G. Louis de Broglie's conception of physics［J］. Found Phys，1993，23：123
～131.

［8］ Lochak G. Convergence and divergence between the ideas of de Broglie and
Schrödinger in wave mechanics［J］. Found Phys，1987，17：1189～1203.

［9］ Costa de Beauregard O. Reminiscences on my early association with Louis de Bro-
glie［J］. Found Phys，1982，12：963～969.

［10］ Lochak G. De Broglie's initial conception of de Broglie wave［J］. 载 The wave-par-
ticle dualism（ed by S Diner et al.），D. Reidel Pub Co.，1984：1～25.

［11］ Fargue D. Permanence of the corpuscular appearance and non linearity of the wave
equation［J］. 载 The wave-particle dualism（ed by S. Diner et al.），D Reidel Pub
Co.，1984：149～172.

［12］ Lochak G. Louis de Broglie（1892—1987）［J］. Found Phys，1987，17：967～970.

［13］ Böhm D J and Hiley B J. The de Broglie pilot wave theory and the further devel-
opment of new insights arising out of it［J］. Found Phys，1982，12：1001～1016.

［14］ Vigier J-P. Louis de Broglie：physicist and thinker［J］. Found Phys，1982，12：923
～930.

［15］ Vigier J-P. From Descartes and Newton to Einstien and de Broglie［J］. Found
Phys，1993，23：1～4.

［16］ Mackinnon L. Explaining electron diffraction：de Broglie or Schrödinger？［J］.
Found Phys，1981，11：907～912.

［17］ Guéret Ph，Vigier J-P. De Broglie's wave-particle duality in the stochastic inter-
pretation of quantum mechanics：a testable physical assumption［J］. Found Phys，
1982，12：1057～1083.

［18］ 沈惠川.德布罗意亲王［J］.自然杂志，1992，15（3）：220～225.

［19］ 沈惠川.德布罗意的非线性波动力学［J］.自然杂志，1992，15（8）：620～626.

［20］ 沈惠川.为了将来：德布罗意对正统量子力学的挑战［J］.科学，1992，44（5）：48～50.

［21］ 沈惠川.第二个回合：德布罗意波导理论的成败得失［J］.物理，1993，22（8）：500

～504.

[22] 沈惠川.L.德布罗意和 E.薛定谔[J]. 自然辩证法研究,1994,10(3):52～55.

[23] 沈惠川.'92 德布罗意年[J].物理,1994,23(5):312～313.

[24] 沈惠川.L. 德布罗意和 D.玻姆[J].大自然探索,1994,13(3):99～103.

[25] 沈惠川.德布罗意和玻姆[J].现代物理知识,1994,6(5):40～42.

[26] 沈惠川.德布罗意和狄拉克[J].现代物理知识,1995,7(5):37～41.

[27] 沈惠川.非线性波导理论的非局域性[J].自然杂志,1995,17(2):119.

[28] 沈惠川.局域性和 de Broglie 方程[J].自然杂志,1995,17(4):242～244.

[29] 沈惠川.Wheeler-de Witt 方程的非局域性[J].自然杂志,1997,19(1):57～58.

[30] 沈惠川.量子力学双波理论的非局域性[J].武钢大学学报,1998,10(4):52～54.

[31] 沈惠川,丁晓清,潘雅君.玻姆及其量子力学诠释[J].物理,1994,23(4):241～245.

[32] 沈惠川.量子力学随机诠释的数学结构和物理学特征[J].自然杂志,1995,17(3):152～156.

[33] 沈惠川,丁晓清.关于量子力学多世界诠释的评说[J].科学,1996,48(3):42～45.

[34] 沈惠川,丁晓清,潘雅君.复合时空理论和量子力学的多世界诠释[J].武钢大学学报,1997,9(1):11～17.

[35] 沈惠川.量子力学系综诠释纵横谈[J].武钢大学学报,2000,12(2):7～12.

[36] 沈惠川.贝尔定理和贝尔不等式[J].自然杂志,1996,18(4):240～244.

[37] 沈惠川.关于 Bell 定理和 Bell 不等式的探讨[J].北京广播学院学报,1999,(3):27～32.

[38] 沈惠川.两类非线性波动方程和局域性问题[J].北京广播学院学报,2000,(1):11～19.

[39] 沈惠川.从 Maxwell 方程组到粒子的局域性[J].武汉工程技术学院学报,2001,13(2):10～11.

[40] 沈惠川.对"Aspect 实验与量子力学解释"一文的折磨[J].大学物理,2000,19(4):34～37.

第一部分

博士论文和诺贝尔奖演讲

· Part Ⅰ *Doctoral Dissertation and the Nobel Prize Lecture ·*

　　简言之,我提出了一种也许对促进必要的综合有所贡献的新思想。辐射物理学今天被奇怪地分成两个领域,而且每一领域分别被两种对立的观念,即粒子观念和波动观念所统治。我们要做的综合工作就是要将它们重新统一起来。我觉得,质点动力学原理其表现形式无疑与相位的传播和相位和谐定理是一致的,如果我们能够正确分析的话;我已用了最大的努力由此出发去破译量子理论向我们转达的密码。由于做出了这些努力,我已得到了一些有趣的结论。沿着得到这些结论的同一条路径也许有希望得到更为完善的结果。当然首先必须建立一个自动符合对应原理的新的电磁理论,并要考虑到辐射能的不连续结构和相位波的物理性质。最后还必须使麦克斯韦-洛伦兹理论具有统计近似性,以便能说明使用麦克斯韦-洛伦兹理论的合理性和在绝大多数情况下其预言的准确性程度。

——德布罗意

量子力学奠基人爱因斯坦（Albert Einstein，1879—1955），1921年获诺贝尔物理学奖。

量子理论的研究[*]

摘　要

　　光学理论的历史表明科学思想曾长时期徘徊于光的动力说和波动说之间；毫无疑问这两种诠释并非像人们曾想象的那样是水火不相容的，量子理论的发展似乎已证实了这一结论。

　　由于频率和能量的概念之间有着一个普遍的关系，因而在本文中我们认为存在着一个其性质有待进一步说明的周期性现象，它与每一个分立的能量单元相联系，它与其静质量之间的关系可用普朗克-爱因斯坦方程表示。这一相对性理论将所有质点的匀速运动与某种波的传播缔合了起来，而这种波的相位在空间中运动速度大于光速（见第一章）。

　　为了将这一结果推广到非匀速运动的情况，人们认为在质点的宇宙动量矢量和缔合波传播的特征矢量之间有一比例关系，后一矢量的时间分量就是频率。适用于波的费马原理与适用于运动物体的最小作用量原理是等价的。波的行径与粒子的可能轨道相一致（见第二章）。

　　将上述结论应用于玻尔原子中电子的周期运动就能发现量子稳态条件与波在整个轨道上共振的表达式是相同的（见第三章）。该结果可以推广到氢原子中原子核和电子绕其共同质心做圆周运动的情况（见第四章）。

　　将这些普遍性的思想应用于爱因斯坦提出的光量子理论就能发现有着非常重要的共同点。这样就使我们有希望建立一种既符合原子说又符合波动说的光学，从而建立起与光量子相缔合的波与麦克斯韦电磁波之间的统计一致性，尽管在建立过程中存在着许多困难（见第五章）。

　　特别是，这种一致性在今天显得格外重要，对 X 射线和 γ 射线在非晶体中散射的研究可以用来说明这一点（见第六章）。

　　最后，在统计力学中引入相位波的概念就能说明气体动力论中的量子效应，并能发现黑体辐射规律可以被解释成光量子气中原子之间的能量配分。

---

　　*　Recherches sur la théorie des quanta，原载 Annales de physique，ser. 10. ，3（1925）22～128. 博士论文. 1929 年诺贝尔物理学奖获奖论文。2004 年又有 A. F. Kracklauer 的英译"On the Theory of Quanta"，由路易・德布罗意基金会出版。

历 史 回 顾

一、从 16 世纪到 20 世纪

由于文艺复兴运动,随着知识的更新在 16 世纪末诞生了现代科学。随着天文学的快速发展,描述平衡和运动的科学即静力学和动力学逐渐产生了。众所周知,是牛顿首先建立了动力学理论,写出了一部很完美的名著。他的不朽的万有引力定律,为应用和验证新科学开辟了广阔的天地。在 19 世纪和 20 世纪,有许多几何学家、天文学家和物理学家发展了牛顿的原理。力学发展到了完美的、协调一致的程度,以致几乎使人们忘却了它的物理学特性。特别是,人们终于发现能够仅仅由一条原理出发就能引申出这整门学科。这就是最小作用量原理。首先是莫培督,后来哈密顿又以另一种形式提出了这条原理。这条原理的数学形式是非常简洁明了的。

由于力学对声学,流体动力学、光学和毛细现象等都有影响,所以力学一度成了凌驾于其他各个领域的一门学科,但它在兼容诞生于 19 世纪的一门新学科即热力学方面,却是有困难的。虽然该学科的两个重要原理之一,即能量守恒定理可以方便地用力学概念来解释,但它的第二个原理,即熵增原理,却不能被解释。克劳修斯和玻耳兹曼对热力学量和与周期性运动相关的某些量进行类比做了大量工作。现在已经十分清楚,他们的这些工作是不能将两种不同的观点完全协调起来的,然而,麦克斯韦和玻耳兹曼的令人钦佩的气体运动论及玻耳兹曼和吉布斯的具有更普遍意义的称为统计力学的学说表明,若于动力学中引入概率理论使之更加完善就能解释热力学的基本概念。

从 17 世纪开始,光学就引起了研究者们的注意,构成我们今天的几何光学的那些最常见的现象(直线传播、反射、折射)当然是最早为人们所知的。某些学者,特别是笛卡儿和惠更斯找到了一些规律。费马又将这些规律归纳成一个以其姓氏命名的定律。该定律可以用现代数字语言来表达,其形式很像最小作用量原理。惠更斯倾向于光的波动说;但是,牛顿也对几何光学的几条重要规律特别感兴趣,并将它们与他本人所建立的质点动力学进行了深刻的比较,从而提出了光的粒子说,称为猝发理论。同时,他还对今天被归纳在波动光学中的一些现象(牛顿环)提出了一些不十分自然的假设。

19 世纪初出现了反对牛顿思想而赞同惠更斯思想的倾向,最初是 Th. 杨做的干涉实验,若用粒子观点来解释不是不可以但却十分勉强。这时,菲涅耳提出了光波传播的弹性理论,从这时起,牛顿思想(ideas)的声誉一落千丈。

菲涅耳的重大成就之一即是解释了光的直线传播,而猝发理论对这一点的解释也是很直观的。以看来完全不同的两种思想为依据的这两个理论都被同一实验事实很好地证实了,这就是促使人们在思考:这两种观点是否真是对立的,还是仅仅由于我们的综合工作做得还不够?在菲涅耳时代这个问题还没有被提出,光的粒子概念被看作无稽之谈而束之高阁。

19 世纪物理学中出现了一个崭新的分支,它在我们的世界观中和工业上引起了巨大的变革:这就是电学。这里我们不打算介绍为了建立这门科学,伏打、安培、拉普拉斯、法拉第等人付出了多么巨大的劳动。唯一需要强调的是要谈一下麦克斯韦,他将前人的这些结果归纳成几个非常简明的数学公式,并证明光学可以被看成是电磁学的一个分支。赫兹的工作,还有洛伦兹的工作充实了麦克斯韦理论;洛伦兹还介绍了由 J. J. 汤姆孙提出并为实验充分肯定的电荷的不连续概念。当然,电磁理论的发展取消了菲涅耳的弹性以太的实在性,并从而似乎将光学从力学的领域中分离出来;但是,继麦克斯韦之后的许多物理学家,包括他本人在内,在 20 世纪末还是希望找到电磁以太的力学解释。因而,这就不仅是重新将光学置于动力学的解释之下,而且同时又是将电学现象和磁学现象放到了动力学的解释之下。

因此,在 20 世纪末,整个物理学都期待着进一步的更完全的综合工作。

二、20 世纪:相对论和量子

然而,在这幅画面上还有几处污斑。1900 年,开尔文勋爵宣称在物理学上仅出现了两朵带有威胁性的乌云。其中一朵乌云表示由著名的迈克耳孙-莫雷实验所引出的困难,该实验结果与当时人们所普遍接受的思想是水火不相容的,第二朵乌云表现于统计力学方法在黑体辐射领域中的失效。能量均分原理是统计力学的一个严格结果,该原理实际上断定当热力学平衡时辐射中的能量在各个不同频率之间有明确的分布。然而,这个定律,亦即瑞利-金斯定律,与实验明显矛盾,甚至可以说是荒谬的,因为它预言能量的总密度取一个无限大的值。显然,这是毫无物理意义的。

洛伦兹和斐兹杰惹当初是如何研究迈克耳孙实验引出的困难的,爱因斯坦又是如何以他的或许还找不到先例的机敏的努力去解决这一困难的,这个问题在近几年内已为更具权威的人士多次加以阐明,因而在这里我们不再详论。为此,在本文中我们假定已经熟悉相对论,至少是狭义相对论的基本结论,我们将在必要的时候引用这些结论。

相反,我们将很快地回顾一下量子理论的发展,量子概念是普朗克首先引入物理学的。当时,他的理论研究课题是黑体辐射问题。由于热力学平衡,辐射应与发射体的性质无关。他设想了一个极简单的发射体,称为**"普朗克共振器"**。它由一些准弹性连接的电子组成,这样它就具有一些与其能量无关的振动频率。如果我们将电磁学和统计力学的经典规律应用于这种共振器和辐射之间的能量交换,就能测量到瑞利定律。在前面我们已提到了它的无可置辩的不准确性。为了避免这一结论,并找到更符合实验事实的结果,普朗克接受了一个不为人们所熟悉的假设:**这些共振器(或物质)和辐射之间的能量交换只能发生在等于频率的 h 倍的有限值处,而 h 是一个新的普适物理学常数。**因此,一种能量的原子即能量量子,相当于一个频率。观测得到的数据为普朗克提供了 h 常数的计算依据,那时求得的值为,$h = 6.545 \times 10^{-27}$。后来又用各种不同的方法经过无数次计算进行了修正。这是理论物理力量所在的一个极好的例证。

量子理论很快地传开了,并且毫不费力地渗透到物理学的各个分支。当量子理论的引入克服了关于气体比热的某些困难的时候,这首先使得爱因斯坦,后来使能斯特和林德曼,最后又使德拜、玻恩和冯·卡门以更为理想的形式建立了适用于固体比热的理论,并解释了为何符合经典统计的杜隆-珀蒂定律具有明显的例外,它和瑞利定律一样只有一个仅适用于某一有限值域的形式。

量子理论还渗透到一门出乎人们意料的学科:气体理论。玻耳兹曼方法在熵的表达式中留下了一个附加的不确定常数。普朗克为了阐明能斯特定理并希望对化学常数作出严格的预测,他认为必须引入量子,以一种相当反常的形式给分子的相空间体积元一个等于 h^3 的有限量值。

光电效应的研究产生了一个新的谜。人们称光电效应为辐射条件下放射出的运动电子。实验表明,其实不然,放射出的电子的能量,与激发辐射的频率有关而与其强度无关。1905 年爱因斯坦报告了这一奇怪的现象并认为辐射可能仅只能按量子 $h\nu$ 被吸收:如果认为此时电子吸收能量为 $h\nu$,而它从物质中逃逸时应消耗功为 w,则它净得动能将是 $h\nu-w$,这个规律得到了很好的证实。他感觉到,有必要以某种方式再回到光的粒子观念;因而提出假说认为所有频率为 ν 的辐射都是数值为 $h\nu$ 的能量原子的发射。光的这种量子假说被简单地认为与波动光学的所有事实相悖因而被大多数物理学家所拒绝,正当洛伦兹、金斯和其他一些人在强烈反对这种学说的时候,爱因斯坦以在黑体辐射涨落的研究中同样发现的辐射能量不连续性来批驳他们。1911 年在布鲁塞尔召开的由索尔维资助的物理学国际会议上集中讨论了量子问题。正是在这次会议之后,庞加莱在其逝世前不久发表了一组关于量子理论的文章,指出了接受普朗克思想的必要性。

1913 年诞生了玻尔的原子理论。他与卢瑟福和布鲁克(Broek)认为原子由一带正电的原子核和在核周围的电子云组成,核带有 N 个基本正电荷。每个基本电荷的电量是 4.77×10^{-10}esu,电子数目也是 N,故整个原子的电荷呈中性。N 是原子序数,即该元素在门捷列夫周期表中的序数。为了预言光的频率,尤其是对于氢,因为它的原子只有一个电子而显得格外简单,玻尔作了以下两条假设:

(1) 在电子围绕原子核运动所能描绘出的无限多条轨道中,只有确定的几条是稳定的;其稳定性条件与普朗克常数有关。我们将在第三章中详述这一假设的实质。

(2) 当原子的电子由一条稳定轨道跃迁到另一条稳定轨道时,将发射或吸收一个频率为 ν 的能量量子;因此发射频率或吸收频率 ν 与原子总能量的改变量 $\delta\varepsilon$ 有关,其关系式为$|\delta\varepsilon|=h\nu$。

众所周知,十多年来玻尔理论取得了极大的成功。它很快就能对电离的氢和氦的光谱线作出预言;对 X 射线谱的研究以及建立的原子序数与伦琴范围的谱线位置之间的著名的莫雷定律,大大地拓展了玻尔理论的应用范围。索末菲、爱泼斯坦(Epstein)、史瓦西、玻尔本人和其他一些人不断地完善了这一理论,给出了更为普适的量子化条件,解释了斯塔克和塞曼效应以及光谱线的细节,等等。但是,人们对量子的深刻含义并未完全了解。莫里斯·德布罗意对 X 射线光电效应的研究,卢瑟福和艾利斯(Ellis)对 γ 射线光电效应的研究,越来越加强了这些辐射的粒子性特征。能量量子 $h\nu$ 似乎越来越像光的真正原子。然而,以前反对这种观点的意见依然存在,甚至在 X 射线的领域中,波动理论也取得了很好的成功:能预言劳厄的干涉现象和散射现象(德拜和布拉格的工作,等)。不过,最近康普顿也用粒子观点来解释散射了:他的理论和实验都表明在电子散射过程中每次辐射都必定要失去一定量的动量,就像在碰撞过程中发生的情况一样;当然,辐射量子的能量因此而减小。所以,被散射的辐射的频率随散射角度而变,而且要比入射辐射的频率为小。

总之,努力将粒子观点和波动观点统一起来并进一步深刻认识量子的真正含义的时刻似乎来到了,这就是我们最近正在做的工作。本文的目的主要是介绍我们所提出的新思想的一种比较完全的表述,以及这些新思想给我们带来的成功和它们的种种缺陷。[①]

第一章 相 位 波

一、量子和相对论的关系

相对论所引入的若干比较重要的新概念之一是质能关系。根据爱因斯坦理论,能量应被看成是有质量的,而所有质量皆可表为能量。质量 m 和能量 E 总是彼此联系在一起的,它们之间的普适关系为

$$E = mc^2,$$

式中 c 是称为"**光速**"的常数,然而我们倾向于称之为"**能量的极限速度**",其理由将在下面陈述。既然质量和能量之间总是存在着比例关系,因而,我们应将物质和能量看作描述同一物理实体的两个同义词。

首先是原子理论,后来又有电子理论促使我们将物质视为实在,是分立的东西。这就使我们联想到,所有能量的形式即使不是完全集中在空间的某些小区域,至少也是凝聚在某些奇点的周围。这与关于光的原始想法是相反的。

质能关系赋予静止质量(亦即与该物体固结在一起的观测者所测得的物体质量)为 m_0 的物体一个静能 $m_0 c^2$。若该物体以速度 $v = \beta c$ 相对于一个观测者做匀速运动,且为了简单起见,我们设观测者静止不动,则根据相对论动力学的已知结果,观测者将测出该物体的质量值为 $m_0 / \sqrt{1 - \beta^2}$,故其能量将是 $m_0 c^2 / \sqrt{1 - \beta^2}$。由于物体的动能可以由静止观测者从测量该物体由静止过渡到速度 $v = \beta c$ 时其能量的增加来确定,所以动能的值有如下表达式:

$$E_{dyn} = \frac{m_0 c^2}{\sqrt{1 - \beta^2}} - m_0 c^2 = m_0 c^2 \left(\frac{1}{\sqrt{1 - \beta^2}} - 1 \right),$$

① 在这里我列举几本处理量子问题的专著:

Perrin. J. , *Les atomes* , Alean, (1913).

Poincare'. H. , *Derntères pensées* , Flammarion, (1913).

Bauer. E. , *Recherches sur le rayonnement* , 博士论文, (1912).

Lengevin. P. , et M. de Broglie(ed.), *La théorie du rayonnement et les quanta*(第一届索尔维会议), (1911).

Planck. M. , *Theorie der wärmestrahlung* , J. -A. Barth, (第四版)Leipzig. (1921).

Brillouin. L. , *La théorie des quanta et l'atome de Bohr*(私人通信) (1921).

Reiche. F. , *Die quantentheorie* , J. Springer, Berlin, (1921).

Sommerfeld. A. , *La constitution de l'atome et les raies spectrales* , Trad, Bellenot, A. Blanchard, (1923).

Lande. A. , *Vorschritte der quantentheorie* , F. Steinhopff, Dresde, (1922).

Atomes et électrons(第三届索尔维会议), Gauthier-villars, (1923).

显而易见,当 β 值很小时此式便回到经典形式

$$E_{dyn} = \frac{1}{2} m_0 v^2 \text{。}$$

回顾了这些之后,我们再来研究量子将以何种方式进入相对论动力学中。我们认为量子理论的基本思想是不可能研究与频率(ν)无关的孤立能量(E)的。这种联系可用下式表示,我称此式为量子关系:

$$E = h\nu\text{,}$$

式中 h 为普朗克常数。

量子理论的发展多少突出了力学的作用,人们已多次研究试图从这个量子关系出发给出一个与作用量而不是与能量有关的说明。的确,常数 h 具有作用量的量纲,即 ML^2T^{-1},这并非偶然的巧合,而是因为相对论告诉我们,作用量属于物理学中一类主要的"**不变量**"。但是,作用量是一种十分抽象的特征量。我们在对光量子和光电效应作了反复深入的思考之后重新回到能量表述的基础上,来研究一下为何作用量在许多问题中起着如此大的作用。

若能量可以在空间连续分布,毫无疑问量子关系就没有什么意义了。但是我们刚刚看到的事实并非如此。因而我们可以设想,按照自然界的一条重要规律,一个频率为 ν_0 的周期性变化现象都是与静质量为 m_0 的一个能量单元缔合着的,即有

$$h\nu_0 = m_0 c^2 \text{。}$$

当然,ν_0 是在与能量子一起运动的体系中测量的。这条假设是我们思想体系的基础:与所有其他假设一样,我们可以用它导出很多有价值的结果。

我们是否应当假定这种周期性变化现象是限制在能量单元内部的呢?完全没有必要。这是第三节中将要讨论的问题。这种周期现象毫无疑问是分布在一定的空间范围内的。此外,是否还要弄明白什么是能量单元的内部?依我们看来,电子就是孤立能量单元的一个典型例子。当然经过深入了解也许我们的看法是错的。根据可以接受的观念,电子的能量是分布在整个空间的,但只在线度极小的一个区域内才有极高的能量密度。对这个小区域的性质我们还很不了解。我们将电子描绘成一个能量粒子,它不是占据空间的一个很小位置;我愿再重复说一遍,它占据着整个空间,不可分割,构成一个**整体**。[①] 这是事实。

在承认了与能量单元相缔合有一个频率存在之后,我们再来研究该频率对于不动的观测者是怎样表现的。这个问题在前面业已提出。

洛伦兹-爱因斯坦的时间变换告诉我们,与运动物体相缔合的周期现象对静止不动的观测者来说似乎变化了,其关系为 1 与 $\sqrt{1-\beta^2}$ 之比,这就是著名的时钟变慢,因此,静止观测者所看到的频率为

$$\nu_1 = \nu_0 \sqrt{1-\beta^2} = \frac{m_0 c^2}{h} \sqrt{1-\beta^2} \text{。}$$

另一方面,由于相对于同一观测者来说运动物体的能量等于 $m_0 c^2 / \sqrt{1-\beta^2}$,根据量子关

---

① 参看第四章,关于几个带电中心的相互作用所表现出来的困难。

系式,相应的频率为 $\nu = m_0 c^2/h\sqrt{1-\beta^2}$ 。这两个频率 ν_1 和 ν,显然是不同的,因为因子 $\sqrt{1-\beta^2}$ 在这两个式子中的位置不同。这里遇到了一个困难,使我长期困惑不解;只是在证明了如下定理(我们称之为"相位和谐定理")之后我才排除了这一困难:

与运动物体相缔合的,其相对于静止观测者的频率等于 $\nu_1 = \dfrac{1}{h}m_0 c^2\sqrt{1-\beta^2}$ 的周期性变化的现象,在静止观测者看来总是与如下一种波同相位,这种波的频率为 $\nu = \dfrac{1}{h}m_0 c^2/\sqrt{1-\beta^2}$,其传播方向与以速度 $V = \dfrac{c}{\beta}$ 运动的物体的运动方向相同。

证明是简单的,设在时刻 $t=0$ 时,与运动物体相缔合的周期性变化的现象和前面定义的波有相同的相位,而到时刻 t 运动物体走过的距离等于 $x = \beta c t$,周期性变化现象的相位改变了 $\nu_1 t = (m_0 c^2/h\sqrt{1-\beta^2})(x/\beta c)$;则与运动物体同向传播的波的相位改变为

$$\nu\left(t - \frac{\beta x}{c}\right) = \frac{m_0 c^2}{h}\frac{1}{\sqrt{1-\beta^2}}\left(\frac{x}{\beta c} - \frac{\beta x}{c}\right)$$
$$= \frac{m_0 c^2}{h}\sqrt{1-\beta^2}\frac{x}{\beta c}。$$

正如我们上面所述,它们的相位总是相同的。

对此定理还可以给出另一个实质上相同,但却更为鲜明的证明,若 t_0 表示与运动物体一起运动的观测者的时间(运动物体的本征时间),则洛伦兹变换给出

$$t_0 = \frac{1}{\sqrt{1-\beta^2}}\left(t - \frac{\beta x}{c}\right)。$$

我们所设想的该周期性现象对于同一观测者可用 $\nu_0 t_0$ 的正弦函数来表示。对于静止观测者,它可以用 $\dfrac{\nu_0}{\sqrt{1-\beta^2}}\left(t - \dfrac{\beta x}{c}\right)$ 的同一正弦函数来表示。这个函数表示频率为 $\nu_0/\sqrt{1-\beta^2}$ 且以速度 $\dfrac{c}{\beta}$ 在与运动物体相同方向上传播的波。

现在我们需要考虑想象中的这个波的性质,这个波的速度 $V = \dfrac{c}{\beta}$ 必定大于 c(因为 β 总小于 1,否则质量将成为无穷大或是虚数)。这一事实表明它不可能是传播能量的波。此外,我们的定理还告诉我们关于想象的**相位在空间中的分布**。这就是所谓"**相位波**"。

为了更清楚地说明这一点,我们将它与力学作一粗略的比较,当然这只是一种想象中的比较。假如有一半径很大的水平圆台,在这个圆台上悬挂着许多相同的体系,而每个体系皆由在末端挂一重物的螺旋弹簧组成。在平台上单位面积内悬挂的这种体系的数目,即它们的密度,随着距离平台圆心越远而很快减小,就仿佛这些系统凝聚在这个圆心的周围一样。由于所有这些弹簧——重物系统都是一样的,因而它们都具有相同的周期,这是指使它们作相同振幅和相同相位的振动时而言的。所有重物的质心所在的面是一个平面。随着重物的上下运动这个面也上升和下降。这样得到的所有系统的组合可以跟我们设想的孤立能量单元作一粗略的类比。我们上面所做的描述是站在平台上的观测者所看到的情形。若另有一位观测者看到平台以速度 $v = \beta c$ 做匀速平动。每个重物在他看来正在经受着时钟变慢的爱因斯坦效应;此外,由于洛伦兹收缩,圆平台和这些振动系统的分布不再是中心对称的了。于是,我们看到的基本事实(我们将在第三节中

阐述)是各个重物的相位不同了。如果在某一给定时刻,静止观测者测量各个重物质心的几何位置,那么他所得到的将是一个在水平方向的圆柱面。这个面与平台速度方向平行而与竖直面的交线是一些正弦曲线。在所研究的这个特例中圆柱面对应于我们的相位波;而根据一般定理,这个面具有一个与平台速度平行的速度 c/β,且在这个面内横坐标固定的一点的振动频率等于弹簧的振动频率乘以因子 $1/\sqrt{1-\beta^2}$。从这个例子人们可以清楚地看到(这就是我们为何要用这么长的时间来讲这个例子的理由),相位波是如何与相位的移动相对应的,而与能量的迁移毫不相关。

我们认为上面的一些结果是十分重要的。因为这些结果来源于受量子概念有力的推动所提出的一个假设,从而建立了运动物体的运动和波的传播之间的联系,这使我们隐约地看到了将这两个关于辐射本质的对立的理论统一起来的可能性。我们已经看到相位波的直线传播同物体的直线运动之间的联系:将费马原理应用于相位波可以确定这些射线的形式是直线,而将莫培督原理应用于运动物体则可确定物体的直线轨道是波的一个波阵面。在第二章中我们将要推广这种巧合。

二、相速度和群速度

现在需要来证明运动物体的速度和相位波的速度之间存在的一个重要关系。若频率相近的几个波在同一个方向 ox 上以速度 V 传播。我们称 V 为相位的传播速度,如果 V 以频率 ν 变化,则由这些波的叠加就得到相的现象。瑞利勋爵特别研究了色散介质中的这一现象。

现在来考虑频率相近而分别为 ν 和 $\nu' = \nu + \mathrm{d}\nu$,速度为 V 和 $V' = V + \dfrac{\mathrm{d}V}{\mathrm{d}\nu}\delta\nu$ 的两个波;我们可用公式解析地表示这两个波的叠加,下式是在略去了 $\delta\nu$ 的二次项(与 ν 相比小得多)的条件下得到的:

$$\sin 2\pi\left(\nu t - \frac{\nu x}{V} + \varphi\right) + \sin 2\pi\left(\nu' t - \frac{\nu' x}{V'} + \varphi'\right)$$

$$= 2\sin 2\pi\left(\nu t - \frac{\nu x}{V} + \varphi\right)\cos 2\pi\left[\frac{\delta\nu}{2}t - x\frac{\mathrm{d}\left(\dfrac{\nu}{V}\right)}{\mathrm{d}\nu}\frac{\delta\nu}{2} + \varphi'\right].$$

因此,我们得到了一个振幅变频率 $\delta\nu$ 调制的正弦合成波,因为余弦符号作用不大。这是众所皆知的结果。若以 U 表示相传播的速度,即波的群速度,则有

$$\frac{1}{U} = \frac{\mathrm{d}\left(\dfrac{\nu}{V}\right)}{\mathrm{d}\nu}.$$

我们再来讨论相位波,如果给予运动物体一个速度 $v = \beta c$,而 β 的值没有完全确定,仅要求这个速度在 β 和 $\beta + \delta\beta$ 之间;其缔合波的频率在一个很小的区间 ν 和 $\nu + \mathrm{d}\nu$ 之间。

现在我们来证明如下定理,以后我们要用到它:"**相位波的群速度等于运动物体的速度。**"实际上,该群速度可由上述公式确定,式中 v 和 ν 可以看成是 β 的函数,因为有

$$V = \frac{c}{\beta}, \quad \nu = \frac{1}{h}\frac{m_0 c^2}{\sqrt{1-\beta^2}},$$

故有

$$U = \frac{\mathrm{d}\nu}{\mathrm{d}\beta} \Big/ \frac{\mathrm{d}\left(\dfrac{\nu}{V}\right)}{\mathrm{d}\beta},$$

其中

$$\frac{\mathrm{d}\nu}{\mathrm{d}\beta} = \frac{m_0 c^2}{h} \frac{\beta}{(1-\beta^2)^{3/2}},$$

$$\frac{\mathrm{d}\left(\dfrac{\nu}{V}\right)}{\mathrm{d}\beta} = \frac{m_0 c}{h} \frac{\mathrm{d}\left(\dfrac{\beta}{\sqrt{1-\beta^2}}\right)}{\mathrm{d}\beta} = \frac{m_0 c}{h} \frac{1}{(1-\beta^2)^{3/2}},$$

于是

$$U = \beta c = v。$$

相位波的群速度正好等于运动物体的速度。这个结果使我们注意到：在色散的波动理论中，除了吸收区域之外，能量的速度就等于群速度。[①] 尽管这里用到了一个很不同的观点，却得出了类似的结果。因为运动物体的速度不是别的，正是能量迁移的速度。

三、在时空中的相位波

闵可夫斯基首先指出，若引入一个称为宇宙或时空的四维欧几里得坐标系，就能以简单的几何表示法得到爱因斯坦的时空关系。为此，我们取三条正交的空间坐标轴和一个与此三轴皆垂直的第四轴，这第四轴表示时间和因子 $\sqrt{-1}c$ 的乘积。目前在第四轴上往往仅标出实数 ct，然而，在过这条轴且与空间垂直的一些平面上是满足双曲型欧几里得几何学的，而其基本不变量为

$$c^2 \mathrm{d}t^2 - \mathrm{d}x^2 - \mathrm{d}y^2 - \mathrm{d}z^2。$$

现在我们来研究由"**静止**"的观测者所在的四条正交轴构成的时空。将运动物体的直线轨迹取为 x 轴，而我们的纸面表示由时间轴和上述轨迹构成的平面 otx。在这样的条件下，与时间轴的夹角不超过 $45°$ 的斜线表示运动物体的世界线；此外，这条直线还表示与物体一起运动的观测者的时间轴。我们在图 1 上画出相交于原点的这两条时间轴，这样画并不失其普遍性。

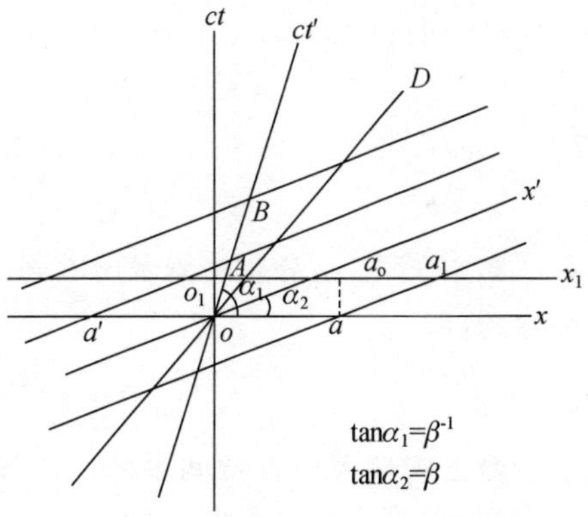

若运动物体相对于静止观测者的速度为 βc，

图　1

而 ot' 的斜率为 β^{-1}。在时刻 o 画在观测者空间中的平面 tox 上的直线 ox' 与 ot' 关于角平分线 oD 是对称的；应用洛伦兹变换，采用解析法很容易证明这一点。当然由此可以立即得出这样的事实，即能量的极限速度 c 对于所有参考系都是相同的。故而 ox' 的斜率为 β。如果运动物体周围的空间发出周期性的现象，而该现象当经过时间 $\frac{1}{c}\overline{oA} = \frac{1}{c}\overline{AB}$ 时的本征周期为 $T_0 = \nu_0^{-1} = h/m_0 c^2$，则随物体一起运动的观测者将看到空间状态恢复到原样。

[①] 参阅 Léon Brillouin 在 *La théorie des quanta et l'atome de Bohr* 一书第一章的例。

因此，与 ox' 平行的直线是在平面 xot 上运动的观测者的"**等相位空间**"的轮廓线，点 $\cdots a', o, a \cdots$ 表示上述等相位空间在时刻 $t=0$ 时与静止观测者所以空间相交部分的投影；这两个三维空间的相交部分是一些二维曲面，甚至是平面，因为此地所考虑的空间都是欧几里得空间，当时间相对于静止观测者流过时，对于该观测者是空间的那部分时空可以用与 ox 平行的一条直线来表示，此直线向着 t 增加的方向匀速移动。我们很容易看出等相位面 $\cdots a', o, a \cdots$ 在静止观测者的空间中以速度 c/β 移动。实际上，若以图 1 中直线 $o_1 x_1$ 表示在时间 $t=1$ 时静止观测者的空间，则有 $\overline{aa_0}=c$。在 $t=0$ 时处于 a 处的相位现在移到了 a_1 处；对于静止观测者来说，相位在该观测者空间中，单位时间内沿着 ox 移动了 $\overline{a_0 a_1}$ 长度。因此，可以说其速度为

$$V = \overline{a_0 a_1} = \overline{aa_0}\cot(\angle x\hat{o}x') = c/\beta.$$

这些等相位平面的集合构成了我们所说的相位波。

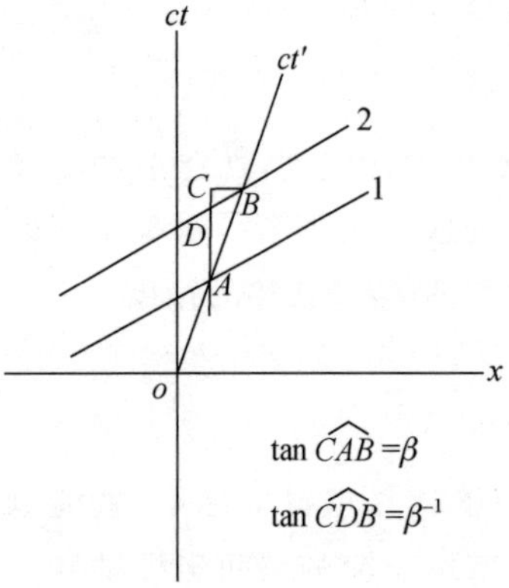

余者要研究的是频率问题，我们再画一个小的简图（如图 2 所示），直线 1 和 2 表示有关观测者的两个相邻的等相位空间；而 $\overline{AB}$，我们已经说过等于 c 乘以本征时间 $T_0 = h/m_0 c^2$。

$\overline{AB}$ 在轴 ot 上的投影 $\overline{AC}$ 等于

$$cT_1 = cT_0/\sqrt{1-\beta^2}.$$

$$\tan\widehat{CAB} = \beta$$
$$\tan\widehat{CDB} = \beta^{-1}$$

图　2

这个式子可以简单地由三角关系得到；但是，我们要注意在对平面 xot 上的图应用三角关系时必须明白该平面是各向异性的。三角形 ABC 给出

$$\overline{AB}^2 = \overline{AC}^2 - \overline{CB}^2 = \overline{AC}^2(1-\tan\angle CAB) =$$
$$= \overline{AC}^2(1-\beta^2),$$
$$\overline{AC}^2 = \overline{AB}^2/\sqrt{1-\beta^2} \text{（证毕）}.$$

频率 $1/T_1$ 是静止观测者所看到的周期性现象的频率，这个观测者的两眼紧盯着现象移动，即

$$\nu_1 = \nu_0\sqrt{1-\beta^2} = (m_0 c^2/h)\sqrt{1-\beta^2}.$$

静止观测者所在空间中的一点的波的周期不是由 $\frac{1}{c}\overline{AC}$ 给出，而是 $\frac{1}{c}\overline{AD}$ 得到的，我们现在来计算这个量。

在小三角形 BCD 中，我们有关系

$$\overline{CB}/\overline{DC} = \beta^{-1}, \quad \text{从而} \quad \overline{DC} = \beta\overline{CB} = \beta^2\overline{AC},$$

但因 $\overline{AD} = \overline{AC} - \overline{DC} = \overline{AC}(1-\beta^2)$，因此，新的周期 T 等于

$$T = \frac{1}{c}\overline{AC}(1-\beta^2) = T_0\sqrt{1-\beta^2}.$$

波的频率 ν 由下式表示

$$\nu = T^{-1} = \nu_0/\sqrt{1-\beta^2} = m_0 c^2/h\sqrt{1-\beta^2}.$$

于是，我们又得到了在第一节中用解析法得到的所有结果。当然，我们现在清楚地看到这些结果是如何与时空的一般概念相联系的，以及为何发生在空间不同点处的周期

运动的相位差总是与相对论中的同时性有关。

第二章 莫培督原理和费马原理

一、本章目的

在本章中我们将努力将第一章所得到的结果推广到做非匀速直线运动的物体的情形中去。运动的改变表明存在力场。运动物体受到该场的作用,就目前我们的知识而言,似乎只存在两种场:**引力场**和**电磁场**。广义相对论将引力场归结为时空弯曲。在本文中,我们不打算系统地考虑引力问题,而将此留待另外一篇文章中去讨论。因此,眼下我们所说的力场为电磁场,而关于运动变化的动力学则为带电物体在电磁场中的运动。

可以预料在本章中我们会遇到很大的困难,因为尽管相对论在处理匀速运动的问题中非常可靠,但是对于非匀速运动所作的结论,人们还没有完全搞清。最近爱因斯坦在巴黎逗留期间,班勒卫(Painlevé)提出一些很有趣的不同意见企图来诘难相对论;朗之万不费吹灰之力就化解了班勒卫的异议。这些意见都与加速度有关,而洛伦兹-爱因斯坦变换只适用于匀速运动。这位著名数学家的诘难再次证明了在处理加速度问题时不能应用爱因斯坦的狭义相对论思想,就搞清问题来说,这场争论对众人都是有益的。第一章中讨论相位波的方法在加速度问题中显得无能为力。

按照我们的观念,我们认为缔合于运动物体的相位波的有些性质与运动物体本身的特性有关,例如其频率就决定于物体的总能量。因此,自然可以设想,若一个力场对物体的运动有影响,那它也必然对该物体的相位波的传播有影响,依据最小作用量原理与费马原理之间所具有的深刻一致性,我从对这个问题的研究一开始就已经意识到,对于运动物体的总能量的一个给定值,必然对应于它的相位波的一个给定频率。物体动力学的可能轨道与波的可能波阵面射线重合,这使得我得到一个相当满意的结果,此结果将在第三章中叙述。它能解释玻尔所确立的原子内部稳定性条件。但不幸的是,这个理论必须假设场中每一点的相位波传播速度 V 是任意的,这里我们将采用一种我们认为更为普遍更为满意的方法,一方面可用来研究经典动力学和相对论动力学中的哈密顿或莫培督形式的最小作用量原理,另一方面又可以非常普遍的观点来研究波的传播的费马原理。我们将对这两项研究进行综合。对这种综合当然可以讨论,但是作此综合所采用的理论的完美性是无可置疑的,与此同时,我们还将给出所提问题的解。

二、经典动力学中最小作用量的两个原理[*]

经典动力学中哈密顿形式的最小作用量原理表述为:

"**动力学方程可由如下事实导出,即由确定系统的状态参量 q_i 的给定的初态值和末**

---

[*] 在译文中将采用**爱因斯坦求和约定**。

态值所对应的两个时间界限之间的积分 $\int_{t_1}^{t_2} L\,\mathrm{d}t$，应有一个极值。"根据定义，$L$ 称为拉格朗日量（即 **Lagrangian**），并假定它是 q_i 和 $\dot{q}_i = \mathrm{d}q_i/\mathrm{d}t$ 的函数。

即有

$$\delta \int_{t_1}^{t_2} L\,\mathrm{d}t = 0\,。$$

由上式并利用变分原理的一般方法可导出所谓拉格朗日方程

$$\frac{\mathrm{d}}{\mathrm{d}t}\left(\frac{\partial L}{\partial \dot{q}_i}\right) = \frac{\partial L}{\partial \dot{q}_i}\,。$$

方程数等于变量 $\dot{q}_i$ 的数目。

下面来求函数 L。经典动力学中令

$$L = E_{\mathrm{dyn}} - E_{\mathrm{pot}}\,，$$

即动能 E_{dyn} 和势能 E_{pot} 之差。稍后我们将会看到，相对论动力学中的 L 有另一表达式。

现在我们再来研究最小作用量原理的莫培督形式。为此，首先让我们注意一下由上述拉格朗日方程的一般形式所确定的首次积分，即所谓"**系统的能量**"。其值等于

$$W = -L + \dot{q}_i\frac{\partial L}{\partial \dot{q}_i}\,。$$

其条件为函数 L 不显示时间，我们假设这一条件总是成立的，实际上，有

$$\frac{\mathrm{d}W}{\mathrm{d}t} = -\dot{q}_i\frac{\partial L}{\partial q_i} - \ddot{q}_i\frac{\partial L}{\partial \dot{q}_i} + \ddot{q}_i\frac{\partial L}{\partial \dot{q}_i} + \dot{q}_i\frac{\mathrm{d}}{\mathrm{d}t}\left(\frac{\partial L}{\partial \dot{q}_i}\right)$$

$$= \dot{q}_i\left[\frac{\mathrm{d}}{\mathrm{d}t}\left(\frac{\partial L}{\partial \dot{q}_i}\right) - \frac{\partial L}{\partial q_i}\right]\,。$$

根据拉格朗日方程，此式等于零，故有

$$W = \mathrm{const.}\,。$$

将哈密顿原理应用于由初态 A 到末态 B，而与能量 W 的确定值相应的所有"**变化**"轨迹。由于 W，t_1 和 t_2 均为常数，则可写出

$$\delta \int_{t_1}^{t_2} L\,\mathrm{d}t = \delta \int_{t_1}^{t_2}(L+W)\,\mathrm{d}t = 0\,，$$

还可写成

$$\delta \int_{t_1}^{t_2} \dot{q}_i\frac{\partial L}{\partial \dot{q}_i}\,\mathrm{d}t = \delta \int_A^B \frac{\partial L}{\partial \dot{q}_i}\,\mathrm{d}q_i = 0\,。$$

最后一个积分是对 q_i 由状态 A 和 B 决定的值之间所有的 q_i 值进行的，因而消去了时间；所以，在所得的新形式中不再要求对时间有任何限制。相反，所有变化轨道都应与能量的同一个 W 值相对应。

按照正则方程的经典表示法，我们令 $p_i = \partial L/\partial \dot{q}_i$。所有的 p_i 都是变量 q_i 的共轭动量，于是莫培督原理可以写作

$$\delta \int_A^B p_i\,\mathrm{d}q_i = 0\,。$$

在经典动力学中，$L = E_{\mathrm{dyn}} - E_{\mathrm{pot}}$，$E_{\mathrm{pot}}$ 与 $\dot{q}_i$ 无关，而 E_{dyn} 是 $\dot{q}_i$ 的二次齐次函数，根据欧拉定理：

$$p_i\,\mathrm{d}q_i = p_i\dot{q}_i\,\mathrm{d}t = 2E_{\mathrm{dyn}}\,\mathrm{d}t\,。$$

对于单个质点，$E_{dyn}=\dfrac{1}{2}mv^2$。最小作用量原理取其原始形式

$$\delta\int_A^B mv\,\mathrm{d}l=0,$$

式中 $\mathrm{d}l$ 为轨道的线元。

三、在电子动力学中的两个最小作用量原理

现在我们以相对论观点再来讨论电子的动力学问题。在这里应将"**电子**"一词理解为带有电荷的质点，我们假定电子具有静质量 m_0，且处于任何场之外；其电荷用 e 表示。

我们再来考虑时空；空间坐标称为 x^1,x^2 和 x^3，时间坐标 ct 用 x^4 表示。基本不变量"长度元"由下式定义：

$$\mathrm{d}s=\sqrt{(\mathrm{d}x^4)^2-(\mathrm{d}x^1)^2-(\mathrm{d}x^2)^2-(\mathrm{d}x^3)^2}。$$

从这一节开始，我们将要用到张量计算的某些符号。

世界线在每一点都有确定的切线，其方向是"**宇宙速度**"矢量的方向。宇宙速度的大小由单位长度表示，其各逆变分量由下列给出：

$$u^i=\mathrm{d}x^i/\mathrm{d}s \quad (i=1,2,3,4),$$

我们可以很快证明有：$u^i u_i=1$。

设一运动物体描绘出一条世界线；当它经过所考虑的一点时，具有速度 $v=\beta c$，其分量分别为 v_1,v_2,v_3。宇宙速度的分量为

$$u_1=-u^1=-\frac{v_1}{c\ \sqrt{1-\beta^2}}, \qquad u_2=-u^2=-\frac{v_2}{c\ \sqrt{1-\beta^2}},$$

$$u_3=-u^3=-\frac{v_3}{c\ \sqrt{1-\beta^2}}, \qquad u_4=-u^4=-\frac{1}{\sqrt{1-\beta^2}}。$$

为了定义电磁场，我们还要引入第二个宇宙矢量。该矢量的各分量可用矢势 a 和标势 φ 的函数来表示，它们有如下关系：

$$\varphi_1=-\varphi^1=-a_1, \qquad \varphi_2=-\varphi^2=-a_2,$$

$$\varphi_3=-\varphi^3=-a_3, \qquad \varphi_4=-\varphi^4=\frac{1}{c}\varphi。$$

现在让我们来考虑时空中与空间和时间的给定值相对应的两点 P 和 Q，我们可以研究沿着从 P 到 Q 的一条世界线进行的曲线积分；当然，被积函数应该是不变的，即积分

$$\int_P^Q (-m_0 c-e\varphi_i u^i)\mathrm{d}s=\int_P^Q (-m_0 cu_i-e\varphi_i)u^i\mathrm{d}s。$$

哈密顿原理认为，若运动物体的世界线经过 P 和 Q，则这条世界线具有的形式是使上面所定义的积分有一极值。

我们用下面的关系来定义第三个宇宙矢量：

$$J_i=m_0 cu_i+e\varphi_i \quad (i=1,2,3,4),$$

最小作用量原理表示成

$$\delta\int_P^Q (J_1\mathrm{d}x^1+J_2\mathrm{d}x^2+J_3\mathrm{d}x^3+J_4\mathrm{d}x^4)=\delta\int_P^Q J_i\mathrm{d}x^i=0。$$

下面我们将要介绍宇宙矢量 J 的物理意义。

现在，我们再回到动力学方程的通常形式。用 $cdt\sqrt{1-\beta^2}$ 代替作用量第一积分形式中的 ds。这样便有

$$\delta\int_{t_1}^{t_2}\left[-m_0c^2\sqrt{1-\beta^2}-ec\varphi_4-e(\varphi_1v_1+\varphi_2v_2+\varphi_3v_3)\right]dt=0,$$

式中 t_1 和 t_2 与时空中的点 P 和 Q 相对应。

若存在一个纯静电场，此时量 $\varphi_1,\varphi_2,\varphi_3$ 皆为零。拉格朗日方程将取如下通常的形式：

$$L=-m_0c^2\sqrt{1-\beta^2}-e\varphi。$$

在任何情况下，哈密顿原理都取形式 $\delta\int_{t_1}^{t_2}Ldt=0$，所以总可以得到如下形式的拉格朗日方程：

$$\frac{d}{dt}\left(\frac{\partial L}{\partial\dot{q}_i}\right)=\frac{\partial L}{\partial q_i}\quad(i=1,2,3,4)。$$

在势能与时间无关的任何情况下，都有能量守恒：

$$W=-L+p_i\dot{q}_i=\text{const.}，\text{式中 } p_i=\frac{\partial L}{\partial\dot{q}_i}\quad(i=1,2,3)。$$

如果严格按照与前面相同的步骤，即得莫培督原理

$$\delta\int_A^B p_i dq_i=0。$$

对于所采用的参考系来说，A 和 B 是与时空中 P 和 Q 相应的两个点。

量 p_1,p_2,p_3 等于函数 L 对相应速度的偏导数。用这些量可以定义矢量 $\boldsymbol{p}$。我们称之为"**动量矢量**". 如果没有磁场（不论有或是没有电场），该矢量的几个正交分量为

$$p_1=\frac{m_0v_1}{\sqrt{1-\beta^2}},\quad p_2=\frac{m_0v_2}{\sqrt{1-\beta^2}},\quad p_3=\frac{m_0v_3}{\sqrt{1-\beta^2}}。$$

因而，它与动量相对应。莫培督作用量的积分取莫培督本人提出的简单形式，其唯一的区别是现在的质量随速度的变化必须满足洛伦兹规律。

若存在磁场，则动量矢量的分量取如下表达式：

$$p_1=\frac{m_0v_1}{\sqrt{1-\beta^2}}+ea_1,\quad p_2=\frac{m_0v_2}{\sqrt{1-\beta^2}}+ea_2,\quad p_3=\frac{m_0v_3}{\sqrt{1-\beta^2}}+ea_3。$$

矢量 $\boldsymbol{p}$ 与动量不再一样了；因而，作用量的积分形式变得更为复杂。

考虑在场中运动的物体，其总能量为已知；在物体可以到达的场中任意一点，其速度由能量方程给出，然而开始时速度的方向可以是**任意**的。p_1,p_2 和 p_3 的表达式表明，不论所研究的方向如何，动量矢量在静电场中某一点有相同的大小。而当存在磁场时情况就不同了：矢量 $\boldsymbol{p}$ 的大小与所取方向和矢势之间的夹角有关，正如我们在建立表达式 $p_1^2+p_2^2+p_3^2$ 时所看到的那样。关于这一点我们以后要用到。

作为本节的结束，我们回过头来讨论哈密顿积分及与之有关的宇宙动量矢量 $\boldsymbol{J}$ 的物理意义，$\boldsymbol{J}$ 由下式定义：

$$J_i=m_0cu_i+e\varphi_i\quad(i=1,2,3,4)。$$

借助于 u_i 和 φ_i 的值，可求得

$$J_1 = -p_1, \qquad J_2 = -p_2, \qquad J_3 = -p_3, \qquad J_4 = -W/c。$$

其递变分量为

$$J^1 = p_1, \qquad J^2 = p_2, \qquad J^3 = p_3, \qquad J^4 = W/c。$$

因此,我们是在和著名的**"宇宙动量"**矢量打交道,该矢量综合了能量和动量。

由

$$\delta \int_P^Q J_i \mathrm{d}x^i = 0 \quad (i = 1,2,3,4)。$$

若 J_4 为常数,则立刻可得

$$\delta \int_A^B J_i \mathrm{d}x^i = 0 \quad (i = 1,2,3)。$$

此即由稳定态作用量的一种表述过渡到另一种表述的最紧凑的说明方法。

四、波的传播;费马原理

我们将采用一种与前两节中相仿的方法来研究正弦现象的相位传播。为此,我们将以非常一般的观点再来研究时空。

考虑函数 $\sin\varphi$。在这个函数中,假定 φ 的微分与时空变量 x^i 有关。在时空中有无数条世界线,沿着这些线 φ 函数均为常数。

主要是由惠更斯和菲涅耳的工作得到的波动理论,使我们能从这些线中区分出这样一种线,它们在观测者所在空间上的投影对于观测者来说正是光学中普通意义下的**"光线"**。

与前面一样,假设 P 和 Q 是时空中的两个点。如果有一世界线经过这两点,那么该线的形状将按什么规律来确定呢?

我们考虑曲线积分 $\int_P^Q \mathrm{d}\varphi$,并以哈密顿形式的表述作为确定世界线的原理:

$$\delta \int_P^Q \mathrm{d}\varphi = 0。$$

实际上该积分应是常数,否则,以相同相位离开某一点并经过稍微不同的路径之后又相遇的几种信号,在相遇处将具有不同的相位。

相位 φ 是一个不变量;因此,若令

$$\mathrm{d}\varphi = 2\pi(O_1 \mathrm{d}x^1 + O_2 \mathrm{d}x^2 + O_3 \mathrm{d}x^3 + O_4 \mathrm{d}x^4) = 2\pi O_i \mathrm{d}x^i,$$

而 O_i 一般是 x^i 的函数,且为一个宇宙矢量的协变分量,则该宇宙矢量就是宇宙波矢。以 l 表示通常意义下的光线方向,习惯上我们就认为 $\mathrm{d}\varphi$ 有如下形式:

$$\mathrm{d}\varphi = 2\pi\left(\nu \mathrm{d}t - \frac{\nu}{V}\mathrm{d}l\right),$$

式中 ν 为频率,V 为传播速度。此时,可以令

$$O_1 = -\frac{\nu}{V}\cos(\hat{x_1, l}), \qquad O_2 = -\frac{\nu}{V}\cos(\hat{x_2, l})$$

$$O_3 = -\frac{\nu}{V}\cos(\hat{x_3, l}), \qquad O_4 = \frac{\nu}{V}。$$

因而,宇宙波矢由一个与频率成正比的时间分量和一个空间矢量 $\boldsymbol{n}$ 组成。$\boldsymbol{n}$ 的方向便是波传播的方向,其大小为 ν/V。我们将该空间矢量称作"波数"矢量,因为其数值等于

波长的倒数。若频率 ν 是常数,则我们就可由哈密顿形式

$$\delta\int_P^Q O_i\,\mathrm{d}x^i = 0。$$

过渡到莫培督形式

$$\delta\int_A^B O_1\,\mathrm{d}x^1 + O_2\,\mathrm{d}x^2 + O_3\,\mathrm{d}x^3 = 0。$$

式中 A 和 B 是与 P 和 Q 相对应的空间中的两个点。

将 O_1,O_2 和 O_3 的值代入,便有

$$\delta\int_A^B \frac{\nu\,\mathrm{d}l}{V} = 0。$$

莫培督的这个表述正是费马原理。

与上节相同,要想求出总能量已知的运动物体在给定两点之间的轨迹,只需知道矢量 p 在场中的分布就已足够;与此相仿,要想求出频率已知的波经过给定两点的波阵面,只需知道波数矢量在空间的分布就足够了。波数矢量决定了在每一点和在每一方向上的传播速度。

五、量子关系的推广

现在到了本章的高潮。从本章一开头我们就提出了如下的问题:"**当一个物体在力场中作变速运动时,其相位波将是如何传播的?**"我们不能像最初所做的那样,通过摸索来研究确定空间某一点和每一个方向上的传播速度,而是采用将量子关系加以推广的做法。这样做可能有些靠不住,但它与相对论精神的深刻一致性是无可置疑的。

我们通常令 $h\nu = W$,W 为运动物体的总能量,ν 是其相位波的频率。另一方面,上两节我们已经定义了两个宇宙矢量 J 和 O,它们在研究物体运动和波的传播中具有完全对称的作用。

为了将这两个矢量联系起来,关系式 $h\nu = W$ 可表示成

$$O_4 = \frac{1}{h}J_4,$$

即这两个矢量有一个分量相等,但这并不能说明其他几个分量也是相等的。然而,我们通过全面的推广,令

$$O_i = \frac{1}{h}J_i \quad (i = 1,2,3,4),$$

相对于相位波无限小部分的变化 $\mathrm{d}\varphi$ 的值则为

$$\mathrm{d}\varphi = 2\pi O_i\,\mathrm{d}x^i = \frac{2\pi}{h}J_i\,\mathrm{d}x^i \quad (h = 2\pi\hbar)。$$

费马原理则为

$$\delta\int_A^B J_i\,\mathrm{d}x^i = \delta\int_A^B p_i\,\mathrm{d}x^i = 0 \quad (i = 1,2,3)。$$

因此,我们得到如下的表述:

"**适用于相位波的费马原理与适用于运动物体的莫培督原理是等价的;运动物体的动力学可能轨道与波的可能波阵面是等价的。**"

我们认为关于几何光学和动力学的这两个重要原理之间的深刻联系的这一思想,可

以作为将波和量子综合起来的重要指南。

矢量 J 和 O 的比例关系假设是量子关系的一种推广。但是量子关系的表达显然是不够的，因为它只涉及能量而没有谈到与能量不可分的动量。新的表述要使人满意得多，因为它是以两个宇宙矢量的等价来表示的。

六、几个特例；讨论

这里，我们要用上节得到的一般概念来说明几个特例的意义。

1. 自由物体的匀速直线运动

在第一章开头所做的几个假设的基础上，依照狭义相对论原理，我们可以对此情况作出完全的研究，让我们看一下相位波的传播速度是否再现预见的值：

$$V = c/\beta。$$

这时应当假定

$$\nu = \frac{W}{h} = \frac{m_0 c^2}{h\sqrt{1-\beta^2}},$$

$$\frac{1}{h}p_i \mathrm{d}q_i = \frac{1}{h}\frac{m_0\beta^2 c^2}{\sqrt{1-\beta^2}}\mathrm{d}t = \frac{1}{h}\frac{m_0\beta c}{\sqrt{1-\beta^2}}\mathrm{d}l = \frac{\nu\mathrm{d}l}{V},$$

式中 $V = c/\beta$。因而我们可以用时空的观点得到这一结果。

2. 静电场中的单个电子（玻尔原子）

我们应认为此时波的频率 ν 等于运动物体的总能量除以 h 得到的商，即

$$W = \frac{m_0 c^2}{\sqrt{1-\beta^2}} + e\varphi = h\nu,$$

由于磁场为零，故可简单地得到

$$p_1 = \frac{m_0\nu^1}{\sqrt{1-\beta^2}}\ 等等，$$

$$\frac{1}{h}p_i \mathrm{d}q_i = \frac{1}{h}\frac{m_0\beta c}{\sqrt{1-\beta^2}}\mathrm{d}l = \frac{\nu}{V}\mathrm{d}l,$$

由此得

$$
\begin{aligned}
V &= \frac{\dfrac{m_0 c^2}{\sqrt{1-\beta^2}} + e\varphi}{\dfrac{m_0\beta c}{\sqrt{1-\beta^2}}} \\[2mm]
&= \frac{c}{\beta}\left(1 + \frac{e\varphi\sqrt{1-\beta^2}}{m_0 c^2}\right) \\[2mm]
&= \frac{c}{\beta}\left(1 + \frac{e\varphi}{W - e\varphi}\right) \\[2mm]
&= \frac{c}{\beta}\cdot\frac{W}{W - e\varphi}。
\end{aligned}
$$

这个结果有几处必须引起注意，从物理的观点来看，它意味着频率为 $\nu = W/h$ 的相位波在静电场中由于势能的存在而以可变的速度由一点传播到另一点。实际上，V 由于有 $e\varphi/(W - e\varphi)$ 这一项而直接与 φ 有关，并由于有 β 这一因子而间接与 φ 有关，因为 β 在每

一点都是 W 和 φ 的函数。$\left(\dfrac{e\varphi}{W-e\varphi}\right.$一般小于 $1\left.\right)$

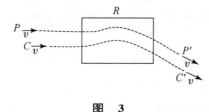

图　3

此外,我们还注意到 V 是运动场物体的质量和电荷的函数。这一点看起来似乎有些奇怪,但其实不然。现在让我们来考察一个电子(见图 3),其中心 C 以速度 v 运动;按照经典观念,在某一点 P 处存在一定的电磁能,它以某种方式依附于电子;而 P 点的坐标,可以认为在与电子相联系的坐标中是已知的。当电子穿过多少有点复杂的电磁场所在的区域 R 之后,它的速率未变,然而方向改变了。

与电子一起运动的系统中的 P 点跑到了 P' 处。这时我们说原先处在 P 点处的能量转移到了 P' 点处,这个能量的移动,只有当知道了电子的质量和电荷,同时也知道了 R 中的电磁场之后才能计算。这个不容置疑的结论乍一看来似乎有些奇怪,因为我们长期以来形成了一种习惯,常常将质量和电荷(及动量和能量)看成是集中电子中心上的。然而,对于相位波,我们认为应该将它看成是电子的组成部分,因而它在电磁场中的传播应当与电荷和质量有关。

现在让我们来回忆一下在前一章中匀速运动的条件下得到的结果。我们曾经将相位波看成是运动的观测者的过去、现在和将来的空间与静止观测者实际空间的交界面,通过研究运动物体的相继"**相位**"和说明等相位状态与观测者的空间的交面相对于静止观测者的位移,我们就能在这里再次求得前面给出的 V 值。不幸的是,人们在这里遇到了很大的困难,相对论实际上没有告诉人们,与非匀速运动相联系的观测者在每一时刻是如何切割时空中他的空间的;这里似乎没有更多的理由说明这个交界面与在匀速运动中一样是平面,即使这个困难克服了,我们还仍然没有摆脱困境。实际上,不论物体相对于参考轴做匀速运动的速度有多大,与该运动物体相联系的观测者都将以同样的方式来描述它;这个原理表明,彼此做匀速平动的所有伽利略参考轴都是平权的,因此,如果与运动物体相联系的观测者看到该物体的匀速运动是周期现象,而这一现象的相位又到处相同,那么不论匀速运动的速度有多大,都应该情况相同。但如果运动是非匀速的,则此时与运动物体相联系的观测者对该运动物体的描述就可能不再是相同的。我们无法想象他将如何定义这一周期现象,是否他还能规定这一现象在空间任何一点的相位都相同。

也许我们可以将这个问题反过来提,从完全不同的角度出发首先考虑接受本章中已得到的结果,然后再研究相对论应该如何来考察变速运动问题并得到类似的结论。至今我们对这一困难问题仍旧束手无策。

3. 处于电磁场中的电子的一般情况

我们仍有

$$h\nu = W = \frac{m_0 c^2}{\sqrt{1-\beta^2}} + e\varphi 。$$

此外,前面我们已证明必须假定

$$p_1 = \frac{m_0 v_1}{\sqrt{1-\beta^2}} + e a_1 \quad 等等,$$

其中 a_1, a_2, a_3 为矢势的分量。

因而

$$\frac{1}{h}p_i\mathrm{d}q_i = \frac{1}{h}\frac{m_0\beta c}{\sqrt{1-\beta^2}}\mathrm{d}l + \frac{e}{h}a_l\mathrm{d}l \doteq \frac{\nu\mathrm{d}l}{V}\text{。}$$

这样,便有

$$V = \frac{\dfrac{m_0 c^2}{\sqrt{1-\beta^2}} + e\varphi}{\dfrac{m_0\beta c}{\sqrt{1-\beta^2}} + ea_l} = \frac{c}{\beta}\frac{W}{W - e\varphi} \cdot \frac{1}{1 + e\dfrac{a_l}{G}}\text{,}$$

式中 G 是动量,a_l 是矢势在方向 l 上的投影。

可以看出,介质在每一点不再是各向同性的了。速度 V 随人们所考察的方向而变,运动物体的速度方向不再与由矢量 $\boldsymbol{p}=h\boldsymbol{n}$ 定义的相位波的法向相同。光线不再与波的法线重合。这是各向异性介质中光学的经典结论。

我们可以考虑一下,关于运动物体的速度 $v=\beta c$ 和相位波的群速度相等的定理会有些什么变化。

首先,我们注意到,沿着光线方向的相位传播速度 V 由下式定义

$$\frac{1}{h}p_i\mathrm{d}q^i = \frac{1}{h}p_i\frac{\mathrm{d}q^i}{\mathrm{d}l}\mathrm{d}l = \frac{\nu}{V}\mathrm{d}l\text{。}$$

这里的 ν/V 不等于 $\dfrac{1}{h}p$,因为此时 $\mathrm{d}l$ 和 p 不在同一方向上。

我们可以取运动物体在所考虑的一点处的方向为 x_1 轴的方向。这样做并不失其一般性;p_1 表示矢量 $\boldsymbol{p}$ 在 x_1 方向的投影,于是,有定义式

$$\frac{\nu}{V} = \frac{1}{h}p_1\text{。}$$

正则方程组的第一个式子给出如下等式

$$\frac{\mathrm{d}q_1}{\mathrm{d}t} = v = \beta c = \frac{\partial W}{\partial p_1} = \frac{\partial(h\nu)}{\partial\left(h\dfrac{\nu}{V}\right)} = U\text{。}$$

U 正是光传播方向上的群速度。

所以,第一章第二节中的结果完全具有普遍性,而且可以直接由第一组哈密顿方程中导出。

第三章　轨道稳定性的量子条件

一、玻尔-索末菲的稳定性条件

玻尔在其原子理论中首次表达了这样一种思想,即在电子绕带正电的中心所能描绘出的闭合轨道中,只有一部分是稳定的,而另外一些在本质上是不可能实现的,或至少是不稳定的,因而没有考虑它们的必要。由于他仅研究涉及一个自由度的圆形轨道,玻尔给出了如下的条件:"**只有角动量是 $h/2\pi$ 的整数倍的那些轨道才是稳定的,其中 h 为普朗克常数**。"该条件可写为

$$m_0 \omega R^2 = n\left(\frac{h}{2\pi}\right) \quad (n \text{ 是整数})$$

或

$$\int_0^{2\pi} p_\theta \mathrm{d}\theta = nh 。$$

式中方位角 θ 为拉格朗日坐标，p_θ 为相应的角动量

为了将此表述推广到多自由度的情况，索末菲和威耳孙证明了，一般可以选取适当的坐标 q_i，使其满足如下的轨道量子化条件：

$$\oint p_i \mathrm{d}q_i = n_j h \quad (n_j \text{ 是整数}) 。$$

符号 $\oint$ 表示在坐标变化的整个区域内积分。

1917 年，爱因斯坦给出了一种其形式不随坐标变换而改变的量子化条件[①]。我们所介绍的是适用于闭合轨道的形式，其表达式为

$$\oint p_i \mathrm{d}q_i = nh \quad (n \text{ 是整数}) 。$$

积分是沿着轨道的整个长度进行的，关于莫培督作用量的积分人们已很熟悉了，这个积分现正在量子理论中起着十分重要的作用。此外，根据表征动量矢量分量 p_i 的协变特征的一个众所周知的性质，该积分与空间坐标的选择无关。根据雅可比的经典方法该积分又可化为偏导数方程的全积分：

$$H\left(\frac{\partial S}{\partial q_i}, q_i\right) = W \quad (i = 1, 2, \cdots, f) 。$$

这个全积分有 f 个任意常数，其中之一是能量 W。若只有一个自由度，则利用爱因斯坦关系式就能确定能量 W；若有一个以上的自由度（原子中的电子在场中的运动，是一种更为重要的常见情况，此时就有三个**自由度**），我们只能求得 W 和整数 n 之间的一个关系；若忽略质量随速度的变化，由 W 和 n 之间的关系可以得到开普勒椭圆。但是，若运动是准周期性的，由于上述质量随速度变化的情况屡见不鲜，则可以发现坐标在两个极限值（平衡位置）之间振动，并且存着无穷多个赝周期，这些赝周期近似地等于固有周期的整数倍。在每一个赝周期之末，运动物体将回到非常接近于初态的一种状态。将爱因斯坦方程应用于每一个赝周期就能导出无穷多个条件。只有当索末菲的倍数条件得到证实后这些条件才可能是兼容的；索末菲条件的数目等于自由度数。所有这些常数都是确定的。

为了计算索末菲积分，人们成功地利用了雅可比方程和留数定理，以及角变量的概念。这些年来，为求解这些方程人们做了大量的工作。索末菲在其名著 *Atombau und Spectrallinien*（法文版由 Bellenot 译，Blanchard 出版，1923）中对此做了总结。在这里我们不打算罗列这些工作，而仅仅着眼于量子化问题最终必将归结的条件，即闭合轨道的爱因斯坦条件。如果人们能够解释这一条件，那么有关稳定轨道的所有问题也将迎刃而解。

---

① *Zum quantensatz von Sommerfeld und Epstein*, Ber. der deutschen. phys. Ges., (1917)82.

二、爱因斯坦条件的解释

相位波的概念将使我们能够解释爱因斯坦条件。从第二章的论述中可以知道运动物体的轨迹是相位波的一个波阵面,相位波应以不变的频率(由于总能量是常数)和一变化的速度沿着轨道前进。我们已经学习过如何计算速度。相位波的传播类似于深浅程度不同的水渠中水波的传播。从物理上看,这是十分清楚的。为了取稳定的状态,水渠的长度应与波共振;换言之,水渠长度 l 必为波长的整数倍,因而在水渠的同一截面水波应当是同相位的。在一般情况下,若波长是常数,且有 $\oint \dfrac{\nu}{V} dl = n$(整数),则共振条件为 $l = n\lambda$。

这里所涉及的积分是费马原理的积分;然而,我们业已证明应将该积分看成是与莫培督作用量积分除以 h 等价的,因此,这个共振条件与量子理论所要求的稳定性条件是一致的。

如果我们接受了上一章的思想,就可以立即得出上面结果的证明,而这个结果正是以我们的方式解决量子问题所能给出的最佳证明。

在玻尔原子的圆形轨道的特殊情况下,因为有 $v = \omega R$,(ω 为角速度),故有 $m_0 \oint v dl = 2\pi R m_0 v = nh$,即

$$m_o \omega R^2 = n\left(\frac{h}{2\pi}\right) \quad (h = 2\pi\hbar)。$$

这正是玻尔最初算出的简单形式。

因此,我们明白了为何某些轨道稳定的原因。但是我们至此仍不清楚由一条稳定轨道向另一条稳定轨道过渡是如何发生的。也许这种过渡所伴随的状态变化要依靠一种经过适当修正的电磁理论来研究,而目前我们还没有这种理论。

三、准周期运动的索末菲条件

现在我来证明,如果闭合轨道的稳定性条件为 $\oint p_i dq^i = nh$,则准周期运动的稳定性条件必为 $\oint p_i dq^i = n_j h$,(n_j 是整数,$j = 1, 2, 3$)。这样,索末菲的倍数条件将归结为相位波的共振条件。

我们首先应当注意到具有有限线度的电子,如果确如我们所认为的那样,稳定性条件与它本身的相位波对它的反作用有关,那么离开电子中心有一个很小的但却是**有限大小**(比如电子半径的数量级 $10^{-13}\,\mathrm{cm}$)的距离处的波的各个部分应该具有相同的相位;不能接受如下的说法:电子是一个没有大小的几何点,它的相位波的波阵线是没有厚度的线。这在物理上是无法接受的。

现在让我们来回顾一下准周期性轨道上的已知性质。如果 M 是给定时刻运动物体的质心在轨道上的位置,我们以 M 为中心画出一个半径为 R 的球,R 是任取的,很小但却有有限值。我们有可能找到无限多个时间间隔,当每个时间间隔终了时运动物体又回到这个半径为 R 的球内。此外,每一个这样的时间间隔,即"**近似周期**"τ 可以满足如下关系:

$$\tau = n_1 T_1 + \varepsilon_1 = n_2 T_2 + \varepsilon_2 = n_3 T_3 + \varepsilon_3,$$

式中 T_1，T_2 和 T_3 是坐标 q^1,q^2 和 q^3 的"**本征**"变化周期；量 q_i 总能预先取得比某个很小但却有有限值的 η 更小。η 选得越小，周期 τ 的最小值越大。

假定半径 R 选得正好等于相位波对电子有作用的最大距离，该距离已在前面定义过。对于每一个近似周期 τ 可以应用如下形式的相位和谐条件：

$$\int_0^\tau p_i \, \mathrm{d}q^i = nh,$$

该式还可写成

$$n_1 \int_0^{T_1} p_1 \dot{q}_1 \mathrm{d}t + n_2 \int_0^{T_2} p_2 \dot{q}_2 \mathrm{d}t + n_3 \int_0^{T_3} p_3 \dot{q}_3 \mathrm{d}t +$$
$$+ \varepsilon_1 (p_1 \dot{q}_1)_\tau + \varepsilon_2 (p_2 \dot{q}_2)_\tau + \varepsilon_3 (p_3 \dot{q}_3)_\tau = nh。$$

但是，共振条件将永远得不到满足。如果数学家要求共振时的相位差严格等于 $2n\pi$，则物理学家仅对将上式写成 $(2n\pi \pm \alpha)$ 已很满意了。α 为小于某一个量 ε 的微小量，而 ε 为一很小但却是有限的量；也即是说，ε 是 α 的极限值。当 α 小于这个值时，共振应该看成在物理上是可以实现的。

在运动过程中，量 p_i 和 q_i 保持有限大小。我们总可以找到六个量 P_i 和 $\dot{Q}_i$，使它们满足如下关系：

$$p_i < P_i, \quad \dot{q}_i < \dot{Q}_i \quad (i = 1,2,3)。$$

我们再选定极限值 η，使得 $\eta P_i \dot{Q}_i < \varepsilon h/2\pi$；于是，不管近似周期有多大，我们都能略去有 ε_i 的项，而共振条件将被写成

$$n_1 \int_0^{T_1} p_1 \dot{q}_1 \mathrm{d}t + n_2 \int_0^{T_2} p_2 \dot{q}_2 \mathrm{d}t + n_3 \int_0^{T_3} p_3 \dot{q}_3 \mathrm{d}t = nh。$$

等式左端的 n_1,n_2,n_3 是已知整数，而等式右端的 n 是一个任意整数。对于不同值的 n_1,n_2 和 n_3 我们都有类似的方程。为了同时满足这些关系，必须而且只需使每一个积分

$$\int_0^{T_1} p_i \dot{q}_i \mathrm{d}t = \oint p_i \mathrm{d}q_i$$

等于 h 的整数倍。

这就是索末菲条件。

以上证明似乎是严格的。但是，也不应忽视不同意见。事实上，稳定性条件只有当测量时间比时间间隔 τ 短得多时才能起作用；若 τ 很大，比如说要等上几百万年稳定性条件才能起作用，这就等于说永远也不可能出现稳定性条件。对这种异议我们不能同意，因为周期 τ 即使比本征周期 T_i 大得多，但是比起我们通常用来测量的时间标度还是要小得多；实际上在原子中周期 T_i 的数量级在 10^{-15} 到 10^{-20} s 之间。

让我们估计一下在氢原子为索末菲轨道 L_2 上近似周期的大小数量级。在半径矢量的一个本征周期内，近日点的转动约在 $(10^{-5} \times 2\pi)$ 量级。因而，最短的近似周期约为径向变量周期（10^{-15} s）的 10^5 倍，即为 10^{-10} s 的数量级。这好像表明了稳定性条件是在我们日常生活经验不可接受的时间内起着作用。因此，在我们看来，"**无共振**"的轨道近乎不存在。

以上证明是借用了布里渊的原则，他在他的论文（第 351 页）中写道："由于在整个近似周期 τ 内所做的莫培督积分是 h 的整数倍，因此关于每一个变量在相应周期内进行的

各个积分必然等于某一个量子整数;正是出于这种考虑,索末菲写出了他的量子条件。"

第四章　有两个带电中心之运动的量子化

一、本问题的困难

在前几章中,我们总是研究一个能量"单元"。在讨论远离所有其他带电体的荷电粒子(质子或电子)时这种表述方法是很清楚的。但若有几个带电中心相互作用,能量单元的概念就显得不明确了,这里就要遇到一个困难。在本文的理论中尚找不到任何合适的解决办法。而且在相对论动力学中目前也找不到明确的解释。

为了更清楚地理解这一困难,我们来考察一个静质量为 M_0 的质子(氢原子核)和一个静质量为 m_0 的电子。如果这两个实体彼此相距甚远以致可以将它们之间的相互作用忽略,则能量相加原理可以毫无困难地加以应用:质子的内能为 $M_0 c^2$,电子的内能为 $m_0 c^2$,因而总能量为 $(M_0 + m_0)c^2$。但是倘若这两个中心相距较近以致必须考虑它们之间的相互作用势能 $-P(<0)$ 时,则应如何来表示能量的惯性思想呢?很明显总能量应是 $(M_0 + m_0)c^2 - P$,但是否由此可以断定质子总有静质量 M_0,电子总有静质量 m_0 呢? 或者相反,是否应将势能在体系的这两个组分中进行分配,给电子一个静质量 $m_0 - \dfrac{\alpha}{c^2}P$,给质子一个静质量 $M_0 - \dfrac{1-\alpha}{c^2}P$ 呢? 在此情况下,α 的值是多大? 这个量与 M_0 和 m_0 的关系如何?

根据玻尔和索末菲的原子理论,人们认为电子不论其在原子核的静电场中的位置如何都具有静质量 m_0。由于势能总是远小于内能 $m_0 c^2$,这个假设可以说是正确的,但绝不是严格的。如果采用相反的假设,就必须在巴耳末系中的各个不同项的里德伯常数上引入最大修正量。这个最大修正量的数量级(相应于 $\alpha = 1$)是很容易计算出来的。人们发现 $\delta R/R = 10^{-5}$。因此,这个修正量将大大小于氢和氦的里德伯常数之间的差(1/2000),这个差值是玻尔考虑到原子核的牵动而得到的。然而,由于能够对光谱进行极其精确的测量,因此使人们联想到,如果电子的静质量随其势能改变确实引起里德伯常数的改变的话,则这种改变是可以验证的。

二、氢原子中原子核的牵动

与前面密切相关的一个问题是用什么方法将量子条件应用于由几个做相对运动的荷电中心所组成的系统。最简单的情况是氢原子中在考虑电子运动的同时也考虑原子核牵动的情况。玻尔依据力学原理已能处理这一问题:"如果我们将电子和原子核绕二者质心的运动仍旧处理为电子绕伽利略轴的运动,则只需将电子的质量换为 $\mu_0 = m_0 M_0/(m_0 + M_0)$。"

在与核相连的坐标系中,作用在电子上的静电场可以看成在空间各点都是常数。由于用折合质量 μ_0 代替了实际质量 m_0,就使这一问题简化成原子核不运动的问题。在本

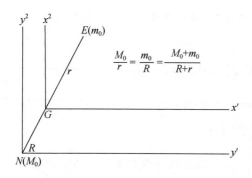

$$\frac{M_0}{r} = \frac{m_0}{R} = \frac{M_0 + m_0}{R + r}$$

图 4

文的第二章中，我们在动力学的基本量和波动理论的基本量之间建立了广泛的类比；前面所陈述的定理确定了必须给予电子以相位波频率的值和在与原子核相连的非伽利略坐标系中给予电子以速度的值。现在，由于采用了折合质量方法，稳定性的量子条件在此情况下也可以用相位波的共振来解释。为了详细说明原子核和电子共绕它们的质心描绘出圆形轨道的情形，我们取轨道平面为坐标平面（见图 4）。两个系统分别用标号 1 和 2 加以区别。在与质心相连的伽利略坐标系中的空间坐标为 x^1, x^2 和 x^3，而在与原子核相连的坐标系中的空间坐标为 y^1, y^2 和 y^3；最后，还有 $x^4 = y^4 = ct$。

用 ω 表示直线 $\overline{NE}$ 绕点 G 旋转的角速度。

根据定义我们令

$$\eta = M_0 / (m_0 + M_0)。$$

由一个坐标系过渡到另一个坐标系的变换公式如下：

$$y^1 = x^1 + R\cos\omega t, \qquad y^2 = x^2 + R\sin\omega t, \qquad y^3 = x^3, \qquad y^4 = x^4。$$

由此导得

$$(\mathrm{d}s)^2 = (\mathrm{d}x^4)^2 - (\mathrm{d}x^1)^2 - (\mathrm{d}x^2)^2 - (\mathrm{d}x^3)^2$$

$$= \left(1 - \frac{\omega^2 R^2}{c^2}\right)(\mathrm{d}y^4)^2 - (\mathrm{d}y^1)^2 - (\mathrm{d}y^2)^2 - (\mathrm{d}y^3)^2$$

$$- 2\frac{\omega R}{c}\sin\omega t \, \mathrm{d}y^1 \mathrm{d}y^4 + 2\frac{\omega R}{c}\cos\omega t \, \mathrm{d}y^2 \mathrm{d}y^4。$$

宇宙动量矢量的分量由如下关系式确定：

$$u^i = \frac{\mathrm{d}y^i}{\mathrm{d}s}, \qquad p_i = m_0 c u_i + e\varphi_i = m_0 g_{ij} u^j + e\varphi_i。$$

很容易求得

$$p_1 = \frac{m_0}{\sqrt{1 - \eta^2 \beta^2}}\left[\frac{\mathrm{d}y^1}{\mathrm{d}t} + \omega R \sin\omega t\right], \qquad p_2 = \frac{m_0}{\sqrt{1 - \eta^2 \beta^2}}\left[\frac{\mathrm{d}y^2}{\mathrm{d}t} + \omega R \sin\omega t\right],$$

$$p_3 = 0。$$

根据第二章的普遍思想，相位波的共振可用下式表示：

$$\left|\oint \frac{1}{h}(p_1 \mathrm{d}y^1 + p_2 \mathrm{d}y^2)\right| = n \quad (n \text{ 是整数})。$$

积分沿着电子围绕原子核描绘出的半径为 $R+r$ 的圆形轨道进行。

由于有

$$\frac{\mathrm{d}y^1}{\mathrm{d}t} = -\omega(R+r)\sin\omega t, \qquad \frac{\mathrm{d}y^2}{\mathrm{d}t} = \omega(R+r)\sin\omega t,$$

故得

$$\frac{1}{h}\oint(p_1 \mathrm{d}y^1 + p_2 \mathrm{d}y^2) = \frac{1}{h}\oint \frac{m_0}{\sqrt{1 - \eta^2 \beta^2}}(v\mathrm{d}l - \omega R v \mathrm{d}t),$$

式中 v 表示电子相对于 y 轴的速度，$\mathrm{d}l$ 表示电子轨道的线元，而

$$v = \omega(R + r) = \mathrm{d}l/\mathrm{d}t。$$

最后，我们得到共振条件：

$$\frac{m_0}{\sqrt{1 - \eta^2 \beta^2}} \omega(R + r)\left(1 - \frac{\omega R}{v}\right) \cdot 2\pi(R + r) = nh。$$

若按照经典力学 β^2 与 1 相比可以忽略，则有

$$2\pi m_0 \frac{M_0}{m_0 + M_0} \omega(R + r)^2 = nh。$$

这正是由前面陈述的定理所导出的玻尔公式。这一公式在这里还可看成是在与原子核相连的系统中写出的电子波的共振条件。

三、原子核和电子的两个相位波

在前一节中，引入与原子核相连的轴使我们得以某种方式去掉原子核的运动，并能将电子看作是在恒定静电场中的运动，这就使我们又回到了在第二章中处理的问题。

但是，当我们采用另外一组轴，比如与质心相连的坐标系时，原子核和电子将描出两个闭合轨道。到目前为止我们采用的思想必然会使我们想到将有两个相位波存在：电子的相位波和原子核的相位波。我们必须研究如何来表达这两个波的共振条件，和为什么它们是可以共存的。

首先考虑电子的相位波，在与原子核相连的坐标系中，该波的共振条件为

$$\oint p_1 \mathrm{d}y^1 + p_2 \mathrm{d}y^2 = 2\pi \frac{m_0 M_0}{m_0 + M_0} \omega(R + r)^2 = nh。$$

积分是在确定时刻沿着以 N 为中心以 $(R+r)$ 为半径的圆周进行的（见图 5）。这个圆是电子关于原子核相对轨道的波阵面。如果我们采用与点 G 相连的轴，则相对轨道变为中心在 G、半径为 r 的圆。通过 E 点的相位波的波阵面在每一时刻都是以 N 为中心，以 $(R+r)$ 为半径的圆。但是这个圆是运动的，因为其中心围绕坐标原点在做匀速转动。在给定时刻电子的波的共振条件没有改变，它总是可以写成：

$$2\pi \frac{m_0 M_0}{m_0 + M_0} \omega(R + r)^2 = nh。$$

现在再来研究原子核的波，在前面所讲的内容中，原子核和电子起着完全对称的作用。只要将 M_0 和 m_0，R 和 r 的次序颠倒一下便可得到原子核波的共振条件。

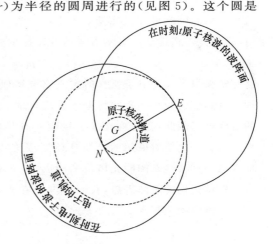

图　5

简言之，所出现的每一种波的共振条件都可以用玻尔表达式来解释。被认为是独立的原子核和电子的运动的稳定性条件是可以相容的，因为它们是对等的。

在与质心相连的坐标系中画出这两个相位波在时刻 t 的波阵面（实线），和这两个运

动物体在随时间变化的过程中描绘出的轨迹（虚线），是会有助于理解的。这样我们就可以很容易想象出每一个运动物体是如何以一个在任何时刻都与相位波的波阵面相切的速度描绘出其轨迹的。

着重说一下最后一点。波在时刻 t 的波阵面是传播速度的包络面。但这些波阵面不是能量的轨迹。能量的轨迹只是在任何一点处都与波阵面相切，这使我们想起了流体动力学中众所周知的结论：只有当流线的形状不变，换言之，只有当流动是稳恒的时候，流线，即速度的包络线，才与流体微粒的轨迹相重合。

第五章 光 量 子[①]

一、光 原 子

正如我们在"历史回顾"一节中所说的，放射物理学的发展在最近几年内至少部分地已回到光的粒子说方向上来。我们的意图之一是要导出黑体辐射的原子理论。该理论已于 1922 年 11 月以题为"**光量子和黑体辐射**"发表在《物理学杂志》* 上。我们将在第七章中介绍其主要结果。在这一理论中我们将确认光原子为实在。第一章中提出的思想以及第三章中由这一思想出发对玻尔原子稳定性条件的推导，似乎提供了一个重要的证据，使我们向将牛顿和菲涅耳的概念综合起来的方向前进了一小步。

我们从不隐瞒这一似乎是一种疯狂的设想所引起的困难。我们将努力使人们能够理解光原子，我们作了如下的假设：在与光一道运动的观测者眼里有一个很小的区域，在这个区域周围能量高度密集，形成了一个不可分割的整体。这个能量区域的总能为 ε_0（这是与光一道运动的观测者量得的），根据能量惯性原理这部分能量应当具有静质量：

$$m_0 = \varepsilon_0 / c^2 \text{。}$$

这一定义与人们为电子所作的定义完全类似。当然，电子和光原子在结构上有本质的区别。直到目前为止还必须将电子看成是球对称的，但光原子却具有一根与偏振方向相应的对称轴。因此，我们将光量子表成具有与电磁理论中的电偶极子相同的对称性，这种表示法完全是暂时借用的。如有必要，人们只有在对电磁理论作深刻的修正之后才有资格以某种严格性来阐明光单位的构成，本文不打算做这方面的工作。

根据我们的总体思想，我们将设定在光量子的本身结构中存在着一种周期现象，而这一现象的本征频率 ν_0 由下式确定：

$$\nu_0 = m_0 c^2 / h \text{。}$$

与这个以速度 βc 运动的量子相关的相位波的频率将是

$$\nu = m_0 c^2 / h \sqrt{1 - \beta^2} \text{。}$$

此式表明，可以认为这个波与波动理论中的波是一致的。更确切地说，波在空间中的经

---

①　参阅 A. Einstein, *Ann. d phys.*, 17(1900)132; *phys. Zeilsch.*, 10(1909)185.

*　*Le Journal de Physique et Le Radium*, serise Ⅲ, 3(1922)422~428.

典分布是缔合于光原子的相位波的真实分布对时间的某种平均。

实验表明光能是以与极限速度无法分辨的速度运动的。由于速度 c 是能量永远无法达到的速度,正如质点运动的速度无法达到 c 一样,因而很自然我们会假定辐射是光原子的行为,而光原子是以非常接近 c 但略小于 c 的速度运动的。

如果一个物体的质量非常小,要将一种相当可观的动能授予它,就必须使它具有接近光速的速度;这一结果可由动能的表达式得到:

$$E = m_0 c^2 \left(\frac{1}{\sqrt{1-\beta^2}} - 1 \right)。$$

此外,具有从 0 到 $+\infty$ 所有值的能量只与包含在一个很小间隔$(c-\varepsilon)$ 和 c 之间的速度相对应,因此,我们必须假定 m_0 非常小(在下面我们还要作详细说明),这样才能使能量差别相当大的光原子都具有非常接近于 c 的速度。即是说,尽管它们的速度近于相等,但它们的能量差别却很大。

既然我们已使相位波与经典光波相对应,那么辐射频率 ν 由下式定义也是顺理成章的:

$$\nu = m_0 c^2 / h \sqrt{1-\beta^2}。$$

我们注意到每当涉及光量子时都出现这样一件事实:$m_0 c^2$ 与 $m_0 c^2/\sqrt{1-\beta^2}$ 相比是一个极小的量,因而在这里动能可以简单地写成:

$$m_0 c^2 / \sqrt{1-\beta^2}。$$

频率为 ν 的光波与以速度 $v=\beta c$ 运动的光原子相缔合,因而 ν 和 v 有如下关系

$$v = \beta c = c \sqrt{1 - \left(\frac{m_0 c^2}{h\nu} \right)^2}。$$

除了振动极其缓慢的情况之外,$m_0 c^2 / h\nu$ 必然是一**微量**,更不用说它的平方了,因此可以令

$$v = c \left[1 - \frac{1}{2} \left(\frac{m_0 c^2}{h\nu} \right)^2 \right]。$$

我们可以试试来确定 m_0 的上限值。实际上,T. S. F. 的实验* 表明,波长为几千米的辐射仍然很明显地以速度 c 传播。我们假定对于 $\frac{1}{\nu}=10^{-4}$ s 的波来说其速度至少与 c 相差百分之一,则 m_0 的上限值将是

$$(m_0)_{\max} = \frac{\sqrt{2}}{10} (h\nu/c^2),$$

即近似等于 10^{-44} g。当然,真实 m_0 非常可能还要小得多;也许,人们寄希望于将来某一天在测量甚低频的波在真空中的传播速度时,会发现明显低于 c 的数值。

请不要忘记,我们刚刚讨论过的问题中的传播速度并非相位波的速度。相位波速总是大于 c 的。我们这里讨论的是能量输运速度,只有能量输运速度才能用实验方法加以确定[2]。

---

* 参阅德文版《关于赫兹波的实验》一书。
[2] 关于对本节中思想的不同观点,请参阅第五章的附录。

二、光原子的运动

与 $\beta=1$ 的光原子相缔合的相位波的速度 c/β 显然是等于 c。我们认为,正是这一巧合便有可能在光原子和它的相位波之间建立起一种特殊紧密的联系。这一联系可用辐射的粒子和波的二象性来加以解释。费马原理和最小作用量原理的一致性,可以解释光的直线传播在这两条原理中为何同时相容。

光粒子的轨迹是其相位波的一个波阵面。有理由相信,几个粒子可以具有同一个相位波;关于这一点,我们在下面就将会看到,这些粒子的轨迹将是这个波的不同波阵面。以前认为波阵面是能量输运的轨迹的说法是与此相符的,而且是正确的。

然而,直线传播并非普遍的绝对事实;投射在一个屏幕边缘的光波会发生衍射,并绕射于屏幕的几何阴影内;波阵面经过一线度比波长小的屏之后发生偏离,不再遵循费马定理。根据波动说的观点,波阵面的偏离是由于屏的存在,使得非常接近的各个区域之间的相互作用失去平衡而引起的,与此观点相反,牛顿认为屏的边缘对粒子有作用力。看来我们可以得到一个综合性观点:正如波动理论所预见的那样,波阵面发生了弯曲,而对运动物体来说惯性原理将不再适用,因为它受到了一种与此运动物体缔合的波的波阵面相关的偏离。当然,人们也可以说屏壁对粒子有一个作用力,粒子轨迹的曲率变化可以看成是力存在的标志。

前面所说的内容使我产生了这样一种思想,即粒子及其相位波不是不同的物理实在。如果我们认真思考一下,就会得出如下结论:"**我们的动力学(包括爱因斯坦狭义相对论形式的在内)目前还落后于光学,它仍处在几何光学的阶段。**"尽管在今天看来,所有的波都是能量的集中这句话人们都听得进,但是,质点动力学中却没有波传播的地位。最小作用量原理的真实含义表示了粒子和相位的一致性。

研究时空中对衍射的解释那将是一件十分有趣的事。但是在这里我们不得不面对在第二章中所提到的关于变速运动的困难。我们不得不承认在这一问题上是力不从心的。

三、两种对立的辐射理论之间的一致性

我们将以几个例子和一些技巧来证明,可以用辐射的粒子理论来说明波动理论中一些众所周知的结果。

1. 光源运动所引起的多普勒效应

考虑一个光源以速度 $v=\beta c$ 相对于静止观测者运动,若该光源发射光原子,其相位波的频率为 ν,速度为 $(1-\varepsilon)c$,其中 $\varepsilon=\frac{1}{2}(m_0c^2/h\nu)^2$。然而在静止的观测者眼里,这些量的值将分别变为 ν' 和 $(1-\varepsilon')c$。由速度的加法定理可知

$$(1-\varepsilon')c = \frac{(1-\varepsilon)c+v}{1+\frac{(1-\varepsilon)cv}{c^2}},$$

即

$$(1-\varepsilon') = \frac{(1-\varepsilon)+\beta}{1+(1-\varepsilon)\beta},$$

若略去高阶小量 $\varepsilon\varepsilon'$，则还可写成

$$\frac{\varepsilon}{\varepsilon'} = \left(\frac{\nu'}{\nu}\right)^2 = \frac{1+\beta}{1-\beta}, \qquad \frac{\nu'}{\nu} = \sqrt{\frac{1+\beta}{1-\beta}}。$$

同样可以容易地算出两位观测者所测得的光强之比。在单位时间内，随光源一起运动的观测者看到单位面积内发射出 n 个光原子，因而他认为光束的能量密度为 $nh\nu/c$，其光强则为 $I=nh\nu$。但在静止的观测者眼里，这 n 个光原子是在 $1/\sqrt{1-\beta^2}$ 的时间内发射出来的，它们所占据的体积为 $c(1-\beta)/\sqrt{1-\beta^2} = \sqrt{\frac{1-\beta}{1+\beta}}c$，因此第二个观测者认为光束的能量密度为

$$\frac{nh\nu'}{c}\sqrt{\frac{1-\beta}{1+\beta}},$$

而光强则为

$$I' = nh\nu'\sqrt{\frac{1-\beta}{1+\beta}} = nh\nu'\left(\frac{\nu'}{\nu}\right),$$

于是得

$$\frac{I'}{I} = \left(\frac{\nu'}{\nu}\right)^2。$$

所有这些公式都在劳厄的《相对论》($Die\ Relativit\ddot{a}ts\text{-}theorie$)第一卷（第二版）第 119 页上以波动说观点给出了证明。

2. 运动平面镜上的反射

考虑垂直投射在一理想反光平面镜上的光粒子的反射，设此反射镜以速度 βc 沿着与其平面垂直的方向运动。

假定对于静止观测者来说入射粒子的缔合相位波的频率为 ν'_1，其速度为 $(1-\varepsilon'_1)c$；而对于运动观测者来说这些量分别为 ν_1 和 $(1-\varepsilon_1)c$。

对于反射粒子，相应的这些量将成为 ν_2 和 $(1-\varepsilon_2)c$ 以及 ν'_2 和 $(1-\varepsilon'_2)c$。

利用速度合成定理得

$$(1-\varepsilon_1)c = \frac{(1-\varepsilon'_1)c+\beta c}{1+(1-\varepsilon'_1)\beta}, \qquad (1-\varepsilon_2)c = \frac{(1-\varepsilon'_2)c-\beta c}{1-(1-\varepsilon'_2)\beta}。$$

在与光原子一起运动的观测者看来，反射是在静止的平面镜上发生的。由于能量守恒，其频率不变，由此得

$$\nu_1 = \nu_2, \quad \varepsilon_1 = \varepsilon_2, \quad \frac{1-\varepsilon'_1+\beta}{1+(1-\varepsilon'_1)\beta} = \frac{1-\varepsilon'_2-\beta}{1-(1-\varepsilon'_2)\beta}。$$

若略去高阶微量 $\varepsilon'_1\varepsilon'_2$，则得

$$\frac{\varepsilon'_1}{\varepsilon'_2} = \left(\frac{\nu'_2}{\nu'_1}\right)^2 = \left(\frac{1+\beta}{1-\beta}\right)^2, \quad \text{即} \frac{\nu'_2}{\nu'_1} = \frac{1+\beta}{1-\beta}。$$

当 β 很小时，就又回到了经典公式：

$$\frac{T_2}{T_1} = 1 - 2\frac{v}{c}。$$

这类光的反射问题是很容易处理的。

用 n 表示给定时间内受平面镜反射的粒子数，反射后这 n 个粒子总能量 E'_2 与反射

前它们的总能量 E'_1 之比为

$$\frac{nh\nu'_2}{nh\nu'_1} = \frac{\nu'_2}{\nu'_1}。$$

电磁理论也能给出这个关系式。但是在这里,该关系的得到是直截了当的。

若这 n 个粒子在反射前所占据的空间是 V_1,反射后所占据的空间是 $V_2 = V_1\left(\frac{1-\beta}{1+\beta}\right)$,这就像一道简单的几何证明题。因此,反射前后的光强 I'_1 和 I'_2 的比为

$$\frac{I'_2}{I'_1} = \frac{nh\nu'_2}{nh\nu'_1}\left(\frac{1+\beta}{1-\beta}\right) = \left(\frac{\nu'_2}{\nu'_1}\right)^2。$$

所有这些结果均被劳厄以波的观点所证明,见前引书(指劳厄的《相对论》)第104 页。

3. 黑体辐射的压强

设一闭合容器中充满温度为 T 的黑体辐射,问容器壁承受的压强有多大?我们认定黑体辐射就是光原子气,并假定光原子在容器中的速度分布是各向同性的。如果 u 为单位体积内所含有的光原子的总能量(在这里即为总动能),dS 为器壁的面元,dV 为体积元,r 为面元与体积元之间的距离,θ 为它们的连线与面元法线之间的夹角。

则在体积元 dv 的中心 o 点处看到面元 dS 所张的立体角为

$$d\Omega = dS\cos\theta/r^2。$$

我们首先仅考虑体积 dV 中光原子的压强。这部分光原子的能量在 W 和 $W+dW$ 之间,其数目为 $n_w dW dV$;根据各向同性的道理,在这些光原子中速度指向 dS 的光原子数目为

$$\frac{d\Omega}{4\pi}n_w dW dV = n_w dW \frac{dS\cos\theta}{4\pi r^2}dV。$$

若取以 dS 的法线为极轴的球坐标系,则有

$$dV = r^2 \sin\theta d\theta d\varphi dr。$$

此外,由于一个光原子的动能是 $m_0 c^2/\sqrt{1-\beta^2}$,其动量是 $G = m_0 v/\sqrt{1-\beta^2}$,而且由于 v 非常接近于 c,故有

$$\frac{W}{c} = G。$$

因而,能量为 W 的光原子以角度 θ 被反射后给 dS 的冲量为 $2G\cos\theta = 2\frac{W}{c}\cos\theta$;而体积 dV 内具有这种能量的光原子由于反射给予 dS 的冲量等于

$$2\frac{W}{c}\cos\theta n_w dW r^2 \sin\theta d\theta d\varphi dr \frac{dS\cos\theta}{4\pi r^2}。$$

注意到 $\int_0^{+\infty} W n_w dW = u$,将上式对 W 由 0 到 $+\infty$,角度 φ 和 θ 分别由 0 到 2π 和由 0 到 $\frac{\pi}{2}$,对 r 由 0 到 C(某一常数)进行积分,我们便可以求得面元 dS 在每秒钟内所受到的冲量,将此除以 dS,即得辐射压强

$$\rho = u\int_0^{\frac{\pi}{2}} \cos^2\theta \sin\theta d\theta = \frac{u}{3}。$$

辐射压强等于单位体积内所包含的能量的三分之一。这就是在经典理论中已知的结果。

应用本节的方法,我们刚才已求得了本来是由辐射的波动说所给出的同样的结果。这就向我们揭示了,在这两种表面上似乎是对立的观点之间存在着内在的一致性。相位波的概念能使我们得以探索这种一致性的实质。

四、波动光学和光量子[①]

光的量子理论的困难在于对波动光学现象的解释。其主要原因是这一解释必然要涉及周期现象的相位;因此,这使我们更有必要在运动的光粒子和某种波的传播之间建立起密切的联系。实际上,若是光的量子理论在某一天能够解释波动光学现象的话,则很可能就是通过这种综合来实现的。不幸的是,这一思想眼下仍然不可能有长足的进步。唯一的出路似乎是,将爱因斯坦的大胆设想经过修正和扩充以容纳其他更多的现象。19世纪对这些现象的严格研究使物理学家确信他的理论将最终导出波动学说。

我们仅限于用迂回的方法去研究这一难题而无法正面进攻,为了沿着这条道路前进,我们已经说过,必须在经典波和相位波的叠加之间建立起某种非统计的实质性联系;这就必将导致赋予相位波,因而也赋予第一章中所定义的周期性现象以电磁性质。

辐射的发射和吸收是不连续地进行的。关于这一点的证明还缺乏说服力。电磁学,或更确切地说,是电子理论给出了关于这一现象的机理的不严格的说明。然而,玻尔以其对应原理告诉我们,如果考虑用这个理论对由一电子群的辐射作出预言,毫无疑问这些预言在整体上将是八九不离十的。整个电磁学理论似乎只具有某种统计价值,麦克斯韦定律看上去像是不连续客体的一种连续性近似。这有一点像(也仅仅是有一点)流体动力学定律只是描述了流体分子非常复杂和非常快速变化的运动的一种连续性近似。这个对应思想尽管看来还相当不严密和有相当大的弹性,但它也许会成为有胆识的研究人员为探索更符合量子现象实际的新一轮电磁理论而努力的全部基础。

在下一节中我们将重新研究我们对干涉曾经作出的论述;坦率地说,那些论述与其说是真正的解释倒还不如说是一些粗糙的建议。

五、干涉和相干性

首先让我们来想一下,如何发现在空间某一点有光存在。我们或许在那一点放置一个物体;辐射可以在该物体上引起光电效应、化学效应、热效应,等等;所有这些效应最后都可以归结为光电现象。人们还可以看到由放在空间所考测的一点处的物体所产生的波的漫反射。因此,我们可以说,对物质不起作用的辐射,是不能用实验加以探测的辐射。电磁理论认为摄影作用(维纳实验)和散射,与合电场强度有关;在电场为零的地方,即使有磁能也是很难测量的。

这里所阐述的思想是为了将相位波与电磁波进行类比,至少关于相位在空间的分布是这样,前面的强度问题同样存在。与对应思想相联系的这一思想使我们联想到,物质

---

① 可参阅 Beteman. H. ,*On the theory of light quata*,*phil. Mag.*,46(1923)977,其中可找到有关的历史资料和目录。

原子和光原子之间的相互作用概率在每一点都与表征相位波的几个矢量的合矢量(或更确切地说,与合矢量的平均值)有关。在这个合矢量为零的地方,光是无法测量的,这就是干涉。因此,人们猜想,当光原子穿过几个相位波有干涉的区域时,在某些点它被物质吸收,而在另外一些点则不然。在解释干涉和辐射能不连续性的相关性方面有一个非常定性的原理。坎贝耳在《现代电学理论》(1913)一书中曾经预见到两类学说得到的解是一致的。当时他写道:"粒子说只能解释辐射是如何由一处传到另一处的,而波动说只能解释当辐射能从一处传到另一处时为什么会沿着某一条轨道进行。能量本身似乎是以粒子形式传播的,而解释能量的吸收和用实验来测量它似乎说明它是以球面波的形式传播的。"

为了说明产生干涉的规律性,似乎有必要在同一光源的不同原子的发射之间寻找某种联系。我们将用如下的假说来说明这种联系:"与一光原子的运动相联系的相位波,经过一受激物质原子时将引起与该波同相位的另一光原子的发射。"于是,一个波就能输运许多小的能量凝聚中心。这些中心在波面上轻轻地滑动,始终保持与波同相位。倘若被输运的原子数目太大,那么波的结构就接近经典概念;可以说经典概念是波结构的一种极限。

六、玻尔的频率定律;结论

在一定程度上,我们对当原子吸收或发射时它所产生的内部形变是一无所知的。我们始终唠叨着粒子假说,但是我们不知道量子被原子吸收后是与原子以某种方式融合起来,还是以独立的单位状态存在于原子的内部;我们也不知道发射是将原来就存在于原子中的量子排放出来还是消耗原子的内能从而建立新的结构,但是不管怎样,原子一次只发射一个量子这似乎是肯定的;发射粒子的总能量等于 h 乘以与该粒子相缔合的相位波的频率。根据能量守恒,此能量等于原子所含总能量的减少。由此我们得到玻尔频率定律:

$$h\nu = W_1 - W_2。$$

因此,我们看到当我们能够对稳定性条件作出简单解释之后,我们的概念也能得出频率定律,只不过需要承认发射时仅送出一个粒子。

我们注意到光的量子理论所提供的发射图像似乎是证实了爱因斯坦和布里渊[①]的结论。他们在分析黑体辐射和自由粒子相互作用时,证明了必须引入严格定向发射的概念。

在本章中我们能得到什么结论呢?肯定地说,像散射这类似乎与最简单形式的光量子概念不相容的现象,现在在我们看来由于相位的引入不是不可能与光量子概念协调起来的。下面我们将要介绍康普顿给出的关于 X 射线和 γ 射线散射的最新理论。该理论似乎有严格的实验证明,并指出在波的图像起支配作用的领域内明显地存在着光粒子。但是,不可否认的是,光的能量粒子概念丝毫无助于解决波动光学中的问题,在这里它遇

---

① Einstein. A. , *phys. Zeitschr.* , 18(1917)121;
  Brillouin. L. , *Joun. d. phys.* , sérieⅢ , 2(1921)142.

到了难以克服的困难;我们认为,现在下结论说光的能量粒子概念能或是不能克服这一困难,还为时过早。

第六章 X射线和γ射线的散射

一、J.J.汤姆孙的理论[①]

在本章中,我们研究 X 射线和 γ 射线的散射,并进而说明电磁理论和光量子理论各自的实际地位。

首先我们得给散射现象本身下个定义:当将一光束投射到一物质块上时,一般说来总有一部分能量被偏转散落至各个方向上。我们就说光束穿过该物质时有散射,并且由于散射使光减弱。

电子理论对此现象的解释非常简单。该理论认为(这好像与玻尔原子模型是直接对立的),原子中的电子受到准弹性力的作用,并具有非常确定的振动周期。因而,当一电磁波通过这些电子时就使电子强迫振动,其振幅一般同时决定于入射波的频率和电子共振子的本征频率。根据加速波的理论,电子的运动将因发射柱对称波而不断衰减。可以建立起一个平衡状态。在这个状态中共振子从入射光中吸取能量以补偿衰减。因此,最后结果是,有部分入射能量被偏转分散至空间的各个方向。

为了计算表征散射现象大小的量,必须首先确定振动电子的运动,为此,必须表示出惯性力和准弹性力的合力与入射光作用在电子上的电场力之间的平衡。在可见光的范围内,比较各力的量级可知,与准弹性力相比惯性力这一项可以忽略。这样便得出振动振幅的大小与激发光的振幅成正比,而与其频率无关。偶极子辐射理论告诉我们,次级辐射总与波长的四次方成反比;因此,频率越高这些辐射散射得越厉害。正是根据这一结论,瑞利勋爵建立了天空是蓝色的理论[②]。

在高频范围内(X 射线和 γ 射线)的情况正相反,是准弹性项小于惯性项而被忽略;所发生的一切就仿佛电子是自由的一样,振动的振幅不仅与入射振幅成正比,而且还与波长的二次方成正比。由此得到总的散射强度这时与波长无关。是 J.J.汤姆孙首先注意到这件事,并建立了 X 射线散射的最初理论。由此得到的两条主要结论如下:

1. 若以 θ 表示入射方向和散射方向延长线之间的夹角,则散射能与 θ 的函数关系为

$$(1 + \cos^2\theta)/2。$$

2. 每秒钟内每个电子散射的总能量与入射强度之比为

$$\frac{I_a}{I} = \frac{8\pi}{3}(e^2/m_0 c^2)^2,$$

---

① Thomson. J. J., *Passage de l'électricité à travers les gaz.* 法文翻译 Fric 和 Faure, Gauthier-Villars(1912) 321.

② 瑞利勋爵是由光的经典概念导出这一理论的,然而经典理论与电磁概念在这一点上是完全一致的。

式中 e 和 m_0 为电子常数，c 为光速。

一个原子当然包含有若干个电子。今天我们有充分理由相信电子数 p 就等于元素的原子序数。J. J. 汤姆孙认为由同一原子中的这 p 个电子发射的波是"不相干"的。因此，可以认为每个原子所散射的能量相当于一个电子的能量的 p 倍。从实验的观点来看，散射可以被解释成光束强度逐渐减弱的原因。这种减弱遵循如下指数规律：

$$I_x = i_0 e^{-sx},$$

其中 s 被称为由散射产生的衰减的系数，或简称为散射系数。这一系数与散射物体的密度之比 s/ρ，是单位质量物质的散射系数。如果我们记每个原子中的散射能与入射辐射强度之比为一个原子的散射系数 σ，则很容易得到 σ 与 s 的关系为

$$\sigma = \frac{s}{\rho} A m_H,$$

式中 A 为散射原子的原子量，m_H 氢原子的质量，将有关数值代入 $\frac{8\pi}{3}(e^2/m_0 c^2)^2$，有

$$\sigma = 0.54 \times 10^{-24} p,$$

然则，实验值 s/ρ 非常接近于 0.2，所以应有

$$\frac{A}{p} = \frac{0.54 \times 10^{-24}}{0.2 \times 1.46 \times 10^{-24}} = \frac{0.54}{0.29},$$

这个数字非常接近于 2，这与原子内部电子数与原子量之间的关系的真实情况完全相符。所以，J. J. 汤姆孙理论给出了一个非常重要的巧合。很多实验室工作人员，特别是巴克拉的工作[1]，早已证实了 J. J. 汤姆孙理论在很大程度上是相当成功的。

二、德拜理论[2]

然而，巴克拉也遇到了一些麻烦。其中特别重要的是，布拉格发现在某些条件下散射能量要比上述理论所推断的强得多。他由此得出结论认为散射能量并非与原子中的电子数而是与电子数的平方成正比。德拜介绍了一种同时与布拉格和巴克拉的结果相符得更为圆满的理论。

德拜认为原子内的电子是有规则地分布在线度为 10^{-8} cm 数量级的一个体积内的；为了便于计算，他甚至假定这些电子都分布在同一个圆上。当波长比电子间的平均距离大得多时，这些电子的运动应该是接近同相位的。在整个波动中，各电子辐射的振幅将相互增补。散射的能量将与 p^2 而不是与 p 成正比，因而系数 σ 可写成

$$\sigma = \frac{8\pi}{3} \left(\frac{e^2}{m_0 c^2} \right)^2 p^2.$$

至于在空间的分布，该理论与 J. J. 汤姆孙所预言的一致。

对于波长逐渐减小的波，空间分布将变为非对称的；辐射前进方向上的散射能量比在相反方向上的要小得多。这是因为，当波长与电子间的距离可以比较时，不同电子的振动不再是同相位的了。由于不同方向上的辐射有不同的相位，故它们的振幅将不再是

---

[1] 在 Ledoux-Lebard. R. 和 A. Dauvillier 的著作《X 射线物理学》(*La physique des Rayons* X, Gauthier-Villars, 1921.) 第 137 页之后列举了许多有关 X 射线的早期工作。

[2] Debye. P.，*Ann. d. phys.* <u>46</u> (1915) 809.

相互增补的,因而散射的能量将比较小。但是在入射方向延长线附近张角较小的圆锥体内,相位总是相同的,该部分辐射的振幅将相互增补。因而,包含在该圆锥体所确定方向上的散射将远远大于其他方向上的散射。德拜还预言了一种奇怪的现象:当逐渐离开上述定义的圆锥体轴的时候,散射强度不是立即有规则地衰减,而是首先发生周期性的变化;因此在与光束前进方向垂直放置的屏幕上应该可以看到以光束方向为中心的明暗相间的条纹。尽管德拜最早是从弗里德里奇的一些实验中得知这一现象的,但当时他似乎还不清楚是怎么一回事。

在短波长的情况下,这一现象变得更简单。强散射的圆锥体变得越来越窄;分布又成为对称的,且应与满足 J.J.汤姆孙公式;因为各电子的相位变得完全不相干了。因此,这时是能量而不是振幅相互增补。

德拜理论的重要意义在于解释了软 X 射线的强散射,并说明了当频率增大时这一现象应如何向 J.J.汤姆孙现象过渡。然而,我们认为需要注意的是,按照德拜思想,频率越高,散射辐射将越对称,而系数 $\frac{s}{\rho}$ 的值应该越接近 0.2。在下一节中我们将看到情况绝非如此。

三、德拜和康普顿的最近理论[①]

在硬 X 射线和 γ 射线领域中,实验所揭示的事实与上述理论能够预见的情况完全不同。首先,散射辐射表现出随频率的增高越来越不对称;另一方面,总散射能减小;当波长降到低于 0.3Å 或 0.2Å 时,单位质量系数 s/ρ 的值迅速降低。γ 射线的这个系数变得格外小。于是,J.J.汤姆孙理论变得越来越适用,而上述德拜理论变得越来越不适用。

最近的实验研究还揭示了另外两种现象。在这方面康普顿做了第一流的工作,实际上,康普顿的实验,证明除却频率随观测方向变化外,散射也会引起频率降低。此外,散射似乎还会引起电子的运动。德拜和康普顿几乎同时相互独立地依据光的电子概念解释了这些与经典规律相悖的事实。

这里需要一条原理:当一个光量子从一个电子的附近经过时将偏离它的直线路径。应当认为当这两个能量中心靠得相当近的这段时间内,它们之间有相互作用。如果这一作用很小,则原来静止的电子将从光粒子中得到某些能量;根据量子关系,散射的频率将小于入射频率。我们可以用动量守恒来解决这一问题。如图 6 所

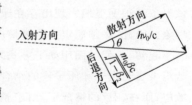

图　6

示,假定散射量子沿着与入射方向延长线成 θ 角的方向运动;散射前后的频率为 ν_0 和 ν_θ;电子的静质量为 m_0,则有

$$h\nu_\theta = h\nu_0 - m_0 c^2 \left(\frac{1}{\sqrt{1-\beta^2}} - 1 \right),$$

①　Debye. P. ,*phys. Zeitschr.* ,24(1923)161～166;
　　Compton. A. H. ,*phys. Rew.* 21(1923)207;483;
　　　phil. Mag. ,46(1923)897.

$$\left(\frac{m_0\beta c}{\sqrt{1-\beta^2}}\right)^2 = \left(\frac{h\nu_0}{c}\right)^2 + \left(\frac{h\nu_\theta}{c}\right)^2 - 2\left(\frac{h\nu_0}{c}\right)\left(\frac{h\nu_\theta}{c}\right)\cos\theta。$$

这第二个关系可以由附图(图 6)上立即看出。

速度 $\upsilon = \beta c$ 是电子在此过程中获得的速度。

我们用 α 表示 $h\nu_0/m_0c^2$，它等于 ν_0 除以电子本征频率的商。故有

$$\nu_\theta = \frac{\nu_0}{1 + 2\alpha\sin^2\dfrac{\theta}{2}}$$

或

$$\lambda_\theta = \lambda_0\left(1 + 2\alpha\sin^2\frac{\theta}{2}\right)。$$

于是，我们可以利用这些公式来研究**"反冲"**电子的速度和方向。我们发现电子的反冲角由 $\dfrac{\pi}{2}$ 变化到 0 相应于散射方向由 0 变化到 π。与此同时，电子速度由 0 变化到某一最大值。

康普顿受相对论启示提出一些假设，认为可以算出总的散射能的值，并能解释系数 s/ρ 的迅速减小。德拜则以一种略有不同的形式来使用相对论思想，但是也能解释这同一现象。

在 1923 年 5 月《物理评论》上的一篇文章中，和在 1923 年 10 月《哲学杂志》[*]上的最近一篇文章中，康普顿证明了上面所陈述的这些新思想与许多实验事实相符；特别是对于硬射线和轻物体，所预见的波长变化得到了定量的说明。对于较重的物体和较软的辐射，似乎有一条频率不变的散射条纹和遵循康普顿-德拜定律的另一条散射条纹并存。对于低频，前一条纹占优势，好像经常是单独存在。罗斯关于条纹 M_0k_a 的散射实验和石蜡的绿光实验证实了这一看法；条纹 k_a 给出了一条遵循康普顿定律的强散射条纹和一条频率不变的弱条纹。后一条纹只对于绿光才存在。

有一条位置不变的条纹存在，这似乎可以被用来解释为何晶体的反射(劳厄现象)不引起波长的变化。实际上，姜基散和沃尔弗斯最近证明了被通常用作反射体的晶体，其散射条纹很明显地表现出存在康普顿-德拜效应。对伦琴波长的精确测量已证实了这一现象。因此，必须假定在这种情况下散射并不破坏量子。

起初，人们试图用如下方式来解释这两种散射的存在：每当电子散射体是自由的，或者至少当与电子和原子核的结合力相应的能量小于入射量子的能量时，就会发生康普顿效应；而在相反的情况下，由于整个原子参与这一过程时它的质量较大使它不会获得明显的速度，所以出现波长不变的散射。康普顿发现要承认这一思想又会出现新的矛盾。他宁愿用使同一量子偏折时有多个电子在起作用的想法来解释不发生变化的条纹；正是由于它们的质量之和较大才阻止了辐射能转变为物质。不管如何解释，人们还是认识到了为什么重元素硬射线的行为与轻元素软射线的不同。

在使解释光粒子偏折的散射概念和解释劳厄图所必需的相位概念协调起来的工作中，人们遇到了相当大的麻烦，在前一章的波动光学中我们仍束手无策。

---

[*] 这两篇文章在本节开头作者均已引用。

在与硬 X 射线和轻元素打交道时,如同在放射性治疗中所用到的那样,这一现象应该完全可以用康普顿效应来解释。事实也正是这样。我们可以举例说明,众所周知,当 X 射线束经过一物质时,除了因散射还因吸收被削弱,同时还伴随有光电子发射。布拉格和皮尔斯的经验公式告诉我们这种吸收按波长的三次方变化,而且对于所考察物质原子内能级的所有特征频率都呈现出出乎意料的不连续性;此外,对于不同元素的同一波长,原子吸收系数按原子序数的四次方而变。

这一规律在伦琴频率的中间区域得到了很好的验证,看来很可能也适用于硬射线。以前所接受的思想是,按照康普顿-德拜规律的散射仅是将辐射散开,只有按照布拉格规律吸收的能量才有可能在气体中形式电离。因此,布拉格-皮尔斯定律可用来计算同一种硬射线对两个玻璃瓶中气体产生的电离之比;而这两个玻璃瓶内一个装有重气体[例如甲基碘(CH^3I)],另一个装有轻气体(例如空气)。即使计及一些次要因素的修正,我们在实验中也将发现这一比值出乎意料地小。Dauvillier 注意到 X 射线的这一现象,而他的解释有很长时间使人们困惑不解。

散射的新理论似乎可以很圆满地解释这一奇异现象。实际上,至少在硬射线的情况下,有一部分光量子的能量传给了散射电子;此时不仅有辐射散开,而且还有"散射引起的吸收"。气体的电离一方面是由于原子中的电子被激活,另一方面是由于散射使电子作反冲运动;这二者的结合即所谓吸收机制。在重气体中(CH^3I),布拉格吸收很强,而康普顿吸收非常弱。对于轻气体(空气)则情况完全不同:布拉格吸收很弱,因为它随 N^4 而变;康普顿吸收与 N 无关而变得较为重要。因此在这两种气体中的总吸收以及电离的比,应当远小于以前所预料的值。按照新理论甚至还可以定量地算出电离比。从这一例子中我们可以看出康普顿和德拜的新思想具有非常重要的实际意义,而且散射电子的反冲这一概念似乎提供了一把解决许多其他无法解释的现象的钥匙。

四、由运动电子引起的散射

我们可以将康普顿-德拜理论加以推广以研究运动电子对辐射量子的散射。我们设初始频率为 ν_1 的量子原来的传播方向为 x_1 轴,在与 ox_1 垂直并通过散射发生点的平面内任选彼此垂直的两条直线作为 x_2 轴和 x_3 轴;碰撞前电子的速度 $\beta_1 c$ 的方向由方向余弦 a_1, b_1, c_1 确定;若 θ_1 为速度与 ox_1 轴之间的夹角。则 $a_1 = \cos\theta_1$;碰撞后频率为 ν_2 的散射辐射量子沿着方向余弦为 p, q, r 的方向传播,该方向与电子的初速度之间的夹角为 $\varphi(\cos\varphi = a_1 p + b_1 q + c_1 r)$,而且与 ox_1 轴之间的夹角为 $\theta(p = \cos\theta)$;电子的末速度为 $\beta_2 c$,其方向余弦为 a_2, b_2, c_2。

在碰撞前后可根据能量守恒和动量守恒写出如下方程组:

$$h\nu_1 + \frac{m_0 c^2}{\sqrt{1-\beta_1^2}} = h\nu_2 + \frac{m_0 c^2}{\sqrt{1-\beta_2^2}},$$

$$\frac{h\nu_1}{c} + \frac{m_0 \beta_1 c}{\sqrt{1-\beta_1^2}} a_1 = \frac{h\nu_2}{c} p + \frac{m_0 \beta_2 c}{\sqrt{1-\beta_2^2}} a_2,$$

$$\frac{m_0 \beta_1 c}{\sqrt{1-\beta_1^2}} b_1 = \frac{h\nu_2}{c} q + \frac{m_0 \beta_2 c}{\sqrt{1-\beta_2^2}} b_2,$$

$$\frac{m_0 \beta_1 c}{\sqrt{1-\beta_1^2}} c_1 = \frac{h\nu_2}{c} r + \frac{m_0 \beta_2 c}{\sqrt{1-\beta_2^2}} c_2 。$$

由关系式 $a_2^2 + b_2^2 + c_2^2 = 1$，消去 a_2，b_2，c_2，然后利用这样得到的式子和能量守恒表达式消去 β_2，按康普顿做法，令 $\alpha = h\nu_1/m_0 c^2$，则得

$$\nu_2 = \nu_1 \frac{1 - \beta_1 \cos\theta_1}{1 - \beta_1 \cos\varphi + 2\alpha \sqrt{1-\beta_1^2} \sin^2 \frac{\theta}{2}} 。$$

若电子的初速度为零或可被忽略，则得到康普顿公式：

$$\nu_2 = \nu_1 \frac{1}{1 + 2\alpha \sin^2 \frac{\theta}{2}} 。$$

在一般情况下，由含有 α 的项表示的康普顿效应是存在的，但逐渐变小。此外，还要加上受多普勒效应的项。当康普顿效应可以忽略时，则有

$$\nu_2 = \nu_1 \frac{1 - \beta_1 \cos\theta_1}{1 - \beta_1 \cos\varphi} 。$$

在这种条件下，由于量子的散射不影响电子的运动，所以可以预料能得到与电磁理论相同的结果，实际情况确也如此。下面我们按照电磁理论来计算散射频率（考虑相对论）。入射辐射电子具有的频率为

$$\nu' = \nu_1 \frac{1 - \beta_1 \cos\theta_1}{\sqrt{1-\beta_1^2}} 。$$

若电子始终保持平动速度 $\beta_1 c$，然后又使它以频率 ν' 振动；观测者在与速度 $\beta_1 c$ 或 φ 角度的方向上接收散射辐射，则他所测得电子的频率为

$$\nu_2 = \nu' \frac{\sqrt{1-\beta_1^2}}{1 - \beta_1 \cos\varphi} ,$$

于是有

$$\nu_2 = \nu_1 \frac{1 - \beta_1 \cos\theta_1}{1 - \beta_1 \cos\varphi} 。$$

康普顿效应一般总是相当小的；相反，多普勒效应对于经过几百 kV 电压加速的电子来说可以达到很大的值（对于 200kV，频率增大三分之一）。

以上我们研究的是量子的加速，因为高速运动的散射体可以将能量传递给辐射原子。这时不能使用斯托克斯法则。上面所说的某些结论可用实验验证，至少有关 X 射线的实验不是不可能做到的。

第七章 统计力学与量子

一、重提统计热力学的某些结果

利用统计概念解释热力学规律是科学思想的重大成就之一。当然这也并非是没有困难和异议的。在本文中我们不对这一方法作出评论。在以目前最通用的形式重提某些基本结果之后，我们将着眼于研究如何将我们的新思想引入气体理论和黑体辐射

理论。

玻耳兹曼首先指出,在确定状态下气体的熵,与该状态概率的对数和所谓玻耳兹曼常数 k 的乘积*,只相差某一附加常数;而 k 与温标的选择有关。如果原子处于完全无规运动状态,则在分析了这些原子之间的碰撞后就可以得出这一结论,继普朗克和爱因斯坦之后,眼下人们倾向于将关系 $S=k\ln P$ 看成是系统熵 S 的定义。在此定义式中,P 不是数学概率,它不等于同一宏观状态中给出的微观态数与可能状态总数之比,而是"热力学"概率,它就等于这一分数的分子。这样所选择的 P 的含义就等于说是以某种方式(以任意的求和形式)确定了熵中的附加常数。在这一假定下,我们可以回顾一下大家熟知的关于热力学量的解析表达式的证明。这种证明的好处在于它同样适用于不连续的可能状态或相反的情况。

为此,我们考虑有 n 个物体,就等概率地**任意**放置在 m 个"**状态**"或"**相格**"中**。体系的某一状态是:有 n_1 个物体被放在相格 1 中,n_2 个物体放在相格 2 中,以及诸如此类。该状态的热力学概率为

$$P = \frac{n!}{n_1! \, n_2! \cdots n_m!} \, 。$$

假设 n 和所有的 $n!$ 都是很大的数,则利用斯透林(Stirling)公式便可得到系数的熵为

$$S = k\ln P = kn\ln n - k\sum_1^m n_i\ln n_i \, 。$$

若以 ε 表示"**放在这种相格中物体的能量**",则对应于每一个相格,都有一个固定的 ε 值。现在我们来研究当能量之和不变的条件下,物体在这些相格中分布的变化。熵 S 将有改变:

$$\delta S = - k\delta\left(\sum_1^m n_i\ln n_i\right) = - k\sum_1^m \delta n_i - k\sum_1^m \ln n_i\delta n_i \, 。$$

另有附加条件为:$\sum_1^m \delta n_i = 0$,和 $\sum_1^m \varepsilon_i\delta n_i = 0$。熵的极大值由 $\delta S=0$ 这一公式确定。未定乘数法告诉我们,为了实现这些条件,必须满足方程

$$\sum_1^m [\ln n_i + \eta + \beta\varepsilon_i]\delta n_i = 0,$$

式中 η 和 β 是待定常数;δn_i 可以是任意的。

由此得出结论,实际上唯一可能实现的最概然分布由如下规律确定:

$$n_i = \alpha\exp(-\beta\varepsilon_i), \quad [\alpha = \exp(-\eta)] \, 。$$

这就是所谓"正则"分布。体系的热力学熵与该最概然分布相对应,并由下式给出:

$$S = kn\ln n - \sum_1^m [k\alpha\exp(-\beta\varepsilon_i)(\ln\alpha - \beta\varepsilon_i)] \, 。$$

因为有

$$\sum_1^m n_i = n$$

---

* 为避免重复,统计力学教科书中一般将玻耳兹曼常数记为 k_B.

** 德布罗意在这里所说的统计力学,是玻耳兹曼的,而不是吉布斯的。

和

$$\sum_1^m \varepsilon_i n_i = E(\text{总能量}),$$

所以

$$S = kn\ln\frac{n}{\alpha} + k\beta E = kn\ln\sum_1^m \exp(-\beta\varepsilon_i) + k\beta E。$$

为了确定 β，我们将利用热力学关系式：

$$\frac{1}{T} = \frac{\mathrm{d}s}{\mathrm{d}E} = \frac{\partial s}{\partial\beta}\frac{\partial\beta}{\partial E} + \frac{\partial s}{\partial E}$$

$$= -kn\frac{\sum_1^m \varepsilon_i\exp(-\beta\varepsilon_i)}{\sum_1^m \exp(-\beta\varepsilon_i)}\frac{\mathrm{d}\beta}{\mathrm{d}E} + kE\frac{\mathrm{d}\beta}{\mathrm{d}E} + k\beta。$$

又因为

$$n\frac{\sum_1^m \varepsilon_i\exp(-\beta\varepsilon_i)}{\sum_1^m \exp(-\beta\varepsilon_i)} = n\,\bar{\varepsilon} = E,$$

所以

$$\frac{1}{T} = k\beta, \qquad \beta = \frac{1}{kT}。$$

自由能由下式计算

$$F = E - TS = E - knT\ln\Big[\sum_1^m \exp(-\beta\varepsilon_i)\Big] - \beta kTE$$

$$= -knT\ln\Big[\sum_1^m \exp(-\beta\varepsilon_i)\Big]。$$

因此该系统中每一物体所带的自由能的平均值为

$$\overline{F} = -kT\ln\Big[\sum_1^m \exp(-\beta\varepsilon_i)\Big]。$$

我们可以将这些一般性论述应用于由质量为 m_0 的全同分子组成的气体。刘维尔定理（也适用于相对论动力学）告诉我们，分子相空间的体积元为 $\mathrm{d}x\mathrm{d}y\mathrm{d}z\mathrm{d}p\mathrm{d}q\mathrm{d}r$（其中 x、y 和 z 是空间坐标，p，q 和 r 是相应的动量）。这是运动方程中的一个不变量，该量值与坐标的选择无关。因而，人们认为由这个相空间的体积元表示的等概率态数正比于该体积元的大小。由此可以立即由麦克斯韦分布律给出代表点落在体积元 $\mathrm{d}x\mathrm{d}y\mathrm{d}z\mathrm{d}p\mathrm{d}q\mathrm{d}r$ 中的原子数为

$$\mathrm{d}n = C\exp\Big(-\frac{W}{kT}\Big)\mathrm{d}x\mathrm{d}y\mathrm{d}z\mathrm{d}p\mathrm{d}q\mathrm{d}r \quad (C \text{ 是常数}),$$

式中 W 为这些原子的动能。

假定速度足够小从而能说明可以合理地使用经典动力学，则得

$$W = \frac{1}{2}m_0 v^2, \quad \mathrm{d}p\mathrm{d}q\mathrm{d}r = 4\pi G^2\mathrm{d}G,$$

式中 $G = m_0 v = (2m_0 W)^{1/2}$ 是动量。最后，包含在体积之中能量在 W 和 $W+\mathrm{d}W$ 之间的原

子数由如下经典公式给出：

$$dn = C\exp\left(-\frac{W}{kT}\right)4\pi m_0^{3/2}\sqrt{2W}\,dW\,dx\,dy\,dz。$$

接着来计算自由能和熵。为此，我们不用孤立分子，而是将由质量为 m_0 的 N 个全同分子所组成的整个气体系统作为一般理论的研究对象。这样一来，整个气体的状态将要由 $6N$ 个参数来确定。就热力学含义而言，气体自由能将用吉布斯方法确定，n 个气体的自由能平均值是

$$\overline{F} = -kT\ln\left[\sum_1^m \exp(-\beta\varepsilon_i)\right], \quad \beta = \frac{1}{kT}。$$

普朗克阐明了该如何进行求和，该求和可以表示成遍及整个 $6N$ 维相空间的积分。这个积分本身又等价于 N 个遍及每个分子相空间的六重积分的乘积；由于这些分子是全同的，所以必须将结果除以 $N!$。在算出了自由能以后，就可由经典热力学公式导出熵和能量：

$$S = -\frac{\partial F}{\partial T}, \quad E = F + TS。$$

为了进行这一计算，必须引入这样一个常数：该常数与相空间体积元的乘积可以给出此体积元中的点所代表的概率状态的数目；而且这个常数具有作用量立方的倒数的量纲。普朗克用以下几个不全令人失望的假设来确定这一常数："**将分子的相空间分成等概率的相格，概率的数值是有限的，且等于 h^3**"。人们可以说，在每一相格内只有一个概率不为零的点；也可以说，在同一相格中所有的点对应的状态在物理上是不可区分的。

由普朗克假设可以写出自由能的表达式：

$$F = -kT\ln\left[\frac{1}{N!}\left(\int_{-\infty}^{+\infty}\exp\left(-\frac{\varepsilon}{kT}\right)\frac{dx\,dy\,dz\,dp\,dq\,dr}{h^3}\right)^N\right]$$

$$= -NkT\ln\left[\frac{e}{N}\int_{-\infty}^{+\infty}\exp\left(-\frac{\varepsilon}{kT}\right)\frac{1}{h^3}dx\,dy\,dz\,dp\,dq\,dr\right]。$$

经过积分，可以得到

$$F = Nm_0c^2 - kNT\ln\left[\frac{eV}{Nh^3}(2\pi m_0 kT)^{3/2}\right] \quad (V \text{ 为气体总体积})，$$

因此

$$S = kN\ln\left[\frac{e^{5/2}V}{Nh^3}(2\pi m_0 kT)^{3/2}\right],$$

$$E = Nm_0c^2 + \frac{3}{2}kNT。$$

普朗克在其著作《热辐射》（第四版）（*Warmestrahlung*）的末尾用此方法推导了气体及其凝聚态相平衡出现时的"**化学常数**"。对该化学常数的实验测量有力地支持了普朗克的这一方法。

到此为止，我们还没有涉及相对论，也没有涉及联系动力学和波理论的思想。我们将研究如果引入这两个概念，上述公式会如何变化。

二、气体统计平衡的新概念

如果气体原子的运动缔合着波的传播，则在盛气容器内各个方向上均有波在运动。就像在金斯提出的黑体辐射的想法中一样，我们会很自然地将形成驻波系统（也就是在容器的尺度范围内共振）的相位波看成是唯一稳定的；这种稳定的驻波系统在热力学平衡时才会出现。这与我们在研究玻尔原子时遇到的情况有些相像。在那里稳定轨道也是由共振条件确定的，而其他轨道应该认为在通常所说的原子中是不会出现的。

我们不禁要问，既然原子的运动不断受到彼此碰撞的骚扰，怎么还会在气体中存在相位波的驻波呢？首先我们可以这样来回答：由于分子运动的独立性，在时间 dt 内由于碰撞而改变原来方向的原子数，与由于碰撞而被折回到这一方向的原子数正好相互抵消；由于原子结构的全同性，所以可以不考虑它们的个性，而将所发生的情况在总体上看成是原子在两个器壁之间沿直线运动。此外，在原子通过自由程的这段时间内，相位波可以走过几倍于容器尺度的距离；尽管容器的尺度很大也会如此。例如，若气体原子的平均速度为 10^5 cm/sec，平均自程为 10^{-5} cm，则相位波的平均速度将是 $c^2/v = 9 \times 10^{15}$ cm/sec。在原子通过平均自由程所需要的时间 10^{-10} sec 内，相位波传播距离为 9×10^5 cm，即 9km，因此，可以想象在处于平衡态的气体内存在着相位波的驻波。

为了更好地理解我们将要对统计力学所作修改的本质，首先让我们来考虑一个简单的例子，即分子沿着长为 l 的直线 $\overline{AB}$，在 A 和 B 之间来回往复的运动。位形和速度的初始分布是具有偶然性的。因此，分子处于 $\overline{AB}$ 的线元 dx 上的概率为 dx/l，在经典理论中，必须假设分子速度在 v 和 $v+dv$ 之间的概率与 dv 成正比。因此，若以 x 和 v 作为变量来建立一个相空间，所有等于 $dxdv$ 的相空间元将具有相同的概率。当引入前述稳定性条件后，情况就完全不一样了。如果分子速度足够小以致可以略去相对论项，则与以速度 v 运动的分子相缔合的波长将是

$$\lambda = \frac{c/\beta}{m_0 c^2/h} = \frac{h}{m_0 v},$$

且共振条件可以写成

$$l = n\lambda = n\frac{h}{m_0 v} \quad (n \text{ 为整数})。$$

若令 $\dfrac{h}{m_0 l} = v_0$，则得

$$v = nv_0。$$

因此分子速度只能取等于 v_0 整数倍的值。

与速度的改变量 δv 相应的整数 n 的改变量 δn，给出了与驻相位波缔合的分子状态数。可以立即得到

$$\delta n = \frac{m_0 l}{h} \delta v。$$

因此，这里看到的情况将是，与相空间的每一个体积元相对应的可能状态 $\dfrac{m_0}{h}\delta x\delta v$，是相空间元的经典表达式除以 h。研究这些数值可以看出，尽管 δv 相对于我们实验测量的尺度是很小的，但是与每一个 δv 值相应的 δn 却有一个很大的取值范围；相空间中每一

块很小的方格都对应于一些数目巨大的"**可能**"v值。所以尽管一般来说,在计算时可将量$\frac{m_0}{h}\delta x\delta v$当作微分来处理。但从原则上来说,这些代表点的分布完全不像统计力学所设想的那样,而是不连续的。并且我们认为通过某种尚不能说明的机理作用,使得与相位波非驻波系统相缔合的原子的运动自动消失。

现在我们再来研究较为符合实际的三维气体的情况。相位波在容器中的分布完全与以前由热波黑体辐射理论给出的相类似。依照金斯在这一理论中所做的那样,我们可以计算出单位体积内频率在ν和$\nu+\mathrm{d}\nu$之间的驻波数。在区分群速度U和相速度V之后,我们发现这一数可用下式表示:

$$n_\nu\delta\nu = \gamma\frac{4\pi}{UV^2}\nu^2\mathrm{d}\nu,$$

式中γ对于纵波等于1,对于横波等于2。此外,我们不应被上式所迷惑:在相位波系统中不是所有的小值都会出现的,若将上式看作微分运算,则一般说来,在很小的频率间隔内,只有数目有限的ν值是可以接受的。

现在我们应用第一章第二节中已证明过的定理。已知与速度$v=\beta c$的一个原子相缔合的波具有相速度$V=c/\beta$,群速度$U=\beta c$,频率为$\nu=m_0 c^2/h\sqrt{1-\beta^2}$。若以$w$表示动能,根据相对论公式,则有

$$h\nu = \frac{m_0 c^2}{\sqrt{1-\beta^2}} = m_0 c^2 + w = m_0 c^2(1+\alpha), \quad \alpha = \frac{W}{m_0 c^2}.$$

因而得

$$n_w\mathrm{d}W = \gamma\frac{4\pi}{UV^2}\nu^2\mathrm{d}\nu = \gamma\frac{4\pi}{h^3}m_0^2 c(1+\alpha)\sqrt{\alpha(\alpha+2)}\mathrm{d}W.$$

若对整个原子系统应用前已证明的正则分布定律,我们就可得到在体积元$\mathrm{d}x\mathrm{d}y\mathrm{d}z$中动能在$W$和$W+\mathrm{d}W$之间的原子数目:

$$c\gamma\frac{4\pi}{h^3}m_0^2 c(1+\alpha)\sqrt{\alpha(\alpha+2)}\exp\left(-\frac{W}{kT}\right)\mathrm{d}W\mathrm{d}x\mathrm{d}y\mathrm{d}z. \tag{1}$$

对于物质原子,由对称性可知相位波是与纵波类似的;因此可令$\gamma=1$。此外,对于这些原子(除了在常温下其数目可忽略的少数原子外)静能$m_0 c^2$要比动能大得多,因此,可将$(1+\alpha)$看成是1。于是由式(1)可得

$$C\frac{4\pi}{h^3}m_0^{3/2}\sqrt{2W}\exp\left(-\frac{W}{kT}\right)\mathrm{d}W\mathrm{d}x\mathrm{d}y\mathrm{d}z = C\exp\left(-\frac{W}{kT}\right)\int_W^{W+\mathrm{d}W}\frac{1}{h^3}\mathrm{d}x\mathrm{d}y\mathrm{d}z\mathrm{d}p\mathrm{d}q\mathrm{d}r.$$

可以看出,用我们的方法来求与相空间元相对应的分子的可能状态时,不是取相空间元本身的大小,而是取它的值除以h^3。因此,我们要修正普朗克假设,进而修正这位科学家求得的已在前面叙述过的结果,我们由相位波的V和U所得到的,正是由金斯公式出发得到的同一结果。[①]

---

① 参阅Sackur. O. , *Ann. d. phys.* , $\underline{36}$(1911)958 和$\underline{40}$(1913)67.

Tetrode. H. , *phys. Zeitschr.* , $\underline{14}$(1913)212; *Ann. d. phys.* , $\underline{38}$(1912)434.

Keesom. W. H. , *phys. Zeitschr.* , $\underline{15}$(1914)695.

Stern. O. , *phys. Zeitschr.* , $\underline{14}$(1913)629.

Brody. E. , *Zeitschr. f phys.* , $\underline{16}$(1921)79.

三、光原子气

如果将光分割成原子,则黑体辐射可以被看成是与物质处于平衡态的这种原子气。这有一点像饱和汽与其凝聚相处于平衡态的情形。在第三章中我们已能证明这一思想可以对辐射压作出准确的预言。

我们来研究怎样将上一节的普遍公式(1)应用于这种光气体。根据在第四章中我们所强调的光单元的对称性,这里应该令 $\gamma=2$。此外,除去在常温下其数目可以忽略的少数几个原子外,α 远远大于 1;这样就可将 $(\alpha+1)$ 和 $(\alpha+2)$ 都看成是 α。于是,我们便得到在体积元内能量在 $h\nu$ 和 $h(\nu+\mathrm{d}\nu)$ 之间的原子数:

$$C\,\frac{8\pi}{c^3}\nu^2\exp\left(-\frac{h\nu}{kT}\right)\mathrm{d}\nu\,\mathrm{d}x\,\mathrm{d}y\,\mathrm{d}z。$$

它与相同频率所对应的能量密度是:

$$u_\nu\,\mathrm{d}\nu = C\,\frac{8\pi h}{c^3}\nu^3\exp\left(-\frac{h\nu}{kT}\right)\mathrm{d}\nu。$$

根据我在 1922 年 11 月发表的文章《光量子和黑体辐射》[*]中的论述,可以容易地证明这个常数等于 1。

不幸的是,由此得到的规律正是维恩定律,它仅仅是普朗克严格的实验定律取级数展开后的第一项。对此,我们并不感到意外。因为在假定了光原子的运动是完全独立的之后,我们必然会得到指数因子与麦克斯韦指数因子相同的规律。

此外,我们知道辐射能在空间的连续分布可以导致瑞利定律,这已为金斯所证明。然而,普朗克定律认为维恩公式和瑞利公式分别是比值 $h\nu/kT$ 在很大和很小时的极限形式。为了重现普朗克结果,我们必须在这里作一**新的假设**。该假设不需要我们抛弃光的量子概念就能解释这些经典公式是如何仅适用某一区域的。下面就是我们的新假设:

"**如果两个或多个原子所具有的相位波可以严格叠加,则可以认为这些原子被同一个相位波所缔合,而它们的运动再也不能被看成是完全独立的;在计算概率时不能再将这些原子当作分立的并单独来处理。**"这时候,"波上"的原子之间由于相互影响所表现出来的相干性而无法确定它们各个体的运动,而且如果不存在不动的驻相位波,这些原子运动的不稳定机制可能是很显然的。

这一协调性假设迫使我们重新来证明麦克斯韦定律。由于我们不再将原子当成普遍理论的"**实体**",所以代替其地位的将是基本驻相位波。什么是我们所说的基本驻波呢?一个驻波可以看成是由如下形式的两个波叠加而成的东西:

$$\exp\left[2\pi\left(\nu t-\frac{x}{\lambda}+\varphi_0\right)\right]\ \text{和}\ \exp\left[2\pi\left(\nu t+\frac{x}{\lambda}+\varphi_0\right)\right],$$

式中 φ_0 可取 0 至 1 之间的任意值。若给定 ν 一个允许值,给定 φ_0 在 0 至 1 之间的某一值,我们就确定了一个基本驻波。现在来考虑 φ_0 的某一值,和在小间隔 $\mathrm{d}\nu$ 内的 ν 的所有允许值。每一基本波都能输送 $0,1,2,\cdots$ 个原子。既然正则分布律能适用于所考虑的这些波,那么我们也能找到相应的原子数

---

[*] *Journal de physique*,(1922,11).

$$N_\nu \mathrm{d}\nu = n_\nu \mathrm{d}\nu \, \frac{\sum\limits_1^\infty p\exp\left(-p\dfrac{h\nu}{kT}\right)}{\sum\limits_1^\infty \exp\left(-p\dfrac{h\nu}{kT}\right)}\,。$$

若给 φ_0 另一值，将得到另一个稳定态。将若干个这样的稳定态相叠加就得到与这几个基本波相应的同一驻波，并且还将得到一个稳定态。由此得出结论：在单位体积内总能量与 ν 和 $\nu+\mathrm{d}\nu$ 之间的频率相应的原子数是

$$N_\nu \mathrm{d}\nu = A\gamma \frac{4\pi}{h^3} m_0^2 c(1+\alpha)\sqrt{\alpha(\alpha+2)}\,\mathrm{d}W \sum_1^\infty \exp\left(-p\frac{m_0 c^2 + W}{kT}\right)。$$

A 有可能是温度的函数。

对于一般意义下的气体，m_0 很大以致与第一项相比其他各项均可略去，于是我们就又回到上一节的公式(1)。

对于光气体，现在将得到

$$N_\nu \mathrm{d}\nu = A\frac{8\pi}{c^3}\nu^2 \sum_1^\infty \exp\left(-p\frac{h\nu}{kT}\right)\mathrm{d}\nu。$$

因此，能量密度为

$$u_\nu \mathrm{d}\nu = A\frac{8\pi h}{c^3}\nu^3 \sum_1^\infty \exp\left(-p\frac{h\nu}{kT}\right)\mathrm{d}\nu。$$

这就是普朗克形式，但是必须证明在此情况下 $A=1$。首先说明，A 在这里肯定是一常数，而不是温度的函数。实际上，单位体积的总辐射能为

$$u = \int_0^{+\infty} u_\nu \mathrm{d}\nu = A\frac{48\pi^2 h}{c^3}\left(\frac{kT}{h}\right)^4 \sum_1^\infty \frac{1}{p^4}。$$

总熵由下式给出

$$\mathrm{d}S = \frac{1}{T}[\mathrm{d}(uV)+p\mathrm{d}V] = V\frac{\mathrm{d}u}{T} + (u+p)\frac{\mathrm{d}V}{T}$$
$$= \frac{V}{T}\frac{\mathrm{d}u}{\mathrm{d}T}\mathrm{d}T + \frac{4}{3}u\frac{\mathrm{d}V}{T} \quad (V \text{ 为总体积})。$$

由于 $u=f(T)$ 和 $P=\frac{1}{3}u-\mathrm{d}S$ 为全微分。故可积性条件又写成：

$$\frac{1}{T}\frac{\mathrm{d}u}{\mathrm{d}T} = \frac{4}{3}\frac{1}{T}\frac{\mathrm{d}u}{\mathrm{d}T} - \frac{4}{3}\frac{u}{T^2}, \quad 即 \ 4\frac{u}{T} = \frac{\mathrm{d}u}{\mathrm{d}T}, \quad u = aT^4。$$

这就是斯特藩经典定律，该定律使我们必须令 $A=\mathrm{const.}$，上面的论证还为我们提供了熵和自由能的值：

$$S = A\frac{64\pi^2}{c^3 h^3}k^4 T^3 V \sum_1^\infty \frac{1}{p^4},$$

$$F = U - TS = -A\frac{16\pi^2}{c^3 h^3}k^4 T^4 V \sum_1^\infty \frac{1}{p^4}。$$

下面我们来确定常数 A，如果我们能够指出所用的单位，那么我们便可得到普朗克理论的所有公式。

正如我们前面所说，如果忽略 $p>1$ 的那些项，事情就好办多了：原子的分布遵循简单的正则规律

$$A\frac{8\pi}{c^3}\nu^2 \exp\left(-\frac{h\nu}{kT}\right)\mathrm{d}\nu。$$

我们可用普朗克方法像处理普通气体那样来计算自由能,并将结果与上面的式子等同起来,就可发现 $A=1$。

在一般情况下,必须采用更简捷的方法。我们来考虑普朗克级数的 p 次项:

$$u_{\nu p}\,\mathrm{d}\nu = A\,\frac{8\pi}{c^2}h\nu^3\exp\left(-p\,\frac{h\nu}{kT}\right)\mathrm{d}\nu。$$

还可以写成

$$A\,\frac{8\pi}{c^3 p}\nu^3\exp\left(-p\,\frac{h\nu}{kT}\right)\mathrm{d}\nu p\cdot h\nu。$$

这个式子说明:

"黑体辐射可以看成是无限多种气体的混合,每种气体都由一个整数 p 来表征,而且它们具有如下性质:在体积元 $\mathrm{d}x\mathrm{d}y\mathrm{d}z$ 中能量在 $ph\nu$ 和 $ph(\nu+\mathrm{d}\nu)$ 之间的气体组分的可能态的数目,等于 $\frac{8\pi}{c^3 p}\nu^2\,\mathrm{d}\nu\mathrm{d}x\mathrm{d}y\mathrm{d}z$。"因此,可用第一节中的方法来计算自由能。我们有

$$
\begin{aligned}
F &= \sum_1^\infty F_p = -kT\sum_1^\infty\ln\left[\frac{1}{n_p!}\left(V\int_0^{+\infty}\frac{8\pi}{c^3 p}\nu^2\exp\left(-p\,\frac{h\nu}{kT}\right)\mathrm{d}\nu\right)^{n_p}\right]\\
&= -kT\sum_1^\infty n_p\ln\left[\frac{e}{n_p}V\int_0^{+\infty}\frac{8\pi}{c^3 p}\nu^2\exp\left(-p\,\frac{h\nu}{kT}\right)\mathrm{d}\nu\right],
\end{aligned}
$$

式中

$$n_p = V\int_0^{+\infty}A\,\frac{8\pi}{c^3 p}\nu^2\exp\left(-p\,\frac{h\nu}{kT}\right)\mathrm{d}\nu = A\,\frac{16\pi}{c^3}\frac{k^3 T^3}{n^3}\frac{1}{p^4}V。$$

因此

$$F = -A\,\frac{16\pi}{c^3 h^3}k^4 T^4\ln\left(\frac{e}{A}\right)\sum_1^\infty\frac{1}{p^4}V。$$

将此式与前面的式子等同起来,便有

$$\ln\left(\frac{e}{A}\right) = 1,\qquad A = 1。$$

因此,采用上述协调性假设可以使我们顺利避开瑞利定律和维恩定律中不适用的部分。对黑体辐射的涨落的研究,将为我们再次提供证据说明其重要性。

四、黑体辐射中的能量涨落[①]

若能量为 q 的大量能量粒子分布于某一空间,它们的位置随机地不停地变化着。每个体积元内通常含有 $\bar{n}$ 个粒子,故具有能量 $\bar{E}=\bar{n}q$。然而 n 的实际值经常偏离 $\bar{n}$。根据概率论的已知定理我们有 $\overline{(n-\bar{n})^2}=\bar{n}$,因此,能量平方的平均涨落为

$$\overline{\varepsilon^2} = \overline{(n-\bar{n})^2}q^2 = \bar{n}q^2 = \bar{E}q。$$

另一方面,我们知道在体积 V 内黑体辐射的能量的涨落是受统计热力学规律支配的:

---

① Einstein. A. , *La théorie dn Rayonnement noir et les quanta* , Solvay Collection, 419.

Lorentz. A. H. , *Les théorie statistiques en thermodynamique* , Collége de France, Tewbner, (1916)70. 114.

$$\overline{\varepsilon^2} = kT^2V \frac{\mathrm{d}(u_\nu \mathrm{d}\nu)}{\mathrm{d}T}.$$

因而,能量的涨落又与频率 ν 和 $\nu + \mathrm{d}\nu$ 之间的间隔有关。 如果我们承认瑞利定律,则有

$$u_\nu = \frac{8\pi k}{c^3}\nu^2 T, \quad \overline{\varepsilon^2} = \frac{c^3}{8\pi^2\nu^2 \mathrm{d}\nu} \cdot \frac{(Vu_\nu \mathrm{d}\nu)^2}{V}.$$

这一结果正如我们所预料的那样,与按照电磁理论法则对干涉进行计算所得到的结果相吻合。

相反,如果采用维恩定律,该定律对应于认为辐射是由完全独立的原子所形成的;则可以得:

$$\overline{\varepsilon^2} = kT^2V \frac{\mathrm{d}}{\mathrm{d}T}\left[\frac{8\pi h}{c^3}\nu^3 \exp\left(-\frac{h\nu}{kT}\right)\mathrm{d}\nu\right] = (u_\nu V\mathrm{d}\nu)h\nu.$$

这一公式也可由 $\overline{\varepsilon^2} = \overline{E}h\nu$ 导出。

最后,在普朗克定律的实际情况中,正如爱因斯坦所首先注意到的,我们可以得到如下的表达式:

$$\overline{\varepsilon^2} = (u_\nu V\mathrm{d}\nu)h\nu + \frac{c^3}{8\pi\nu^2 \mathrm{d}\nu}\frac{(u_\nu V\mathrm{d}\nu)^2}{V}.$$

因此, $\overline{\varepsilon^2}$ 看上去似乎是如下两种情况的和:(1)辐射是由独立的量子 $h\nu$ 组成的;(2)辐射纯粹是波动。

另一方面,"**波上**"的原子群的概念使我们能够写出普朗克定律:

$$u_\nu \mathrm{d}\nu = \sum_1^\infty \frac{8\pi h}{c^3}\nu^3 \exp\left(-p\frac{h\nu}{kT}\right)\mathrm{d}\nu = \sum_1^\infty n_{p,\nu} ph\nu \mathrm{d}\nu.$$

若对每一类群应用公式 $\overline{\varepsilon^2} = \overline{n}q^2$,则有

$$\overline{\varepsilon^2} = \sum_1^\infty n_{p,\nu}\mathrm{d}\nu(ph\nu)^2.$$

当然,这一公式实际上与爱因斯坦公式是相同的,只不过是书写方式不同而已。然而,其重要之处在于使我们能做出如下的说明:"**我们不需要一丁点儿干涉理论,只需要引入缔合在相位波上的原子的相干性,同样可以正确地计算出黑体辐射的涨落。**"

似乎可以肯定,对辐射能的不连续性和干涉之间进行协调的种种努力,都必须涉及上一节的协调假设。

第五章的附录:关于光量子

我们将光原子看成是有一个很小的静质量 m_0,并具有非常接近于 c 的速度的一个极小的能量中心;而在频率 ν,静质量 m_0 和速度 βc 之间存在如下关系:

$$h\nu = \frac{m_0 c^2}{\sqrt{1-\beta^2}},$$

由此导得

$$\beta = \sqrt{1 - \left(\frac{m_0 c^2}{h\nu}\right)^2}.$$

这一观点使我们能够证明多普勒效应与辐射压之间的明显的一致性。

不幸的是，它也引出了一个很大的麻烦：当频率越来越小时，辐射能的速度 βc 也变得越来越小，而当 $h\nu = m_0 c^2$ 时变为零，然后变为虚数（?）。这在频率很低的范围内是令人难以接受的。人们或许会觉得还是旧的理论好，根据旧的理论辐射能的速度是 c。

这一异议是非常值得注意的，它使人们立即联想到光在高频区域表现出纯粒子性，而在低频时过渡到纯波动性。我们在第七章中已经证明纯粒子性概念导致维恩定律，而纯波动性概念导致瑞利定律；这是众所周知的。我认为这两条定律的相互过渡，与对上面陈述的异议可能作出的回答，是密切相关的。

我不是举一个例子，而是希望通过给出一个满意的解答，来答复上述异议并启发我们的思想。

在第七章中，我业已证明，如果设想同一个相位波**缔合**着一群光原子，就有可能解释由维恩定律向瑞利定律的过渡。我坚持认为，当量子数无限增多时，载有大量量子的这种波就与经典波相似。但是，按照本文中所说的概念，这种相似必须受到这样一件事实的限制，即每个能量粒子应保持着尽管非常小然而却是有限的静质量 m_0，这就与电磁理论中认为光子的静质量为零的说法相矛盾。在我们的理论中，具有多重能量中心的波的频率由下式确定：

$$h\nu = \frac{\mu_0 c^2}{\sqrt{1 - \beta^2}},$$

式中 μ_0 是每个能量中心的静质量：这似乎必须认为能量的发射和吸收是按有限的量 $h\nu$ 进行的。为了解决这一矛盾，也许我们只能这样假定，即同一个**波缔合**的能量中心的质量与孤立中心的静质量不同，而且它与具有相互作用的能量中心的数目有关。因此，我们设

$$\mu_0 = f(p), \quad \text{其中} \ f(1) = m_0,$$

式中 p 表示波上载有的能量中心的数目。

当频率很低时必须回到电磁学的公式；这使我们可以认为 $f(p)$ 是 p 的衰减函数。当 p 趋于无限大时 $f(p)$ 趋于零，而组成一个波的这 p 个中心的群速度是

$$\beta c = c\sqrt{1 - \left[\frac{f(p)c^2}{h\nu}\right]^2}.$$

当频率很高时，p 几乎总是等于 1；这时的能量粒子将是孤立的，而我们总会得到黑体辐射的维恩定律和本文中关于辐射能速度的公式 $\beta = \sqrt{1 - (m_0 c^2 / h\nu)^2}$。

当频率很低时，p 总是很大的；这些能量粒子就在同一个波上结成一个数目庞大的集团。此时黑体辐射遵从瑞利定律。当 ν 趋于零时，速度则趋于 c。

上述假设有点破坏了"**光量子**"概念的简单性，但是如果要将电磁理论同光电现象所揭示的不连续性协调起来，这种简单性肯定是不能完全保持的。我觉得，当引入函数 $f(p)$ 时就能得到这种协调。因为对于给定的能量，当 ν 和 $h\nu$ 减小时，波应当含有越来越多的粒子数 p；当频率变得越来越小时，粒子数应当无限增大；它们的静质量 m_0 趋于零，速度趋于 c，以致使载运这些粒子的波，越来越像电磁波。

必须承认的是,光能量的实际结构至今仍然是个谜。

摘要和结论

17 世纪以来,在物理学特别是动力学和光学的发展史中,我们已经阐明了量子问题是如何以某种受压抑的形式,由辐射粒子概念和波动概念的相似性中萌生出来的;随后,我们又看到量子概念以日益增长的强烈程度正在引起 20 世纪科学家的注意。

在第一章中,作为基本假设我们认为每一能量单元与一周期现象相缔合,这一现象的频率与其静质量的关系可用普朗克-爱因斯坦公式联系起来。相对论告诉我们,必须将所有运动物体的匀速运动与某一**"相位波"**的恒定速度联系起来。我们已经能用闵可夫斯基时空概念来解释它的传播。

在第二章中,我们又讨论了带电体以变速在电磁场中的运动。这个问题与更为普遍的情况下的问题是同类的,我们业已证明,按我们的思路,莫培督形式的最小作用量原理和费马原理的协调一致,是这一规律的两个方面。这可以使我们设想将具有相位波速度的量子关系拓展到电磁场中,质点的运动一般总是将波的传播掩盖着的,可以肯定地说,这一思想还需要进一步深化和完善,但是若能给这一思想以一个漂亮的表示形式,那将是一个非常重要的综合。

在第三章中,我们从以上工作中发掘出了一个更为重要的结果,即近年来大量工作中所经常引用的量子化轨道的稳定性规律,在回顾了近年来的工作之后,我们证明了可以用类似于相位波沿闭合或准闭合轨道传播时产生共振的方法,来解释这一稳定性规律。我们相信这是为玻尔-索末菲稳定性条件所提供的第一个在物理上可被接受的解释。

在第四章中,我们讨论了两个荷电中心同时移动所带来的麻烦,特别是讨论了氢原子中的原子核和电子绕它们的质心做圆周运动的情况。

在第五章中,我们依据前面的结果,努力探索描述辐射能围绕某些奇点集聚的可能性。我们指出在牛顿和菲涅耳的对立观点之间似乎存在着在某种深刻的协调统一。这种协调统一似乎已被由它所预言的结果所证实。电磁理论不可能完全保持其目前的形式,但要对它进行修改又是一项艰巨的工作。为此,我们提出了有关干涉的一个定性理论。

在第六章中,我们总结了先后提出的各种有关 X 射线和 γ 射线受非晶体散射的理论,特别是德拜和康普顿最近提出的理论,他们的理论,明显指出了光量子的存在。

最后,在第七章中,我们将相位波引入统计力学,并求得了由普朗克所提出的相空间元的值;同时我们证明了黑体辐射规律,与由光原子组成的气体的麦克斯韦规律相同,只不过其条件是要承认某些原子的运动之间具有某种相干性而已。在讨论能量涨落时这一相干性显得很重要。

简言之,我提出了一种也许对促进必要的综合有所贡献的新思想。辐射物理学今天被奇怪地分成两个领域,而且每一领域分别被两种对立的观念,即粒子观念和波动观念所统治。我们要做的综合工作就是要将它们重新统一起来。我觉得,质点动力学原理其表现形式无疑与相位的传播和相位和谐定理是一致的,如果我们能够正确分析的话;我已用了最大的努力由此出发去破译量子理论向我们转达的密码。通过这些努力,我已得到了一些有趣的结论。沿着得到这些结论的同一条路径也许有希望得出更为完善的结果。当然首先必须建立一个自动符合对应原理的新的电磁理论,并要考虑到辐射能的不连续结构和相位波的物理性质。最后还必须使麦克斯韦-洛伦兹理论具有统计近似性,以便能说明使用麦克斯韦-洛伦兹理论的合理性和在绝大多数情况下其预言的准确性程度。

我特意将相位波和周期现象的定义说得比较含糊,其含糊程度就如同光量子的定义一样。因此,最好是将本理论看成是物理内容尚未说清楚的一种表达式,而不要将其视为已成定论的学说。

电子的波动性[*]

我曾长期中断物理学研究是出于迫不得已的理由。1920 年当我再度开始研究时,从未奢望过几年之后会荣获瑞典皇家科学院每年颁发给物理学家的这一令人仰慕的诺贝尔物理学奖。当时将我吸引到这一研究领域中来的动力,并不是为了这一崇高的荣誉,而是对物质结构和辐射机理的奥秘的探索。1900 年,普朗克在研究黑体辐射时引入的奇特的量子概念,现已不断地渗透到整个物理学领域,使得对物质结构和辐射机理的奥秘的探索更为出神入化。

为了使诸位了解我的研究经历,最好还是先让我倾诉一下 20 年来物理学中所发生的一场危机。

很久以来,物理学家就一直思索着光是否是由很小而又高速运动的微粒所组成这一问题。这一思想可以溯源到古代的先哲,18 世纪的牛顿时期达到了登峰造极的地步。Th. 杨发现了光的干涉现象以及后来菲涅耳做了令人倾倒的研究之后,光的**微粒说**就被完全否定了,人们一致接受了光的**波动说**。换言之,19 世纪以来物理学家的观念已由彻底的微粒说转变为彻底的波动说。尽管原子理论被光学遗弃了,但它在化学和物性物理学中仍有很大的市场。在化学中,为定比定律提供最简解释的仍是原子理论;在物性物理学中,固、液、气体的诸多性质也是用原子理论来解释的。特别值得一提的是可以用原子理论来建立极佳的气体分子运动论,进而为统计力学的发展奠定了基础,而统计力学又使抽象难懂的热力学概念变得容易理解了。实验证实了电的原子结构。"**电微粒**"这一概念的出现首先应归功于 J. J. 汤姆孙,而这一概念首先被洛伦兹用于他的电子理论则是众所周知的。

---

[*] 1929 年 12 月 12 日在瑞典皇家科学院所作的诺贝尔奖讲演。译自 *Nobel Lectures*,*Physics*(1922—1941),*Elsevier*(1965)。

因而,约 30 年前的物理学分为两类:一类是建立在微粒和原子观念基础上的**物质物理学**,牛顿经典力学是其基本规律;另一类是建立在波动观念基础上的**辐射物理学**,它设想波在一种假想的连续媒质,即光以太或电磁以太中传播。当然这两类物理学不可能绝对无关,在解释物质和辐射之间能量交换的理论中它们应当被统一起来。麻烦恰恰就出在这里。在设法统一这两类物理学时,例如在描述绝热媒质中物质和辐射之间能量平衡这一问题时,会得到一种事实上是含糊的,甚至是不可能的结论:物质必须将其全部能量转移给辐射;而它本身会成为绝对零度! 这一荒谬绝伦的结论无论如何必须加以克服。天才的普朗克想出了克服这一荒谬结论的方法。经典波动理论中曾有光源连续发射光辐射的假设,普朗克则不用这一假设,而是用了光源只发射一份份相等但不连续的有限能量的假设;能量的最小单位称为**量子**。此外,每一量子的能量与其辐射频率 ν 成正比,写成 $h\nu$,其中 h 是一普适常数;后人称之为**普朗克常数**。

普朗克思想的成功导致了一些意外的结果。若光以量子发射,则其一旦发射出去是否还具有粒子结构呢? 即,辐射量子的存在就意味着光的粒子说,另一方面,正如金斯和庞加莱所言,若光源中的物质微粒遵循经典力学规律,则不可能导出普朗克正确的黑体辐射定律。故而可以断定,传统的动力学即使用爱因斯坦相对论做过修改,也无法阐明微观领域的运动。

光电效应的发现证实了光同其他辐射一样具有微粒结构。当一束光或 X 射线照射到一块物质上时,物质将发射出高速运动的电子,电子的动能随入射光的频率而线性增大,且与入射光的强度无关。这一现象可用如下假设进行简单解释:**辐射是由量子 $h\nu$ 将其所有能量传递给被照射物体中的电子形成的。**于是人们得到了 1905 年爱因斯坦所提出的光量子理论,而且最终又回到了牛顿的粒子说,当然这是由粒子的能量和频率之间的关系而被修正了的粒子说。爱因斯坦在阐明自己观点时曾提出过一些论点,这些观点被 1922 年康普顿发现的 X 射线散射现象即所谓康普顿效应所证实。尽管这样,解释干涉和衍射现象仍需要波动说。人们一时还无法将波动说和光的粒子说统一起来。

如上所述,普朗克的研究使人们对力学在微观领域的适用性产生了怀疑。让我们设想有一个质点,它描绘出一条很小的或是闭合的或是沿原路返回的轨道。按照经典力学,满足初始条件的这一运动状态有无数个,而且运动物体的能量可能值形成一个连续系列。另一方面,按普朗克的假设,只有某些特殊的所谓**量子化运动**才是可能,或至少才是稳定的,因为能量只能取一系列不连续的值。这一概念最初似乎是不可思议的,但其价值必须得到承认,因为正是由于这一概念才使得普朗克得到黑体辐射的正确定律,而且它在其他领域中也被证实是有效的。最后,玻尔正是根据原子运动的量子化概念才建立起著名的原子理论。这是科学家们众所周知的,我不再赘述。

人们无法理解,对于光来说,为何需要两种相互对立的学说,即波动说和粒子说,为何原子中的电子运动是有条件的,而不像经典概念那样应当有无穷多种。这就是我重新进行理论物理研究时物理学家所面临的麻烦。

当我着手解决这一困难时,主要有两个问题吸引着我。首先,不能认为用 $W = h\nu$ 这一关系式来确定光微粒能量的光量子理论是令人满意的,因为它含有频率 ν。**纯粒子说不应包含任何定义频率的因素**。对于光来说,单是这一理由就需要同时引进粒子概念和周期性概念。

其次,确定原子中电子的稳定运动涉及**整数**,而至今物理学中涉及整数的仅有干涉现象和本征振动现象,这使我联想到,不能仅用简单的微粒来描述电子本身,还应赋予它们以周期性概念。

于是我便得到了指导我进行研究的全部概念:对于物质和辐射,尤其是光,需要同时引进**粒子**概念和**波动**概念。换言之,在任何情况下,都必须假设**粒子有缔合的波**存在。微粒和波动之所以不是独立的,只是因为它们之一仅是互补的一方,这就是玻尔的说法。在微粒运动和缔合波的传播之间必能建立起某种对应。因而,建立这一对应关系是我首先要做的事。

为此,我第一步考虑最简单的情况:一个不受任何外场影响的孤立微粒,我们希望有一个波与之缔合。我们假设有一个相对于微粒是静止的参考系 $ox_0y_0z_0$,在相对论意义上此即微粒的"固有"参考系。由于在此参考系中微粒是不动的。所以波必然是驻波,且在每一点上波的相位都相同。该波可用 $\sin 2\pi\nu_0(t_0-\tau_0)$ 的形式来表示,式中 t_0 为微粒的固有时间,τ_0 为一常数。

根据惯性原理,在每个伽利略系统中微粒都做匀速直线运动。我们取一个伽利略系统,在该系统中,微粒的速度为 $v=\beta c$。设 x 轴为微粒的运动方向,并不失其普遍性。按照洛伦兹变换,新参考系中的观测者所使用的时间 t 与固有时间 t_0 有如下关系:

$$t_0 = \frac{t-\dfrac{\beta x}{c}}{\sqrt{1-\beta^2}}。$$

所以,对该观测者来说,波的相位由下式决定:

$$\sin\left[2\pi\frac{\nu_0}{\sqrt{1-\beta^2}}\left(t-\frac{\beta x}{c}\right)-2\pi\nu_0\tau_0\right]。$$

他所测得的频率为

$$\nu = \frac{\nu_0}{\sqrt{1-\beta^2}}。$$

沿 x 轴方向传播的相速度为

$$V = \frac{c}{\beta} = \frac{c^2}{v}。$$

在上述两式中消去 β,不难得到如下关系:

$$n = \sqrt{1-\frac{\nu_0^2}{\nu^2}}。$$

这个公式确定了所考虑的波的真空折射率 n。**"群速度"**是与这一**"色散规律"**相对应的,众所周知,"群速度"即频率极相近的一群波的合振幅速度。瑞利勋爵指出,群速度 U 满足以下方程:

$$\frac{1}{U} = \frac{\partial(n\nu)}{\partial\nu},$$

式中 $U=v$,换言之,在 $xyzt$ 系统中波的群速度恰等于该系统中微粒的速度。这一关系对理论的发展至关重要。

于是,在 $xyzt$ 系统中,微粒就由其缔合波的频率 ν 和相速度 V 所确定。为了建立前面所说的对应关系,我们必须寻求这些参数与力学参数之间的联系,即与能量和动量之间的联系。由于能量正比于频率的关系是量子理论中最有特征的关系之一,又由于对伽利略参考系而言频率与能量以同样的方式变换,故而我们可以简单地写出

$$W = h\nu \quad (W \text{ 为能量}, \nu \text{ 为频率}),$$

式中 h 为普朗克常数,这一关系适用于所有伽利略系统和微粒的固有系统。或**按爱因斯坦的相对论**,在固有系统中微粒的能量即是其内能 $m_0 c^2$(m_0 为静质量),所以我们得到

$$h\nu_0 = m_0 c^2 。$$

这一关系明确表示出频率 ν_0 是静质量 m_0 的函数,反之亦然。

动量 p 是一个矢量,其值为

$$m_0 v / \sqrt{1 - \beta^2} 。$$

因而我们有

$$p = \frac{m_0 v}{\sqrt{1 - \beta^2}} = \frac{W v}{c^2} = \frac{h v}{V} = \frac{h}{\lambda} ,$$

式中 λ 为两相邻波峰之间的距离,即**"波长"**,于是

$$\lambda = \frac{h}{p} 。$$

这是我们理论的一个基本关系。

上述全部关系均对微粒不受任何外力场的情况而言。我要扼要向诸位介绍一下,应当如何将此理论推广到微粒在**恒定外场** $F(xyz)$ 中运动的情况,$F(xyz)$ 为力场的势函数。根据推理(我不打算详述它),我们假设波的传播用在空间逐点变化的折射率来表示,即

$$n(xyz) = \sqrt{\left[1 - \frac{F(xyz)}{h\nu}\right]^2 - \left(\frac{\nu_0}{\nu}\right)^2} 。$$

当忽略相对论效应时,便得到其一级近似:

$$n(xyz) = \sqrt{\frac{2(E - F)}{m_0 c^2}} ,$$

式中 $E = W - m_0 c^2$。而微粒的能量 W 与波的频率 ν 都是常量,且仍有如下关系:

$$W = h\nu 。$$

在力场中,逐点变化的波长 λ,与同步变化的动量 p 之间,仍有如下关系:

$$\lambda(xyz) = \frac{h}{p(xyz)} 。$$

这一公式再次表明了波的群速度等于微粒的速度。微粒和它的波之间所具有的对应关系,表明关于波动的**费马原理**和关于微粒在恒定场中的**最小作用量原理**是完全**等价的**。费马原理说的是,**若媒质的折射率 $n(xyz)$ 是逐点变化而不随时间而变,则当光学射线通过该媒质中的 A、B 两点时,对这一射线的积分 $\int_A^B n \, dl$ 将取极值。**另一方面,莫培督最小作用量原理说的是:**微粒通过空间 A、B 两点的真实轨道,是对任何可能轨道的积分 $\int_A^B p \, dl$ 取极值。**当然,其中的必要条件是,只考虑与给定能量相对应的运动。根据上面所导出的关于力学参数和波动参数之间的对应关系,我们有

$$n = \frac{c}{V} = \frac{c}{\nu} \cdot \frac{1}{\lambda} = \frac{c}{h\nu} \cdot \frac{h}{\lambda} = \frac{c}{W}p = Cp \quad （C \text{ 为常数}）。$$

原因是在恒定外场中 W 为常数。于是可以看出,费马原理与莫培督原理可以互换,而微粒的可能轨道与它的波的可能波矢是等同的。

以上这些概念可用来解释量子论中所引进的稳定性条件。其实,若我们所考虑的是恒定场中的一条闭合轨道 C,则自然会想到缔合波的相位应是这一轨道的**单值函数**。因此我们可写出:

$$\int_c \frac{\mathrm{d}l}{\lambda} = \int_c \frac{1}{h}p\,\mathrm{d}l = n \quad （n \text{ 为整数}）。$$

此即周期性原子运动的普朗克稳定性条件。于是,量子稳定性条件与共振现象相似,整数的出现就像在振动弦和振动膜中那么自然而然了。

若假设静质量 m_0 可以是无穷小,则有关波和微粒之间的对应关系的普遍公式便可应用到光微粒上去。其实,对于给定的能量 W 而言,若 m_0 趋于零,则 v 和 V 都趋于 c,在这一极限下可以得到两个基本公式,爱因斯坦正是有赖于这两个公式建了他的光量子理论:

$$W = h\nu, \qquad p = \frac{h\nu}{c}。$$

以上就是我开始研究光时的主要思想。它清楚表明,**只要将力学规律和几何光学规律对应起来,便可建立起波与微粒之间的对应关系**。然则众所周知,波动理论中的几何光学仅是一种近似,这种近似的正确性是有限的,尤其在涉及干涉和衍射现象时更是如此。这就使我联想到,经典力学对于更普遍的波动力学而言也仅是一种近似,差不多在开始研究时我就曾说过:"必须建立一种新的力学,它与经典力学的关系应当如同波动光学与几何光学的关系。"这一新力学后来主要是由于薛定谔的卓越研究而被发展起来了。新力学的基础是波的传播方程,它严格规定了与微粒缔合的波随时间的变化,尤其是新的力学成功地使原子内部运动的量子化条件有了新的更令人满意的形式,因为我们已看到,经典的量子化条件之所以正确,无非是将几何光学的原则应用于原子内部的粒子缔合波,然而这种应用并非是无可挑剔的。

我不想在这里讲述新力学的发展概况,我只想说,经证明,表明新的力学与首先由海森伯、后来又由玻恩、约旦、泡利、狄拉克等人独立发展起来的量子力学是等价的,波动力学和量子力学这两门力学,以数学的观点来看是相当的。

在这里,我感到自慰的是我们所得结果的普遍意义:"**每一个微粒必然与一个波缔合,只要研究波的传播,我们就能得到微粒在空间每一处的信息。**"在通常所说的宏观力学现象中,预期的位置是在一条通常称为轨道的曲线上,但若波不是按几何光学规律传播,譬如发生干涉和衍射时,将会出现什么事情呢? 此时已不能认为微粒按经典动力学的规律运动,这是十分肯定的。是否能认为微粒在每一瞬间在波中仍占据着确定的位置呢? 是否可以设想波携带微粒就像携带一个软木塞那样传播呢? 这些问题很难回答,讨论起来会离题太远而又离哲学太近。这里我只想强调一点,即现在一般都倾向于假设微粒在波中的位置不总是确定的。我只能说这样的话:当进行使微粒定域化的观测时,观测者总是希望微粒在波中占有某一位置,而微粒在波中的一特定点 M 出现的概率是与振幅的平方,亦即波在 M 点的强度成正比的。

可以这样来进行描述:**若我们所考虑的是与同一个波缔合的微粒云,则在每一点处波的强度正比于微粒云的密度(即该点附近单位体积内的微粒数)。**以光的干涉为例,为解释光能量集中于波强度为极大值的一点,就必须作上述假设。其实,若假设光能量是光微粒即光子携带的,则波中光子的密度必然与波强度成正比。

这一规则本身使我们知道如何才能用实验来验证电子的波动理论。

事实上,我们可以设想有一片无限的电子云,而所有的电子都以相同的速度沿同一方向运动。根据波动力学的基本概念,应当用以下形式的无限平面波与该电子云缔合:

$$a\sin2\pi\left[\frac{W}{h}t - \frac{\alpha x + \beta y + \gamma z}{\lambda}\right]。$$

式中 α、β、γ 为决定传播的方向余弦;波长 $\lambda = h/p$。对于不太快的电子,我们有

$$p = m_0 v,$$

因而

$$\lambda = \frac{h}{m_0 v},$$

式中 m_0 为电子的静质量。

众所周知,为了使电子具有同一运动速度,必须有一电位差 P 作用于它们,即有

$$\frac{1}{2}m_0 v^2 = eP,$$

因而

$$\lambda = \frac{h}{\sqrt{2m_0 eP}}。$$

求得其数值为

$$\lambda = \frac{12.24}{\sqrt{P}} \times 10^{-8}\,\mathrm{cm} \quad (P \text{ 的单位为 V})。$$

由于实际能使用的电子至少需要经受几十伏的电位差,于是人们不难看到,理论所预言的波长至多不过是 10^{-8} cm,即 1Å 的数量级,亦即 X 射线波长的数量级。

由于电子波的波长是 X 射线波长的数量级,可以料想,晶体能够使电子波产生完全像劳厄现象那样的衍射。请诸位与我一同回忆一下劳厄现象:一块天然晶体(例如岩盐)具有晶体物质原子构成的晶格,这些晶格之间有规则地相隔 1Å 的距离,这些晶格对于波来说就是产生漫射的中心。若射到这块晶体上的波的波长亦为 1Å 数量级,则被各晶格衍射的波在某些确定的方向上将具有相同的相位,因而在这些方向上的总衍射强度必须取最大值。这些衍射最大值的分布可用目前诸位非常熟悉的数学理论来确定。这一理论将最大值的位置确定为晶格距离和入射波波长的函数;这是劳厄和布拉格提出来的。劳厄、弗里德里奇和克尼平用 X 射线成功地证实了这一理论。打这以后,X 射线的晶体衍射便成了普遍的经验。X 射线波长的精确测量就是根据晶体衍射做出来的。在这里,在 Siegbahn 及其同事曾经进行过出色工作的国度里,我讲这些显得有点班门弄斧了。

对于 X 射线来说,晶体衍射是承认 X 射线与光相似这一思想的自然结果,X 射线只是波长较短而已。对于电子来说,若只将电子看成单纯的小微粒,则不可能预见到任何类似之处。但若假设电子与一个波缔合,则就可以预料到电子会出现类似于劳厄现象,

其实,电子波在某些方向上将会被强烈衍射,用劳厄-布拉格理论可以从 $\lambda = h/mv$ 计算出这些方向。波长 λ 与射到晶体上的电子的已知速度 v 相关。根据我们的普遍原理,衍射波的强度即为衍射电子云密度的量度,因此人们应当在最大值方向上发现有大量的衍射电子。若果真存在这一现象,那将是证明存在波长 h/mv 的缔合电子波的**判决性实验证据**。这样的话,波动力学的基本思想就会有牢固的实验基础。

目前,作为理论的最好裁判的实验表明,确实存在着电子波被晶体衍射的现象,而且它精确地,定量地遵循波动力学规律。首先观测到这一现象的荣誉属于在纽约贝尔实验室工作的戴维森和革末,他们所用的方法类似于劳厄的 X 射线方法。剑桥大学著名物理学家 J. J. 汤姆孙的公子 G. P. 汤姆孙教授重复了这一实验,但他用的不是单晶而是晶状粉末,他用与德拜和谢乐相仿的方法也发现了相同的现象。此后,德国的 Rupp、日本的菊池(Kikuchi)、法国的 Ponte 等人改变了实验条件,同样观测到了这一现象。今天,这一现象的存在已毫无疑义,而且戴维森和革末在当初实验中所遇到的在诠释方面的小麻烦,也已令人满意地被克服了。

Rupp 曾设法想用一种直截了当的方式来实现电子衍射,众所周知,光学中的衍射光栅是在平的或稍有弯曲的玻璃或金属表面上,用机械方法刻制的,其线距可与光波波长相比拟的等间隔的线。由这些线使波产生干涉,而衍射光达到最大值的某些方向则取决于线的间距、入射到光栅上的光的方向以及光的波长。长期以来,人们之所以一直未能利用这种人造光栅使 X 射线(代替光)产生衍射现因,其原因在于 X 射线的波长比光的波长短得多,没有任何工具能在表面上刻出与 X 射线波长同量级间距的线条。一些有才智的物理学家康普顿找到了克服困难的方法。其道理相当简单:**若对一个普通的衍射光栅从斜的方向看上去,则会觉得光栅的线条密度比实际情况大得多**。当 X 射线以这种近乎掠射的角度入射到光栅上时,其效果就与线条很密时相同,并应当出现与光类似的衍射现象。这已被上述物理学家的实验所证实,由于电子的波长与 X 射线的波长有相同的数量级,因此当有一束电子以极小的角度入射到光学光栅上时,便会产生衍射现象。Rupp 成功地完成了这一实验,他通过和光栅机械刻线的间距直接相比较的方法测量到了电子的波长。

可见,描述物质的性质犹如描述光的性质一样,都必须同时涉及波和微粒。不能再固执地认为电子仅为电的单元粒子,而应当将其看作是与一个波缔合的客体,而且这个波是其波长可以被测量,其干涉现象可以被预言的并非子虚乌有的东西。所以,有可能预言目前实际上尚未被发现的一切现象。自然界的**波粒二象性**概念说起来似乎多少有点抽象,但它已成为整个现代理论物理学发展的基础,而且也必将是这一学科未来发展的基础。

第二部分

重 点 论 文

·*Part* Ⅱ *Key Papers*·

近年来所积累的实验证据似乎已经确凿无疑地支持了光量子的真实存在。作为辐射与物质间能量交换的主要机制的光电效应似乎越来越证明了爱因斯坦光电定律的支配地位。如果不用光量子的概念，就很难解释光化学作用实验及康普顿最近有关 X 射线散射时波长变化的实验结果。在理论方面，有众多实验所支持的玻尔理论是建立在这样一条假设基础之上的，即原子只能发射或吸收频率为 ν 的有限量辐射能，其数值等于 $h\nu$。而且，黑体辐射中能量涨落的爱因斯坦理论必然也使我们产生相同的思想。

——德布罗意

量子力学奠基人玻尔（Niels Henrik David Bohr, 1885—1962），1922年获诺贝尔物理学奖。

X 射线和热力学平衡[*]

一、一般性考虑

一束 X 射线在物体内通过一段距离后会衰减,这一现象归之于两个原因:(1) 漫散射。一部分入射能量折散到各个方向;(2) 吸收。通过原子的内部过程将接收到的一部分能量转化成另一种性质的能量(粒子的动能或第二次发射的辐射能)。

本文集中讨论严格意义下的吸收。给定的物体具有吸收的本领。实验表明,原子的吸收系数呈 $(A\lambda^3 N^4)$ 的形式,其中 A 为常数,λ 为波长,N 为吸收体的原子序数[①]。该定律中的常数 A 对原子的吸收频率表现出不连续的突变。对一给定物体,吸收系数的变化如图 1 所示。

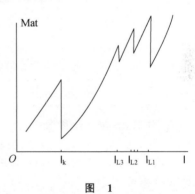

图 1

实验表明,一原子吸收以频率为 ν 的辐射时,总是以量子 $h\nu$ 为单位进行的,这同量子理论和玻尔原子论的预言相符合。吸收的能量使得原子内部电子被逐出,因而逸出至原子外部的电子的能量等于吸收的能量 $h\nu$ 减去逸出功。能量子 $h\nu$ 被吸收的结果,就是将处于**基态**(即满足原子稳定性条件的能量最小状态)的原子变成 **p 电离态**,即使得一个原先处于 p 电子轨道的电子被逐出。电离态原子有一种捕获一自由电子而重新回到基态的倾向,按照玻尔理论,同时将发射出一谱线系。

接下来,我们考虑温度保持为 T 的腔内原子在辐射与电子之间的热力学平衡条件,此时系统之间的能量交换以允许存在无限多准静态统计平衡的方式进行。

先考虑原子,其统计平衡由麦克斯韦-玻耳兹曼分布表达:**总能量为 ε_i 的原子,其数目正比于 $\exp\left(-\dfrac{\varepsilon_i}{kT}\right)$**,该定律既适合于如这里所说的能量可以连续变化的系统,又适合于那些能量只能取某些分立值的系统。[②]

平衡态中的辐射密度由普朗克定律给出,在我们所考虑的高频范围内,它将简化成维恩公式:

---

  [*] *Rayons X et Equilibre Thermodynamique*,*Le Journal de Physique et le Radium*,série Ⅲ,<u>3</u>(1922)33~45.

  ① 布拉格-皮尔斯定律。

  ② 尤其可参阅 Brillouin. L.,*Le Jornal de Physique et le Radium*,série Ⅱ,<u>2</u>(1921)65。

$$\rho(\nu, T) = \frac{8\pi h}{c^3} \nu^3 \exp\left(-\frac{h\nu}{kT}\right)\text{。}$$

剩下的是考虑电子。电子介入的问题显然是必要的,因为如果没有电子的存在,原子不可能重新回到基态。在温度恒定的腔内,必存在某种电子气;腔壁不再是简单的几何表面,而是不断发射和吸收电子的实在。电子的速度显然服从麦克斯韦分布,但其体密度呢?容易看出它依赖于腔的形状,而且仅为温度 T 的函数。实际上,里查孙先生[①]曾证明过,温度为 T 的导体周围的电子气密度为 $CT^{3/2}\exp\left(-\frac{\varphi_c}{kT}\right)$;($C$ 为常数[*]),φ_c 为导体的特征常量,约为 $5\,\mathrm{eV}$。动能介于 W 至 $W+dW$ 之间的电子数目为 $C\exp\left(-\frac{\varphi_c+W}{kT}\right)\sqrt{W}\,dW$,在后文将要考虑的情况中,当电子获得较大的速度使得 φ_c 同 W 相比可忽略不计时,电子气密度正比于 $T^{3/2}$。

此外,可以证明:假如电子气密度[**] σ 只是温度的函数,且由于其足够稀薄可视为理想气体,则有 $\sigma = CT^{3/2}$。由这一假设出发并结合热力学常识,可以得到

$$p = k\sigma T, \quad U = \frac{3}{2}kT\sigma V,$$

$$dU = \frac{3}{2}kV\frac{d(\sigma T)}{dT}dT + \frac{3}{2}k\sigma T\,dV,$$

$$dS = \frac{1}{T}(dU + p\,dV) = \frac{3}{2}kV\frac{1}{T}\frac{d(\sigma T)}{dT}dT + \frac{5}{2}k\sigma T\,dV\text{。}$$

因而,由于 dS 是一全微分

$$\frac{3}{2}k\frac{1}{T}\frac{d(\sigma T)}{dT} = \frac{5}{2}k\frac{d\sigma}{dT},$$

便简单地有

$$\frac{3}{2}\frac{\sigma}{T} = \frac{d\sigma}{dT}, \quad \sigma = CT^{3/2}\text{。}$$

完成了这些准备之后,就可以进而研究热力学平衡了。

二、连续发射谱和吸收线

制备下述实验:物体将较短波长的能量转变为较长波长的能量;换言之,物体吸收了在其吸收带范围内的 X 射线,又以较低频率的单色射线的形式归还了一部分能量。这一过程使原子回复到初态。但对于辐射情形就不同了;如果没有任何补偿机制,热力学平衡是不可能的。如果辐射是**黑体**辐射,则辐射之后不可能回到初态。因为在给定温度下(即单位体积内的辐射总能量给定),黑体辐射的谱分布中熵增加,而整个体系即物体和辐射的熵将减少。这同热力学第二定律相矛盾。

---

① *The Electron Theory of Matter*,441 和 88。

* 原文中常数按法国习惯写成 C^tt,现全部改为英文大写字母 C。

** 原文为 δ,按现代习惯全部改为 σ。

因此,一定存在某种补偿机制,能够将物体的一部分能量的特征谱辐射,转化为波长更短的辐射,而发射谱与吸收谱具有相同的谱范围。

更确切地说,为了不同卡诺定理相矛盾,对**所有频率**,应存在基尔霍夫关系:

$$\varepsilon_\nu = \alpha_\nu c \rho(\nu),$$

式中 ε_ν 和 α_ν 分别为所考虑物体的发射和吸收系数,$\rho(\nu)$ 为系统在所处温度下频率为 ν 的谱密度,c 为光速。

基尔霍夫关系是经过严格证明的,它与热力学第二定律密切相关。

考虑连续发射谱。这一现象差不多已在 X 射线管的辐射中被观测到,至少某些事例已证明了这一点[①];它的存在毫无疑问地同 X 射线的连续背景发射密切相关。

玻尔原子论的方案可以提供这种连续发射起因的解释。考虑原子的临界频率 ν_D,它对应于原子内部的电子能级($-h\nu_D$)。(设原子外部为能量零点)一频率为 $\nu \geqslant \nu_D$ 的辐射,可以使该能级上的一个电子获得动能($h\nu - h\nu_D$)。这就是光电效应实验所揭示了的[②]。连续发射可能是相反机制的结果:一个具有动能($h\nu - h\nu_D$)的电子遇到一个能级 $h\nu_D$ 上缺失一个电子的原子后,电子可以占据这一空位,同时诱发一频率为 ν 的辐射。

很容易计算出上述碰撞诱发辐射的概率 $\theta(\nu_c, \nu)$。为方便起见,电子动能表为 $h\nu_c$,ν_c 为粒子的折合频率 $\nu_c = \nu - \nu_D$。利用麦克斯韦-玻耳兹曼定律,立即可以写出基尔霍夫理论所应满足的条件:

$$h\nu\theta(\nu_c, \nu)\mathfrak{N}\exp\left(-\frac{h\nu_D}{kT}\right)\sigma\frac{1}{\sqrt{\pi}}\left(\frac{2}{m_0 kT}\right)^{2/3} h^2 \exp\left(-\frac{h\nu_c}{kT}\right)\nu_c \mathrm{d}\nu_c$$

$$= \mathfrak{N}A\lambda^3 N^4 c\rho(\nu, T)\mathrm{d}\nu,$$

式中 $\mathfrak{N}$ 为原子总数,m_0 为电子质量,h 和 k 为辐射常数。这一公式是在假设 ν_c 足够大,原子可近似地视为静止不动时得到的。

化简,并引入维恩定律,得到

$$\theta(\nu_c, \nu) = CAN^4 \frac{1}{\nu_c \nu} = CAN^4 \frac{1}{\nu_c(\nu_c + \nu_D)}.$$

常数 C 不依赖于 T,因为 σ 正比于 $T^{3/2}$。上面所得的公式实际上并不能与实验相比较。

现在研究同发射谱相反的吸收谱。

乍一看,人们很难解释为何选择吸收那些一直没有被观测到的谱线?[③] 这些很容易获得的元素的高强度 K_α 线,为什么却从被该元素吸收后所得到的谱线中消失了?我们尝试解释这一现象。

众所周知,X 谱线系,至少在理论上,是由大量趋于一个短波长极限的严格单色辐射组成的。这一趋于极限的线系与吸收的不连续性相一致。以后,将一直以指标 D 表示不

---

① de Broglie. M., *Observation sur le tungstène*, *Journal de physique pure et applique*, série ∇., <u>5</u> (1916) 161~168.

② de Broglie. M., *CRAS*. <u>172</u> (1921) 274；527；807；de Broglie. L., *CRAS*. <u>172</u> (1921) 746.

③ 最近的实验,特别是 Fricke 和赫兹的实验,似乎是显然证实了这一现象,但实际上,在紧挨着吸收谱边缘的那些地方,情况被夸大了。

连续有关的量。

按照玻尔理论,选择吸收介于某一稳定轨道与另一具有较高能级的稳定轨道(到达轨道)之间的区域。当然认为参与选择吸收的电子不会在到达轨道之前遇到"**空位**";关于某具体"空位"的吸收,其强度正比于原子序数。用 ε_n 表示基态原子的能量,ε 表示原子的缺少一个电子的"到达轨道"的能量,则根据玻耳兹曼定律,有比例关系:

$$\frac{\exp\left(-\dfrac{\varepsilon}{kT}\right)}{\exp\left(-\dfrac{\varepsilon_n}{kT}\right)} = \exp\left(\frac{\varepsilon_n - \varepsilon}{kT}\right)。$$

由玻尔理论,$(\varepsilon_n - \varepsilon) = -h\nu_D + h\nu = -h(\nu_D - \nu)$。

因而,选择吸收的系数表达式中含有指数因子

$$\exp\left[-\frac{h(\nu_D - \nu)}{kT}\right]。$$

由于 $\dfrac{h}{k} = \dfrac{6.55 \times 10^{-27}}{1.35 \times 10^{-16}} = 4.8 \times 10^{-11}$,因此当温度不太高时,该幂的指数是特别大的负数,从而几近于零。只是谱线中的高阶项除外,即是说,**非常接近于非连续区处除外**。

这一结果,已为 Kossel[1] 在不涉及热力学平衡的情况下所预见,其结果同实验符合得相当好(赫兹、Fricke 等人)。这就解释了为何吸收谱线以某种方式趋于非连续点,并紧挨在一起,不易分辨的原因。

三、X 射线的吸收律

对任何频率使用基尔霍夫定律并不能先验地预见到布拉格定律的形式。但总是可以假定 $1/\eta$ 被吸收的能量重又回到相应的谱线系中去了;η 依赖于临界频率和温度。为此,必须找到一个吸收律,既要与实验结果在形式上相符合,又要在数值上相一致;而且只能建立在必不可少的假设基础之上。我们马上就来建立这样的定律。

实验表明,任一高于临界频率 ν_p 的辐射都可以产生 **p** 电离态。若有一原子处于谱密度 $\rho(\nu)$ 的辐射中,在时间 $\mathrm{d}t$ 内由基态变为 p 电离态的概率为 $\displaystyle\int_{\nu_p}^{+\infty} F(\nu)\rho(\nu)\mathrm{d}\nu\mathrm{d}t$,其中 $F(\nu)$ 为一待定函数。

另一方面,由于腔内电子的作用,在时间 $\mathrm{d}t$ 内,p 电离态原子又以概率 A_{ip}^n 重新回到基态。

这一概率很可能依赖于原子的性质,温度 T,以及基态和电离态。

当一原子从电离态回到基态时,其发射谱线与释放能量的形式 $h\nu_p = E_p$ 有关。相反,原子吸收频率为 ν 的辐射,取得能量 $h\nu$。我们的假设包含在下述方程中:

$$\eta_p N_{ip} A_{ip}^n \mathrm{d}t E_p = N_n \int_{\nu_p}^{+\infty} h\nu F(\nu)\rho(\nu)\mathrm{d}\nu\mathrm{d}t,$$

---

[1] *Zeitschrift für Physik*, 1 (1920) 119.

式中 N_{ip}，N_n 分别为所考虑的瞬间处于电离态和基态的原子数。根据麦克斯韦-玻耳兹曼定律和玻尔频率规则,有

$$\frac{N_{ip}}{N_n} = \exp\left(-\frac{\varepsilon_{ip} - \varepsilon_n}{kT}\right) = \exp\left(-\frac{h\nu_p}{kT}\right),$$

代入 $\rho(\nu)$ 的表达式

$$\eta_p E_p A_{ip}^n \exp\left(-\frac{h\nu_p}{kT}\right) = \frac{8\pi h}{c^3}\int_{\nu_p}^{+\infty} h\nu F(\nu)\nu^3 \exp\left(-\frac{h\nu}{kT}\right)\mathrm{d}\nu,$$

很容易找到方程的如下形式解:

$$F(\nu) = \frac{\eta_p}{8\pi kT}c^3\nu^{-3}A_{ip}^n\frac{E_p}{h\nu} = \frac{\eta_p}{8\pi kT}\lambda^3 A_{ip}^n\frac{E_p}{h\nu}.$$

由 $F(\nu)$ 出发,很容易求得所考虑物体的原子吸收系数。实际上,应当包括气体加上腔壁(见图2)。设其面积为 S,且有一小位移 $\mathrm{d}x$,单位体积内有 N 个原子。有一束频率为 ν,密度为 $\rho(\nu)$ 的单色 X 射线照到壁上。在时间 $\mathrm{d}t$ 内到达壁上的能量为 $Sc\,\mathrm{d}t$ $\rho(\nu)$,其中 c 为光速。几乎所有的原子都处于基态,用以参与吸收的原子数是 $NS\mathrm{d}x$。

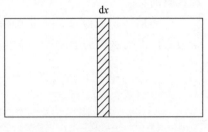

图 2

于是,在时间 $\mathrm{d}t$ 内被吸收的能量显然是

$$N\mathrm{d}xSA_{ip}^n\frac{\eta_p}{8\pi kT}c^3\nu^{-3}\mathrm{d}t\rho(\nu)\frac{E_p}{h\nu}h\nu,$$

故可导得原子的吸收系数为

$$\mu_{\mathrm{at}} = \frac{1}{8\pi ckT}c^3\nu^{-3}A_{ip}^n E_p \eta_p.$$

以上推导中有一假设:只存在一个电离态,且只有一个吸收谱系。实际上应对所有方式的吸收系数求和:

$$\mu_{\mathrm{at}} = \frac{1}{8\pi kcT}\lambda^3\sum A_{ip}^n E_p \eta_p.$$

求和遍及临界频率小于所考虑频率的一切电离态。如果以某种方式连续地增大频率,则每越过一临界值就增加一项。由此产生了吸收的不连续性。

实验证实了 μ_{at} 严格正比于 N^4,且不依赖于温度。基于这一事实,可见乘积 $\eta_p A_{ip}^n$ 应当正比于温度,又正比于逸出后又自原子外部重新进入原子 p 壳层的电子的能量。这一能量,正是 E_p,它给出了电离态 ip 和态 n 之间的能量差。于是假设 $\eta_p A_{ip}^n = KE_p T$,其中 K 为一常数[①],则 μ_{at} 由下列公式给出,符号 $\sum$ 与前面有相同的意义:

$$\mu_{\mathrm{at}} = C\lambda^3\sum E_p^2.$$

---

① 本文补记中试图找出这一能够得到惊人吻合数据的假设理由。

四、同实验的比较

由定义可知,吸收"**跃变**"是指在不连续点前后相邻处 μ_{at} 的关系。我们将跃变点记为 a_K , a_{L_1} , a_{L_2} 等等 * 。在 K 范围内的 μ_{at} 已被很好地确定下来。Glocker[②] 已找到了一个在此范围内适用的经验公式。他注意到跃变 a_K 是一随原子序数的增加而缓慢下降的函数。对于铝(Al, $N=13$), $a_K=12$;银(Ag, $N=47$), $a_K=7$;一直减小到更重元素的 $a_K=5.5$ 。Glocker 找到在跃变点前后 N 幂的不同系数的代数表示。公式只含分数系数,是纯经验的。

作为第一步近似, E_p 由简单的玻尔理论给出。假设 K 层的能量为 RN^2 (R 为里德伯常数),L 层的能量为 $RN^2/4$,再外一层 M 层的能量为 $RN^2/9$ 。便得到下式

$$\nu > \nu_K , \mu_{at} = C\lambda^3 \left[1 + \frac{3}{16} + \frac{3}{81} + \cdots \right] N^4 ;$$

$$\nu_K > \nu > \nu_{L_1} , \mu_{at} = C\lambda^3 \left[\frac{3}{16} + \frac{3}{81} + \cdots \right] N^4 ;$$

$$\nu_{L_1} > \nu > \nu_{L_2} , \mu_{at} = C\lambda^3 \left[\frac{2}{16} + \frac{3}{81} + \cdots \right] N^4 ;$$

$$\nu_{L_2} > \nu > \nu_{L_3} , \mu_{at} = C\lambda^3 \left[\frac{1}{16} + \frac{3}{81} + \cdots \right] N^4 ;$$

$$\nu_{L_3} > \nu , \mu_{at} = C\lambda^3 \left[\frac{3}{81} + \cdots \right] N^4 .$$

实际上,吸收的不连续性按波长增大且按 K、L_3、L_2、L_1 的顺序排列。

可以推导出 a 值,发现对所有的物质均有

a_K	a_{L_3}	a_{L_2}	a_{L_1}
6.3	1.4	1.63	2.7。

实验给出元素铂(Pt)的数据为

a_K	a_{L_3}	a_{L_2}	a_{L_1}
5.8	1.4	1.8	2.8。

符合得相当好,而且先前不能定出的 a 的相对值可以相当精确地给出。但是这第一步近似未能给出 a_K 同原子序数之间的关系。

作为第二步近似,假设 K 层能量为 $R(N-n_K)^2$,L 层能量为 $R(N-n_L)^2/4$;M 层能量为 $R(N-n_M)^2/9\cdots$,等等。

当要计及同一壳层或内层电子对电子的作用时,需要引用 n ;其值是经验的,并不准确。现在可得到 μ_{at} 如下:

$$\nu > \nu_K , \mu_{at} = C\lambda^3 \left[(N-n_K)^4 + \frac{3}{16}(N-n_L)^4 + \frac{3}{81}(N-n_M)^4 + \cdots \right] ;$$

$*$ 　原文符号为 δ ,译文改为通用的英文小写字母 a 。

②　*Phys, Zeitschr.* , <u>12</u> (1918) 66.

$$\nu_K > \nu > \nu_{L_3}, \mu_{at} = C\lambda^3 \left[\frac{3}{16}(N - n_L)^4 + \frac{3}{81}(N - n_M)^4 + \cdots \right].$$

如果用下列一组 n 值：

$$n_K = 1, \quad n_L = 3.5, \quad n_M = 7,$$

则铂（$N = 78$）的 a 值为：

a_K	a_{L_3}	a_{L_2}	a_{L_1}
6.4	1.4	1.7	3.0。

这一组数据比第一步近似所得到的一组数据与实验值吻合得更好。但第二步近似的目的在于解释 a_K 随 N 的变化。从所得到的公式看，对一系列的 n 值（$n_K < n_L < n_M$ 等等），a 随原子序数的增加而减小。已发现 Al（$N = 43$）的 $a_K = 14$；Ag（$N = 47$）的 $a_K = 6.8$；Pt（$N = 78$）的 $a_K = 0.1$；它们所取的数据偏差最小。

依据这里所发展的理论，不论非连续是否出现，吸收大体上随波长的增大而增加，直到最后的临界频率。按玻尔理论，这对应于最外层的电子，即光学能级；然后物体回复到完全透明的状态。这就解释了为何光易于透过非传导物体。

Holweck 先生[①]漂亮的结果几乎也证实了这种观点：赛璐珞的吸收对能量为 30 eV 的射线有最大值，进入紫外区后便急剧下降；在最大吸收时，通过 0.001 mm 的距离后，大约有 96% 的辐射被吸收掉。理论预测给出相同的数量级。

五、补　记

在上述工作中，为了得到 X 射线的吸收律，曾做了一任意性的假设，表述为关系式即为 $\eta_p A_{ip}^n = KTE_p$。

如果认为 η_p 是一个单位常数，则该假设可进一步重新表述如下：

"对于原子内部位形的可能变化，在单位时间内电子由具有 $(n+1)$ 个量子、能量为 ε_1 的轨道到达具有 n 个量子、能量为 ε_2 的轨道的概率，正比于 $(\varepsilon_1 - \varepsilon_2)$ 和 T。" 即

$$A_{12} = KT(\varepsilon_1 - \varepsilon_2)。$$

这一表述可以同玻尔的**"对应原理"**相类比，并可得出与实验惊人地吻合的数据。

考虑电子的两条环形轨道，即以原子为中心的两个同心圆；这两条轨道从量子观点来看，是稳定的；我们假设这两条轨道上的总量子数可相差一个单位。这些轨道通常是空的，但在由大量原子构成的处于温度 T 的系综内，总有某些原子内的电子离开基态位置到达轨道 1。在单位时间内，有一部分概率为 A_{12} 的电子从轨道 1 到达轨道 2，同时释放一个能量为 $(\varepsilon_1 - \varepsilon_2)$ 的量子 $h\nu$。释放出的总能量为所考虑的那类原子的数目与 $A_{12} h\nu = Kh^2\nu^2 T$ 的乘积。

这一表述可由处于平衡态的 n 个频率为 ν 的谐振子所构成的系综在温度 T 时所释放的能量所证实。辐射服从经典定律。这种巧合同对应原理的精神是一致的：尽管原因不明，但由于我们关于 A_{12} 的假设其符合程度很好，因而是合适的。

---

① CRAS. 172 (1921) 439.

所给出的恒等式可用来计算常数 K。我们有

$$K = \frac{8\pi^2}{c^3} \frac{k}{h} \frac{e^2}{m} = 0.25 \times 10^{16}。$$

借助于有关 η_p 的假设，由 $\mu_{at} = A\lambda^3 N^4$，可得到 A 的**绝对值**。将 K 的表达式代入 μ_{at} 的公式中，得到 K 吸收谱的 A 值为

$$A = \frac{4\pi^5 e^{10} m}{c^4 h^6} \cdot \alpha \doteq 1.5 \times 10^{-2},$$

式中 α 为一略大于 1 的值。实验给出 A 的平均值：

$$\overline{A} = 2.2 \times 10^{-2}。$$

结果相当令人满意，由于不存在数量级的问题，所以无须事先估计幂指数是否一致了。

这里的推论同对应原理的精神相一致，但描述方式却不一致。玻尔先生所说的"一个原子内的**电子**，当其按经典电磁定律移位到原子外部的轨道时，即意味着发射"。应改为"一群占据原子内相同位置的**电子的集合**，移位到原子外部的轨道上时，如同处于相同温度下的遵循经典规律的相同数量的谐振子的集合的辐射"。玻尔的陈述适用于单电子，本文给出的是统计描述。玻尔的许多结论，尤其是重要的选择定则，可以用这种观点方便地加以修正。

六、校　　注[①]

成稿以后，我们认识到，文中的公式 $\mu_{at} = C\lambda^3 \sum\limits_p E_p^2$ 应换为

$$\mu_{at} = C\lambda^3 \sum_p n_p E_p^2,$$

式中 n_p 为占据能级 p 的电子数。数 n_p 的引入是必要的，因为每一个电子对应于一个可能的电离。同实验的比较亦有更动：如果将玻尔理论给出的临界频率换成明显不同的实验值，则结果仍相当令人满意。由于新公式，使得补记中所论及的符合有了更好的改进，因为 α 的值有了改进。我们得到 $A = 2.32 \times 10^{-2}$，而最近 Richtmayer 在实验中所给出的 A 值为 2.29×10^{-2}。

（收稿日期：1921 年 6 月 1 日）

黑体辐射和光量子[**]

本文的目的是为了用不同于热力学、运动论和没有引入电磁学的量子论的推理方法来证实辐射理论的若干结果。

---

① 参阅 de Broglie. L.，*CRAS*.（1921 年 12 月）1456。

** 译自 *Le Journal de Physique et le Radinm*，série Ⅱ，3 (1922) 422～428。

我们采用光量子假设。在温度为 T 的平衡态中,黑体辐射被考虑为是由能量 $W=h\nu$ 的光量子形成的。在这篇短文中我们不考虑 $2,3,\cdots,n$ 倍 $h\nu$ 原子的光分子;这就是说,我们理应得到辐射的维恩定律,而由光量子观点来看,维恩公式可以由忽略原子之间联系的普朗克一般方程得到[①]。

顾及相对论力学公式,光原子的质量取为 $h\nu/c^2$,即能量对光速平方的商。它的动量为 $h\nu/c=W/c$[②]。

令 n 为单位体积内的光原子数。在边界的单位表面上,每一瞬间有 $\frac{1}{6}nc$ 的光原子撞击,而各光原子具有动量 W/c。单位表面上的受力或压强,故而等于 $2\cdot\frac{1}{6}nc\cdot\frac{W}{c}=\frac{1}{3}nW$,即它等于单位体积能量的 $1/3$。这一结果亦可由电磁理论得到并可经实验证实。

位于体积元 d^3x 中能量为 W(即能量介于 W 和 $W+dW$ 之间),动量分量介于 p 和 $p+dp$ 之间的光原子数,可以由下列更适用的统计力学公式得到[③]:

$$dn_w = C\exp\left(-\frac{W}{kT}\right)d^3x d^3p,$$

式中 C 为常数。

为了得到能量为 W 的原子的总数我们要遍及体积进行积分;我们用 $4\pi G^2 dG$ 代替 d^3p,其中 G 是动量矢量的长度;然后用 W/c 代换 G。

这一单位体积中能量为 W 的原子数目而可被表示为

$$dn_w = C'\exp\left(-\frac{W}{kT}\right)W^2 dW,$$

式中 C' 为任意常数。

对全部 W 量从零到无穷大积分就可得到单位体积中的光原子数 n。这是一个常数,而我们有

$$dn_w = \frac{n}{2k^3T^3}\exp\left(-\frac{W}{kT}\right)W^2 dW。$$

单位体积中能量为 W 的这些原子的总能 du 因而是

$$du_w = \frac{n}{2k^3T^3}\exp\left(-\frac{W}{kT}\right)W^3 dW。$$

我们现在来确定 n。我们假定该数仅仅是温度的函数,因而此函数可由热力学被确定。实际上,单位体积的总能为

---

① Richardson O. W., *Electron theory of matter*, 243.
Jeans J. H., *Report on radiation and the quantum theory, and dynamical theory of gases*.

② 相对论动力学给出固有质量为 m_0 运动速度为 $v=\beta c$ 的物体动能是 $W=m_0c^2\left(\frac{1}{\sqrt{1-\beta^2}}-1\right)$,其动量是 $G=m_0 v/\sqrt{1-\beta^2}$。若比值 β 很小,我们便回到通常力学的结果:$W=\frac{1}{2}m_0 v^2$,$G=m_0 v=2W/v$。对光原子来说,无论如何,m_0 必为无限小的而 p 无限趋近于 1 以致 $\frac{m_0}{\sqrt{1-\beta^2}}$ 成为定值 m,因而我们有 $W=mc^2$ 和 $G=mc=W/c$。这些式子在教科书中都能找到。

③ 在相对论动力学中运动方程始终是正则的而且刘维尔定理始终成立。

$$\int_0^\infty \mathrm{d}u_W \quad 或 \quad 3nkT。$$

因为

$$\int_0^\infty \exp\left(-\frac{W}{kT}\right)W^3\,\mathrm{d}W = k^4 T^4 \int_0^\infty \mathrm{e}^{-x}x^3\,\mathrm{d}x = 6k^4T^4。$$

这一结果含有启发性。每个光原子平均拥有能量 $3kT$,而不像一般来说其速度比光速来得小的通常气体分子那样的情况拥有 $\frac{3}{2}kT$。于是我们意识到一件事实,即电磁理论可以用光波的电磁能量来表示。这种二重性是由利用考虑辐射压强精确值的相对论公式和上述得自光的量子论的计算所得到的,反之在旧的光的微粒理论中却导致两倍于正确值。

气体总能量因而是 $U=3nkTV$,而其熵的微分为

$$\mathrm{d}S = \frac{1}{T}(\mathrm{d}U + p\mathrm{d}V)$$

$$= \frac{1}{T}\left(3nkV\mathrm{d}T + 3nkT\mathrm{d}V + 3kVT\,\frac{\mathrm{d}n}{\mathrm{d}T}\mathrm{d}T + nkT\mathrm{d}V\right)。$$

因为压强等于单位体积能量的 $1/3$。所以

$$\mathrm{d}S = \left(\frac{3nkV}{T} + 3kV\,\frac{\mathrm{d}n}{\mathrm{d}T}\right)\mathrm{d}T + 4nk\,\mathrm{d}V。$$

为了使 $\mathrm{d}S$ 成为全微分,我们必须有

$$\frac{3nk}{T} + 3k\,\frac{\mathrm{d}n}{\mathrm{d}T} = 4k\,\frac{\mathrm{d}n}{\mathrm{d}T} \quad 或 \quad \frac{\mathrm{d}n}{\mathrm{d}T} = \frac{3n}{T}。$$

它的解我写成 $n=Ak^3T^3$ 的形式,目前 A 还是未知常数。该常数与斯特藩常数 σ 有关,由于单位体积的能量是

$$3nkT = 3Ak^4T^4,$$

由此,通过比较,有 $\sigma=3Ak^4$。

将 n 值代入 $\mathrm{d}S$ 的表式,它成为

$$\mathrm{d}S = 12Ak^4T^2V\mathrm{d}T + 4Ak^4T^3\mathrm{d}V,$$

由此

$$S = 4Ak^4T^3V。$$

如果没有任意常数,鉴于 $T=0$ 时 $n=0$,使气体不能长存。

由于 $A=\sigma/3k^4$,我们便得到经典表达式 $S=\frac{4}{3}\sigma T^3V$。自由能 $F=U-TS$ 可以立即被确定:它等于 $3nVkT-T\cdot4nkV=-nVkT=-AVk^4T^4$ 或等于 $-NkT$,其中 N 为体积 V 中的原子总数。还要补充一点,自由能不是常数,因为原子的固有质量为零[①]。

单位体积中能量为 W 的原子的能量值是

$$\mathrm{d}u_W = \frac{A}{2}\exp\left(-\frac{W}{kT}\right)W^3\,\mathrm{d}W,$$

而由于

_____

① 热力学势 $U-TS+pV$ 恒为零。

$$W = h\nu, \quad \mathrm{d}u_W = \frac{Ah^4}{2}\exp\left(-\frac{h\nu}{kT}\right)\nu^3\,\mathrm{d}\nu,$$

于是我们得到了维恩定律的形式。在这一定律中我们能否计算系数的大小呢(当然,不能用 σ 的实验值)?

我们可以尝试一下曾由普朗克、Sackur、Tetrode 和其他人用于计算"化学常数"[①]的方法。我们必须紧跟近来由普朗克[②]所发展的理论。如果气体由温度为 T 的 N 个原子组成,服从吉布斯所说的,和已被布里渊先生利用恒温器思想置于牢固的基础之上的正则分布规律,则必有关于自由能的公式:

$$F = -kT\ln\sum_n \exp\left(-\frac{\varepsilon_n}{kT}\right),$$

求和遍及气体的所有可能态。这一求和可以用遍及全部 $6N$ 维相空间的积分来表示,而此积分又与遍及各分子相空间之积分的 $6N$ 次乘积相当。如果注意到这一点,就像普朗克在文章中所说的,应将结果除以 $N!$。量子理论引入相空间基本尺度 g 的范围的假定;g 具有作用量立方的量纲,由化学常数的计算使我们得到 $g = h^3$(h 为普朗克常数)。

因而表达式 F 可被写成

$$F = -kT\ln\left\{\left[\frac{\iiint\iiint\exp\left(-\dfrac{W}{kT}\right)\mathrm{d}^3x\,\mathrm{d}^3p}{g}\right]^N \frac{1}{N!}\right\}$$

$$= -kNT\ln\left[\frac{eV}{Ng}\int_0^\infty \exp\left(-\frac{W}{kT}\right)4\pi G^2\,\mathrm{d}G\right]$$

$$= -kNT\ln\left[\frac{8\pi eV}{Ng}\cdot\frac{k^3T^3}{c^3}\right]。$$

我们让 $F = -NkT$,而且它非常数,因为光原子的固有质量为零。为了使这两个表式相等,我们必须有 $\ln\left[\dfrac{8\pi eV}{Ng}\cdot\dfrac{k^3T^3}{c^3}\right] = 1$,由此,根据

$$N = Ak^3T^3V, \quad A = \frac{8\pi}{c^3g} = \frac{8\pi}{c^3h^3},$$

结果 $\mathrm{d}u_\nu$ 成为

$$\mathrm{d}u_\nu = \frac{4\pi h}{c^3}\exp\left(-\frac{h\nu}{kT}\right)\nu^3\,\mathrm{d}\nu。$$

该表达式与维恩定律的差异在于因子 2。不要误会这一差别是在计算中造成的,而正如布里渊先生为我们所指出的,它所反映的事实可能是,在上述理论的叙述中没有体现光的偏振思想。在光量子的较完整的理论中应当引入某些这样的形式:各光原子必须与右圆偏振或左圆偏振的一种内部态相缔合。这些偏振态是用传播速度方向上的一根轴矢量来表示的。如果在 F 的计算中两个原子具有相同的位形和相同的速度,则必然要求偏振具有相同的指向(右偏振或左偏振);这就必须在 F 表达式中对数符号下引入因子 2^N,于是就可回到维恩定律数字系数的精确值。

考虑单原子、双原子、三原子……"光子气"的混合气体,我们还可以得到普朗克定律

---

① Taylor H. S., *Treatise on physical chemistry*, 1137.

② *Annalen der physik*, <u>66</u> (1921) 365.

的形式：

$$\mathrm{d}u_\nu = \frac{8\pi h}{c^3}\nu^3\left[\exp\left(-\frac{h\nu}{kT}\right)+\exp\left(-\frac{2h\nu}{kT}\right)+\exp\left(-\frac{3h\nu}{kT}\right)+\cdots\right].$$

这就必须要求有某些相当任意的假设，而我们也不打算在这方面继续下去。

在得到光原子气体的概念方面，我们还可以采取以下方法。

考虑"固有质量"为 m_0 的 N 个原子组成的气体处于温度为 T 的平衡态中。假定相对论动力学能应用于这些原子，并忽略原子之间的全部相互作用：于是我们的气体是一种理想气体。能量和动量由下列方程给出：

$$W = m_0c^2\left(\frac{1}{\sqrt{1-\beta^2}}-1\right), \quad \boldsymbol{G} = \frac{m_0\boldsymbol{v}}{\sqrt{1-\beta^2}}, \quad \beta = \frac{v}{c}.$$

统计力学给出能量介子 W 和 $W+\mathrm{d}W$ 之间（见上文）的原子数 $\mathrm{d}N$：

$$\mathrm{d}N_W = CN\exp\left(-\frac{W}{kT}\right)G^2\mathrm{d}G = CN\exp\left(-\frac{W}{kT}\right)m^2c\sqrt{\alpha(\alpha+2)}(\alpha+1)\mathrm{d}W.$$

其中缩写令 $\dfrac{W}{m_0c^2}=\alpha$。若对几乎所有原子来说（在常温下的物质气体中，这是多么偶然的情况）质量 m_0 足够大而商值 W/m_0c^2 十分小，我们就可回到麦克斯韦的通常公式。相反，若假定质量 m_0 十分小，则几乎所有的原子将具有相当接近于 c 的速度：这或许十分偶然，如果 m_0 足够小，那么速度与 c 有差异的分子数小于百万分之一，是可忽略的。在此情况中 α 比 1 大得多，因而可以写

$$\mathrm{d}N_W = C'N\exp\left(-\frac{W}{kT}\right)W^2\mathrm{d}W.$$

我们看出，根据这一公式，普朗克-维恩定律可被演绎出来。

所以光的量子理论假说是需要的，而且相对论动力学是必须接受的，它们引导我们注意光原子（假定它们有同样十分小的质量），而且光原子的运动速度不但完全取决于它们的能量（频率）同时十分接近于 c。于是我们必须解释为什么光（在实验精度的极限之内）仿佛以精确的速度传播，该速度在爱因斯坦的公式中扮演着极限速度的角色[①]。

综上所述，本文的主要结论如下：

1. 借助于光的量子理论以及有关的统计力学和热力学方法，我们可以再次得到辐射热力学甚至分布的普朗克-维恩定律的全部结果[②]，但是，这些结果显然假定了相对论动力学可以用于光原子。

2. 毫无疑问，它们表示了化学常数与黑体辐射的斯特藩常数之间的密切相关。这种相关稍后已被林德曼先生在最近的文章中[③]用于固体的气化压强。他向我们揭示了物质与辐射之间定常相互作用的新情况。

---

① 频率 ν 的"辐射"由质量为 m_0 的原子载运，而代替速度 c 的是 $c-\dfrac{c^5m_0^2}{2h^2\nu^2}$，由于 m_0 十分小，使量 $c^5m_0^2/2h^2\nu^2$ 无法用实验检验。

② Emden, *Phys. Zeitschr*, 22 (1921) 509.

　de Broglie L., *CRAS* 175 (1922) 811.

③ *Phil. Mag.*, 39, 21~25.

光量子的尝试性理论*

一、光 量 子

近年来所积累的实验证据似乎已经确凿无疑地支持了光量子的真实存在。作为辐射与物质间能量交换的主要机制的光电效应似乎越来越证明了爱因斯坦光电定律的支配地位。如果不用光量子的概念,就很难解释光化学作用实验及康普顿最近有关 X 射线散射时波长变化的实验结果。在理论方面,有众多实验所支持的玻尔理论是建立在这样一条假设基础之上的,即原子只能发射或吸收频率为 ν 的有限量辐射能,其数值等于 $h\nu$。而且,黑体辐射中能量涨落的爱因斯坦理论必然也使我们产生相同的思想。

在本文中,我将假定光量子是实际存在的,并且试图用牢靠的实验证据来说明,将光量子与波动理论协调起来是如何办到的。

为简单起见,一个很自然的假定是,认可所有光量子都是全同的,而只有其速度是不同的。此外,我们还假设,每个光量子的"静质量"有一给定值 m_0:因为光原子的速度非常接近爱因斯坦的极限速度 c,故它们必须有一极小的质量(并非数学意义上的无穷小)。对应的辐射频率与每一量子之总能间的关系必然是

$$h\nu = m_0 c^2 / \sqrt{1 - \beta^2} \quad (\beta = v/c),$$

但因为 $1 - \beta^2$ 是非常小的量,于是我们有

$$\beta = \frac{v}{c} = 1 - \frac{1}{2}\left(\frac{m_0 c^2}{h\nu}\right)^2,$$

光量子的速度与上式稍有不同,因为它不足以通过任何实验方法使之与 c 区别开来。这样看来,m_0 顶多是 10^{-50} g 的数量级。

光量子显然必须有一内部的双对称性,以与电磁波的对称性相对应;但具有某一偏振轴。后面我们还将谈及这一话题。

二、作为光量子气的黑体辐射

我们来考虑由上述光量子所组成的气体。在一给定温度下(不能太接近于绝对零度),几乎所有的光原子都有非常接近于 c 的速度,$v = \beta c$。一光原子的总能为

---

* 原载 *The London. Edinburgh and Dublin Philosophical Magazine and Journal of Science*,**47** (1924) 446~458.由否勒推荐。可看出,此文是德布罗意博士论文的雏形。

$$W = m_0 c^2 / \sqrt{1 - \beta^2},$$

其动量为

$$G = m_0 v / \sqrt{1 - \beta^2},$$

故我们近似地有

$$G = W/c。$$

显而易见,这种气体对容器壁的压力为

$$p = \frac{n}{6} \cdot 2Gc = \frac{1}{3} nW,$$

式中 n 为单位体积中的光量子数。

这个公式与电磁理论所给出的一样,但若不用相对论公式的话,我们就会发现,其结果将是这里所给出的两倍。

现在问题产生了,我们能否对量子气体利用麦克斯韦的能量分布律? 在爱因斯坦的动力学中,作为所有统计力学的基础的刘维尔定理总是成立的。我们可用正比于 $dxdydzdpdqdr$ 的值来表示相空间的元胞。其中,x、y、z 是直角坐标,p、q、r 是相应的动量。按照正则分布律,代表点位于单元 $dxdydzdpdqdr$ 中的原子数必须正比于

$$\exp\left(-\frac{W}{kT}\right) dxdydzdpdqdr = \exp\left(-\frac{W}{kT}\right) 4\pi G^2 dGdV,$$

式中 dV 为体积元,G 为动量。由于 $G = W/c$,故上式亦可写成

$$C\exp\left(-\frac{W}{kT}\right) W^2 dW dV \quad (C \text{ 为常数})。$$

每一量子都有总能 $h\nu$,因而包含在体积 dV 内,由能量为 $h\nu$ 的光量子所携带的全部能量为

$$C\exp\left(-\frac{h\nu}{kT}\right) \nu^3 d\nu dV \quad (C \text{ 为常数})。$$

显然,此即辐射律的维恩极限形式。两年前[①]我就证明了,利用普朗克提出的假设,即相空间的元胞若是 $\frac{1}{h^3} dxdydzdpdqdr$,就有可能得到辐射能密度为

$$u_\nu d\nu = \frac{8\pi h}{c^3} \nu^3 \exp\left(-\frac{h\nu}{kT}\right) d\nu。$$

这是一个令人鼓舞但却还不令人十分满意的结果。相空间中体积元为有限大的假定似乎有点任意性和不可思议;况且,维恩定律仅是实际辐射律的极限形式。为此,我得假定有某种量子凝聚,以解释级数的其他项。

看起来现在这些困难都被克服了。但首先我们要解释许多其他概念。稍后我们再回到黑体辐射气体上来。

三、关于物体运动的一个重要定理

我们来考虑一个"静质量"为 m_0 的运动物体,它相对于一个确定的观测者以速度 $v =$

---

① 见 *Journal de Physique*,1922 年 11 月。

$\beta c(\beta < 1)$ 而运动。按照能量惯性原理，它必有一等于 $m_0 c^2$ 的内能。而且，量子关系暗示，此内能归结为一频率为 $\nu_0 = m_0 c^2 / h$ 的周期现象。对固定的观测者来说，物体总能是 $m_0 c^2 / \sqrt{1 - \beta^2}$，其对应的频率为 $\nu = m_0 c^2 / h \sqrt{1 - \beta^2}$。

然而，当固定的观测者注视着物体内部周期的时候，他将发现，此频率减小为 $\nu_1 = \nu_0 \sqrt{1 - \beta^2}$；也就是说，这一现象对于他是以 $\sin(2\pi\nu_1 t)$ 而变化的。频率 ν_1 与 ν 有很大的差别，但有一重要定理将它们联系起来。此定理使我们得以给出 ν 的物理解释。

我们假定，当时刻为零时运动物体在空间中与一波恰好缔合，此波以速度 $c/\beta = c^2/v$ 而传播，其频率 ν 为上面给出的值。当然，按照爱因斯坦的思想，此波不可能携带能量。

我们的定理如下："如果初始时刻运动物体的内部周期现象与缔合波同相位的话，则此相位的一致将一直保持下去。"实际上，当时刻为 t 时，运动物体与原点相距 $x = vt$，其内部周期现象正比于 $\sin(2\pi\nu_1 x/v)$；在同一地点，波由 $\sin 2\pi\nu \left(t - \dfrac{\beta x}{c}\right) = \sin 2\pi\nu \times \left(\dfrac{1}{v} - \dfrac{\beta}{c}\right)$ 所确定；这两个正弦函数必须相等。如果下面的条件满足的话，相位就将呈现一致：

$$\nu_1 = \nu(1 - \beta^2)。$$

根据 ν 和 ν_1 的定义，这一条件显然可以得到满足。

这一重要的结果是隐含在洛伦兹时间变换中的。对一个由运动物体载运着的观测者来说，若 τ 为其当地时间的话，他将用函数 $\sin(2\pi\nu_0 \tau)$ 来定义周期现象。根据洛伦兹变换，固定的观测者必须用函数 $\sin\left[2\pi\nu_0\left(t - \dfrac{\beta x}{c}\right)\Big/\sqrt{1-\beta^2}\right]$ 来描述同一现象，该函数可被视为表示了一个波动，其频率为 $\nu_0/\sqrt{1-\beta^2}$，并以速度 c/β 沿 x 轴传播。

于是，我们倾向于认为，任何运动物体可以缔合着一个波，而且，不可能将物体的运动与波的传播分开。

这一思想也可按另一方式表达出来。其频率十分相近的一群波有一"**群速度**"U，已故的瑞利勋爵[*]曾研究过它。这一群速度，在通常的理论中就是"能量传播"的速度；它与"相速度"V 的关系为

$$\frac{1}{U} = \frac{\partial\left(\dfrac{\nu}{V}\right)}{\partial\nu}。$$

若 $\nu = m_0 c^2 / h \sqrt{1 - \beta^2}$，且 $V = c/\beta$，我们发现，$U = \beta c$。这就是说："**运动物体的速度是一群波的能量速度，波的频率为 $\nu = m_0 c^2 / h \sqrt{1 - \beta^2}$，各波的速度 c/β 由于 β 的不同而有极其微小的不同。**"

四、动力学和几何光学

试图将前面的想法推广到可变速度的情况是个相当困难的、但却是极具启发性的问

---

[*]　Rayleigh 勋爵，原姓名 Strutt. J. W.，1842—1919。

题。如果在任一媒质中一运动物体都能画出一弯曲路径的话,我们则说,有一力场存在。可以算出每点的势能,当物体经过那点时,其速度决定于不变的总能量值。现在,作这样的假定似乎是自然的,即,相位波在任意点的速度及频率取决于**物体在该点处 β 应有的值**。相位波在传播过程中,频率 ν 为常数,速度 V 不变。

也许,一种新的电磁学会给出这种复杂传播的规律,但似乎我们事先就已知道了最终结果:"**相位波的射线与动力学的可能路径是一致的**。"实际上,射线的路径可以像在一非均匀色散媒质中一样采用费马原理算出,即可以写为(记 λ 为波长,ds 为路径元)

$$\delta \int \frac{ds}{\lambda} = \delta \int \frac{\nu ds}{V} = \delta \int \frac{m_0 \beta c}{\sqrt{1-\beta^2}} ds = 0。$$

莫培督形式的最小作用量原理给出动力学路径所满足的方程为

$$\delta \int m_0 c^2 \left(\frac{1}{\sqrt{1-\beta^2}} - \sqrt{1-\beta^2} \right) dt = \delta \int \frac{m_0 \beta^2 c^2}{\sqrt{1-\beta^2}} dt = \delta \int \frac{m_0 \beta c}{\sqrt{1-\beta^2}} ds = 0。$$

上述两式的一致性验证了前面的结果。

相位一致的定理总是成立的。现在要说明这一点则是太容易了,以至于仿佛没有再加证明的必要。

本理论提供了玻尔稳定性条件的一个有趣解释。在时刻为零时,电子位于其轨道中的一点 A,在此瞬间从 A 点出发的相位波将画出全程路径并与电子在 A' 点再次相遇。看来,有相当的必要让相位波知道,它是与电子同相位的。这即是说:"**只有当相位波与路径长度同步时,运动才是稳定的**。"同步关系则为

$$\int \frac{ds}{\lambda} = \int_0^T \frac{m_0 \beta^2 c^2}{h \sqrt{1-\beta^2}} dt = n \quad (n \text{ 为整数},T \text{ 为循环周期})。$$

现在,我们可以将量子理论的稳定性条件按爱因斯坦给出的一般形式写出。对于由无穷个赝周期组合而成的准周期情况,这一形式退化为多种索末菲条件。我们记 p_x, p_y, p_z 为动量,则爱因斯坦的一般性条件为

$$\int (p_x dx + p_y dy + p_z dz) = nh \quad (n \text{ 为所有整数}),$$

或者也可写成

$$\int_0^T \frac{m_0}{\sqrt{1-\beta^2}} (v_x^2 + v_y^2 + v_z^2) dt = \int_0^T \frac{m_0}{\sqrt{1-\beta^2}} \beta^2 c^2 dt = nh。$$

这正是上面已得到的结果。

五、光量子的传播和相干性问题

现在,我们将利用这些结果来研究自由光量子的传播,它们的速度总是稍低于 c。我们可以说:"总能为 $h\nu$ 的光原子是一内部周期现象的载体。对于一个固定观测者来说,在空间每一点此周期现象的相位都与沿同一方向传播的波的相位一致,该波的速度非常接近于 c(稍微要大些)。"在某种意义上,光量子是波的一部分。为了解释干涉及波动光学中的其他现象,有必要来看一下,若干光量子怎么可能是同一波的几个部分。这就是相

干性问题。

在光的量子论中，看来有必要做如下的假设："当一相位波穿过一激发态原子时，该原子就有发射一个光量子的概率存在，这一概率取决于每一瞬时的波强。"或许，这一假设似乎带有任意性，但我认为，任何关于相干性的理论都必须采用某种类似的假设。

自放射性物质的 γ 射线发射是相当自发的过程。这是人所共知的。但它不能被认为是与我们的观点相抵触的，因为，对任何已知的放射性原子，其"平均寿命"总是远远大于 γ 射线的周期。

于是，在一原子发射出一光量子的同时，伴随有一球面相位波发出。而且，该波横贯点源附近的原子时，将激发更多的发射。非物质相位波将携带许多小的能量单元，它们在波上缓慢滑移，其内部现象都是相干的。

六、屏边的衍射和惯性原理

光的微粒说在这里遇到了一个极大的困难。自牛顿以来人们均知，在屏边的一短距离内穿过的光不再沿直线前进，而会绕入屏的几何阴影区域中去。牛顿将此偏折归之于屏边有某种力对光微粒施加作用的结果，但据我看，这一现象也许值得给出一个更普遍的解释。因为，物体的运动和波的传播之间看来有着密切的缔合，而且，现在可以将相位波的射线看成是能量量子的路径（可能的路径），所以，我们倾向于放弃惯性原理，而说："一运动物体总是沿其相位波的射线前进。"波在持续传播过程中，等相位面的形状将连续变化，而物体将一直沿着两个无限接近的等相位面的公共法线方向运动。

当费马原理不再能够用于计算射线的路径时，最小作用量原理也不再能够用于计算物体的轨道。我认为，可以将这些概念看作是光学和动力学相结合的一种产物。

我们还必须说明某些要点。按照我们的想法，现在被赋予重要物理意义的射线可以用一小部分相位波的**连续**传播来定义，就像上面所说的那样：它不能解释成每一点上波矢的几何相加，该波矢即电磁理论中所谓的"辐射矢量或波印廷矢量"。我们来考查一种类似于维纳所做的实验。我们将一列平面波发送至一全反射平面且垂直于它，此时便形成了驻波、反射镜面是电矢量的波节面，距镜面 $\frac{1}{4}\lambda$ 处的平面是磁矢量的波节面，$\frac{1}{2}\lambda$ 处的面又是电矢量的波节面，如此等等。在每一波节面上辐射矢量都为零。我们是否可以这样说，"这些面上连一点能量都穿不过去"呢？显然不能。我们只能说，这些面上的干涉态总是相同的。在每种干涉情况中，我们都会发现有类似的缠结。波动理论中，能量的传播有点虚构性，但作为补偿，干涉条纹却容易被准确计算出来。在下一节中，我们就来看看为何是这样的。

七、干涉条纹的一种新解释

我们来考虑如何在空间某一点探测到光的存在——直接感受散射光、照相测试、利用发热效应,或者采用其他一些方法。看来,所有这些方法实际上都能归结为光电作用和散射。现在,当一光量子穿过一物质原子时,它有确定的概率被吸收或被散射,其概率可能依赖于外力。于是,若有一个理论能够成功地定出这些概率,而不用考虑能量的实际运动的话,则这一理论就可以正确地预言在每一处辐射与物质间的平均作用。根据电磁理论(玻尔的对应原理与该观点是一致的),我已倾向于假设,对在一物质原子上经过的各相位波,将它们的各类定义矢量的其中之一几何相加,其结果就决定了原子吸收或散射光量子的概率。实际上,最后的这一假设相当于在电磁理论中已被认同的一条假设,即光强取决于合电矢量的强度。于是,在维纳的实验中,光化学作用仅发生在电矢量的波节面上。而按电磁理论,光的磁能量不可能引起曝光。

我们现在再来考虑 Th. 杨的干涉实验。一些光原子穿过孔穴时,它们沿着其相位波邻近部分的射线方向衍射。在屏后面的空间中,它们进行光电作用的行为将根据透过两孔穴的两相位波的干涉态而随处变化。于是,我们将看到干涉条纹;入射光有多强,衍射的量子数目就有多少。光量子确实穿过所有那些明暗条纹区域,只是它们作用于物质的行为在连续地变化。这一解释,看来同时也消除了光量子和能量是否通过暗条纹而传播的困难;因此,可以推广到所有干涉和衍射现象。

八、量子和气体的动力学理论

为了计算熵值和所谓的"化学常数",普朗克和能斯特不得不将量子概念引入到气体运动论中。如上所述,普朗克将相空间的元胞取为

$$\frac{1}{h^3}\mathrm{d}x\mathrm{d}y\mathrm{d}z\mathrm{d}p\mathrm{d}q\mathrm{d}r \quad \text{或} \quad \frac{4\pi}{h^3}m_0^{3/2}\sqrt{W}\mathrm{d}W\mathrm{d}x\mathrm{d}y\mathrm{d}z。$$

我们现在来验证这一假定。

每一速度为 βc 的原子都可认为是与一群波相缔合的。波的相速度是 $V=c/\beta$,频率为 $m_0c^2/h\sqrt{1-\beta^2}$,群速度为 $U=\beta c$。只有当缔合于所有原子的波形成一个驻波系统时,气体的状态才是稳定的。利用众所周知的金斯方法,我们求得,单位体积中其频率处于间隔 ν 和 $\nu+\mathrm{d}\nu$ 中的波的数目为[①]

$$n_\nu\mathrm{d}\nu = \frac{4\pi}{UV^2}\nu^2\mathrm{d}\nu = \frac{4\pi}{c^3}\beta\nu^2\mathrm{d}\nu。$$

若 W 为单原子的动能且 ν 为与之对应的频率,则

$$h\nu = \frac{m_0c^2}{\sqrt{1-\beta^2}} = W + m_0c^2 = m_0c^2(1+\alpha),$$

式中 $\alpha=W/m_0c^2$。

现在很容易看出,$n_\nu\mathrm{d}\nu$ 由方程

$$n_\nu\mathrm{d}\nu = \frac{4\pi}{h^3}m_0^2c(1+\alpha)\sqrt{\alpha(2+\alpha)}\mathrm{d}W$$

---

① Brillouin. Léon., *Théorie des Quanta*, A. Blanchard,(1920) 38.

给出。每个相位波可以携带一个、两个乃至更多个原子。故按正则律,能量为 $h\nu$ 的原子数目正比于

$$\frac{4\pi}{h^3}m_0^2 c(1+\alpha)\sqrt{\alpha(2+\alpha)}\,\mathrm{d}W\,\mathrm{d}x\,\mathrm{d}y\,\mathrm{d}z\sum_1^\infty\exp\left(-\frac{nh\nu}{kT}\right).$$

我们首先来考查这样一种物质气体,其原子具有相对大的质量和相对小的速度。此时,我们可以忽略级数中除第一项外的所有项,并令 $1+\alpha=1$。省略常数因子,动能为 W 的原子数则为

$$\frac{4\pi}{h^3}m_0^{3/2}\sqrt{2W}\,\mathrm{d}W\,\mathrm{d}x\,\mathrm{d}y\,\mathrm{d}z\exp\left(-\frac{W}{kT}\right).$$

这一结果,证明了普朗克方法的正确性,并导致麦克斯韦分布律的通常形式。

在光量子气的条件下,α 总是大的,而且,我们必须用到级数的所有项。由于光量子的内秉双对称性,我们还必须引入一个值为 2 的因子,于是可知,辐射能密度正比于

$$\frac{8\pi}{h^3 c^3}W^3\sum_1^\infty\exp\left(-\frac{nh\nu}{kT}\right)\mathrm{d}W=\frac{8\pi h}{c^2}\frac{\nu^3}{\exp\left(\dfrac{h\nu}{kT}\right)-1}\mathrm{d}\nu.$$

在 1922 年 11 月号的《物理学杂志》[*]上,我用一种方法证明了比例因子为 1。于是,我们得到了真实的辐射定律。

九、未解决的问题

本文中所阐述的概念若能被接受的话,就必然提出大幅度修改电磁理论的要求。所谓的"电和磁的能量"必然只是一种平均值;场的所有真正能量可能凝聚在一些微粒之中,每一微粒具有等额微量的能量。看来,要建立一种新的电磁学是一项极为艰巨的任务。但我们有一指导思想:按照对应原理并如上所述,旧电磁理论的定义矢量应给出在物质与等额微能量之间进行反应的概率。

新的电磁学必须给出诸多问题的答案。对于无能量的光相位波,麦克斯韦的波传播定律可能依然是有效的;而且,辐射能的散射可以用产生的射线弯曲(即光量子的路径)来解释。辐射的散射和微粒的散射看来是很相似的,粒子穿过一屏障时的速度减小也类似于 X 射线的频率由于散射而降低,这些已由康普顿最近加以计算并由实验验证过了。

要解释光学色散会更加困难。经典理论(包括电子论)仅给出此现象的一个平均图像,即它是由辐射与原子间的复杂的基本反应过程产生的。这里,我们当然也得将能量的真实运动和所产生的干涉态的传播严格地区别开来。由折射率的变化所表现出来的"共振"性质似乎也不再与光的非连续性格格不入。

许多其他问题仍待解决:布拉格吸收的机制是什么? 当一原子从一定态过渡到另一定态时会发生什么,而且,它又是怎样发射一单个量子的? 我们怎样将能量的颗粒结构和弹性波的概念引入德拜的比热理论中去?

---

[*] *Journal de Physique*, série Ⅱ, 3 (1922) 422~428.

最后,我们必须说,量子关系仍将保持为一种公设,以定义其真实意义尚未完全明了的常数 h。但看起来,量子之谜现已仅此一点而已了。

十、概　　要

本文假定了光在根本上是由光量子组成的,它们的质量相等且特别的小。从数学上证明了,洛伦兹-爱因斯坦变换加上量子关系必然会使我们将物体运动和波传播缔合起来,而且,这一思想给出了玻尔的稳定性条件的物理解释。衍射似乎是同牛顿动力学的推广一致的。这样,有可能保留光的微粒和波动这一二象性。并且,借助于电磁理论和对应原理所提出的某些假设,有可能对相干性和干涉条纹给出似乎合理的解释。最后说明了,量子为什么必须参与气体动力学理论,以及普朗克定律是麦克斯韦定律在光量子气条件下的极限形式。

这些概念中的许多都是可以加以批评的,也许是可以进行修正的。但目前看来,光量子的真实存在性似乎是毫无疑问的了。再者,我们的观点建立在时间的相对论基础之上的,如果它们被人接受的话,那么关于"量子"的所有大量实验证据都会转向支持爱因斯坦的思想。

(1923 年 10 月 1 日)

十一、附　　注

自我完成本文后,我已能对第四节中的一些内容给出不同的但却更具普遍形式的结果。

对于一个物质点,最小作用量原理可以按时空记号表示成方程 [*]:

$$\delta\int J_k\,\mathrm{d}x^k = 0 \quad (k = 1,2,3,4),$$

式中 J_k 为一个四维矢量的协变分量,矢量的时间分量为点的能量除以 c,空间分量即为点的动量。

类似地,当研究波传播时,我们必须写出:

$$\delta\int O_k\,\mathrm{d}x^k = 0 \quad (k = 1,2,3,4),$$

式中 O_k 是另一个四维矢量的协变分量;矢量的时间分量为频率除以 c,空间分量为沿着射线的某一矢量的分量,且等于 $\dfrac{\nu}{V} = \dfrac{1}{\lambda}$($V$ 为相速度)。现在,量子关系告诉我们:$J_4 = hO_4$。更一般的,我建议令 $J_k = hO_k$。从这一表达式,立即可以得到费马原理和莫培督原理之间的一致性,甚至有可能更严格地推导出相位波在电磁场中的速度。

---

[*] 译稿中已引用爱因斯坦求和约定。

新波动力学原理*

摘　要

本文目的在于阐述由作者提出、并由薛定谔近期工作所证实了的新波动力学概念的普遍原理。作者首先证明在恒场的特殊情况中,怎样发展和完善薛定谔的结果;其次企图将同样的思想推广到变场和系统的动力学中去;最后总结了薛定谔将海森伯、玻恩和约旦的量子力学划归为波动力学所采用的方法。作为结束语,作者简要地提到了电磁学理论同这一组概念相结合的问题。

一、恒场中质点的波动力学

1. 本文目的

面对一系列实验结果,物理学家只得承认,尽管旧力学已被相对论概念所扩充,但它仍无法解释有量子介入的现象。看来目前有必要引入一门同波动理论紧密相关的新力学。这是我本人多年来的愿望[①],最近又由于薛定谔先生漂亮的工作[②]得以完成和拓展。我想大体上总结一下有关这一问题的实际状况。

2. 波动理论中一些值得注意的概念

考虑空间某一区域,其性质不依赖于时间。当我们说某一现象是以波的形式传播时,就是指描述该现象的函数[**] $u(x_k,t)$ 满足下列基本方程:

$$\nabla^2 u = \frac{1}{V'^2}\frac{\partial^2 u}{\partial t^2}, \tag{1}$$

式中 V' 是**传播速度**,它随位形而变但与时间无关。注意 V' 可以是虚的($V'^2 < 0$)。下文我们将光速 c 除以 V' 所得的商 n 称为折射率。显然,给出 V' 或给出作为坐标函数的 n,在意义上是相同的。

为了解释实验事实,物理学家特别考虑了方程(1)式所具有的如下形式的解:

---

* *Les principes de la nouvelle mécanique ondulatoire*, *Le Journal de Physique et le Radium*, série Ⅱ, 7 (1926. 11) 321~337. 在本文中,德布罗意已经提到了缔合波的空间真实性问题。后来他发展了这一思想。在本文中,他试图建立波动力学的运动微分方程,见(49)式。

① 参阅我的博士论文,*Mosson*(1924)和 *J. Phys.*, 7 (1926) 1~6。

② *Ann. der Phys.*, 79 (1926) 351;489;734. 在本文中我将这三篇论文分别用字母 A、B、C 表示。

** 本文中凡 x,y,z 在译文中全部改用 $x_k(k=1,2,3)$ 表示,而且在译文中使用了爱因斯坦求和约定。

$$u(x_k,t) = A(x_k)\cos 2\pi\nu[t - \psi(x_k)], \tag{2}$$

式中 ν 为常数,称为波频;A 为各点的振幅;余弦函数中的变量称为波的**相位**。上述这个解可以看作下列表达式的实部:

$$u(x_k,t) = C\exp(2\pi\mathrm{i}\nu t)\exp(2\pi\mathrm{i}\varphi), \tag{3}$$

式中 C 为常数,φ 一般来说是 x_k 的函数,它是假设的 *。若 $\varphi = a + \mathrm{i}b$,则有

$$\psi = -a/\nu, \quad A = C\exp(-2\pi b)。 \tag{4}$$

如果我们仅局限于考虑有(2)式形式的正弦解,则波动方程可以简单地取不依赖于时间的形式:

$$\nabla^2 u + \frac{4\pi^2\nu^2}{V'^2}u = \nabla^2 u + \frac{4\pi^2\nu^2}{c^2}n^2 u = 0。 \tag{5}$$

正弦波的相位正是某一时刻以下曲面族中的各曲面:

$$\psi(x_k) = C \quad (C \text{ 为常数}), \tag{6}$$

该曲面族称之为等相位面。随着时间的变更,相位值在空间中由一个曲面到达另一个曲面。与曲面 $\psi = C$ 正交的曲线,按定义被称作**波矢**。而且我们将每一点上对应一给定相位的沿波矢方向的等相位面的变化速度称之为**相速度**。用 $\mathrm{d}r$ 表示波矢上一长度微元,容易得到相速度为

$$V = \frac{1}{\partial\psi/\partial r} = \left[\left(\frac{\partial\psi}{\partial x_k}\right)^2\right]^{-1/2}。 \tag{7}$$

3. 几何光学

我们现在面临一个重要问题:方程(1)和(7)式中的 V' 和 V 之间是否存在简单的关系?

为此,我们将(3)式中的正弦波解代入(5)式,有

$$-4\pi^2\left(\frac{\partial\varphi}{\partial x_k}\right)^2 + 2\pi\mathrm{i}\nabla^2\varphi + \frac{4\pi^2\nu^2}{V'^2} = 0。 \tag{8}$$

若 φ 的二阶微分在这里小于一阶微分的平方和,则 $\varphi(x_k)$ 近似地满足下列关系:

$$\left(\frac{\partial\varphi}{\partial x_k}\right)^2 = 1/\lambda^2。 \tag{9}$$

由定义

$$\lambda = \frac{V'}{\nu}, \tag{10}$$

如果进一步假设 V' 是实的,φ 也同样是实的,则由(9)(4)和(7)式可得

$$\psi = -\frac{\varphi}{\nu}, \quad \left(\frac{\partial\psi}{\partial x_k}\right)^2 = \frac{1}{V^2} = \frac{1}{V'^2}, \tag{11}$$

于是 V' 和 V 可近似地视为相等的**。近似得到的解可写成:

$$u(x_k,t) = C\cos 2\pi\nu\left[t - \int\frac{\mathrm{d}r}{V}\right]。 \tag{12}$$

积分沿通过 M 点的波矢进行,而 x_k 为一个等相位面被选作原点后 M 点的坐标。

因而,在方程(9)式仍然适用的条件下,可以采用几何光学的方法来研究波动。简单

---

* 实际上 φ 函数等于作用量 S 除以普朗克常数 h。

** 在下文将不再区分 V' 和 V。

回忆一下几何光学的方法。考虑一等相位面；在给定表面上每一点 M 的两邻域画一个半径为 $\varepsilon V(M)$ 的小球，而 ε 是非常小的常数。取这些小球的双叶包络，便得到在时间 $(t-\varepsilon)$ 和 $(t+\varepsilon)$ 所取相位值的曲面，这两个曲面以时刻 t 的等相位面为中面。依次进行，就可以得到一族等相位面。而所得到的波矢，似乎是无限多折线的连线。于是便可以说，用包络波的方法确定了等相位面。

几何光学是建立在所谓"**费马原理**"这一基本公设上的。根据这一原理，所有通过空间中两点 A 和 B 的光线必须使曲线积分

$$\int_A^B \frac{\mathrm{d}r}{V},$$

取最小：

$$\delta \int_A^B \frac{\mathrm{d}r}{V} = 0 \text{。} \tag{13}$$

如果用波动理论的语言，就是说从 A 到 B 这一段时间内，沿波矢方向相位的变化最小。波包的构造几乎显然是采用了费马的方案。这一方案按菲涅耳的观点，总是在与方程（9）相同的条件下由公设的地位变为有价值的理论的地位。

4．几何光学的应用极限

几何光学方法仅当方程（9）成立时才是适用的。我们已经看到，为此 φ 的二阶微商必须比一阶微商的平方和小得多。

如果应用几何光学方法时，所得到的 φ 不满足这一条件，那就表明肯定是此路不通。

我们将由（10）式定义的量 λ 称为波长，故而 φ 的二阶微商与 $1/\lambda^2$ 相比必须很小。沿着与波矢成尖角 θ 的方向 l，由（10）和（11）式，有

$$\frac{\partial \varphi}{\partial l} = -\nu \frac{\partial \psi}{\partial l} = -\frac{\nu \cos\theta}{V}, \qquad \frac{\partial^2 \varphi}{\partial l^2} = \frac{\nu \cos\theta}{V^2} \frac{\partial V}{\partial l} = \frac{1}{\lambda} \frac{\cos\theta}{V} \frac{\partial V}{\partial l},$$

于是便有

$$\cos\theta \frac{1}{V} \frac{\partial V}{\partial l} \lambda \ll 1 \text{。} \tag{14}$$

由此得到结论：若函数 V 在 λ 量级长度内的相对变化很小，则几何光学的方法是适用的。

特别是，在波长尺度的范围内如果几何光学所预言的波矢是弯曲的，则可以肯定为得到这一结果所采用的方法是错误的，因为方程（9）不再有效了。

5．波群

我们设想有一个 V 函数不仅仅依赖于坐标，而且还依赖于频率，其中频率可视为可变参量，即是说有色散现象存在。这种情形尤其出现在当函数 u 实际上满足以下传播方程的时候：

$$\nabla^2 u = pu + q \frac{\partial^2 u}{\partial \tau^2}, \tag{15}$$

式中 p 和 q 为关于坐标的实函数。这是因为对正弦波动解，如果设

$$V = \left(q - \frac{p}{4\pi^2 \nu^2}\right)^{-1/2}, \tag{16}$$

则该方程等价于方程（1）式。

现在假设有一群频率非常接近的波在此条件下传播，而且假设它们遵循几何光学。

传播速度不再是相同的了，振幅沿波矢方向以不同于 V 的速度 U 传播。此即"**群速度**"。根据经典计算，得

$$U = \left[\frac{\partial(\nu/V)}{\partial \nu}\right]^{-1}。 \tag{17}$$

6．波动力学

与新波动力学相反，我将（1）牛顿的经典力学和（2）相对论力学*称作旧力学或几何力学。我将相对论力学视为牛顿经典力学的推广，是因为当运动速度相当小使得 $(v/c)^2$ 与 1 相比可忽略时，二者的结果是一致的。如同波动理论是比几何光学更普遍的理论一样，也存在比旧动力学更普遍的理论。目前在我看来，甚至爱因斯坦的（狭义相对论）动力学本身同这一普遍理论相比也只是一种近似。

7．旧力学的几个定义

在旧力学中我们熟知，当我们考虑恒场时，有一个作为坐标和速度的函数是不变的，这就是能量 $W(x_k, v_k)$。按照爱因斯坦动力学，有

$$W = \frac{m_0 c^2}{\sqrt{1 - \dfrac{v^2}{c^2}}} + F(x_k)， \tag{18}$$

式中 $F(x_k)$ 是点 x_k 处质量为 m_0 的动体的势能。在经典力学中为了得到 W 的表达式，只要将 $\left(1 - \dfrac{v^2}{c^2}\right)^{-1/2}$ 展开并忽略高阶小量，有

$$W = m_0 c^2 + \frac{1}{2} m_0 v^2 + F(x_k)。 \tag{18'}$$

当经典力学有效时，常数项 $m_0 c^2$ 项较其他项大得多。根据经典约定，将 W 中的变量部分即动能和势能的和，称为能量。在下文中，我们将用 E 来表示这部分能量。

除能量外，旧动力学还引入了一个矢量，即动量 $\boldsymbol{G}$。我们暂不考虑动体荷电，且被一磁场所激励的情况。我们只是将 $\boldsymbol{G}$ 表成速度 v 的函数（相对论性的）：

$$\boldsymbol{G} = \frac{m_0 \boldsymbol{v}}{\sqrt{1 - \dfrac{v^2}{c_2}}}。 \tag{19}$$

对应的牛顿公式是

$$\boldsymbol{G} = m_0 \boldsymbol{v}。 \tag{19'}$$

如果消去 $\boldsymbol{G}$ 和 W 表达式中的速度，可将 $\boldsymbol{G}$ 表为坐标和 W 的函数：

在相对论力学中　　　　　$G = \dfrac{1}{c}\sqrt{(W-F)^2 - m_0^2 c^4}，$

$$\tag{20}$$

在经典力学中　　　　　$G = \sqrt{2m_0(E-F)}。$

8．与动体缔合的波

指导我早期工作的思想，是将动体的运动和波的传播相缔合。我们来考虑一满足方程（1）式的正弦波。假设几何光学的近似解仍然适用，并将波动表达式写成（12）式的形

---

* 指建立在狭义相对论基础上的力学。

式。为了建立由此定义的波同力学问题之间的联系，我假设[*]

$$W = 2\pi h\nu, \quad G = 2\pi h\nu/V, \tag{21}$$

式中 $2\pi h$ 为普朗克常数。第一个关系式从某种意义上来说得自光量子理论；第二个关系式是基于不变性考虑由第一个关系式得到的。从关系式(21)可以得到推论：若沿波矢方向在时间 $\mathrm{d}t$ 内有位移 $\mathrm{d}\boldsymbol{r}$，则相位的变化正比于哈密顿作用量的变化。因而有

$$2\pi\nu\left(\mathrm{d}t - \frac{\mathrm{d}r}{V}\right) = \frac{1}{h}(W\mathrm{d}t - \boldsymbol{G} \cdot \mathrm{d}\boldsymbol{r})。 \tag{22}$$

在旧力学中，恒场中轨道的形式是由莫培督原理所确定的：

$$\delta\int_A^B \boldsymbol{G} \cdot \mathrm{d}\boldsymbol{r} = 0。 \tag{23}$$

将(23)式同(13)式相比较，计及(21)式，可见动体的可能轨道同缔合波的波矢相吻合。多亏了费马原理和最小作用量原理之间的等同，才使得动力学问题转化为对正弦波传播的研究。

根据(21)式，为了得到给定场中缔合波的传播方程，就必须用 $\boldsymbol{G}(x_k, W)/2\pi h\nu$ 来代替 $1/V$。

因此，按照爱因斯坦力学或牛顿力学，可以得到

$$\nabla^2 u + \frac{1}{h^2 c^2}[(W - F)^2 - m_0^2 c^4]u = 0 \tag{24}$$

或

$$\nabla^2 u + \frac{2m_0}{h^2}[E - F]u = 0。 \tag{24'}$$

我们注意到，传播速度依赖于频率 ν（以能量为中介），即存在色散。此外，我们将在最后的分析中进一步看到，波传播的真正方程并不是(1)式的形式，而是更复杂。

现在我们来证明[①]，利用由几何光学推导方程(1)式的相同条件，也可以由几何力学推导出方程(24)或(24')式。将解写成(3)式的形式，并设

$$\varphi(x_k) = \frac{1}{2\pi h}S(x_k), \tag{25}$$

代入方程(24)或(24')式。若 φ 的二阶微商远小于一阶微商的平方和，则可得到下列关系式中的一个：

$$\left(\frac{\partial S}{\partial x_k}\right)^2 = \frac{(W - F)^2}{c^2} - m_0^2 c^2, \tag{26}$$

$$\frac{1}{2m_0}\left(\frac{\partial S}{\partial x_k}\right)^2 + F = E。 \tag{26'}$$

(26')式是恒场中的经典雅可比方程；(26)式是其相对论形式。S 是作用量函数；于是类似于(12)式，波动可写成如下形式：

$$u(x_k, t) = C\cos\frac{1}{h}[Wt - S]。 \tag{27}$$

---

[*]　译文中将普朗克常数 h 全部改写成普朗克-狄拉克常数 $h = h/2\pi$。

①　参阅 Brillouin. Léon., *CRAS*, <u>183</u> (1926) 270；
　　Wentzel. G., *Zis. f. Phys.*, <u>38</u> (1926) 518。

注意到这一点是很有意思的:若 $\hbar$ 无穷小则 φ 的微商之间的相对关系总能满足。因为 φ 的二阶微商正比于 $\hbar^{-1}$,而其一阶微商的平方正比于 $\hbar^{-2}$。于是得出结论:当 $\hbar$ 趋于零时波动力学同旧力学是没有区别的[*],其结果正是以前得到过的。

现在来指明一套正规方法,可以使方程(26)或(26′)式回归到方程(24)或(24′)式。这一套方法的重要性将会在以后看到。众所周知,S 对坐标的微商是拉格朗日共轭动量。若在方程(26)或(26′)式中,用 p_k 代替 $\left(\dfrac{\partial S}{\partial x_k}\right)$,可得到能量积分:

$$f(x_k, p_k) = 0。 \tag{28}$$

在函数 f 中,分别用算符 $-\mathrm{i}\hbar\dfrac{\partial}{\partial x_k}$ 代替 p_k,式中[**]

$$\hbar = \frac{h}{2\pi}。 \tag{29}$$

于是可以得到一些算符。若将这些算符作用到 u 上,并令其为零,便可得到方程(24)或(24′)式。例如,从(26′)式出发,按上述方法进行,可得算符

$$-\frac{\hbar^2}{2m_0}\nabla^2 + F - E。$$

将其作用到 u 上,令结果为零,就得到(24′)式。

同样,也可以由(26)式导出(24)式。

9. 薛定谔的重要意见[②]

量子理论主要用于原子世界。在确认了本人提出的力学概念之后,薛定谔考虑了精确到原子层次的缔合波能否用几何光学方法加以研究的问题。事情并非一帆风顺。让我们来看一下是如何认识这一问题的。迄今为止,我们所看到的,是在量子条件下将几何力学方法应用于原子。在这一过程中我们预言在原子范围内存在着连续轨道;但若承认动力学中波动的固有特征,则当同原子内层电子相缔合的波的波长与原子尺度同一量级时,使用旧力学方法是不恰当的。因为,由(13)式、(21)式和(19′)式,我们有(相对论修正已忽略):

$$\lambda = 2\pi\hbar/G = \frac{2\pi\hbar}{m_0 v}。 \tag{30}$$

如果取 $2\pi\hbar/m_0$ 作为单位,则 λ 与 v^{-1} 同一量级。借助于玻尔方程,容易证明 λ 同原子尺度是可以相比较的。因此有理由得到结论:在通常的力学中,更不必说在天体力学中适用的拉格朗日-哈密顿方程,在原子动力学中却不适用,因此必须直接研究严格方程(24)或式(24′)式的解。薛定谔的这一重要意见确定了新力学的特征。

10. 质点

我们重新研究方程(26)或(26′)式有效的情形。缔合波的波矢是动体的可能轨道。但对一给定的运动,所有波矢中只有一条波矢才具有特别的物理重要性,这条波矢就是动体所真实描绘出的那一条。缔合波的其他波矢,都是没有意义的,为了证实这一点,应如本人在论文中[③]所指出的那样,用频率相近的缔合波波群来代替缔合单色波。

---

[*] 尽管 $\hbar$ 很小但不等于零;因此说 $\hbar \to 0$ 是有误的。

[**] 原文中使用符号 K;$K = -\mathrm{i}\hbar$。

[②] B,第 497 页之后。

[③] 博士论文,第 16 页。

因而可以想象其结果必然是振幅在某一点表现出明显的最大值;这个最大值便是质点。这一观点还可以由下列事实进行真实地表述:按照旧力学,运动速度由方程(20)或(20′)式中的函数 $g(x_k, W)$ 对 W 的导数的倒数给出,即

$$v = \left(\frac{\partial G}{\partial W} \right)^{-1}, \tag{31}$$

计及(21)式,它等同于

$$v = \left[\frac{\partial \left(\frac{\nu}{V} \right)}{\partial \nu} \right]^{-1}, \tag{32}$$

此即(17)式。于是我们证明了物体的运动速度等于其缔合波波群的群速度。

那么动力学现象是否如同原子的情形一样,只在一个波长的范围内发展呢?薛定谔[1]认为不能说质点描绘出了一条轨道。振幅接近于最大值的波群应当有比波长还大的范围;同样的理由,质点在波长尺度上也不再是一个数学点。在原子内部,无法说出电子的位置,也无法谈及其轨道。但是尺度约为 10^{-8} cm 量级的原子却能够吸收波长约为其1000 倍的紫外光子(光电效应),这就更使我倾向于认为能量局域于波长尺度范围内的一点。以后我们还将遇到一些以各种形式出现的疑难。

二、恒场中运动的稳定性

11. 稳定性的旧量子化条件

量子现象的研究,使得物理学家不得不引入一种长久以来仍觉得有点稀奇古怪的思想:在恒场中质点所占有的有无穷多种可能性的周期轨道中,只有那些取整数值的周期轨道才是稳定的。

缔合波概念的引入解开了这个谜[2]。实际上若假设几何光学的适用条件成立,缔合波可表为(27)式的形式;函数 u 在全空间关于所有的点都是良函数。沿所有的闭合曲线 C,应有

$$\int_C \mathrm{d}S = 2\pi nh \quad (n \text{ 为整数})。 \tag{33}$$

这是爱因斯坦[3]于 1917 年提出的量子化条件的一般形式。动力学公式中出现整数不再是奇怪的了,就如同在弦振动或无线电在天线理论中出现那么自然。(33)式可表述为作用积分的所有圆周期应是常数 $2\pi h$ 的整数倍。

必须提请注意的是,后来的量子化条件是以完全不同的形式出现的,在那里我们所考虑的是由如方位角那样的周期性变量或如波矢那样的非周期性变量的变化而产生的周期。例如在辏力场中,方位角量子化条件取如下形式:

$$\int_0^{2\pi} \frac{\partial S}{\partial \theta} \mathrm{d}\theta = 2\pi n_1 \hbar, \tag{34}$$

---

[1] B,第 507—508 页。
[2] 博士论文,第三章。
[3] Ber. *deutsch. phys. ses.*,(1917) 82.

而径向量子化条件表达为

$$2\int_{\rho_0}^{\rho_1} \frac{\partial S}{\partial \rho} \mathrm{d}\rho = 2\pi n_2 \hbar, \tag{35}$$

式中 ρ_0 和 ρ_1 限定了波矢的范围(函数 S 的两固定点),而且在过 ρ 值的这两点的圆周上动量为零。

(33)式概括了用旧力学语言表达的量子化稳定性条件的自然形式,但它们现在不应当仍被认为是其极限值的近似。特别是,像(35)式那样的径向量子化条件从未被承认是准确的,因为在半径为 ρ_0 和 ρ_1 的圆周上,根据(30)式可知缔合波的波长是无限的,因而在这些圆的附近几何光学当然不再是有效的。

12. 稳定性的新条件

方程(24)和(24′)中的函数 u,依其物理本质,应是处处均匀连续的,且在无穷远处为零。因此应当研究何种常数 W 或 E 的值允许有这样的解。在这种形式的基础上,薛定谔[1]提出了对各种情形均有效的稳定性条件。从而也就确定了运动的能量并进一步确定了定态波的频率。

我们特别要考虑方程(24′),它仅由薛定谔研究过。我认为:

(1)存在一系列的 E 值,使方程(24′)式有处处均匀有限的解;

(2)由此可以得到一般是构成正交函数系的 u。

令

$$\mu = \frac{1}{2\pi\hbar^2} m_0 E, \quad \frac{2m_0}{\hbar^2} F(x_k) = R(x_k), \tag{36}$$

若用 M 表示 x_k 点,则(24′)式可写成

$$\nabla^2 u(M) + [4\pi\mu - R(M)]u(M) = 0。 \tag{37}$$

当 $u(M)$ 处处均匀连续且在无穷远处为零时,可以将(37)式的解化为 Fredholm 型各向同性积分方程:

$$u(M) = \mu\int K(M,p)u(p)\mathrm{d}v_p, \tag{38}$$

式中 $K(M,p)$ 是便于选择的积分核,$\mathrm{d}v_p$ 为含有点 p 的体积元,而积分在全空间进行。众所周知这类积分方程对某些常数 μ 值不存在非零解。一般的,对每一个这样特殊的 μ_i 值,有唯一对应的函数 u_i。μ_i 为方程(37)式和(38)式的本征值,u_i 是其本征函数。

我们还要证明 u_i 一般是正交的,即是说它满足:

$$\int u_i(p)u_j(p)\mathrm{d}v_p = 0 \quad (i \neq j)。 \tag{39}$$

函数 u_i 是方程(37)式的解,而且 u_i 和 u_j 分别对应于常数 μ 的值 u_i 和 u_j。容易得到关系:

$$u_j\nabla^2 u_i - u_i\nabla^2 u_j = \frac{\partial}{\partial x_K}\left(u_j\frac{\partial u_i}{\partial x_K} - u_i\frac{\partial u_j}{\partial x_K}\right)$$
$$= 4\pi(\mu_i - \mu_j)u_i u_j。 \tag{40}$$

积分在全空间进行,由于无穷远处的面积分为零,故有

---

① A 和 B。

$$(\mu_i - \mu_j) \int u_i(p) u_j(p) \mathrm{d}v_p = 0, \tag{41}$$

对应于(39)式,对于每一个 μ_i 只有一个 u_i 函数。

函数 u_i 中显然有一个未定常数因子,可用归一化条件确定该常数,即对每一个 i,恒有

$$\int u_i^2(p) \mathrm{d}v_p = 1。 \tag{42}$$

我无意在一般情况中走得更远[①]。只要证明能将量子问题划归为某种本征值问题就已足够。当对应于同一个 μ_i 值有多于一个的本征函数时,这些本征函数的确定就带有一定的任意性。用旧力学的数学语言来说,就是存在简正问题。

薛定谔研究了一些很有意义的问题。在不用积分方程的情况下,他用下述巧妙的方法求得了本征值和本征函数:他将波动方程化为研究拉普拉斯方程:

$$(a_0 x + b_0) y'' + (a_1 x + b_1) y' + (a_2 x + b_2) y = 0。 \tag{43}$$

根据经典方法[②],该方程的解可以用沿复平面上某些曲线的积分来表示。研究这些解,便可以确定所要求的本征值和本征函数。

为了得到这一结果,其本身就得写一篇文章才能讲清。为了不使本文过于冗长,我建议参阅薛定谔的漂亮工作。而我只想指出下述两点:

(1) 关于**线性振子**问题[③]:已得到了一个由海森伯用其量子力学导出的半量子化经验公式。其形式不同于由旧量子化方法所得到的。

(2) 关于**氢原子**[④]:如果 $E > 0$,则所有的解都是可接受的,而椭圆运动不再是量子化的了;如果相反 $E < 0$,就可以发现玻尔理论中的能级。因而 μ_i 是一个负的分立序列(线谱)和一个正的连续序列(连续谱)。

三、普遍的传播方程

13. 自由质点的普遍传播方程

对一自由质点,若在(24)式中用 $2\pi h\nu$ 代替 W,则可得到该质点缔合波的传播方程:

$$\nabla^2 u + \frac{4\pi^2 \nu^2}{c^2} \left[1 - \frac{m_0^2 c^4}{4\pi^2 \hbar^2 \nu^2} \right] u = 0。 \tag{44}$$

同(5)式相比,可见其折射率为

$$n = \sqrt{1 - \frac{m_0^2 c^4}{4\pi^2 \hbar^2 \nu^2}}。 \tag{45}$$

因此存在色散,并且正如我们先前关于波群所提到过的,它促使我们想到方程(44)式同方程(15)式一样,是一个更普遍方程的退化形式。为了找到这一普遍方程,让我们

---

①　关于积分方程和本征函数理论,可参阅:Goursat, *Traité d'analyse*. <u>3</u>, Ganthier-Villars (1923) Heywoon et Fréchet, *L'équation de Fredholm et ses applications*, Hermann (1913)。

②　参阅 Goursat, *Traité d'Analyse*, <u>2</u> (1922) 450。

③　B,第 514 页。

④　A,书中有好几处提到此问题。

回忆一下将(28)式形式的能量方程化为传播方程(24)式时所用过的方法。我们采用同样的方法,然而这次我们约定如相对论所要求的那样,时间同其他空间变量一样被视为一个自变量。为此,我们设

$$ct = x_4。 \tag{46}$$

按相对论动力学,四变量的共轭量是宇宙动量的分量:

$$p_k = g_k, \quad p_4 = W/c, \tag{47}$$

式中 g_k 为动量,W 为能量。

能量守恒方程可写为

$$p_4^2 - p_1^2 - p_2^2 - p_3^2 - m_0^2 c^2 = 0。 \tag{48}$$

推广为得到(28)式所使用的方法,在(48)式中用 $-i\hbar \dfrac{\partial}{\partial x_k}$ 代替 p_k,($\hbar$ 的取值如(29)式),将得到的算符作用到 u 上,并令结果为零,于是得到

$$\frac{1}{c^2}\frac{\partial^2 u}{\partial t^2} - \nabla^2 u + \frac{m_0^2 c^2}{\hbar^2} u = 0。 \tag{49}$$

当我们局限于讨论频率为 ν 的单色波时,(49)式取方程(44)式的形式。但是(49)式又具有(15)式的形式。因而看起来是同质量为 m_0 的动体相缔合的波群的普遍传播方程。

在给定的参考系中,质点以恒速 v 沿直线运动。若取其轨道为 x_3 轴,则其缔合波群似乎可用下述函数来表示:

$$u(x_k, t) = f(x_1, x_2, x_3 - vt)\exp\left[2\pi i\nu\left(t - \frac{n}{c}x_3\right)\right], \tag{50}$$

式中 n 的取值如(45)式所示。将其代入(49)式,并设

$$x_0^1 = x_1, \quad x_0^2 = x_2, \quad x_0^3 = \frac{x_3 - vt}{\sqrt{1 - \dfrac{v^2}{c^2}}},$$

$$\tag{51}$$

$$t_0 = \frac{t - \dfrac{v}{c^2}x_3}{\sqrt{1 - \dfrac{v^2}{c^2}}}。$$

可得到下述两个关系式:

$$v = nc, \tag{52}$$

$$\nabla_0^2 f = 0。 \tag{53}$$

方程(52)式自动满足。若在(45)式中以 v/c 代替 n,便可重新得到作为速度函数的能量表达式。方程(53)式表明了对运动参考系来说,函数 f 是调和的,因为(51)式是洛伦兹变换。若动体在固有参考系中具有中心对称性,则可借助于变量 x_0^k 和 t_0 来表示函数 u。其实部为

$$u(x_0^k, t_0) = \frac{C}{\sqrt{(x_0^k)^2}}\cos 2\pi\nu_0 t_0, \tag{54}$$

式中 $\nu_0 = \nu\sqrt{1 - n^2}$。用变量 x_k, t 来表达波群,则应有形式:

$$u(x_k, t) = \frac{C}{\sqrt{x_1^2 + x_2^2 + \dfrac{(x_3 - nct)^2}{1 - n^2}}}\cos 2\pi\nu\left[t - \frac{n}{c}x_3\right]。 \tag{55}$$

解(55)式与我一直建议的形式有所不同[①]，但我仍倾向于它。因为我们注意到它将质点定义为一个点状的**严格奇点**。

14. 电磁场中荷电质点的运动

采用相同的方法，我们可以研究熟知的电磁场中荷电量为 e 的质点的缔合波所满足的普遍传播方程，确定它与坐标和时间的函数关系。

场由包括标量场 ψ 和矢量场 **a** 的四维宇宙势的分量来定义。它们是：

$$\varphi_k = -\frac{a_k}{c}, \quad \varphi_4 = \frac{\psi}{c}。 \tag{56}$$

在 **φ** 的分量和宇宙动量之间存在着协变关系：

$$(p_4 - e\varphi_4)^2 - (p_k - e\varphi_k)^2 = m_0^2 c^2。 \tag{57}$$

再次用 $-i\hbar \dfrac{\partial}{\partial x_k}$ 代替 p_k 并计及势之间的洛伦兹关系：

$$\frac{1}{c}\frac{\partial \psi}{\partial t} + \nabla \cdot \boldsymbol{a} = 0。 \tag{58}$$

便有

$$-\hbar^2 \left(\frac{1}{c^2}\frac{\partial^2 u}{\partial t^2} - \nabla^2 u \right) + 2i\hbar \frac{e\psi}{c^2}\frac{\partial u}{\partial t} - \frac{2i\hbar e}{c}a_k\frac{\partial u}{\partial x_k} +$$
$$+ \left(\frac{e^2}{c^2}(\psi^2 - a^2) - m_0^2 c^2 \right) u = 0。 \tag{59}$$

这一方程或许可被认为是支配有势场存在时运动电子缔合波的传播方程，而其中势场是坐标和时间的函数；确定地说，表示缔合波的函数应是(59)式某些解的实部。但我们注意到方程(59)式中含有一些虚数项（$\hbar$ 的一次项），这或许会引起某些人对这一物理学观点的反对[*]。

不管怎样，我们设(59)式的解为

$$u = \exp\left(\frac{i}{\hbar}S \right)。$$

其一级近似便是相对论性雅可比方程的普遍形式：

$$\frac{1}{c^2}\left(\frac{\partial S}{\partial t} - e\psi \right)^2 - \left(\frac{\partial S}{\partial x_k} + \frac{e}{c}a_k \right)^2 = m_0^2 c^2。 \tag{60}$$

若是恒场，方程(59)式将导出熟知的结果，因为我们假设 u 是周期变化的，而常数 ν 为频率。

在电场中（$\boldsymbol{a}=0$），方程(59)式取(24)式的形式，场空间中波的折射率为

$$n = \sqrt{\left(1 - \frac{e\psi}{2\pi\hbar\nu} \right)^2 - \frac{m_0^2 c^4}{4\pi^2 \hbar^2 \nu^2}}。 \tag{61}$$

如果存在磁场，并且几何光学仍然适用，则对于方程(60)式来说，在 M 点沿与矢势或 θ 角的方向上，波的折射率为

$$n = c\frac{\sqrt{\left(\dfrac{\partial S}{\partial x_k} \right)^2}}{\dfrac{\partial S}{\partial t}} = \frac{c}{2\pi\hbar\nu}\left[\frac{ea\cos\theta}{c} \pm \sqrt{\left(\frac{2\pi\hbar\nu - e\psi}{c} \right)^2 - m_0^2 c^2 - \frac{e^2 a^2 \sin^2\theta}{c^2}} \right]。 \tag{62}$$

[①]　特别是参阅 *CARS* 180 (1925) 498~500。

[*]　实际上(59)式中虚数项是"连续性"方程。

由于矢势的出现,空间是各向异性和双折射的[1]。

15. 系统动力学

当几何光学仍然适用时,质点系动力学看来在新力学中并未表现出任何特别的原则性困难,这是因为它可以化归为雅可比方程和旧力学。

但若几何光学不再适用,情况就不同了。如果每一群波中含有一个称为质点的奇点,则容易猜测到每一群波按(59)式的规律传播,而(59)式中的系数依赖于奇点在另一群波中的瞬时位置。但在这样的运动中,如果不能更好地定义更多的质点,问题就变得复杂晦暗了。薛定谔倾向于持第二种观点[2]。为了建立质点系的动力学,他推广了本人的相位波思想:受经典力学中用每一个质点的坐标表示整个系统的演化的启发,他将 N 个运动质点的运动同 $3N$ 维空间中的波相缔合。这一同 N 个质点的系统相缔合的波,应当是 $3N$ 个空间坐标和时间的函数。

至今我还未能接受这一观点。缔合波是物理实在,因而应当用三个空间坐标和时间来表示。在这个棘手的问题上,我不能再进一步接受。由此可见,质点系的波动力学看起来尚未牢固建立。

四、海森伯理论和电磁学的结合

16. 海森伯的量子力学[3]

一年前,海森伯的一系列意义深远的建议发展成了称为量子力学的信条。它看起来非常抽象,多亏玻恩、约旦、狄拉克、泡利和布里渊等人的工作它才获得重要的数学形式,并取得一些有趣的结果。

我们关于原子内部的所有信息都来自对谱线的研究;有鉴于此,海森伯大胆批判了原子中电子的速度和位置的说法,他倾向于用可观测的谱线强度和频率等直接物理量来描述原子状态。在玻尔理论中每一个出现坐标 q_l 和动量 p_l 的地方都引入矩阵那样的行列对数表,其一般项为*

$$q_l^{ik}\exp(2\pi i\nu_{ik}t) \quad \text{或} \quad p_l^{ik}\exp(2\pi i\nu_{ik}t)。 \tag{63}$$

以及补充约定将 q_l^{ki} 和 p_l^{ki} 作为 q_l^{ik} 和 p_l^{ik} 的虚共轭。频率 ν_{ik} 是原子的发射频率,根据 Ritz 的组合基本定律可将其写成:

$$\nu_{ik} = \nu_i - \nu_k。 \tag{64}$$

量 q_l^{ik} 的模方为

$$|q_l^{ik}|^2 = q_l^{ik} \cdot q_l^{ik}。 \tag{65}$$

它等于谱线强度。

为了能够完成这么一张数表,应当了解一下适用的计算规则。海森伯、玻恩和约旦

---

[1] 博士论文,第 39 页。

[2] B,特别是第 522 页之后。

[3] 有关量子力学的课题可参阅布里渊在本杂志 7 (1926) 135 中的陈述,其中可找到所涉及问题的详尽目录。

* 此处动量用 p 表示。

证明了这些规则就是数学家用于矩阵代数的方法。矩阵的加法和乘法由下列公式定义[①]

$$(a+b)^{ik} = a^{ik} + b^{ik}, \tag{66}$$

$$(a \cdot b)^{ik} = a^{ij} b^{jk}。\tag{67}$$

从(67)式可看出,在矩阵乘法中,因子的顺序是不可交换的。

为了在量子力学中引入普朗克常数,作为一条公设,我们假设 q_l 和 p_l 满足关系:

$$
\begin{aligned}
(p_l p_m - p_m p_l)^{ik} &= 0, \\
(q_l q_m - q_m q_l)^{ik} &= 0, \\
(p_l q_m - q_m p_l)^{ik} &= 0 \qquad (l \neq m), \\
(p_l q_l - q_l p_l)^{ik} &= \begin{cases} 0 & (i \neq k), \\ \dfrac{\hbar}{i} & (i = k)。 \end{cases}
\end{aligned}
\tag{68}
$$

为了决定 p_l,q_l 和 ν_{ik},量子力学中假设了另外的哈密顿正则方程

$$
\left.
\begin{aligned}
\left(\frac{\mathrm{d}q_l}{\mathrm{d}t}\right)^{ik} &= 2\pi \mathrm{i}\nu_{ik} q_l^{ik} = \left(\frac{\partial H}{\partial p_l}\right)^{ik}, \\
\left(\frac{\mathrm{d}p_l}{\mathrm{d}t}\right)^{ik} &= 2\pi \mathrm{i}\nu_{ik} p_l^{ik} = \left(-\frac{\partial H}{\partial q_l}\right)^{ik}。
\end{aligned}
\right\}
\tag{69}
$$

在此方程的最后一项中,正像在对应的经典力学中一样,能量关于坐标和动量的表达式是相同的,只不过这里的能量 H 是依赖于矩阵 q_l 和 p_l 的矩阵函数。关于矩阵函数及其微商的定义可参考原始文献或布里渊[②]的阐述。

我要指出的是,方程(69)式很少应用于单个动体的运动。而且为了得到准确结果,有必要选择直角笛卡儿坐标表示能量 H(狄拉克)[③]。

已经证实,在海森伯理论[④]中,如果 f 是任一 q_l 和 p_l 的函数,则必有

$$\left(\frac{\partial f}{\partial q_l}\right)^{ik} = \frac{\mathrm{i}}{\hbar}(p_l f - f p_l)^{ik}, \qquad \left(\frac{\partial f}{\partial p_l}\right)^{ik} = \frac{\mathrm{i}}{\hbar}(f q_l - q_l f)^{ik}。 \tag{70}$$

将此公式应用于函数 H,并代入(69)式,就建立了如下形式的量子力学方程

$$
\begin{aligned}
\nu^{ik} q_l^{ik} &= \frac{1}{2\pi\hbar}(H q_l - q_l H)^{ik}, \\
\nu^{ik} p_l^{ik} &= \frac{1}{2\pi\hbar}(H p_l - p_l H)^{ik}。
\end{aligned}
\tag{71}
$$

17. 薛定谔的诠释

通过一个明显的变换,薛定谔[⑤]证明了,海森伯方程可在波动力学中自然得到诠释。为此,他从定义"有序"函数为出发点。"有序"函数中的因子不能变换顺序,例如表达式 $(x_1 x_2 + x_2 x_1)$ 和 $2x_1 x_2$ 在被当作普通函数考虑时它们是相等的,但被当作"有序"函数考虑时它们是不等的.

我们考虑有两个变量系列的"有序"函数 $F(q_l, p_l)$,进一步假设 F 是与 p_l 有关的多

---

① *Brillouin. L.*,前引文中第 137 页。

② 同上引文,第 139 页之后。

③ *Dirac*,*Proc. Roy. Soc.*,<u>110</u> (1926) 570 页之后。

④ 参阅 Brillouin. L.,前引文方程(35)和(39)。

⑤ C.

项式,如果在 F 中用 $-\mathrm{i}\hbar\dfrac{\partial}{\partial q_l}$ 代替 p_l,[$\hbar$ 的定义同(29)式]我们就得到了一个算子。在这里我们再次使用了这套方法。用 $[F,u]$ 表示 F 作用到一个 q_l 的函数 u 上的结果。最后我们假设有一满足方程(40)式和(42)式的正交归一函数 u_i。薛定谔定义了下列量作为对应于有序函数 $F(q_l,p_l)$ 的矩阵元:

$$F^{ik} = \int u_i(p)[F,u_k(p)]\mathrm{d}v_p,\tag{72}$$

积分在全空间进行。可以证明 F^{ik} 满足(66)式和(67)式的计算规则。

如果特别地考虑函数 $F=q_l$ 和 $F=p_l$,则有

$$\left.\begin{aligned}q_l^{ik} &= \int u_i(p)u_k(p)q_l\mathrm{d}v_p,\\ p_l^{ik} &= -\mathrm{i}\hbar\int u_i(p)\,\frac{\partial}{\partial q_l}u_k(p)\mathrm{d}v_p。\end{aligned}\right\}\tag{73}$$

很容易证明在这些定义的基础之上,关系式(68)式恒满足。方程(69)式取(71)式的形式,我们对此应当感到满意。最后,还剩下一个问题,即如何方便地选择到目前为止仍是任意的函数系 u_i。我们将选择满足方程(24)式或其**等价**方程

$$[H,u] - Eu = 0\tag{74}$$

的本征函数系作为 u_i,其中 H 是用笛卡儿直角坐标系表示的表为 p_l 多项式的能量。

方程(71)式被完全满足。我们只要证明其第一式就已足够。为此,

$$H^{ik} = \int u_i(p)[H,u_i(p)]\mathrm{d}v_p = E_R\int u_i(p)u_k(p)\mathrm{d}v_p = \begin{cases}0 & (i\neq k),\\ E_R & (i=k)。\end{cases}\tag{75}$$

式中 H^{ik} 为对角项是 E_R 的对角矩阵;这是量子力学熟知的结果。由此推导出

$$(Hq_l - q_lH)^{ik} = H^{ij}q_l^{jk} - q_l^{ij}H^{jk} = (E_i - E_k)q_l^{ik}。\tag{76}$$

如果 ν_{ik} 服从玻尔频率规则

$$\nu_{ik} = \frac{1}{2\pi\hbar}(E_i - E_k),\tag{77}$$

则方程(71)就被证明了。

我们现在能够理解为何 H 非得应用直角坐标表达不可,因为若用其他坐标系,比方说柱坐标系或极坐标系,方程(74)式与传播方程(24′)式将不再是等同的,海森伯的方法也就不再适用了。

再次提请注意!海森伯力学对应的是牛顿型波动力学方程(24′)式,而不是相对论动力学方程(24)式。

18. ν_{ik} 与 q_l^{ik} 的重要性

海森伯理论的基本特征是,其中 ν_{ik} 表示原子谱线的频率,量 $q_l^{ik}\exp(2\pi\mathrm{i}\nu_{ik}t)$ 同谱线强度相联系,并具有经典电磁理论中电极矩的作用。

波动力学能否解释这一点?关于频率,我倒有个主意;可以将它们当作拍频来考虑[①]。若几何光学适用的话,让我们来看一下应当如何处理这件事情。简单地考虑氢原子。按照玻尔的主张,稳定的电子分别对应于能量为 W_i 和 $W_k (W_k < W_i)$ 两种运动的协

---

① *CRAS.* 179 (1924) 676~677;同时参阅 Schrödinger. A。

调。根据(27)式,用这两种运动相缔合的波应表达为:

$$\left.\begin{array}{l} u_i = A_i \cos \dfrac{1}{\hbar}(W_i t - S_i), \\[2ex] u_k = A_k \cos \dfrac{1}{\hbar}(W_k t - S_k)。 \end{array}\right\} \tag{78}$$

另外,根据(33)式,沿运动区域中任一闭合曲线 C,有

$$\int_C \mathrm{d}S_i = 2\pi n_i \hbar, \quad \int_C \mathrm{d}S_k = 2\pi n_k \hbar。 \tag{79}$$

假设(我们还会看到这一点)在某一时刻原子内有波 u_i 和 u_k 同时存在。则其叠加便产生了一个拍频,即其振幅中包含因子:

$$\cos \frac{1}{\hbar}\left[\frac{W_i - W_k}{2}t - \frac{S_i - S_k}{2}\right] = \cos 2\pi \left[\frac{\nu_{ik} t}{2} - \frac{S_i - S_k}{4\pi\hbar}\right]。 \tag{80}$$

余弦函数的符号并不重要,重要的是拍频频率 ν_{ik}。此外由(79)式和(80)式[1]得知,在曲线 C 上振幅有 $n_i - n_k$ 个极大值。我们用频率

$$\omega = \frac{\nu_{ik}}{n_i - n_k} \tag{81}$$

来描述该曲线上的各极大值。我们看到,出现的力学频率是具有物理意义的,它与谱线频率是协调的。

这反映了先前的概念与对应原理之间的协调,并对其作出了解释。但我觉得这仍是不能令人满意的:因为它是建立在原子内部几何光学仍然适用的基础之上的,而这是不正确的;下面我们再来解释由海森伯所定义的,由关系式(73)第一式所表示的 q_l^{ik} 的意义。

为了将 q_l^{ik} 解释成原子的电极矩分量,薛定谔[2]假设原子的波动状态由下列形式的稳定波的叠加所形成:

$$\psi(x_k, t) = a_k u_k(x_j) \exp(2\pi i\nu_k t)。 \tag{82}$$

而原子内部的电荷密度同波动状态的联系由下述关系确定:

$$\rho = \psi \frac{\partial \overline{\psi}}{\partial t}, \tag{83}$$

式中 $\overline{\psi}$ 为 ψ 的虚共轭。因此有

$$\rho = 2\pi a_i a_k u_i u_k (\nu_i - \nu_k) \sin 2\pi(\nu_i - \nu_k)t。 \tag{84}$$

而根据(73)式,原子电极矩在 q_l 方向的分量为

$$\mathfrak{M}_l = \int \rho q_l \mathrm{d}v = 2\pi a_i a_k (\nu_i - \nu_k) q_l^{ik} \sin 2\pi(\nu_i - \nu_k)t。 \tag{85}$$

于是 q_l^{ik} 的作用有了解释。薛定谔在别处遇到了对此解释的反对。但这只不过是个草案。

再来看重要的一点。我们十分自然地就承认了处于某稳定状态的原子其内部振动所对应的是唯一的频率 ν_i。在这里所阐述的两个概念在某一点上是共同的,即总是强调

---

[1] 曲线 c 和拍频 ν_{ik} 的出现是十分协调的。

[2] C,第 755 页。

原子中的缔合波对应所有稳定的运动。为了解释这一明显的佯谬，或许只能从这一点出发：运动不是由单色波，而是由一群波所定义的；因此所有的频率都是稳定的（例如自由运动）。波群可以是由频率非常接近的波所构成的。但是若有一系列严格定义的分支频率，波群是否会强迫离散从而拥有所有相互之间离得很开的一系列频率 ν_i 呢？

19. 结论

对量 q_i^k 的解释，同将波动力学与电磁学相结合，或更确切地说同产生一门包括常规意义下的电磁学和新力学的场的物理学这样一个更普遍的问题，联系在一起。这门场的物理学应能解释缔合波的性质，给出其传播方程，并能解释常数 h 的深远意义。它也应能证明为何波群中具有构成少数几种粒子（如电子、质子、光子等）的物质奇点。它亦能使人们理解为何物质是原子的。对此我不再赘述，但问题依然存在而且今后必将引起研究者的关注。

（收稿日期：1926 年 8 月 5 日）

物质及其辐射的波动力学和原子结构[*]

摘　要

薛定谔先生以及致力于研究波动力学的大多数人士都一直试图用光学中经典的、具有连续振幅的波的传播来描述动力学现象。乍看起来很难理解，这一观点怎么能同今天已几乎没有争议的物质及其辐射的原子结构协调起来。本文的目的就是要证明，事实上连续解只是给出了动力学现象的某种统计的观点，而精确描述动力学现象则无疑需要考虑具有奇点的波。特别是，这一概念使我们得以指出薛定谔为系统的动力学所提出的方程的明确意义。

一、引　言^①

波动力学的目的是要对质点动力学和按照菲涅耳方式给出的光学理论这两者加以综合概括。一方面，这一综合应该含有光学中的辐射能量单元这一概念；由于近年来在实验物理方面所获得的资料，这一概念似乎已为人们所公认。另一方面，它也应该能将

---

　　* *Le mécanique ondulatoire et la structure atomique de la matiére et du rayonnement*, *Le Journal de Physique et Radium*, série Ⅱ, <u>8</u>（1927）225～241.

　　① 　本文是发表在 CRAS 上的两篇短文的进一步发展，这两篇短文分别是 <u>183</u>（1926）447～448；<u>184</u>（1927）273～274.

与波动理论有关的概念引入到我们在质点中已习惯的那幅绘景中去，以便对量子在力学及原子内部的现象中所起的作用予以解释。

　　新力学是用传播方程来描绘质点的可能运动的，这一方程的形式与势能函数有关。为了表示出一质点（电子、质子或光子）的运动，是否应当像菲涅耳光学那样，只是利用传播方程的无奇点的连续解呢？显然，这样的解，无论如何也无法解释物质原子的结构。从物理上说，我更倾向于力求用相应的传播方程的一个其振幅允许有一奇点的解，来表示一个质点；这一奇点乃是质点存在的解析表达。然而，在光学中，100 年来应用连续解已使物理学家预见到一些极其精确的现象；此外，薛定谔刚刚成功地应用连续解表示出了微观力学的稳定态。这些事实将引出这样的问题：在传播方程的连续解和奇点解之间，是否存在某种关系呢？这种关系大致可以用下述方式予以表达：连续解相对于具有奇点的真实解来说，只是给出了一种统计描述，其作用只是使人们可以预先地估计出运动于所处空间体积之中的奇点的“**存在概率**”。这正是我们在清楚解释所要求的条件时力图展开并予以精确化的那种思想，由此有可能找到一种证明。我的想法与玻恩先生倾其全力所持的观点有相近之处，根据玻恩先生所持的观点，连续解被视为给出了存在概率。但是在关键的一点上，两种思想截然不同。实际上，对玻恩先生来说，存在的仅仅是概率，应当放弃单个现象的确定性，而统计现象的概率则是唯一确定的。相反的，按照本文的观点，质点才是基本实体，质点运动作为传播中的波的振幅奇点运动，是完全确定的。不过，与旧力学完全相同的是，点的运动与初始条件有关；若忽略不计（至少在所要求的精度之内）这些初始条件，且由于质点在给定的瞬间存在于（运动所在）空间的某个体积元之内，我们就可以讨论这一概率；这正是考虑连续波时所给出的概率。而连续解只是提供了统计方面的意义，但对物质及其辐射的原子结构，进而确定个体现象，并没有说出什么来。关于这一点，我相信玻恩先生和薛定谔先生（后者没有明确指出）都已意识到了。

二、连续波和质点动力学

(一)　无场情况

1. 传播方程及其解

　　考虑一个固有质量为 m_0 的质点，其所在的空间中没有任何外场，而且空间中也没有任何障碍。对一个伽利略系统来说，该质点做匀速直线运动（或处于静止状态）。波动力学告诉我们，这一直线运动与波的传播相似，并且可以用下述方程[①]的解表出：

$$\nabla^2 u - \frac{1}{c^2}\frac{\partial^2 u}{\partial t^2} = \frac{4\pi^2 \nu_0^2}{c^2} u, \tag{1}$$

---

①　请参阅 *Journal de Physique*, série Ⅱ, 7 (1926,11) 321～337 中的方程(49)，以下均用字母 J. P. 代表同一杂志。

式中 *

$$\nu_0 = \frac{m_0 c^2}{2\pi\hbar}。 \tag{2}$$

按照我在博士论文中的推理,就能求得方程(1)的如下形式的解** :

$$u(x_k, t) = f(x_k, t)\cos\frac{2\pi\nu_0}{\sqrt{1-\beta^2}}\Big[t - \frac{\beta x_3}{c} + \tau\Big], \tag{3}$$

或者令

$$\nu = \frac{\nu_0}{\sqrt{1-\beta^2}} = \frac{W}{2\pi\hbar}, \quad V = \frac{c}{\beta}, \tag{4}$$

则有

$$u(x_k, t) = f(x_k, t)\cos 2\pi\nu\Big[t - \frac{x_3}{V} + \tau\Big]。 \tag{5}$$

在(4)式的第一个公式中,W 为运动物体的总能量,其中包括其内能 $m_0 c^2$。

若将余弦中的变量写成 $\frac{1}{\hbar}\varphi(x_k, t)$,可以看出,函数 φ 只不过是另一种哈密顿作用量。

另一方面,由(4)式可知,质点的速度等于下列均匀平面波的群速度:

$$A\cos 2\pi\nu\Big[t - \frac{x_3}{V} + \tau\Big],$$

亦即

$$\frac{1}{v} = \frac{\partial\Big(\frac{\nu}{V}\Big)}{\partial\nu}。 \tag{6}$$

这一惊人的事实使人联想到,质点与一群单色波相同。我的这一想法由薛定谔先生重又提出,它引导人们将质点视为一个**波包**。从专业角度来说,使用这么一种形象的说法是非常有用的;然而这种说法与现实并不相符,因为我已经证明了,方程(6)可以不用波包的概念得到。

为了阐明这一点,需要考虑方程(3)或(5)中函数 $f(x_k, t)$ 取何种形式。从物理上讲,该函数很可能在质点所处位置有一奇点,而且由于 f 的取值的集合在整个沿速度 v 的运动方向上作了平移,因此应当记为 $f(x_1, x_2, x_3 - vt)$。当将其函数(5)式写成复数形式,代入方程(1)*** 并消去虚部后,即得

$$vV = c^2。 \tag{7}$$

但是,由于这一关系式(它与(4)式中第二个公式等价)可以导出(6)式,因此根本不必假设方程(1)的解必须用一个频率相近的均匀波表出才能得到关系式(6)。事实上,对公式(6)的这种解释方法,是同我在博士论文中的论述一致的,这要比波包的概念好得多。

---

* 译文中已将普朗克常数 h 全部改为更为通用的普朗克-狄拉克常数 $\hbar = h/2\pi$,实际上 $\hbar$ 是狄拉克在稍后才建议使用的。

** 译文中已将 x, y, z 全部改为协变变量 x_k 或逆变变量 $x^k, x_k = x^k$;并使用爱因斯坦求和约定。

*** 注意方程(1)的形式与德布罗意在"电子的固有频率"(CRAS, <u>180</u>, 498~500)中得到的方程之间,在等号右边差一负号。

将(5)式的复数形式代入方程(1)并消去实部,即得第二个方程

$$\Box f = \nabla^2 f - \frac{1}{c^2}\frac{\partial^2 f}{\partial t^2} = 0。 \tag{8}$$

众所周知,这一方程在洛伦兹变换下是不变的;因此,若假设该系统中的波动现象是稳定的,则 f 就必然满足一个运动着的约束坐标系中的拉普拉斯方程。其中一个最简单的假设就是:在此系统中若允许质点具有球对称,则 f 就只是半径 r_0 的函数,亦即

$$u(r_0,t_0) = \frac{C}{r_0}\cos 2\pi\nu_0(t_0 + \tau_0)。 \tag{9}$$

若该质点不具备球对称,但具有绕轴 x_0^1 的圆柱对称性,则我们就可用下列函数来代替(9)式所给出的解:

$$u(x_0^k,t_0) = \frac{Cx_0^1}{r_0^3}\cos 2\pi\nu_0(t_0 + \tau_0)。 \tag{10}$$

由于函数 u 是在这一特定的系统中得到的,因此想要得到它在其他伽利略参考系中的表达式就必须应用洛伦兹变换。比方说,仍取一个系统,其中物体运动速度 v 沿 x_3 轴,则解(9)式将取如下形式:

$$u(x_h,t) = \frac{C}{\sqrt{x_1^2 + x_2^2 + \dfrac{(x_3 - vt)^2}{1-\beta^2}}}\cos 2\pi\nu\left[t - \frac{x_3}{V} + \tau\right]。 \tag{11}$$

这一解以及与(10)式类似的那些解在下述意义上是与旧力学相对应的:相位与哈密顿作用量成比例。奇怪的是要指出:存在方程(1)的其他形式的固有解,它们在旧力学中没有对应物存在。例如,仍取前面考虑的系统并求得一个形如 $f\sin(2\pi\nu_0' t)$ 的解,其中 $\nu_0' \neq \nu_0$。此时便要求满足关系式

$$\nabla_0^2 f = \frac{4\pi^2}{c^2}(\nu_0^2 - \nu_0'^2)f。 \tag{12}$$

于是,作为**球对称解**,我们得到函数

$$f(r_0) = \begin{cases} \dfrac{C}{r_0}\cos 2\pi\left[\dfrac{\sqrt{\nu_0'^2 - \nu_0^2}}{c}r_0 + C'\right] & (\nu_0' > \nu_0), \\[4mm] \dfrac{1}{r_0}\left[C\exp\left(\dfrac{2\pi}{c}\sqrt{\nu_0^2 - \nu_0'^2}\,r_0\right) + C'\exp\left(-\dfrac{2\pi}{c}\sqrt{\nu_0^2 - \nu_0'^2}\,r_0\right)\right] & (\nu_0' < \nu_0)。 \end{cases} \tag{13}$$

由洛伦兹变换我们又可对任一个伽利略系统求出一个解。由于我们总是将运动直线取作 x_3 轴,因此这一解就有如下形式:

$$u(x_k,t) = f(x_1,x_2,x_3 - vt)\cos\frac{2\pi\nu_0'}{\sqrt{1-\beta^2}}\left[t - \frac{\beta x_3}{c}\right]。 \tag{14}$$

这即是说,从旧力学出发我们得到了未知的运动;在这种运动中,运动物体除了通常的固有质量 m_0 外,还有一个异常的固有质量 $2\pi\hbar\nu_0'c^2$。其中相对于通常的力学而言所出现的差别用 $\Box f$ 的非零值予以刻画。

我们就这样得到下述普遍的观点:自由质点的波动力学由方程(1)给出;这一方程的某些解与旧力学相一致;但它还有另外一些解,公式(13)给出了这类解的例子。这些另外的解作为可能的运动状态,无法由旧理论去预言,因此方程(1)的内容要比旧动力学的

微分方程的内容远为丰富[*]。

2. 连续波的点集表象

让我们来考虑全同粒子的集合，它们不受任何外力或相互作用力的影响，且以同一速度 v 沿同一方向 Ox_3 运动。若与每一质点的波动现象具有通常形式(5)式，则整个现象将由函数

$$u(x_k,t) = \sum_i f_i(x_1,x_2,x_3-vt)\cos2\pi\nu\Big[t-\frac{vx_3}{c^2}+\tau_i\Big] \tag{15}$$

表出。

为使问题简化，我们假设诸 τ_i 量皆相等（以后我们将会看到，这一简化无损于问题的普遍性）。于是，这些质点有相同的相位且可写成

$$u = \Big[\sum_i f_i(x_1,x_2,x_3-vt)\Big]\cos2\pi\nu\Big[t-\frac{vx_3}{c^2}\Big]。 \tag{16}$$

方括号中的项所给出的振幅含有大量奇点，这些奇点以速度 v 沿着与 Ox_3 轴平行的方向运动。

此时方程(1)也有一个连续解[①]：

$$\psi(x_k,t) = a\cos2\pi\nu\Big[t-\frac{vx_3}{c^2}\Big]。 \tag{17}$$

我们说这一连续解是与由(5)式给出的奇点解相对应的。我们用质点集合的密度称呼单位体积中的微粒个数，并假设这一密度处处为常量 ρ。连续解(17)式中的常数 a 可以任意选取，我们令

$$\rho = Ka^2， \tag{18}$$

式中 K 为一预先给定的常数。我们发现，根据连续解的三角函数系数，这一连续解将使质点集合中的相位得以重新分解，而其振幅的平方则给出点集的密度大小。

在一位于点 x_k 处密度为 $\rho(x_k)$ 的流体中，一个分子随机出现在所考虑的点的领域内的体积元 dV 的概率为 $\rho(x_k)dV$。这一说明可以将前面所述结果用一种完全不同的形式表示出来。我们只考虑一个做匀速直线运动的质点，设其速度的大小及方向均为已知，但不知其位置。那么乘积 a^2dV 就是该点在任一时刻出现于体积元 dV 中的概率。由此我们看出：前面所诸 τ_i 量皆相等这一条件并非本质的东西，因为前面所研究的质点集合现在可看作是全同质点的可能位置的某种协调。

（二）恒场情况

3. 质点在恒场中的传播

我们首先考虑由一个势函数 $F(x_k)$ 所定义的恒场中的情形。在波动力学中波所满足的传播方程应有如下复数形式

$$\nabla^2 u - \frac{1}{c^2}\frac{\partial^2 u}{\partial t^2} + \frac{2i}{\hbar c}F\frac{\partial u}{\partial t} - \frac{1}{\hbar^2}\Big(m_0^2 c^2 - \frac{F^2}{c^2}\Big)u = 0。 \tag{19}$$

---

[*] 德布罗意后来发现，非线性波动力学方程要比这里的方程(1)更为合适。

[①] 这里我们总是用 ψ 表示传播方程的连续解；因而我们的 ψ 函数与薛定谔用同一字母表示的函数是相同的。

我们设想该运动物体首先置于空间某区域 R_0，函数 F 在此区域中取值为零；然后该运动物体进入区域 R，在区域 R 中存在我们所考虑的恒场。可见，在区域 R_0 中，方程（19）式退化为方程（1）式；而且据我们看来，质点应由下式表出：

$$u(x_k,t) = f(x_k,t)\cos\left(\frac{1}{h}\varphi\right)。 \tag{20}$$

函数 f 含有一个运动奇点，而函数 φ 为旧力学中的哈密顿作用量。为了在力场控制的区域得到质点的波动表示，需要将解（20）式开拓到区域 R。我们就来研究函数 f 与 φ 究竟应满足何种关系。为此，我们将（20）式写成复数形式，并随即代入方程（19）式；分开实部和虚部后，我们得到两个方程：

$$\frac{1}{f}\Box f = \frac{1}{h^2}\left[\left(\frac{\partial\varphi}{\partial x_k}\right)^2 - \frac{1}{c^2}\left(\frac{\partial\varphi}{\partial t}\right)^2 + \frac{2F}{c^2}\frac{\partial\varphi}{\partial t} + \left(m_0^2 c^2 - \frac{F^2}{c^2}\right)\right], \tag{21}$$

$$\left(\frac{\partial f}{\partial x_k}\right)\left(\frac{\partial\varphi}{\partial x_k}\right) - \frac{1}{c^2}\left(\frac{\partial f}{\partial t}\right)\left(\frac{\partial\varphi}{\partial t}\right) + \frac{1}{2}f\Box\varphi + \frac{F}{c^2}\frac{\partial f}{\partial t} = 0。 \tag{21'}$$

由于是恒场，区域 R 与性质恒定的折射介质类似，因而当波进入该区域时，与先前在 R_0 中一样，仍是频率为 $\nu = W/2\pi\hbar$ 的单色波；在新力学中，这一表达式说明，在一恒场中能量仍为常数。于是我们有

$$\varphi(x_k,t) = Wt - \varphi_1(x_k,t), \qquad \frac{\partial\varphi}{\partial t} = W = 2\pi\hbar\nu,$$
$$\Box\varphi = \nabla^2\varphi。 \tag{22}$$

而方程（21）式可改写成

$$\frac{1}{f}\Box f = \frac{1}{h^2}\left[\left(\frac{\partial\varphi_1}{\partial x_k}\right)^2 - \frac{1}{c^2}(W-F)^2 + m_0^2 c^2\right]。 \tag{23}$$

若方程等号左端可以忽略不计，则这一方程就等价于恒场中的相对论动力学的雅可比方程，而 φ_1 就是雅可比函数。从中可以看出，新力学与旧力学的区别完全由 $\Box f$ 的非零值所致。

按照原有的近似法则，质点经过 M 点时的速度沿着 M 点处的矢量 $\nabla\varphi_1$ 的方向。在严格确定 f 和 φ 时，我们假定情况仍是如此。

根据我们的想法，质点是函数 f 的一奇点，在奇点处 f 与距离的某个幂次成反比并趋于零。因此，当用 n 表示时刻 t 通过动点 M 所在处任一方向上的某一变量时，我们便有

$$\left[\frac{f}{\frac{\partial t}{\partial n}}\right]_{M,t} = 0。 \tag{24}$$

沿曲面 $\varphi_1(x_K) = C$ 上 M 点处的法线计算 n，计及（22）式和（24）式并应用（21'）式，就得到

$$\left[-\frac{\partial f/\partial t}{\partial f/\partial n}\right]_{M,t} = \frac{c^2\,\nabla\varphi_1}{W-F}。 \tag{25}$$

根据关于速度方向所做的假设，上式就等于

$$v_M = \frac{c^2\,\nabla\varphi_1}{W-F}。 \tag{26}$$

按照旧力学的近似法，φ_1 即为雅可比函数，而关系式（26）则为爱因斯坦动力学中的动量与速度之间的联系。上面所作的论证，即使按照新力学中的极端严格性来讲，关系

式(26)也是成立的。

后面(第三节)要来确定,在波动力学中,牛顿逼近指的是什么,而且我们将会看到,按照这种逼近的精度,(26)式的分母可以代之以 $m_0 c^2$,故更加简洁地我们有[*]

$$v_M = \frac{1}{m_0} \nabla \varphi_1 \text{。} \tag{26'}$$

4. 点集在恒场中的传播

现在假设诸质点全同且无相互作用,当它们开始运动时皆以相同的速度沿同一方向经过区域 R_0。若这些质点由于上述假设而有同一相位,则我们就能用函数(10)式将 R_0 中的点集表示出来。我们仍假定这一函数在区域 R 中开拓后具有相同的相位因子,而其他各项,如上一节中的函数 $\varphi_1(x_k)$,对该点集中所有质点均相同。于是,这些质点就有(26)式所定义的速度,而且它们的运动与流体中分子的持续运动是相似的,因为一个粒子在经过某一点时,其速度仅与该点的位形有关,而与经过该点的时间无关。当只要用到(26′)式的时候,函数 φ_1 起着速度势的作用。

根据我们的想法,速度总是与同曲面族 φ_1 为常数正交的曲线相切的,因而速度方向就是流线方向而且其集合形成流管,粒子就是在这一流管中流动着。由于这些流管在区域 R 中没有固定不变的截面,因此为使总的流量保持不变,流体密度 ρ 必须随点的不同而改变,因为流动是始终持续的。于是,流体动力学的连续性方程给出了函数 $\rho(x_k)$ 应当满足的关系式:

$$\nabla \cdot (\rho v) = 0 \text{。} \tag{27}$$

计及(26)式,可将(27)式改写成

$$\frac{\partial}{\partial n} \left[\ln \left(\frac{\rho}{W - F} \right) \right]' = - \frac{\nabla^2 \varphi_1}{\nabla \varphi_1} \text{。} \tag{28}$$

在匀速运动的情况中,我们可用连续波给出点集的表示。在区域 R_0 中,点集可用连续波(17)式给出,其密度由(18)式与振幅相联系。连续波(17)式进入区域 R 后,在该区域中波的传播是由(19)式描绘的。此时连续波可由如下形式的函数表出:

$$\psi(x_k, t) = a(x_k) \cos \frac{1}{h} \varphi'(x_k, t) = a(x_k) \cos 2\pi \left[\nu t - \frac{1}{2\pi h} \varphi_1'(x_k) \right] \text{。} \tag{29}$$

区域 R_0 与一均匀折射介质相似,而区域 R 则与一非均匀折射介质相似。于是求函数 a 与 φ_1' 的问题重又化归为求解经典光学的问题。

将解(29)式写成复数形式并代入方程(19)式,分开实部和虚部后即得两个方程:

$$\frac{1}{a} \nabla^2 a = \frac{1}{h^2} \left[\left(\frac{\partial \varphi'}{\partial x_k} \right)^2 - \frac{1}{c^2} \left(\frac{\partial \varphi'}{\partial t} \right)^2 + \frac{2F}{c^2} \frac{\partial \varphi'}{\partial t} + \left(m_0^2 c^2 - \frac{F^2}{c^2} \right) \right], \tag{30}$$

$$\left(\frac{\partial a}{\partial x_k} \right) \left(\frac{\partial \varphi'}{\partial x_k} \right) + \frac{1}{2} a \nabla^2 \varphi' = 0 \text{。} \tag{30'}$$

φ' 的形式可以使我们将(30)式改写为

$$\frac{1}{a} \nabla^2 a = \frac{1}{h^2} \left[\left(\frac{\partial \varphi_1'}{\partial x_k} \right)^2 - \frac{1}{c^2} (2\pi h \nu - F)^2 + m_0^2 c^2 \right] \text{。} \tag{31}$$

若方程等号左端可以忽略,我们就得到一个与传播方程(19)式相当的几何光学方

程。比较方程(23)式和(31)式,可以看出,若它们等号左端皆可忽略不计时,则其中一式剩下的部分就是旧力学,另一式剩下的部分就是几何光学。因此函数 φ_1 与 φ_1' 完全等价,它们就是雅可比函数。

现在我们要作出一条基本假设:当方程(23)式和(31)式等号左端均不能忽略不计时,φ_1 与 φ_1' 仍然相等。显然,这就要求有

$$\frac{1}{a}\nabla^2 a = \frac{1}{f}\square f。 \tag{32}$$

我们将这一假设称之为"**双重解原理**"。因为它隐含方程(19)式存在两个正弦解,这两个解具有相同的相位因子,其中一个解包含有一个点状奇点,而相反的,另一解则具有连续振幅。当然,这一原理有待于用严格推理加以论证或者予以推翻。然而,随着经典光学与薛定谔理论所取得的成功,就强烈暗示着有必要将物质的原子结构与光的原子结构统一起来。

既然函数 φ_1' 与 φ_1 完全相等,关系式(30')式就成为

$$\frac{2}{a}\frac{\partial a}{\partial n} = \frac{\partial}{\partial n}(\ln a^2) = -\frac{\nabla^2 \varphi_1}{\nabla \varphi_1}。 \tag{33}$$

若与(28)式相比较,则我们可以断言,在流管中量 $\rho/a^2(W-F)$ 保持守恒。由于在使 F 为零的区域 R_0 中有(18)式成立,故在 R 中就应当有

$$\rho(x_k) = Ka^2\left[1 - \frac{F(x_k)}{W}\right]。 \tag{34}$$

当函数 F 一经给定,我们看到,连续波(29)式便可给出点集在每一点的密度。

当从总能量中略去势能为可行时(牛顿近似),便有近似公式:

$$\rho(x_k) = Ka^2。 \tag{34'}$$

显然,我们也可以在假设该点集中的粒子只不过是**同一质点的重复**这样一种不同的观点下来考虑以上所述。实际上我们假设在区域 R_0 中的起始速度的大小及方向均为已知;如果除此之外别无所知,即是说运动物体的所有起始位置都是等概率的,而相应于每一种起始位置都有一种运动。当我们将所有这些可能性都罗列出来时,我们所得到的结果就与十分稠密的点集的运动是等价的。于是,在某一给定时刻,质点实际上在区域 R 中 x_k 点周围的体积元 dV 中出现的概率,显然与 $\rho(x_k)dV$ 成比例;而根据(34)式或(34')式,它给出了连续波函数的强度。此外,运动轨道的形式同样可由已知的连续波所决定,因为这些轨道都与等相位面垂直。

作为例子,让我们来考虑一束沿同一方向运动且有相同速度的带电粒子,它们刚好经过一个固定不动的带电中心的所在领域。根据到它们的起始直线轨道中心的距离,每个粒子或多或少皆有偏折,而旧力学使我们可以算出沿一给定方向偏折的粒子所占的比例(如果假设所涉及的点集的密度为均匀的);卢瑟福勋爵正是完成了这一计算才得以预见到物质所发出的 β 射线的散射。新力学则采用另一种观点,它将中心点周围的空间视为相对于所涉及的电子波而言是具有折射率的。如果上述想法是正确的,则该散射的统计结果应当可以用以下方法得到:考虑一个落在一个折射球面上的连续平面波,其折射率根据一个适当的规律而变化,此规律是一个到中心距离的函数。我们根据这些来计算沿不同方向的散射强度。这些强度应能给出散射电子沿这些方向的相对比例。值得一

提的是，这似乎可以从 Wentzel[①] 的一个有趣的计算中推导出来；Wentzel 正是这样用一级近似就求得了卢瑟福定律。

（三）变场情况

5. 传播方程

具有电荷 e 的质点在电磁场中运动，其对应的传播方程为

$$\nabla^2 u - \frac{1}{c^2}\frac{\partial^2 u}{\partial t^2} + \frac{2ieV}{\hbar c^2}\frac{\partial u}{\partial t} + \frac{ie}{\hbar c}A_k\frac{\partial u}{\partial x_k} - \frac{1}{\hbar^2}\Big[m_0^2 c^2 - \frac{e^2}{c^2}(A_0^2 - A^2)\Big]u = 0, \qquad (35)$$

其中电磁场由一标势 $A_0(x_k,t)$ 和一矢势 $A_l(x_k,t)$ 所定义。

从原则上讲，总应当含有矢势，因为根据洛伦兹关系式，若标势是变化的，则矢势不可能为零。然而，若这些项的影响可以忽略不计时，令 $F(x_k,t)=eV$，则上式变为

$$\Box u + \frac{2iF}{\hbar c^2}\frac{\partial u}{\partial t} - \frac{1}{\hbar^2}\Big[m_0^2 c^2 - \frac{F^2}{c^2}\Big]u = 0。 \qquad (35')$$

我们将始终假设所考虑的运动物体开始时处于区域 R_0 中，且在其中势能为零；然后再进入区域 R，其中有我们所考虑的变场。我们设法将在 R_0 中适用的（5）式开拓成满足方程（35）式的如下形式的解：

$$u(x_k,t) = f(x_k,t)\cos\frac{1}{\hbar}\varphi(x_k,t), \qquad (36)$$

式中 f 表示一个可变的奇点。将它代入（35）式，总能得到两个方程

$$\frac{1}{f}\Box f = \frac{1}{\hbar^2}\Big[\Big(\frac{\partial\varphi}{\partial x_k}\Big)^2 - \frac{1}{c^2}\Big(\frac{\partial\varphi}{\partial t}\Big)^2 + \frac{2eA_0}{c^2}\frac{\partial\varphi}{\partial t} + \frac{2e}{c}A_k\frac{\partial\varphi}{\partial x_k} + m_0^2 c^2 - \frac{e^2}{c^2}(A_0^2 - A^2)\Big],$$
$$(37)$$

$$\Big(\frac{\partial f}{\partial x_k}\Big)\Big(\frac{\partial\varphi}{\partial x_k}\Big) - \frac{1}{c^2}\Big(\frac{\partial f}{\partial t}\Big)\Big(\frac{\partial\varphi}{\partial t}\Big) + \frac{1}{2}f\Box\varphi + \frac{eA_0}{c^2}\frac{\partial f}{\partial t} + \frac{e}{c}A_k\frac{\partial f}{\partial x_k} = 0。 \qquad (37')$$

若（37）式等号左端可以忽略，则 $\varphi(x_k,t)$ 就是变场中相对论动力学的雅可比函数；因而与旧力学的差别总是在于 $\Box f$ 的非零值。

按照旧理论近似，在时刻 t 通过 $M(x_k)$ 的质点的速度与动量矢量的方向相同，而动量矢量由下列关系式定义：

$$\boldsymbol{G} = -\Big(\nabla\varphi + \frac{e}{c}\boldsymbol{A}\Big)。 \qquad (38)$$

与前面相同，我们将假设在考虑传播方程的精确解时也有同样的情形。

显然此时（24）式亦成立。当根据矢量 $\boldsymbol{G}$ 的方向选取在时刻 t 和点 M 处所考虑的变量作为 n 时，方程（37）就变为

$$\Big[-\frac{\partial f/\partial t}{\partial f/\partial n}\Big]_{M,t} = \frac{c^2 G}{\dfrac{\partial\varphi}{\partial t} - eA_0}。 \qquad (39)$$

而关于速度方向所作的假设就给出：

$$\boldsymbol{v}(M,t) = \frac{c^2 \boldsymbol{G}}{\dfrac{\partial\varphi}{\partial t} - eA_0}。 \qquad (40)$$

---

① *Zis. t. Phys.* <u>40</u> (1926) 590；在我的书 *Ondes et mouvements*（《波和运动》）第 84 页中已提及这一结果。

故而(26)式显然是一种特殊情况。按照旧力学的近似,方程(40)是将动量与速度联系在一起的桥梁。

此外,若与内能 $m_0 c^2$ 相比,动能很小,我们就有

$$v(M,t) = \frac{1}{m_0}G。 \tag{40'}$$

6. 点集的传播

第 4 节的内容应用于变场中也是完全适用的。我们现在来考虑由全同质点组成的集合,它们之间没有相互作用而且**同相位**。当运动开始时,它们沿着同一方向以同一速度通过区域 R_0。这一点集(假设其在 R_0 中的密度是均匀的)在 R_0 中由函数(16)表示。将这一解开拓到区域 R 中,若旧力学的近似仍能适用的话,这一解所具有的唯一的相位就是雅可比函数。我们将假设,在精确解中,相位仍是唯一的,即是说在 R 中点集可用下列函数表示:

$$U(x_k,t) = \Big[\sum_i f_i(x_k,t) \Big] \cos \frac{1}{\hbar} \varphi(x_k,t), \tag{41}$$

式中函数 f_i 表示可变奇点。

然而速度由公式(40)式给出。当然运动不是持续的,而连续性方程应写成

$$\frac{\partial \rho}{\partial t} + \nabla \cdot (\rho \boldsymbol{v}) = \frac{\partial \rho}{\partial t} + \nabla \cdot \left[\frac{\rho c^2 G}{\dfrac{\partial \varphi}{\partial t} - eA_0} \right] = 0。 \tag{42}$$

引入记号

$$\rho' = \frac{\rho}{\dfrac{\partial \varphi}{\partial t} - eA_0}, \tag{43}$$

计及(38)式及位势之间的洛伦兹关系,我们很容易求得:

$$G \frac{\partial (\ln \rho')}{\partial n} + \frac{1}{c^2} \Big(\frac{\partial \varphi}{\partial t} - eA_0 \Big) \frac{\partial (\ln \rho')}{\partial t} = \Box \varphi。 \tag{44}$$

与前面相同,我们要设法用经典的连续波传播来表示点集的传播。在 R_0 中,该波形如(17)式,其振幅与密度的关系由(18)式联系。区域 R 起到折射介质的作用,它在每一点的折射率随时间及连续波而变化,当点集进入 R 中时,该连续波取如下形式

$$\psi(x_k,t) = a(x_k,t) \cos \frac{1}{\hbar} \varphi'(x_k,t)。 \tag{45}$$

(45)式与(29)式并不相同,因为此处的 a 与时间有关,且 φ' 关于 t 不再是线性的了。当然,ψ 应满足传播方程(35)。与前面一样,这导致两个方程

$$\frac{1}{a} \Box a = \frac{1}{\hbar^2} \Big[\Big(\frac{\partial \varphi'}{\partial x_k} \Big)^2 - \frac{1}{c^2} \Big(\frac{\partial \varphi'}{\partial t} \Big)^2 + \frac{2eA_0}{c^2} \frac{\partial \varphi'}{\partial t} + \frac{2e}{c} A_k \frac{\partial \varphi'}{\partial x_k} + m_0^2 c^2 - \frac{e^2}{c^2}(A_0^2 - A^2) \Big],$$

$$\tag{46}$$

$$\Big(\frac{\partial a}{\partial x_k} \Big)\Big(\frac{\partial \varphi'}{\partial x_k} \Big) - \frac{1}{c^2}\Big(\frac{\partial a}{\partial t} \Big)\Big(\frac{\partial \varphi'}{\partial t} \Big) + \frac{1}{2} a \Box \varphi' + \frac{eA_0}{c^2} \frac{\partial a}{\partial t} + \frac{e}{c} A_k \frac{\partial a}{\partial x_k} = 0。 \tag{46'}$$

我们仍然引入双重解原理,即假设函数 φ' 与函数 φ 相同,也就是说,对于解(41)式而言(其振幅含有奇点),有一个具有同相位因子的连续振幅解与之相对应。将(37)式与(46)式相比较,又可导得

$$\frac{1}{a}\square a = \frac{1}{f}\square f。 \tag{47}$$

同时使得方程(46')式成为

$$G_k\frac{\partial(\ln a^2)}{\partial x_k} + \frac{1}{c^2}\left(\frac{\partial\varphi}{\partial t} - eA_0\right)\frac{\partial(\ln a^2)}{\partial t} = \square\varphi。 \tag{48}$$

将此式与(44)式相比较我们看到,当点集中的全同粒子运动时,比值 ρ'/a 保持不变。由于在 R_0 中关系式(18)仍成立,因而在 R 中任何时刻和各点处,我们都有

$$\rho(x_k,t) = \frac{K}{W_0}a^2(x_k,t)\left[\frac{\partial\varphi}{\partial t} - eA_0\right] = K'a^2\left[\frac{\partial\varphi}{\partial t} - eA_0\right]。 \tag{49}$$

若与内能 m_0c^2 相比较,动能很小,则又可以将点集的密度看成是与 ψ 的振幅平方成比例的。

当然也可以将点集视为全同质点在所有可能位置上的协调。关于其速度,我们只知其在 R_0 中的速度大小及方向。运动物体在时刻 t 点 x_k 处的体积元 dV 中出现的概率是 $\rho(x_k)$,而且它取决于方程(49)式,该方程涉及连续波函数的量值。

7. 荷电点集的流矢量

根据熟知的方法,可以在所考虑的点集的每一点每一时刻定义一个四维矢量;令 $ict = x_4$,则有

$$S_k = \rho e\frac{v_k}{c} \quad (k = 1,2,3), \quad S_4 = i\rho e, \tag{50}$$

计及(38),(40)和(49)式,我们容易得到

$$S_k = -K'ea^2c\left(\frac{\partial\varphi}{\partial x_k} + \frac{e}{c}A_k\right), \quad S_4 = ieK'a^2\left(\frac{\partial\varphi}{\partial t} - eA_0\right)。 \tag{51}$$

引入四维矢量 $\boldsymbol{p}$,其分量为

$$p_k = A_k, \quad p_4 = iA_0, \tag{52}$$

我们便有

$$S_\alpha = -K'ea^2c\left[\frac{\partial\varphi}{\partial x_\alpha} + \frac{e}{c}p_\alpha\right] \quad (\alpha = 1,2,3,4)。 \tag{53}$$

该宇宙流表达式与由戈登[①]和薛定谔[②]两位先生所提出的表达式正好相吻。事实上,这些先驱们都是从一个用我们的记号可写成如下形式的函数出发的:

$$L = \left(\frac{\partial\psi}{\partial x_\alpha} + \frac{ie}{\hbar c}p_\alpha\psi\right)\left(\frac{\partial\overline{\psi}}{\partial x_\alpha} - \frac{ie}{\hbar c}p_\alpha\overline{\psi}\right) + \frac{m_0^2c^2}{\hbar^2}\psi\overline{\psi}, \tag{54}$$

式中 ψ 为一个写成复数形式的连续波,$\overline{\psi}$ 为其复共轭波函数。然后再用公式

$$S_\alpha = -\lambda\frac{\partial L}{\partial p_\alpha}。 \tag{55}$$

定义四维流矢量,式中 λ 是一个齐性常数。很容易验证表达式(53)与(55)式是一致的。

[①] *Zis. f. Phys.*, <u>40</u> (1926) 117.

[②] *Ann. der Phys.*, <u>82</u> (1927) 265;也可参阅 O. Klein, *Zis. f. Phys.*, <u>41</u> (1927) 407.

三、从旧力学过渡到新力学

8. 波动力学的拉格朗日方程

如果我们考虑到双重解原理和由此得出的方程（47）式，并仔细审视普遍方程（37）式和（46）式，则可以发现能够将雅可比方程严格地写成其通常形式，其代价只不过是将该运动物体的固有质量换写成适当的可变质量：

$$M_0(x_k, t) = \sqrt{m_0^2 - \frac{\hbar^2}{c^2} \frac{\Box a}{a}}. \tag{56}$$

旧力学中忽略了根号中的第二项。这就等于回到 $\hbar$ 为无穷小这一假设[*]。

而只要引入可变质量 M_0，新力学就仍然可以利用哈密顿原理和拉格朗日方程。为了简单起见，我们将矢势略去不计来对此加以验证。哈密顿原理可写成

$$\delta \int_{t_0}^{t_1} L \mathrm{d}t = 0, \tag{57}$$

式中

$$L = -M_0 c^2 \sqrt{1 - \beta^2} - F. \tag{58}$$

如通常一样，我们有拉格朗日方程

$$\frac{\mathrm{d}}{\mathrm{d}t}\left(\frac{\partial L}{\partial v_k}\right) - \frac{\partial L}{\partial x_k} = 0, \tag{59}$$

同时我们用

$$G_k = \frac{\partial L}{\partial v_k} = \frac{M_0 v_k}{\sqrt{1 - \beta^2}} \tag{60}$$

来定义动量的分量。

我们总是将下列表达式（它在恒场中为常数）称为能量：

$$W = G_k v_k - L = \frac{M_0 c^2}{\sqrt{1 - \beta^2}} + F. \tag{61}$$

利用公式（60）式和（61）式可以证实，当

$$\frac{\partial \varphi}{\partial t} = W, \quad \frac{\partial \varphi}{\partial x_k} = -G_k \tag{62}$$

时，就得到雅可比方程

$$\frac{1}{c^2}\left(\frac{\partial \varphi}{\partial t} - F\right)^2 - \left(\frac{\partial \varphi}{\partial x_k}\right)^2 = M_0^2 c^2. \tag{63}$$

考虑到 M_0 的定义，这一关系式正是此条件下（37）式与（46）式所取的形式。同时我们还注意到，若将（60）式与（61）式联立起来，就立刻得到关于速度的基本公式（40）式。

总起来说，如果设函数 $a(x_k, t)$ 为已知，则拉格朗日-哈密顿理论可以使我们计算出轨道的形式及点集中粒子的运动规律。

现在我们将新力学中牛顿近似的含义阐述清楚。牛顿近似认为 β 足够小，使得它与

---

[*]　实际上，尽管 $\hbar$ 很小，但绝不会是零。

1 相比可以忽略；此外，牛顿近似还将（56）式中根号下的第二项视为比第一项小得多，即将（56）式写成

$$M_0(x_k,t) = m_0 + \varepsilon(x_k,t), \tag{64}$$

式中 $\dfrac{\varepsilon}{m_0}$ 与 β^2 同阶。由此，对动量和能量就有近似公式

$$G_k = m_0 v_k, \quad W = m_0 C^2 + \frac{1}{2} m_0 v^2 + \varepsilon c^2 + F, \tag{65}$$

对于 W，我们关心的是其绝对值而不是其差值，因此我们取其等于 $m_0 c^2$ 是合理的。特别是，如此取值可以使（40）式过渡到（40′）式。最后，拉格朗日函数（58）式取近似形式为

$$L = - m_0 c^2 + \frac{1}{2} m_0 v^2 - \varepsilon c^2 - F。 \tag{66}$$

除了 F 之外，整个过程就仿佛仅多了一项势能 εc^2。

四、质点组的运动情况

9. 薛定谔先生的观点

薛定谔先生在其著作中系统地研究了传播方程的连续解。我们已经粗略地看到，他所获得的结果与关于一个质点之物质所具有的不连续结构是精确地吻合的。

现在我们讨论由 N 个质点组成的孤立系统，并用 $m_i(i=1,\cdots,N)$ 表示它们的固有质量。限于牛顿近似，薛定谔考查了由这 N 个点的 $3N$ 个坐标所构成的组态空间，并预言了波在此超空间中的传播，设 E 为牛顿意义下的总能量，$F(x_1^k,\cdots,x_N^k)$ 为势能函数，则根据薛定谔的思想，波传播按下述方程进行：

$$\sum_1^N \frac{1}{m_i} \nabla_i^2 u + \frac{2}{h^2}(E-F)u = 0。 \tag{67}$$

这一猜想看起来是很自然的，因为按照牛顿近似，考虑到 u 的形式并去掉固有质量所带的下标，则在恒场中一质点所适用的方程（10）式，即

$$\frac{1}{m} \nabla^2 u + \frac{2}{h^2}(E-F)u = 0。 \tag{67′}$$

似乎正是方程（67）式的退化，而（67）式似乎正是它的推广。

然而，方程（67）式引发出两点疑难。首先，根据薛定谔的想法，由波群所构成的质点并不具有奇点的特征，而且在微观力学中不能再谈什么轨道和位置，但这么一来，用来构作组态的抽象空间的坐标 $x_1^k,\cdots,x_N^k$ 的意义又是什么呢？如果我们事先假定质点总是完满地予以定义了，那么这一疑难也就不再存在了。

但是还有另一点疑难。实际上，在纯粹是抽象存在的空间中的波传播，不能算是一个物理问题：我们这个系统的波动现象应当含有 N 个在真实空间中传播的波，而不应当仅仅含有一个在组态空间中传播的波。那么究竟薛定谔方程的真正意义是什么呢？这正是我们所要研究的。

10. 方程(67)式的意义

为简化问题,我们来考虑由两个质点组成的孤立系统。将由此得到的推理开拓到 N 个质点组成的孤立系统中去不会出现任何实质性的困难。在我们看来,这两个质点中的每一点都缔合着一个波动现象的奇点,其空间即其所在之处。若略去磁力作用不计,两个波的传播将满足下列方程组:

$$\left. \begin{array}{l} \square u_1 + \dfrac{2iF_1}{\hbar c^2}\dfrac{\partial u_1}{\partial t} - \dfrac{1}{\hbar^2}\left(m_1^2 c^2 - \dfrac{F_1}{c^2}\right)u_1 = 0, \\[4mm] \square u_2 + \dfrac{2iF_2}{\hbar c^2}\dfrac{\partial u_2}{\partial t} - \dfrac{1}{\hbar^2}\left(m_2^2 c^2 - \dfrac{F_2}{c^2}\right)u_2 = 0. \end{array} \right\} \tag{68}$$

必须细心地区分变量 x_k(它们表示空间中的某个点)与两个质点的坐标 x_1^k 及 x_2^k。根据反作用力原理,我们给势函数 $F_1(x_1^k, x_2^k)$ 与 $F_2(x_1^k, x_2^k)$ 以下述形式:

$$F_1 = F(\,|x^k - x_2^k|\,), \quad F_2 = F(\,|x^k - x_1^k|\,) \tag{69}$$

因此 F_1 在第一个运动质点所在处的值,等于 F_2 在第二个运动质点所在处的值。若 r 为两运动质点间的距离,则这两个共同的值就是 $F(r)$。于是,两个波中的每一个在所在空间中的传播,完全依赖于与另一个波中奇点的当时位置对应的势函数的值。

对方程组(68)式中的每一个方程,需要寻求一个含有奇点的解,使这两个关系式均能满足。我们也同薛定谔一样采用牛顿近似。在旧力学中,有该系统的雅可比函数 $\varphi(x_1^k, x_2^k)$ 存在,因而动量为

$$m_1 v_1^k = -\frac{\partial \varphi}{\partial x_1^k}, \quad m_2 v_2^k = -\frac{\partial \varphi}{\partial x_2^k}. \tag{70}$$

新力学是否使用牛顿近似并定义这样一个 φ 函数呢? 我们暂时将第二个质点的运动视为已知的,于是第一个质点的运动就是在一个场中进行的,该场是 (x_k, t) 的已知函数,而这是我们已经检验过的情况。若假设第一个质点的初速度为已知,则其可能的运动集合可用一具有连续振幅的波来表示:

$$a_1(x_k, t)\exp\left[\frac{i}{\hbar}\varphi_1(x_k, t)\right].$$

根据上一节所述,可将运动方程写成拉格朗日的形式

$$\frac{d}{dt}\left(\frac{\partial L_1}{\partial v_1^k}\right) - \frac{\partial L_1}{\partial x_1^k} = 0, \tag{71}$$

其中取

$$L_1 = \frac{1}{2}m_1 v_1^2 - \varepsilon_1(x_1^k, t)c^2 - F(r). \tag{72}$$

同样地,若将第一个质点的运动视为已知,则第二个质点的运动由下列方程给出

$$\frac{d}{dt}\left(\frac{\partial L_2}{\partial v_2^k}\right) - \frac{\partial L_2}{\partial x_2^k} = 0, \tag{73}$$

其中取

$$L_2 = \frac{1}{2}m_2 v_2^2 - \varepsilon_2(x_2^k, t)c^2 - F(r). \tag{74}$$

重要的是要同时求解方程(71)式和(73)式。在经典力学中,能够对整个系统求得一个拉格朗日函数 L,使方程(71)式和(73)式合并成

$$\frac{\mathrm{d}}{\mathrm{d}t}\left(\frac{\partial L}{\partial \dot{q}}\right) - \frac{\partial L}{\partial q} = 0 \quad \left(\dot{q} = \frac{\mathrm{d}q}{\mathrm{d}t}\right), \tag{75}$$

式中 q 为六个变量 x_1^k 和 x_2^k 中的任何一个。于是可知,我们能够定义一个雅可比函数 $\varphi(x_1^k, x_2^k)$,使得关系式(70)成立。我已在其他的文章[①]中证明了,为得到这一函数 L,需要在 L_1 和 L_2 中将与相互作用有关的那些项同与相互作用无关的项分开。倘若这一划分可以完成,我们就取那些与相互作用无关的项之和作为函数 L,当然这样的项数的增加也同时伴随着与相互作用有关的项的数目的增加。按照经典力学,由于在 L_1 和 L_2 中关于 ε_1 和 ε_2 的项均可忽略不计,便有

$$L = \frac{1}{2}m_1 v_1^2 + \frac{1}{2}m_2 v_2^2 - F(r). \tag{76}$$

为使在新力学中也能同样如此,ε_1 和 ε_2 必须化为距离 r 的同一个函数。换言之,根据新的想法所引进的那些势能的附加项,应该与根据函数 F_1 和 F_2 所定义的那些项有着同样的相关性质。这是反作用原理的自然推广。如果我们承认这一推广,通过向(76)式的等号右端添加新的相关项 $-\varepsilon(r)c^2$,我们就能写出该系统的拉格朗日函数,由此即可像通常一样得到一个适合关系式(70)的函数 $\varphi(x_1^k, x_2^k)$。

在我们看来,由于质点皆有完全确定的坐标,因而可以构造一个组态空间而无任何含混不清之处。两个运动物体的系统是由一个象征点加以描述的,该象征点的速度的六个分量由关系式(70)给出。我们总是假设初始速度是给定的,但初始位置并没有给定。象征点的各种不同轨道,对应于关于其初始位置的各种不同的假设;而象征点集则对应于一切能同时作出的可能性的全体。该点集的运动是持续的,且服从连续性方程

$$\nabla \cdot (\rho v) = 0, \tag{77}$$

式中 $\rho(x_1^k, x_2^k)$ 是点集的密度,而 v 是其速度。计及(70)式,并使用其意义皆为显然的记号,这一方程可改写为

$$\frac{1}{m_1}\frac{\partial \varphi}{\partial x_1^k}\frac{\partial(\ln\rho)}{\partial x_1^k} + \frac{1}{m_2}\frac{\partial \varphi}{\partial x_2^k}\frac{\partial(\ln\rho)}{\partial x_2^k} + \frac{1}{m_1}\nabla_1^2\varphi + \frac{1}{m_2}\nabla_2^2\varphi = 0. \tag{78}$$

但是,若我们考虑薛定谔方程(67)式,并从中寻求如下形式的连续解的话:

$$\psi(x_1^k, x_2^k, t) = A(x_1^k, x_2^k)\exp\left(\frac{\mathrm{i}}{\hbar}\varphi\right). \tag{79}$$

则取而代之的将是 A 所满足的关系式

$$\frac{1}{m_1}\frac{\partial \varphi}{\partial x_1^k}\frac{\partial(\ln A^2)}{\partial x_1^k} + \frac{1}{m^2}\frac{\partial \varphi}{\partial x_2^k}\frac{\partial(\ln A^2)}{\partial x_2^k} + \frac{1}{m_1}\nabla_1^2\varphi + \frac{1}{m_2}\nabla_2^2\varphi = 0. \tag{80}$$

从方程(78)式和(80)式可以看出,凭空设想出来的波(79)式的振幅 A,在这里正起着单个质点情况中连续波的振幅同样的作用。换言之,在组态空间的每一点处,乘积 $A^2\mathrm{d}V$ 所度量的正是象征点在体积元 $\mathrm{d}V$ 中出现的概率。

这一结论为下述说明进一步予以肯定:如果两点之间没有相互作用,则薛定谔方程的解便是对应于其中每一点的两个连续函数 ψ 的乘积,因而这两点的出现概率是完全独立的,这正好与复合概率的定理相一致。

---

① 《波和运动》第 43 页之后。

总结

（1）薛定谔方程仅仅在能够构造一个组态空间，亦即当质点在该空间中皆有确切定义的位置时，才是有意义的；

（2）该方程不是一个真实的物理传播方程，但是满足该方程的解的振幅平方，在忽略不计系统中各组分的初始位置时，正好给出系统处于给定状态的概率。

我要补充的是，如果不限于牛顿近似的话，那就很难找到一个与方程（67）作用类似的方程。

费米对电子因旋转而产生的漫射所作的极其出色的计算，可以视为上文的一个例证[①]。

五、结果和评述

11. 引导波

如果检查一下在第二节中所得的全部结果，我们可以发现基本公式（40）式和（49）式可以总结成

$$
\begin{cases}
\boldsymbol{v} = -c^2 \, \dfrac{\nabla \varphi + \dfrac{e}{c} \boldsymbol{A}}{\dfrac{\partial \varphi}{\partial t} - eA_0}, & （\text{I}） \\[4mm]
\rho(x_k, t) = Ca^2 \left(\dfrac{\partial \varphi}{\partial t} - eA_0 \right) \quad （C \text{ 为常数}）。 & （\text{II}）
\end{cases}
$$

我是根据双重解原理得到这些关系式中的第一式的（第二式是一个推论）。这一原理在无场情况中得到了证实，而在普遍情况中仍只是一条假设。按照我的看法，与在微观力学中相同，仅为了给出薛定谔方程（67）式的意义，也有必要保留物质的原子结构这一概念。但若不愿意采用双重解原理的话，人们可以采用如下的观点：由于有不同的现实存在，应当允许用 ψ 表示质点和连续波的存在，而我们也就可以取"点的运动取决于方程（I）中波的相位函数"作为假设前提。这样就产生了引导粒子运动的连续波，这就是引导波[*]。

就这样取方程（I）作为假设前提，我们就避免了用双重解原理来验证它。但是我相信，这仅仅是权宜之计。毫无疑问的是，极有必要将粒子重新纳入波动现象。但这样一来又将使我们回到前面也已讨论过的类似想法中去。

我们要来指出公式（I）与（II）的两个最重要的应用。

对于光来说，连续波 ψ 正是经典光学所研究的对象。根据（II）式，既然光子的密度与振幅平方成正比，从而波动光学现象同样可以用旧的或用新的光学理论予以预测。

我们的基本公式看来还对薛定谔先生的假设之一作出了验证。让我们来考虑一组氢原子。按照薛定谔的观点，这组氢原子的状态是由某一个基本函数 ψ 所定义的。在我

---

① *Zis. f. Phys.*, 40 (1926) 399.

* 引导波即"波导理论"，它是双重解原理（简称"波缔理论"）的退化。德布罗意 1927 年在第五届索尔维会议上所报告的就是这一退化理论。直到 25 年后的 1952 年，他才认识到它的危害。

们看来,每个原子中的电子都有一个完全确定的位置和速度。但是再想一下,若我们将所有这些原子堆积起来,就会得到一种中等的原子,按照牛顿近似并依据公式(Ⅱ),其中的电荷密度显然由下式给出:

$$\varepsilon = e\rho = Ca^2 = C\psi\overline{\psi}。$$

这一表达式正是由薛定谔提出来的,但在我们这里看来,它很像是作为一类平均密度的定义给出的。

由这一观点看问题,便可以很自然地用薛定谔所给出的形式重新得到海森伯的矩阵理论的所有公式。

12. 质点的束缚态

在薛定谔先生已经提到过的论文中,他给出了与连续波相应的能量动量张量的表示。如果赋予连续波以前述的精确意义,则该张量将分解为一个给出粒子能量及动量的张量,和一个在粒子周围的波动现象中所存在的压强张量。这一压强张量在旧动力学的力学态中皆取零值;它反映了波动力学所预见到的新力学态特征(例如公式(13)),这些新态在这里是作为质点的束缚态而出现的。

这一说明使得我们清除了一个疑难。该疑难与一束粒子流作用于壁上产生压强有关。通常是假设粒子从壁上反弹回来但由于有碰撞而将一部分动量传递给了器壁,然后再对这一压强进行计算的。于是人们就能预言动力学理论中气体的压强,或者粒子理论中紫外线的压强。

然而,从波动力学的观点来看,器壁附近的入射波与反射波的叠加有干涉现象存在。应用公式(Ⅰ)可以证明,粒子不再碰撞器壁,那么器壁是如何承受压强的呢? 这只能通过在干涉区域中占统治地位的波的张力来实现。由于有这些张力,器壁就要忍受同样的压强,相当于粒子从器壁表面反弹回来时已将动量传递给器壁:这正好是用薛定谔公式作出的计算所证明了的。

(收稿日期:1927 年 4 月 1 日)

第三部分

研究通报

· Part Ⅲ Research Bulletins ·

　　在先前的量子理论工作中,我曾经用动力学和波动理论中得到的新概念,企图合乎情理地寻找一种解释,并用由此得到的该理论的力量去寻找怎样解开谜底的说明;然而这一工作并没有真正满足我达到说明以干涉为中心的波动光学现象的目的。我只能凭智力援引波的干涉和物质对光原子的吸收概率之间的大量联系。这一观念我目前认为是不自然的,我的目的是用其他方法使这一理论的主要轮廓更为协调。

——德布罗意

量子力学奠基人海森伯（Werner Karl Heisenberg，1901—1976），1932年获诺贝尔物理学奖。

重元素中 K 层和 L 层吸收极限频率的计算[*]

玻尔在将卢瑟福原子模型应用于量子论时，事先预设在原子内存在电子圆周轨道而且每个电子的能量等于

$$W_n = -\frac{Rh}{n^2} \times N^2,$$

其中 R 系指里德伯常数（$1097 \times 10^5 \ \mathrm{cm^{-1}}$），$h$ 是普朗克常数（$665 \times 10^{-27} \ \mathrm{erg\text{-}sec}$），$N$ 是原子序数，而 n 是相关于不同轨道的量子数（$n = 1$ 相当于 K 层，$n = 2$ 相当于 L 层，等等）。

玻尔演绎此公式于可容许的、对应于电子在 m 层与 n 层之间跃迁的光谱条纹之频率，得到受激发射的辐射频率为

$$\nu_{m,n} = \frac{W_m - W_n}{h} = RN^2 \left(\frac{1}{n^2} - \frac{1}{m^2} \right).$$

于是人们认为这种吸收是由于原子外层电子失去核的引力而形成的，其吸收谱的极限频率对应于已知系列第 i 层可以用公式表示为

$$\nu_i = \frac{W_i}{h}.$$

由于玻尔理论，因此对 K 层和 L 层频率来说，值

$$\nu_K = RN^2, \quad \nu_L = \frac{RN^2}{4}.$$

下表将说明，如此计算[**]不仅对 K 层频带的计算是可以接受的，而且对 L 层频带的计算亦更为合适。

K 层

	Cd $N=48$	Te $N=52$	Pt $N=78$	Pb $N=22$	Tb $N=90$	Ur $N=92$
$10^{-8}\nu$ 实验值	2.16	2.58	6.55	7.29	8.87	9.59
玻尔	2.53	2.97	6.69	7.39	8.91	9.31
费伽德	2.17	2.56	6.41	7.18	8.88	9.34

---

[*]　译自 CRAS 170（1920.3.8.）585～587；分类：物理学；由 Deslandres 推荐。

[**]　指由 Végard、Sieghahn 和德布罗意的新的计算公式得到的结果。

L 层

	W $N=74$	Pt $N=78$	Au $N=79$	Pb $N=82$	Bi $N=83$	Th $N=90$	Ur $N=92$
$10^{-8}\nu$ 实验值	0.822	0.936	0.965	1.067	1.085	1.326	1.392
玻尔	1.506	1.673	1.716	1.850	1.894	2.227	2.327
费伽德	0.820	0.930	0.976	1.064	1.095	1.337	1.411

以上数据是由费伽德、西格班和德布罗意共同取得的。

费伽德在 1919 年给出了一个由谱线和频带表示的较为完整的公式。

令 p_i 为 i 层内的电子数，q_i 为第 i 层的电子而 n_i 为同一层的量子数；定义量 sq_i 为

$$\frac{1}{4}\sum_{j=1}^{j=q_i-1}\frac{1}{\sin\left(j\,\frac{\pi}{q_i}\right)}$$

费伽德公式给出

$$\nu_i = R\left[\frac{N^2}{n_i^2} - BN + C\right] + \text{相对论修正}$$

式中

$$\frac{1}{2}B = \frac{q_i(sq_i - sq_{i-1}) - sq_{i-1} + p_i}{n_i^2} + \sum_{j=i+1}^{j=\infty}\frac{q_j}{n_j^2}$$

和

$$C = \frac{1}{n_i^2}\left[q_i(2p_i + sq_i + sq_{i-1})(sq_i - sq_{i-1}) + (p_i + sq_{i-1})^2\right] + \sum_{j=i+1}^{j=\infty}\frac{2q_j}{n_j^2}\left(p_j + sq_j - \frac{1}{2}\right).$$

费伽德计算了确定的谱线 $q_1=3$，$q_2=7$，$q_3=12$ 处的频率并得到了非常好的证实。

通过有关的技巧对已知的重元素的 K 层和 L 层可以进行类似的计算以得到精确的值。我们在下面得到了这些值，关于 K 层必须计及明显的相对论修正；关于 L 层，16 次以下小量被略去。

对 L 层计算得到的结果，费伽德公式更好一些。

物质对伦琴射线的吸收[*]

人们知道，对于 X 射线，其荧光原子吸收系数服从 $K\lambda^3 N^4$ 形式的规律，其中 λ 为波长而 N 为原子序数。若将吸收系数表示为波长的函数并画成曲线的话，人们将看到存在一些临界波长，在这些波长附近吸收规律突然与应用 λ^3 规律不符，出现了意外的不连续。借助不连续点前后吸收系数的等比关系所表示的吸收跃度，每一级不连续是明显的。

为了从实验上验证这一点，可以将物体的上界辐射频率与其发射连续频谱的临界频

---

* 译自 CRAS 171 (1920.12.6.)1137~1139；分类：电子光学；由笛朗德尔推荐。

率相对比。在进行连续谱发射的实验中，人们可以得到原子表示的数学形式，得到荧光辐射，以及由常态到激发的确切概率。根据爱因斯坦[1]提出的推理模型，人们可以从热力学平衡条件下表示物质和辐射之间的能量交换的等式中，确定该概率。假设原子自发地由激发态回复到常态，则概率将正比于这两种态的能量差，由此可推断出吸收系数具有形式[*]

$$\mu_{at} = C\lambda^3 \sum_p n_p E_p^2 \quad （C\text{ 为常数}），$$

式中 E_p 表示原子常态与激发态之间的能量差，求和遍及所有小于 λ 的不连续波长。当通过临界波长时，这些和的项数成为有限的，因而解析地表现出不连续性。得到的公式可用于计算吸收跃变；例如，由 K 电子层的不连续性，有

$$d_K = \frac{E_K^2 + lE_L^2 + mE_M^2 + \cdots}{lE_L^2 + mE_M^2 + \cdots},$$

式中 $l, m, \cdots$，为 L，M，$\cdots$ 电子层圈数。

借用玻尔原子理论中 E_p 的值，由此得到与实验符合得很好的值。例如，对铂来说，可以得到

	K 跃度	L₃ 跃度	L₂ 跃度	L₁ 跃度
测量值	5.8	1.4	1.8	2.85
计算值	6.1	1.4	1.7	3.0

实验表明，K 层吸收跃度是原子数逐渐减少的简单函数，但并不严格服从 N^4 的规律。我们的理论指出，计算是与 N^4 规律有所偏离的，而且正在预料之中，至少在 K 层的大跃变量时是这样。

Kossel 指出[2]，根据玻尔的原子模型，有选择性的吸收现象是存在的，而在相应的吸收频谱的极窄的频率区间中不可能出现各种线系，但 Fricke 证实[3]，事实上在该区间有精细结构。在推理的过程中总是使用热力学平衡，它要求对吸收频带和条纹适用的卡诺原理对相反情况下占有同样位置的发射频带和条纹也成立（基尔霍夫定律）。其次，可以证明，频率为 ν 的条纹的有选择的吸收系数，由下列公式给出：

$$C\nu^{-3} \exp\left[-\frac{h}{kT}(\nu_D - \nu)\right] \quad （C\text{ 为常数}），$$

式中 h 和 k 为经典常数，T 为温度，而 ν_D 为吸收频带的首频。

在大量级计算过程中，可以认为 ν 与 ν_D 十分接近，因而指数的值十分小即可以忽略。在给定区域内应能表示出该区域条纹，说明其波长的所得公式，是与温度成正比而与原子数的四次方成反比的。用于处于高温下的重原子薄屏幕，该区域似乎应当是 10^{-11} cm 的量级。这一条件，对明确地澄清实验现象，是绰绰有余的。

---

① *Ph. Zeit.*，18(1917)121.

[*] μ_{at} 表达式中的 n_p 系根据德布罗意在 *CRAS* 173(1921.12.27)一文的注解而加入的；n_p 为电子层电子数。

② *Z. für Physik*，1(1920)119.

③ *Ph. Rve.*，16(1920)202.

如我在上面所说的那样,吸收条纹的存在,与发射频带的存在有关;发射频带是吸收条纹的逆效应,这类现象在钨的实验中可显示出来;由于情况是普遍的,而且由实验所产生的我的推理可以精确预言 X 射线的荧光现象,因而必将引起人们的兴趣。

高频辐射连续变化时的量子衰变*

我们关于光电效应知识上的进步(见上面莫里斯·德布罗意先生的短文)似乎证实了,频率为 ν 的光所产生的辐射的每一份增量,实际上等价于以不连续的方式发射一个量子 $h\nu$。原子释放电子时需要吸收量子,此被吸收的量子的动能起码应提供做功的能量以使电子脱离原子。原子在丧失其内部的电子后,具有比该原子正常能量较高的能量。在我们目前所谓正常状态的观念下,增补的能量的谱系形式,几乎可以说,都是束缚态的。辐射场发射量子,物质吸收量子,而辐射则随后变成减少几个量子的较低频率的形式。

这一现象,与在热力学中所知道的,奇妙地相似。与热量由高温物体流向低温的物体一样,这里的辐射能量亦由高频变为低频;这就是斯托克斯原理,而且可以实测到,频率类似于温度。

设想有一个装满单色辐射的容器,辐射物由以周期形式交流输运的原子组成,在辐射时它们吸收能量。人们很容易得到类似于卡诺循环的极大比率的表达式

$$\frac{\nu_2 - \nu_1}{\nu_2},$$

只不过代替温度是频率而已。此时辐射起着热光源或冷光源的作用;而原子则扮演着蒸汽源头的角色。另一方面,量值

$$\frac{被辐射的能量}{频率}$$

类似于熵;它用作用量 h 的不同倍数来度量,而且在变化的日常观察中永远增长[1]。

通常的不可逆的 X 射线现象并非没有疑问,如同在热力学现象中一样,它只是表象。物理学家对涨落样品的研究表明,任意系统的所谓平衡热力学状态是不存在的,如同平衡态的所谓气体密度是不存在的一样;实际上它们在平均值附近是有变化的。更有甚者,当人们测量时,如同经常遇到的情况那样,系统都是十分远离平衡态的。例如人们使两个温度不同的物体接触时,测量现象就是在建立一种新的热平衡。

在实验室获得的 X 射线束,其能量密度符合高温黑体辐射的情况;另外,当射线穿越物质后必然会回到低频平衡态;对此现象进行测量时,表面上看,就是不可逆的。

不可逆性不太显著;每一种降低频率或减少能量的辐射机制与反向的增高频率的机制相仿;这种机制的作用,在通常的实验条件下,一般来说是非常弱的因而不十分明显。

---

* 译自 CRAS 173(1921.12.5.)1160~1162;分类:电子光学;由笛朗德尔推荐。

① D. Berthelot 先生已经提到过"辐射熵"。

假设存在这么一种并非总是通过无偿的方法以提高频率的过程；我们"需要"引入类似于热力学中的平衡观念，以便可以解释有趣的 X 射线的连续背景。由于吸收量子，原子内部频率为 ν 的电子具有的动能是 $h(\nu-\nu_0)$，而 $h\nu_0$ 是电子的逸出功；可转移性要求，当预设的原子被强力击穿后该原子便激发电子并占有自由空间，同时辐射射线，其中的量子就是电子-原子系统失去的能量。然而，对 X 射线来说（在电压 V 的作用下，电荷为 e 的电子的阴极能量为 eV），对物质的作用并没有使它们减弱，它们在撞击材料的原子时没有老化，其能量亦未低于 eV。人们很容易发现，由此可以得到我们先前的观念即下述结果：临界频率 ν_c 和阴极物质的频率 $\dfrac{eV}{h}$，对应于从频率 ν_c 至频率 $\dfrac{eV}{h}$ 的辐射。由于频率对应于原子的"视能级"，因而实际上 ν_c 是可以被忽略的，原因是物理学家已经有了在 X 射线领域工作的经验。因此，在实际中，这些频率对应于由频率 0 至频率 $\dfrac{eV}{h}$ 之间的辐射，这就是由通常测量获得的连续背景。较高的临界频率（如 K、L、M 层等）所对应的辐射具有重大的意义。当然，对"连续背景"为误测则不可能预见到阴极临界频率的跃变；人们所期待的类似于辐射的阴极之吸收作用的证据不会出现；不过似乎，对补上开头所说的临界频率所作的解释，或许存在。

值得注意的是，我们的见解，可以引领人们对阐明 X 射线连续背景，以及可能还有对白炽体和"黑体"连续谱的研究。

物质对 X 射线的吸收理论和对应原理[*]

在先前的工作[①]中，我得到了波长为 λ 的放射物质的原子吸收系数表达式[②]

$$\mu_{\text{at}} = \frac{\alpha}{8\pi kc}\lambda^3 \sum_p n_p E_p^2,$$

式中 k 为玻耳兹曼常数，c 为光速，E_p 为 p 电子层的临界能量，n_p 为该电子层的电子数；而求和 $\sum$ 是对上述波长 λ 的全部不连续吸收进行的。常量 α 由下述假设定义：

在温度为 T 的热力学平衡态原子系统内部，原子的往返概率 A_{12}，正比于能量 ε_1 与低能量 ε_2 之间的差以及绝对温度 T，即

$$A_{12} = \alpha(\varepsilon_1 - \varepsilon_2)T。$$

至今的测量都表明该假设是成立的，因而我们可算出常量 α。

我们考虑温度 T 下的全部 N 个原子。我们的注意力集中于温度 T 下足够小的频率

---

[*] 译自 CRAS, 173(1921.12.27.)1456~1458；分类：电子光学；由笛朗德尔推荐；收稿：1921 年 12 月 9 日。

[①] CRAS. 173(1920)1137.

[②] 在 CRAS 的原文中遗漏了因子 n_p；容易看出，该因子是必不可少的。

ν,而辐射的经典规律对它们本身是适用的。与玻尔先生所陈述的"对应原理"精神相一致,按照电磁学定律,每个原子的发射频率在电子的三个振动方向上可认为是相同的,人们当时轻易地找到了单位时间内 N 个原子的能量辐射:

$$N \frac{8\pi^2}{c^3} k \frac{e^2}{m} \nu^2 T,$$

式中 e 与 m 皆为电子常数。

然而,量子理论与上述假设的结合,给出该能量表达式为 $(Nah\nu T) \cdot (h\nu) = Nah^2\nu^2 T$;在所考虑的频率下,它与对应原理完全一致,因而我们得到两个表达式。人们通过对比,得到 α 量为

$$\alpha = \frac{8\pi^2}{c^3} \cdot \frac{e^2}{m} \cdot \frac{k}{h^2}。$$

将该 α 量代入 μ_{at} 的表达式,并用量子关系以 $h\nu_p$ 代替 E_p。得到

$$\mu_{\mathrm{at}} = \frac{\pi}{c^4} \cdot \frac{e^2}{m} \sum_p n_p \nu_p^2 \lambda^3。$$

K 壳层内部的 μ_{at},可展成

$$(\mu_{\mathrm{at}})_{\mathrm{K}} = \frac{\pi}{c^4} \cdot \frac{e^2}{m} \nu_{\mathrm{K}}^2 \lambda^3 \left[n_{\mathrm{K}} + n_{\mathrm{L}} \left(\frac{\nu_{\mathrm{L}}}{\nu_{\mathrm{K}}} \right)^2 + n_{\mathrm{M}} \left(\frac{\nu_{\mathrm{M}}}{\nu_{\mathrm{K}}} \right)^2 + \cdots \right],$$

式中 ν_{L},ν_{M} 等等为对应于 L,M 等等壳层的频率**平均**值。

在玻尔理论中,$\nu_{\mathrm{K}} = RN^2$,式中 R 为里德伯频率,N 为原子数;而实验证实该关系存在。

在布拉格-皮尔斯定律 $\mu_{\mathrm{at}} = A_{\mathrm{K}}\lambda^3 N^4$ 中,K 壳层内部的系数 A_{K} 由下列方程给出:[①]

$$A_{\mathrm{K}} = \frac{\pi}{c^4} \cdot \frac{e^2}{m} R^2 \left[n_{\mathrm{K}} + n_{\mathrm{L}} \left(\frac{\nu_{\mathrm{L}}}{\nu_{\mathrm{K}}} \right)^2 + n_{\mathrm{M}} \left(\frac{\nu_{\mathrm{M}}}{\nu_{\mathrm{K}}} \right)^2 + \cdots \right]。$$

人们目前仍认为下列假定是成立的:

$$n_{\mathrm{K}} = 2, \quad n_{\mathrm{L}} = 8, \quad n_{\mathrm{M}} = 18, \cdots, \quad R = 2\pi^2 me^4/h^3。$$

我们当时得到在应用中通用常数的最佳已知值为

$$A_{\mathrm{K}} = 2.32 \times 10^{-2} \text{ cm}^{-1}。$$

与上述值相比,人们更愿意使用在实验中以及最近(Richtmayer,1921)所提供的值:

$$A_{\mathrm{K}} = 2.29 \times 10^{-2} \text{ cm}^{-1}。$$

布拉格-皮尔斯定律中的系数是实验上的通用常数,它替代了电子和辐射常数。推理的成功表明了可视做统计原理的对应原理的深刻含义。

最后要指出,有关各种频率的吸收跃变的确切知识,使我们可以对电子和电子层进行分类,例如可以说,L 层电子是如何分布在 L_1,L_2 和 L_3 之中的。

---

① 全部吸收的表达式可分解为对应于原子内部各层电子的项。

干涉和光量子理论[*]

近年来物理学在辐射的发射和吸收领域取得的进展越来越引起人们对光量子理论的关切。根据光量子理论,射线(电磁波、光线、X 射线或 γ 射线)的能量是由频率为 ν 的**"光原子"**以 $h\nu$ 为能量单位组成的[①]。在某些情况下,一些光原子必可能聚合成分子。目前已经很难用诸如干涉、扩散、色散等波动假说来唯象地阐述光量子理论。为了谋求更佳的解决途径,我们必须综合考虑经典理论和眼下时常引入的一些新概念。当我们在做这一方面的工作时,由于对辐射能量的不连续性做了连续性近似(有理由认为在许多情况下确实如此),麦克斯韦方程将不加怀疑地得以应用;而在流体动力学中具有代表性的连续性方程,由于它在运动的流体范畴中十分有效,所以将其搬用到处理原子结构问题时更不应该对其有丝毫怀疑。

本文的出发点是试图方便地得到与光量子的存在没有矛盾的干涉理论。

我们知道,对于一体积为 V 的黑体辐射问题,其热平衡辐射涨落由下式表示:[②]

$$\overline{\varepsilon^2} = kT^2\,\frac{\mathrm{d}E}{\mathrm{d}T},$$

式中 T 为体系温度,k 为玻耳兹曼常数,E 为体积 V 内、频率为 ν、介质频率间隔为 $\mathrm{d}\nu$ 的瞬时能量的平均值,ε 的方均根依赖于这些量。

先假设黑体辐射服从瑞利-金斯的谱分布公式:$E = \dfrac{8\pi k}{c^3}\nu^2 TV\mathrm{d}\nu$,我们有

$$\overline{\varepsilon^2} = \frac{c^3}{8\pi\nu\mathrm{d}\nu}\left(\frac{E^2}{V}\right)。$$

这一结果本身,有一点是值得注意的:它与用电磁理论规则对黑体辐射干涉所提供的计算,是一致的。

如果我们采用维恩分布公式

$$E = \frac{8\pi h}{c^3}\nu^3 \exp\left(-\frac{h\nu}{kT}\right)V\mathrm{d}\nu。$$

我们便有 $\overline{\varepsilon^2} = h\nu E$;它与一种将辐射完全分隔为 $h\nu$ 的假设相对应;这一结果对于直观地合理地重新得到光量子理论的涨落是有利的。

最后,在实际情况中,单用普朗克公式

$$E = \frac{8\pi h}{c^3}\nu^3\,\frac{1}{\exp\left(\dfrac{h\nu}{kT}\right)-1}V\mathrm{d}\nu,$$

---

[*] 译自 CRAS,175(1922.11.6.)811～813;分类:光学;由笛朗德尔推荐。

① 普朗克常数 $h = 6.55 \times 10^{-27}$ erg·sec.

② 参阅 Lorentz, *Les théories statistiqnes en thermodynamique*,(在法兰西学院的报告)Dunoyer 先生编,Hermann,71.

如同 1911 年爱因斯坦在布鲁塞尔会议上所指出的那样,我们得到

$$\overline{\varepsilon^3} = h\nu E + \frac{c^3}{8\pi\nu^2 \mathrm{d}\nu}\left(\frac{E^2}{V}\right)。$$

因此 $\overline{\varepsilon^2}$ 由两部分构成:一部分是纯粹的波动辐射,别一部分则完全是量子 $h\nu$ 的贡献。

根据光量子理论,可以形式逻辑地按普朗克公式写出:

$$E = \frac{8\pi h}{c^3}\nu^3 \exp\left(-\frac{h\nu}{kT}\right)V\mathrm{d}\nu + \frac{8\pi h}{c^3}\nu^3 \exp\left(-\frac{2h\nu}{kT}\right) + \cdots$$

$$= \sum_{n=1}^{\infty} \frac{8\pi h}{c^3}\nu^3 \exp\left(\frac{-nh\nu}{kT}\right) = E_1 + E_2 + \cdots + E_n + \cdots。$$

首项 E_1 对应于分布在量子 $h\nu$ 上的能量;第二项 E_2 则对应于分布在量子 $2h\nu$(也可以说是含有两个光原子的光分子)上的能量;以此类推。涨落公式也就写成

$$\overline{\varepsilon^2} = h\nu E_1 + 2h\nu E_2 + 3h\nu E_3 + \cdots = \sum_{n=1}^{\infty} nh\nu E_n。$$

这一公式的妙处就在于它将辐射视为一种由光原子和光分子组成的"**光子气**"。自然,这一公式与爱因斯坦合理得到的下列等式是一致的:

$$\sum_{n=2}^{\infty} (n-1)h\nu E_n = \frac{c^3}{8\pi\nu^2 \mathrm{d}\nu}\left(\frac{E^2}{V}\right)。$$

这一点很容易被证明。

如果我们仔细地分析一下这些公式,就会发现它有如下特点:干涉现象依赖于运动的光原子群体的存在,而这些光原子并非独立的而是相关的。因而做这样的假设是合理的:**如果光量子理论可用于解释一些干涉现象,那是由于光量子群体存在的结果。**

波 和 量 子[*][①]

一个在静驻观测者看来速度为 $v = \beta c\,(\beta < 1)$,静质量为 m_0 的运动质点,根据能量惯性原理,应当具有内能 $m_0 c^2$。另一方面,量子原理又将此内能视为一种频率为 ν_0 的简单周期现象,即

$$h\nu_0 = m_0 c^2,$$

式中常量 c 为相对论速度极限而 h 为普朗克常数。

对于静驻的观测者说来,频率 $\nu = m_0 c^2 / h\sqrt{1-\beta^2}$ 相当于动点的总能量。但是,当这一静驻观测者测量动点的内在周期性现象时,他会觉得这一现象变得迟缓了,其频率成为 $\nu_1 = \nu_0 \sqrt{1-\beta^2}$;对于他来说,这一现象按 $\sin(2\pi\nu_1 t)$ 的规律变化。

现在假定在时刻 $t=0$ 时,这一动点与空间中一个波相缔合;波的频率即前面所定义

---

[*] 译自 CRAS,<u>177</u>(1923.9.10)507~510;分类:辐射;由佩兰推荐。

[①] 有关本文的主题,见 Brillouin. M. ,CRAS,<u>168</u>(1919)1318。

的 ν。此波以速度 c/β,沿着与动点相同的方向传播。这一速度大于 c 的波不可能对应于能量的转移,而仅仅是一种与动点运动相缔合的假想的波。

我认为,若 $t=0$ 时波动与动点内在周期现象之间有一种相位上的一致性,则这种一致性将一直保持下去。事实上,时刻 t 时动点与原点的距离为 $vt=x$,于是其内在运动可表示为 $\sin\left(2\pi\nu_1 \dfrac{x}{v}\right)$。

在这一点上,波可表示为

$$\sin 2\pi\nu\left(t-\frac{x\beta}{c}\right)=\sin 2\pi\nu x\left(\frac{1}{v}-\frac{\beta}{c}\right)。$$

如果 $\nu_1=\nu(1-\beta^2)$(由 ν 和 ν_1 的定义此条件显然满足),上述两个正弦函数便相等,而相位的一致性也就实现。

不论对静驻者还是对随动者来说,这一重要结果的论证都是完全符合狭义相对论原理和量子关系式的。

我们首先将此结果应用于光原子。我在另一处①曾建议将光原子视为质量极小($<10^{-50}$ g)的动点;它以几乎等于 c(尽管略小于 c)的速度运动。由此我们得到如下结论:"光原子就其总能量来说相当于频率为 ν 的辐射,它是一种内在周期性现象的中心,在静驻观测者看来,该现象在空间每一点均与频率为 ν 的同向传播波动同相位,而波动的速度几乎等于(虽略高于)光速。"

现在转而讨论一个以显然小于 c 的速度沿一条闭合轨道运行的电子。在 $t=0$ 时,动点在 O 点。它所缔合的假想的波,也自 O 点以速度 c/β 按其整个轨道运行,并于时刻 τ,在满足 $\overline{OO'}=\beta c\tau$ 的条件下在 O' 点与上述电子重新相合。

于是,就有

$$\tau=\frac{\beta}{c}[\beta c(\tau+T_r)] \quad \text{或} \quad \tau=\frac{\beta^2}{1-\beta^2}T_r,$$

式中 T_r 为上述电子在轨道上运行的周期。电子的内在周期,在它自 O 点行至 O' 点时,按

$$2\pi\nu_1\tau=2\pi\frac{m_0 c^2}{n}T_r\frac{\beta^2}{\sqrt{1-\beta^2}}$$

的规律变化。

除非经过 O' 点的假想波在相位上仍与电子保持一致,否则几乎必须假定电子轨道是不稳定的。频率为 ν 且速度为 c/β 的波必须在轨道的径向发生共振。这就导致了下列条件:

$$\frac{m_0 \beta^2 c^2}{\sqrt{1-\beta^2}}T_r=nh \quad (n \text{ 为整数})。$$

必须指出,这一稳定性条件是与玻尔-索末菲用以恒定速度描绘轨道的理论相一致。记 p_x,p_y,p_z 为三维直角坐标中电子的动量,由爱因斯坦所阐明的稳定性一般条件事实上就是

---

① 见 *Journal de Physique*, série Ⅵ, $\underline{3}$(1922)422~428。

$$\int_0^{T_r} (p_x \mathrm{d}x + p_y \mathrm{d}y + p_z \mathrm{d}z) = nh \quad (n \text{ 为整数})^{①}。$$

而在现在的情况中成为

$$\int_0^{T_r} \frac{m_0}{\sqrt{1-\beta^2}} (v_x^2 + v_y^2 + v_z^2) \mathrm{d}t = \frac{m_0 \beta^2 c^2}{\sqrt{1-\beta^2}} T_r = nh。$$

这与上文提及的相同。

当电子以角速度 ω 沿半径为 R 的圆旋转时,若其速度相当小,则又可再次得到玻尔最初的公式:

$$m_0 \omega R^2 = n \frac{h}{2\pi}。$$

如果速度沿轨迹变化而 β 仍很小,则可得玻尔-爱因斯坦公式。但若 β 的值较大,问题就变得麻烦了,这时就得另做专门研究。

依据同样的方法,我已获得了一些重要结果。这些结果将在近期发表。今后,我们就可以用光量子来解释衍射和干涉现象了。

光量子、衍射和干涉[*]

1. 我在近期一篇论文[②]中曾提及,为了描述一个速度为 $\beta c (\beta < 1)$ 的动点的运动,观测者必须将该动点与一个非物质的、以速度 $c/\beta = c^2/v$ 在一同方向上传播的正弦波联系起来;在该观测者的眼里,这一波的频率等于上述动点的总能量除以普朗克常数 h。尽管如此,人们仍可将速度 βc 视为一组 β 值相近且相差极微,速度为 c/β,频率为 $m_0 c^2/h\sqrt{1-\beta^2}$ 的波的群速度。先撇开其物理意义不说(解释这一问题将是推广了的电磁理论的一项困难的任务),我们证得,该动点与缔合在此点上的波具有相同的相位,因而可称这种波为"相位波"。

正如在衍射现象中所显示的那样,光量子——我们认为它是存在的——并非总是沿着直线传播的。我们觉得有必要修改一下惯性原理。在自由质点动力学的基础上,我们提出如下假说:处在轨道上任一处的自由动点将沿着其相位波的射线方向,即(在各向同性介质中)沿着垂直于等相位面的方向运动。一般来说,动点将按适用于相位波的费马原理所规定的直线轨迹运动,该原理与适用于质点的莫培督最小作用量原理是一致的。但是,若当此动点穿过一线度较相位波波长为小的开孔时,其轨迹一般来说就将会像衍射波的射线那样发生畸变。能量守恒仍将保持,但动量不再守恒,因为至少有一部分动量传

---

① 类周期运动的情况并不构成新的困难,若能使膺周期的无限性满足文中所述条件的要求,则仍可导得索末菲条件。

* 译自 CRAS,<u>177</u>(1923.9.24)548~550;分类:光学;由佩兰推荐。

② CRAS,<u>177</u>(1923.9.10)507~510.

递到开孔边缘的物质原子上去了。

建立在动力学基础上的新原理看来可以解释光原子的衍射，即便光原子的数量再小。亦即在合适的条件下，任一动点均能被衍射。穿过一足够小的开孔的电子群会表现出衍射现象。正是这一现象，可以被用来验证我们的观点。

我们将相位波看作是引领着能量转移的。这样就可将波和量子进行可能的缔合。波动理论无法证实辐射能量的不连续结构，而动力学又显得过头了，**自由质点的新动力学之于经典动力学（包括爱因斯坦狭义相对论动力学），一如波动光学之于几何光学**。通过深思熟虑我们提出的综合方案，似乎是与 17 世纪以来动力学和光学的发展的比较后，得出的符合逻辑的结果。

2. 我们现在来解释干涉条纹。我们认为，原子吸收或辐射光原子的概率，是由一个与原子缔合在一起的相位波的波矢所决定的。当然，仅当原子处于激活状态，才有可能辐射；而且，仅当光原子处于其邻近位置，才有可能吸收。归根结底，上述假说仍是一种类似于电磁理论的东西，这种电磁理论就是将光的可测（即是说可以对眼睛、照相底片及辐射测量仪器发生作用）强度与由此产生的电矢量强度联系在一起的。

"点"光源中光量子辐射的原因，是由于其相位波在经过邻近原子时引起的。量子辐射的内在振动与相位波的相位有关。所有被辐射出来的光原子都具有与原先相同的相位波。我们认为辐射与相位波是耦合的。与单一的相位波一同传输着的，还有大量的能量单元①。这种能量单元在其波阵面上稍有滑移，就引起了我在上一篇文章中所指出的那种结果。

我们再来研究 Th. 杨的小孔实验：一些光原子穿过小孔，沿着缔合在光原子上的相位波的波矢发生衍射。穿过两小孔而产生衍射的这两股相位波，在小孔后面空间的屏上每一点产生程度不同的干涉，即不同的光电效应，**不论入射光的强度小到如何程度，正如波动理论所预见的那样，都将出现明暗相间的条纹**。

这种借用波动理论原则并引进量子的解释体系，应能推广应用于所有干涉和衍射现象。

量子、气体运动论和费马原理*

1. 普朗克和能斯特曾提及从计算熵常数和化学常数的角度来看，在气体运动论中必须引入量子观念，而这些常数在热力学中是极为重要的。这就使得普朗克选用了下列不变的相空间：

$$\frac{1}{h^3}\mathrm{d}x\mathrm{d}y\mathrm{d}z\mathrm{d}p\mathrm{d}q\mathrm{d}r = \frac{4\pi}{h^3}m_0^{3/2}\sqrt{2W}\,\mathrm{d}W\,\mathrm{d}x\mathrm{d}y\mathrm{d}z,$$

---

① 这很可能就是出现在黑体辐射公式中的，与相位波相缔合的原子。见 CRAS,175(1922.11.6)811～813.

* 译自 CRAS,177(1923.10.8)630～632;分类:物理学;由笛朗德尔推荐。

式中 x,y,z,p,q,r 为原子的位形和动量，m_0 为静质量，W 为动能，h 为单位作用量。我们现在能够证明这一假设为真。

每一具有速度为 βc 的原子皆可视为与一波群相缔合，该波群的相速度为 $V=\dfrac{c}{\beta}$，频率为 $m_0 c^2/h\ \sqrt{1-\beta^2}$，群速度为 $U=\beta c$。除非所有与原子缔合的波形成驻波系统。否则气体状态不可能是稳定的。仿照金斯给出的一种众所周知的方法，可以算出单位体积中频率在 ν 和 $\nu+\mathrm{d}\nu$ 之间的连续驻波数目是

$$n_\nu \mathrm{d}\nu = \frac{4\pi}{UV^2}\nu^2\,\mathrm{d}\nu = \frac{4\pi}{c^3}\beta\,\nu^2\,\mathrm{d}\nu,$$

式中 ν 和 W 的关系由下式给出：

$$h\nu = \frac{m_0 c^2}{\sqrt{1-\beta^2}} = W + m_0 c^2 = m_0 c^2(1+\alpha) \quad \left(\alpha = \frac{W}{m_0 c^2}\right),$$

由此可得

$$n_\nu \mathrm{d}\nu = \frac{4\pi}{h^3}m_0^2 c(1+\alpha)\ \sqrt{\alpha(\alpha+2)}\,\mathrm{d}W。$$

为了使每一波能够引导零个、一个、两个或若干个原子的运动，所以按正则分布规律，体积元中总能量为 $h\nu$ 的原子数为

$$C\,\frac{4\pi}{h^3}m_0^2 c(1+\alpha)\sqrt{\alpha(\alpha+2)}\,\mathrm{d}W\,\mathrm{d}x\mathrm{d}y\mathrm{d}z\,\frac{\displaystyle\sum_1^\infty n\exp\left(-\frac{nh\nu}{kT}\right)}{\displaystyle\sum_1^\infty \exp\left(-\frac{nh\nu}{kT}\right)} \quad (C\ \text{为常数})。$$

对由质量较大因而速度较小的原子所构成的气体物质，上述公式中的级数可以忽略除第一项之外的其他各项，即有

$$1+\alpha \doteq 1,$$

因而动能为 W 的原子数是

$$C\,\frac{4\pi}{h^3}m_0^{3/2}\sqrt{2W}\,\mathrm{d}W\,\mathrm{d}x\mathrm{d}y\mathrm{d}z\,\exp\left(-\frac{W}{kT}\right)。$$

这一结果验证了普朗克的假设，而且与麦克斯韦分布律的通常形式相一致。

对由光原子构成的气体，由于 α 一般较大，因而必须计算全部级数。由波动类比得出的双重对称性可知，必须引进一个因子 2，然后采用一种我已在 1922 年 11 月的《物理学杂志》*上曾做过简单介绍的方法，可以得出普朗克关于能量密度的定律：

$$\rho_\nu \mathrm{d}\nu = \frac{8\pi h}{c^3}\nu^3\sum_1^\infty \exp\left(-n\,\frac{h\nu}{kT}\right) = \frac{8\pi h}{c^3}\nu^3\,\frac{\mathrm{d}\nu}{\exp\left(\dfrac{h\nu}{kT}\right)-1}。$$

2. 现在我们再进一步将前几篇文章中提出的思想精确化。在某些介质中，当物体沿曲线轨道运动时，我们就认为存在着某一力场；而在该力场的每一点处，总能量为常量的物体的速度可用能量原理得到。为了保证波动与粒子在相位上的一致性，必须假定总能量已给定的动点的相位波，在每一点上具有一定的频率和速度，而该速度恰为处于这点的物体速度值所决定。一种推广了的电磁理论可以使我们设想这一复杂的传播机制，这

---

* *Quanta de lumière et rayonnemet noir*，*Journal de Physique*，serie Ⅵ，3(1922)422~428.

是毫无疑问的；而且我们可以进一步得到这样的原则结果：相位波的射线与动力学意义上的物体最可能轨迹是重合的。一方面，射线可由费马原理算出，犹如在非均匀色散介质的情况中一样，即有

$$\delta \int \frac{\nu \mathrm{d}s}{V} = \delta \int \frac{m_0 \beta c}{h} \frac{1}{\sqrt{1-\beta^2}} \mathrm{d}s = 0,$$

另一方面，莫培督最小作用量原理以如下方程决定了物体运动的轨迹：

$$\delta \int m_0 c^2 \left(\frac{1}{\sqrt{1-\beta^2}} - \sqrt{1-\beta^2} \right) \mathrm{d}t = \delta \int \frac{m_0 \beta c}{\sqrt{1-\beta^2}} \mathrm{d}s = 0 。$$

由此，几何光学和动力学的两大原理之间的联系变得清晰了。在动力学上可能的诸轨道中，有一些具有只能与相位波发生共振的特性；这就是玻尔所提出的 $\int \frac{\nu \mathrm{d}s}{V}$ 为整数的量子轨道稳定性条件。

我们注意到，费马积分的被积函数为频率和时间的积，而只有当有了能量和频率的比例关系后，作用量子才有可能被引进。这一比例关系至今仍是一种假定，其物理意义尚待搞清，但它无疑反映了时空关系的一个方面。而在我们的日常经验中，常常将这两个概念分割开来，将它们联系起来是需要一些直觉的。

波 和 量 子[*]

能量＝h×频率这一量子关系式将某一周期现象与物体的任一孤立部分或能量联系起来了。处于该物体上的一个观测者则将物体与一频率相联系，而此频率取决于物体的内能即"静质量"。相对于某一部分物体以速度 βc 做匀速运动的另一观测者，他将看到这一频率以洛伦兹-爱因斯坦时间变换的结果而减小。我已经指出[①]固定观测者总会看到，内部周期运动与频率为 $\nu = m_0 c^2/h \sqrt{1-\beta^2}$ 的波是同相位的；频率的这一关系来自量子关系式并利用了运动物体的总能——只要假设波是以速度 c/β 传播的。这个波的速度是大于 c 的，且不可能携带能量。

必须将频率为 ν 的辐射看作是许多质量非常小（$< 10^{-5}$ g）的光原子的运动，从公式 $m_0 c^2 / \sqrt{1-\beta^2} = h\nu$ 可以看出它们的速度非常接近于 c。光原子在非物质波上缓慢地滑移，波频为 ν，速度 c/β 稍大 c。

"相位波"在决定任何动体的运动中起着十分重要的作用。我已经指出，玻尔原子中轨道稳定性条件可表述为：波与闭合路径的长度是协调的。

当一个发光原子穿过一窄孔时它的路径不再是直线，此即为衍射。于是，我们**必然**

---

[*] 原载 *Nature*，<u>112</u>，No.2815(1923.10.13)540；作于 1923 年 9 月 12 日。

[①] *CRAS*，<u>177</u>(1923.9.10).507~510；<u>177</u>(1923.9.24)548~550.

要放弃惯性原理,并且必须假定,任何运动物体总是沿着其"相位波"的射线前进的。当该物体穿过一足够小的孔穴时它的路径就要偏折。与光学中波动说代替纯几何光学一样,动力学也必须经历类似的发展过程。建立在波动理论基础之上的那些假设能解释干涉和衍射条纹。凭借这些新概念,或许有可能使扩散和色散与光的不连续性相协调,并能解决几乎所有由量子所带来的问题。

波与运动相关性的一般定义 [*]

正如我们在先前的工作所说明的[①],若所有质点的运动都与平面波的传播相缔合,因而由运动的总能量 E 除以普朗克常数 h 所得到的频率 ν 均相等,于是我们便得到了表示这一有趣的量子现象的观点。

根据相对论和观点,这样的表达并不十分令人满意。因为所有正确的表达都必须用到宇宙张量关系,物质的运动由能量-动量张量来表征;平面波的传播也是用一个张量来表示的,其时间分量为频率,而其空间分量即通常的矢量 ν/V,其中 V 是该方向的相速度(通常速度)。当总能量为动能和势能之和时,动量为矢量 $m_0 v/\sqrt{1-\beta^2}$ 与运动电荷受电磁场作用时所具有的矢势的**几何**和。

我们可以提出如下定义相位波的表述:**该波的特征张量由 h 乘以运动物体的能量-动量张量得到。**

这一假设可由下列两个等式表示出来[②]:
$$W = h\nu, \quad G = h\nu/V = W/V,$$
式中 G 和 V 分别为沿轨道切线方向的动量和沿该方向传播的波的相速度[③](辐射速度)。第二个等式来自莫培督原理同费马原理的等价性,并与玻尔为解释共振条件所得到的结果相一致。

从这一假设我们可以得到一个普遍的方法,即沿着运动的物体轨道的切线方向的速度 v,在每一时刻等同于在该方向上引领该物体运动的相位波的群速度 U。在所考虑的瞬间,设轨道的切线方向即为 x 轴的方向,则由第一组的哈密顿方程的等一式得到

$$\frac{\mathrm{d}x}{\mathrm{d}t} = v = \frac{\partial W}{\partial G} = \frac{\partial \nu}{\partial \left(\dfrac{\nu}{V}\right)} = U。$$

在最近的一篇文章[④]中,布里渊阐述了人们可以重新找到干涉和衍射的规律;将莫培

---

[*] 原载 *CRAS*,179(1924.7.7)39~40;分类:物理学;莫里斯·德布罗意递交。

[①] *CRAS*,177(1923)507;548;630;*phil. Mag.*,47(1924)446.

[②] 在自由质点运动情况下,能得到 $V = c/\beta$;见 *CRAS*,177(1923)507。

[③] 对在电磁场中运动的带电粒子来说,辐射速度与通常速度是相同的。

[④] Brillouin. L. ,*CRAS*,178(1924)1696.

督原理应用于光量子,其量子动量就等于能量 $h\nu$ 除以相速度。在折射介质之中,若介质的特性可精确得知,则量子对于介质的作用的平均效果可以用量子势,也许可以用动量的第二类分量来表示。在讨论了普遍情况之后,方程 $G = h\nu/V$ 得到了证实。这与布里渊所说的条件相符*。

玻 尔 理 论**

为了阐明其基本理论的普遍性,玻尔先生给出了一种量子动力学理论,我想在一种较为特殊的情况下予以证明。

考虑原子中的两条封闭轨道。按量子理论,这两条轨道是稳定的并且与整数 n 和 $n+p$ 相对应。若 n 很大而 p 与 n 相比很小,而且当一个电子从 $(n+p)$ 层轨道跃迁到 n 层轨道时,根据目前公认的理论,它将产生其频率为跃迁前后能量差与 h 的比值的辐射。由于 n 很大,因而在两条轨道上运动的旋转频率 ω 几乎是相等的。玻尔先生指出,如果认为 n 趋于无穷大,则辐射频率应当趋于 p 与力学频率 ω 的乘积。因此它是谐调的。于是便建立了量子理论与电磁发射理论之间的关系。

我们从另一角度来探讨一下近几年来建立在力学基础之上的新的解释。我们认为,一个质点的运动是与一群波的传播相缔合的,而这群波的传播速度和频率由一个普遍的重要的力学原理所决定②。波的**群速度**等于质点的运动速度,而波的相位在当地是相同的。

我们承认关于整数 n 和 p 的假设的合理性,描述 n 层轨道上运动的波群可以用频率;如果其中有一个波的频率为 ν_{n+p},则其在 $(n+p)$ 层轨道上的共振是产生了一种"**驻波**"。如果对波群作同样的描述,在稍微改变 n 层轨道长度的情况下,则稍有变化的能量就会引起波的迁移,并与在 $(n+p)$ 层轨道上的波由于频率非常近似而产生共振。总之,在 n 层轨道上运动的电子,是各自阶数为 n 和 $(n+p)$ 的频率为 ν_n 和 ν_{n+p} 的波的叠加所形成的共振。这种叠加表示了在 p 点有着每时每刻与电子同相位的轨道的存在。

仔细地考查空间中的一点。两个波的振荡频率等于它们各自的频率之差,在 n 层轨道上的一点,需要越过 $\nu_{n+p} - \nu_n = \delta\nu$ 的间隔才有可能达到第二种相位。这就给出了该点在各种运动状态中的最小频率 $\delta\nu/p$。于是我们重新得到了玻尔公式,因为当我们记录到一个频率为 $\delta\nu$ 的波弥散时,同时伴随着电子从 $(n+p)$ 层轨道到 n 层轨道的跃迁。

注意到这样一幅**图像**是十分有趣的:p 点与以频率 p^{ieme} 周期性重现的机械谐振子具有相同的相位。因此对原子来说存在这么一种情形:它具有对发射和吸收都是可能的波

---

* 本文中将辐射速度写成 V_r,通常速度写成 V_n,为了与后文保持一致,而且又有作者在本文中的声明,故译文中全部写成 V。

** 译自 $CRAS$,$\underline{179}$(1924.10.13)676~677;分类:数学物理;由莫里斯·德布罗意推荐。

② 参阅 $CRAS$,$\underline{179}$(1924)39~40;其中应与指出的是,第 39 页倒数第二行的 h 应为 $1/h$。

频。显而易见，这些结论适用于层数较高的轨道，但我们仍可寄希望于通过推广拓展，找到某种适用于量子数较小的一些轨道的方法。

光量子动力学和干涉[*]

在先前的量子理论工作中，我曾经用动力学和波动理论中得到的新概念，企图合乎情理地寻找一种理论，去寻找解开谜底的办法；然而这一工作并没有真正满足我达到说明以干涉为中心的波动光学现象的目的。我只能凭智力援引波的干涉和物质对光原子的吸收概率之间的大量联系。这一观念我目前认为是不自然的，我的目的是用其他方法使这一理论的主要轮廓更为协调。

这一观念的本质，是全部质点的位移与波的传播的缔合效应。此时各质点沿各时空方向的特征张量与动体的能量-动量张量成正比。该波的频率是可变的，人们于是定义了波群并认为各质点在其轨道上的运动速度等同于该波的群速度。这些性质，导致了哈密顿方程的结论，即将质点视为波群的奇点，而其位移则由哈密顿-费马原理决定。

有效的概念是波的自由传播。当它到达障碍物时波的传播是否被扰乱了，因而产生干涉或衍射现象，或者还是，当有许多物体（电子或原子）时，使得传播的次级波又叠加到首波上？在所有情况中，我们知道，波动理论确定了相位的一致；在质点等价于自由传播的波动情况中，它们的运动是重合的，这就是被接受的全部特性。正如我在先前的短文中所预言的，人们如此得到的新的动力学，它与旧动力学之间的关系犹如波动光学与几何光学之间的关系。

波动力学所预言的射线因而就包含在量子的可能轨道之内。在干涉现象中，射线密集区便形成"亮条纹"，射线稀疏区便形成"暗条纹"。有关干涉的首次解释是，暗条纹的出现是由于在暗区内光粒子与物质的相互作用互相抵消，暗区内的量子数目很少，其宽度极小几近于零。

援引一个简明的例子。在 Th. 杨的小孔实验中，设置有共焦椭球面；而在其法向，即共焦双曲面上，形成了来自两个小孔的同相位的波的摄动。如果空间某一点到两个小孔的距离为 r_1 和 r_2，则 $\frac{1}{2}(r_1+r_2)$ 为常数，而且相位 φ 在任一面上相等。人们很容易断言，波的相速度沿射线是相等；而在自由传播的情况中，ψ 波沿射线方向偏折而分开；至于量子速率与自由运动的关系则是随偏折而增大。人们也许认为，干涉中引入了能量和动量的补充项；其实不然，真实情况是光原子的固有质量发生了变化。

该方法可应用于研究漫射和散射，其最出色的应用是在物质和光波发生相互作用的地方，以及有电磁相互作用的地方；当然这并不能给出准确的表象。最后，从同频率波之间干涉的计算立场出发，人们可以重新证得普朗克定律以巩固其基础，并随之表示出黑体辐射的能量涨落。在人们达到确定光波的结构和由量子构成的奇点的特性这一目标

---

* 译自 CRAS，179(1924.11.17.)1039～1041；分类：光电子学；由莫里斯·德布罗意推荐。

方面，整个理论不失其真正的清晰；而从波动的观点来看，量子的运动能力正在预料之中，其位置也是**唯一**的。

电子的固有频率[*]

根据量子理论，我受到启发得出如此推论：一切电子（或质点）都伴随着某种周期现象。在一个相对于电子固定不动的观测者看来，这一现象将使具有相同相位和频率 $\nu_0 = m_0 c^2/h$ 的电子占据整个空间。

就上述观测者而言，可以用一形式为 $\varphi(r_0)\cos(2\pi\nu_0 t_0)$ 的函数来表示这一现象。其中 t_0 为运动的特征时间，r_0 为电子中心间的距离，对第二位以速度 βc 经过运动物体的观测者而言，由于电子占据整个空间，因而上述现象相对于观测点，就如同波阵面自身朝同一方向传播一样，其相速度为 $V = \dfrac{c}{\beta} > c$，而其频率 $\nu = \nu_0/\sqrt{1-\beta^2}$。

这些描述并不完整，因为它们既不准确又不真实，而且这一现象的空间分布本身就有点令人生疑，特别是，若假设这是合理的并由此归因于电磁特性，那么人们不禁要问：速度 $V > c$ 的存在如何同电磁变量在真空中所满足的传播方程 $\dfrac{1}{c^2}\dfrac{\partial^2 A}{\partial t^2} = \nabla^2 A$ 相一致？

我将给出与这一疑问有关的一些解答，但在此之前先要做以下几件事：为了便于处理前面给出的 V 和 ν 的表达式，引入比值 $\dfrac{c}{V} = n$；类似地引入电子波的折射率 $\sqrt{1 - \left(\dfrac{\nu_0}{\nu}\right)^2}$，这是一种色散关系。

现在考虑按方程 $\dfrac{1}{c^2}\dfrac{\partial^2 A}{\partial t^2} = \nabla^2 A$ 在真空中传播的电磁变量 A。

假设等相位面的法线在所有瞬时都与我们所在平面的垂线 z 轴重合。

A 的衰减是表达式 $\varphi(x,y,z,t)\exp\left[2\pi i\nu\left(t-\dfrac{z}{V}\right)\right]$ 的实部，条件是必须有

$$\frac{1}{c^2}\frac{\partial^2\varphi}{\partial t^2} + \frac{4\pi i\nu}{c^2}\frac{\partial\varphi}{\partial t} - \frac{4\pi^2\nu^2}{c^2}\varphi = \nabla^2\varphi - \frac{4\pi^2\nu^2}{V^2}\varphi - \frac{4\pi i\nu}{V}\frac{\partial\varphi}{\partial z}。$$

分开实部和虚部，首先有

$$\frac{\partial\varphi}{\partial t} = -\frac{c^2}{V}\frac{\partial\varphi}{\partial z},$$

通过引入变量 $u = z - \dfrac{c^2}{V}t$，可以看出 φ 即依赖于 t 又依赖于 z。

由另一部分，得到

---

[*]　译自 CRAS，<u>180</u>(1925.2.16)498～500；分类：光电子学；由莫里斯·德布罗意推荐。

$$4\pi^2\nu^2\left(\frac{1}{V^2}-\frac{1}{c^2}\right)=\frac{1}{\varphi}\left(\bigtriangledown^2\varphi-\frac{1}{c^2}\frac{\partial^2\varphi}{\partial t^2}\right).$$

以 a 表示方程的右端，有

$$\frac{c}{V}=n=\sqrt{1+\frac{ac^2}{4\pi^2\nu^2}}.$$

利用该式，我们可验证开头所作的假设：令 $a=-\dfrac{4\pi^2\nu_0^2}{c^2}$，则有 $\dfrac{c^2}{V}=\beta c$。

于是

$$\bigtriangledown^2\varphi-\frac{1}{c^2}\frac{\partial^2\varphi}{\partial t^2}=-\frac{4\pi^2\nu_0^2}{c^2}\varphi.$$

因为 φ 依赖于 x,y 和 u，很容易得到

$$\frac{\partial^2\varphi}{\partial x^2}+\frac{\partial^2\varphi}{\partial y^2}+\frac{\partial^2\varphi}{\partial u^2}(1-\beta^2)=-\frac{4\pi^2\nu_0^2}{c^2}\varphi.$$

作变量置换：

$$x_0=x,\quad y_0=y,\quad z_0=\frac{u}{\sqrt{1-\beta^2}}=\frac{z-\beta ct}{\sqrt{1-\beta^2}},$$

并记

$$\bigtriangledown_0^2=\frac{\partial^2}{\partial x_0^2}+\frac{\partial^2}{\partial y_0^2}+\frac{\partial^2}{\partial z_0^2},$$

我们得到

$$\bigtriangledown_0^2\varphi+\frac{4\pi^2\nu_0^2}{c^2}\varphi=0.$$

这里的下标 0 表示在固结于电子的空间中观测者所标定的点；由于电子的球对称合理性，函数 $\varphi(r_0)$ 可由下列方程求出

$$\frac{\mathrm{d}^2\varphi}{\mathrm{d}r_0^2}+\frac{2}{r_0}\frac{\mathrm{d}\varphi}{\mathrm{d}r_0}+\frac{4\pi^2\nu_0^2}{c^2}\varphi=0,$$

其积分通解为

$$\varphi(r_0)=\frac{K}{r_0}\cos\left(\frac{2\pi\nu_0 r_0}{c}+\alpha_0\right).$$

式中 K 和 α_0 为积分常数。我们采用从一个系统进入另一个系统的时间变换公式，就可以得到函数 A 在电子系中的值 A_0：

$$A_0=\frac{K}{r_0}\cos\left(\frac{2\pi\nu_0 r_0}{c}+\alpha_0\right)\cos(2\pi\nu_0 t_0)$$

$$=\frac{K}{r_0}\left\{\cos\left[2\pi\nu_0\left(t_0+\frac{r_0}{c}\right)+\alpha_0\right]+\cos\left[2\pi\nu_0\left(t-\frac{r_0}{c}\right)-\alpha_0\right]\right\}.$$

所有的传播都像各自以速度 c 引进的一支聚合波和一支发散波的叠加一样。回忆一下皮叶克尼斯的流体动力学，其实这一结果可以事先预计出来；于是，我们或许可以更确切地为与物质相缔合的周期量下一个定义。在所有的情况中，存在相速度大于 c 似乎与波动传播的电磁方程是不相容的。

前面提及的频率 ν_0，在数值上等于 $1.2\times10^{20}\sec^{-1}$；而波长 $\lambda_0=\dfrac{c}{\nu_0}$ 为 2.5×10^{-10} cm。

新波动力学评述[*][①]

一、薛定谔先生[②]最近的工作证实了我们的力学波动性思想。为了得到与流场中质点运动相缔合的波的传播方程，考虑能量方程

$$H(q_k, p_k) - E = 0。$$

而 q_k 为**正交**笛卡儿坐标，p_k 为共轭动量；将各 p_k 用符合 $-\,\mathrm{i}\hbar\dfrac{\partial}{\partial q_k}$ 代入并且[**] $\hbar = \dfrac{h}{2\pi}$ 便得到用对应算符表示的这一方程。传播方程为

$$H\left(q_k, -\,\mathrm{i}\hbar\frac{\partial}{\partial q_k}\right)u - Wu = \frac{-\hbar^2}{2m}\nabla^2 u - [W - F(q_k)]u = 0,$$

式中 u 为表示缔合波的函数，W 为动能与势能 $F(q_k)$ 的常数和。

布里渊[③]在一篇评论中设 $u = \exp\left(\dfrac{\mathrm{i}S}{\hbar}\right)$，并且略去出现 $\hbar$ 的项而取一级近似，便得到雅可比方程[***]

$$\frac{1}{2m}\left(\frac{\partial S}{\partial q_k}\right)^2 + F = W。$$

雅可比方法提供了所有可能的轨道，而它在由初始条件确定的已知运动中确实就是迹径。但，若人们必须保留含有 $\hbar$ 的项的计算（如在原子内部力学情况中）时，则轨道这一词将取何种含义？

二、相对论的引入[④]。动体中由 W 表示的**总能量**包括内能 $m_0 c^2$。对自由质点来说我们应当写成

$$\frac{W^2}{c^2} - p_k^2 = m_0^2 c^2。$$

而时间目前充当类似于空间变量的角色且随时与 W 共轭。在用 $-\,\mathrm{i}\hbar\dfrac{\partial}{\partial q_k}$ 替换各 p_k 的同时，更用 $\mathrm{i}\hbar\dfrac{\partial}{\partial t}$ 代替 W，便可得到传播方程

$$-\hbar^2\left[\frac{1}{c^2}\frac{\partial^2 u}{\partial t^2} - \nabla^2 u\right] = m_0^2 c^2 u。$$

频率为 ν 的周期态函数 u，只要它处在缔合波上，完全可以断言其折射率为 $n_0 =$

* 译自 CRAS，<u>183</u>(1926.7.26.)272～274；分类：数学物理；由莫里斯·德布罗意递交。

① 1926 年 7 月 19 日收到。

② *Ann. de phys.* <u>79</u>(1926)351,489,734.

** 原文中 $K = h/2\pi\,\sqrt{-1}$，译文中 $\hbar = h/2\pi$。

③ *CRAS* <u>183</u>(1926)270.

*** 译文中采用爱因斯坦求和约定，$k = 1、2、3$；原文中 $\left(\dfrac{\partial S}{\partial q_k}\right)$ 写成 $\left(\dfrac{\partial S}{\partial x}\right)$，现据上下文关系更正。

④ 参阅 Dirac, *proc. Roy. Soc.*, <u>111A</u>(1926)405.

$\sqrt{1 - \left(\dfrac{m_0 c^2}{2\pi\hbar\nu}\right)^2}$，结果已是众所周知的[①]。

为了处理电磁场中荷电量为 e 的电子的情况，我们引入四维能量-动量矢量 p_a 和包括标势 ψ 和矢势 a_k 的"**宇宙势**"矢量 φ_a。于是我们能够写出不变关系

$$(p_a - e\varphi_a)(p^a - e\varphi^a) = (p_4 - e\varphi_4)^2 - (p_k - e\varphi_k)^2 = m_0^2 c^2。$$

在用 $-i\hbar\dfrac{\partial}{\partial q_k}$ 代换各 p_k 过程中计及势函数之间的洛伦兹关系；便有

$$-\hbar^2\left[\frac{1}{c^2}\frac{\partial^2 u}{\partial t^2} - \nabla^2 u\right] - 2\frac{e\psi}{c^2}(-i\hbar)\frac{\partial u}{\partial t} + (-i\hbar)\frac{e}{c}a_k\frac{\partial u}{\partial q_k} + \left[\frac{e^2}{c^2}(\psi^2 - a^2) - m_0^2 c^2\right]u = 0。 \tag{A}$$

令 $u = \exp\left(\dfrac{iS}{\hbar}\right)$，并略去含 $\hbar$ 的项，留下雅可比方程的相对论形式[*]

$$\frac{1}{c^2}\left(\frac{\partial S}{\partial t} - e\psi\right)^2 - \left(\frac{\partial S}{\partial q_k} - \frac{e}{c}a_k\right)^2 = m_0^2 c^2。 \tag{B}$$

若场是不变的，人们能够确定在 ν 为常数时，$\dfrac{\partial S}{\partial t} = 2\pi\hbar\nu$。于是人们得到在角度 θ 方向上且具有矢势 a_k 时的折射率：

$$n_0 = \frac{c}{2\pi\hbar\nu}\sqrt{\left(\frac{\partial S}{\partial q_k}\right)^2} = \frac{c}{2\pi\hbar\nu}\left[ea\cos\theta \pm \sqrt{\left(\frac{2\pi\hbar\nu - e\psi}{c}\right)^2 - m_0^2 c^2 - e^2 a^2\sin^2\theta}\right]。$$

矢势的存在导致各向异性传播[②]。

当势是时间的已知函数时，方程（B）对应于爱因斯坦力学；人们应当通过提高近似程度来研究方程（A）的解，并且从中人们应当重新研究轨道概念所具有的含义。在一些极端形式的问题，如多电子相互作用情况中，由于那时起作用的势函数不再是时间的已知函数，因而它被当作是由其他电子的连续位形所确定的且至今都是这么考虑的。

干涉和衍射现象与光量子理论的可能联系[**]

光波的传播由下列方程决定：

$$\nabla^2 u = \frac{1}{c^2}\frac{\partial^2 u}{\partial t^2}。 \tag{1}$$

对于每一个干涉或衍射问题，经典光学选取如此形式的一个解：

$$u = a(x_k)\exp\{i\omega(t - \varphi(x_k)]\}。 \tag{2}$$

这个解要求满足由于屏板的存在所加入的限制条件以及其他方面对波动的干涉。关于

[①] 参阅 de Broglie. L.，*Journal de Physique*，série Ⅵ 7(1926.1.)1~6。

[*] 原文（B）式印刷错误，已改正。

[②] de Broglie. L.，博士论文，p.39。

[**] 原载 *CRAS*，183(1926.8.23.)447~448；分类：数学物理；由莫里斯·德布罗意递交。

光量子的新光学要求在解的形式中振幅是可变的：

$$u = f(x_k, t)\exp\{i\omega[t - \varphi(x_k)]\},\qquad(3)$$

式中 φ 与（2）式中的函数形式相同。f 函数沿着通常是弯曲的 $\varphi = \text{const.}$ 的表面长度方向做特殊运动。这种特殊运动是由辐射的能量量子构成的。在 t 瞬间 M 点移动的量子速度为

$$U = -\left(\frac{\partial f/\partial t}{\partial f/\partial n}\right)_{M,t},\qquad(4)$$

变量 n 为 t 时刻 M 点所处轨道的长度方向。

将（2）和（3）式代入（1）式，并撇开已得到的假设关系，可得到联结函数 φ 与经典振幅 a 和真实振幅 f 的下列方程：

$$\frac{2}{a}\frac{\mathrm{d}a}{\mathrm{d}n} = \frac{1}{a^2}\frac{\mathrm{d}(a^2)}{\mathrm{d}n} = -\frac{\nabla^2\varphi}{\partial\varphi/\partial n},\qquad(5)$$

$$\frac{\partial\varphi}{\partial n}\frac{\partial f}{\partial n} + \frac{1}{2}f\nabla^2\varphi = -\frac{1}{c^2}\frac{\partial f}{\partial t}。\qquad(6)$$

由于我不能解释的原因，可能是，当光粒子在其轨道上接近**恒定时间**时，f 函数反比于粒子之间的距离；即在 M 点，f 对 $\dfrac{\partial f}{\partial n}$ 的商等于零，根据（4）式和（6）式，M 点的量子速度为

$$U = c^2\left(\frac{\partial\varphi}{\partial n}\right)_M。\qquad(7)$$

相位 φ 充当了速度势的角色。

考虑一截面为 σ 的无限长的轨道流管。光粒子流通过这一管道时流量守恒，即沿管道单位长度有

$$\rho U\sigma = \text{const.},\qquad(8)$$

式中 ρ 为粒子在单位体积中的密度。取对数并求导，有

$$\frac{1}{\rho}\frac{\mathrm{d}\rho}{\mathrm{d}n} + \frac{1}{U}\frac{\mathrm{d}U}{\mathrm{d}n} + \frac{1}{\sigma}\frac{\mathrm{d}\sigma}{\mathrm{d}n} = 0。\qquad(9)$$

由已知理论[1]，其最后一项就其平均而言，在两个弯曲表面 $\varphi = \text{const.}$ 上是相等的。考虑到这一点，便有表达式

$$\frac{1}{R_1} + \frac{1}{R_2} = \frac{\nabla^2\varphi - \dfrac{\partial^2\varphi}{\partial n^2}}{\partial\varphi/\partial n}。\qquad(10)$$

由（10）式和（7）式，方程（9）取如下形式：

$$\frac{1}{\rho}\frac{\partial\rho}{\partial n} = -\frac{\nabla^2\varphi}{\partial\varphi/\partial n}。\qquad(11)$$

与（5）式相比较。可得

$$\rho = Ca^2 \quad （C\text{ 为常数}）。\qquad(12)$$

光量子的密度正比于经典理论的强度。借助于光微粒的概念，就可以很好地解释干

---

[1] 庞加莱，《毛细作用》p.51。

涉和衍射现象了。*

电磁理论协调于新波动力学的可能性**

波动力学容许服从一个传播方程（在简单情况下一般地不考虑质点）的许多周期性物理现象的存在，该方程是

$$\nabla^2 u - \frac{1}{c^2} \frac{\partial^2 u}{\partial t^2} = \frac{4\pi^2}{c^2} \nu_0^2 u。 \tag{1}$$

在最近的论文（$Nature$（London），1926，118；p. 839）中，Bateman 先生指出，电磁场的生成函数可以由相关的势函数来定义：

$$\begin{cases} a_x = \frac{1}{2}\left[\theta_1 \dfrac{\partial \theta_2}{\partial x} - \theta_2 \dfrac{\partial \theta_1}{\partial x}\right]，\cdots \\ \psi = -\frac{1}{2c}\left[\theta_1 \dfrac{\partial \theta_2}{\partial t} - \theta_2 \dfrac{\partial \theta_1}{\partial t}\right]。 \end{cases} \tag{2}$$

无疑，其中**两个**函数类似于 u 函数。在简单情况下，（1）式表明，势能之间满足的洛伦兹关系可以很好地被立即证实。

于是人们按习惯将场与势能联系起来，即有

$$\begin{cases} h_x = -\dfrac{\partial \psi}{\partial x} - \dfrac{1}{c}\dfrac{\partial a_x}{\partial t} = \dfrac{\partial(\theta_1, \theta_2)}{\partial(x, t)}， \\ \cdots \\ H_x = (\nabla \times \boldsymbol{a})_x = \dfrac{\partial(\theta_1, \theta_2)}{\partial(y, z)} \\ \cdots \end{cases} \tag{3}$$

由此引入了最初的麦克斯韦方程组，同时进一步得到了 $\boldsymbol{H}$ 的散度和 $\boldsymbol{h}$ 的旋度。

考虑一个孤立的球对称点电荷，它处于给定的伽利略参考系的原点。

（1）式的解即函数 θ 具有形式 $\left(\dfrac{A}{r} + B\right)\exp(2\pi\nu_0 t)$。例如可以简单地写成

$$\begin{cases} \theta_1 = \dfrac{A}{r}\cos(2\pi\nu_0 t)， \\ \theta_2 = B\sin(2\pi\nu_0 t)。 \end{cases} \tag{4}$$

因而由（2）和（3）式我们得到

---

* 译文中已将 x, y, z 改为 $X_k(k = 1, 2, 3)$。

** 译自 $CRAS$ 184（1927.1.4，发表于 1927.1.10）81～82；分类：电磁学；由莫里斯·德布罗意推荐。

$$
\begin{cases}
\boldsymbol{a} = -\dfrac{AB}{4} \nabla \left(\dfrac{1}{r} \right) \sin(2\pi\nu_0 t), \\[2mm]
\psi = -\dfrac{\pi\nu_0}{c} \dfrac{AB}{r} = \dfrac{K}{r}, \\[2mm]
\boldsymbol{H} = 0, \\[2mm]
\boldsymbol{h} = -K \nabla \left(\dfrac{1}{r} \right) [1 + \cos(4\pi\nu_0 t)]_{\circ}
\end{cases}
\tag{5}
$$

于是所考察的现象在周期 $\dfrac{1}{\nu_0}$ 之中变化非常小,只需取其平均值便可;而人们可以重返势能的经典表示并将点电荷附近的场视为静止。

因而,势能取经典值而场只取其平均值的巨大优越性十分明显。其次,在由于变化相当慢且很不准确,因而麦克斯韦方程组和场的能量分布理论不能被应用于宏观现象时,可以用生成函数的周期序列来代替它们。Bateman 多次阐明的麦克斯韦-洛伦兹理论的成功和失败之处并允许修改它们使之与新力学相协调的意见却未被重视。

将原先理论同五维时空理论(卡鲁查、克拉默斯、克莱因)联系起来并定义 15 个 g_{ik} 的可能性,终于被提出来了;平均时空由独立的函数 θ_1 和如同 θ_1 的导数的 θ_2 表示,其中就第五维而言它正是新变量 x^0。

在任何情况下,Bateman 先生关于根据波动力学因而容许定义大幅振荡,关于将电磁理论与新力学的许多重要发展联系起来的评论,似乎是可以被接受的。

辐射及物质的原子结构和波动力学[*]

新力学就是质点在**确定的**场中运动的波动现象,其传播方程的势函数为 $F(x_k,t)$[①]。从实际可能来看,该方程在各种情况下都有如下形式的解:
$$
f(x_k,t)\cos\varphi(x_k,t),
$$
式中 f 函数中有一个奇点,在一般运动中,分析方法表明这就是质点。在旧力学的近似程度下,人们证明了奇点在每一通常瞬间的速度就是 $\varphi = $ const. 的表面的速度;旧力学不再可行时,看来也应当如此。接受该主张并认为一团质点对应于同一个 φ 函数,而它们在每一通常瞬间的速度即为 $\varphi = $ const. 的表面速度后,人们可以证明一团质点将做**球**对称运动,其传播方程的**连续振幅**解为 $a(x_k,t)\cos\varphi(x_k,t)$,而一团质点的密度具有形式[**]:
$$
\rho(x_k,t) = Ca^2(x_k,t)\left[\frac{\partial\varphi}{\partial t} - \frac{1}{\hbar}F(x_k,t) \right] \quad (C \text{ 为常数})。
$$
根据牛顿近似,方括号中的内容在有些地方可认为是常数。

---

[*] 译自 *CRAS*, $\underline{184}$(1927. 1. 31.)273~274;分类:力学;由莫里斯・德布罗意递交。

[①] 参阅 *Journal de Physique*, série Ⅵ, Ⅰ(1926)321~337。

[**] 本译文中已将 x,y,z 全部改写为 $X_k(k=1,2,3)$;且将普朗克常数 h 改写为普朗克-狄拉克常数 $\hbar = \dfrac{h}{2\pi}$。

这种用连续波表示一团质点运动的表象,可以用来解释以前我对干涉所作的处理[①]。这也许就导致了通向新力学连续解(**本征函数**)的通路。从玻恩的观点看来,这些解确实不代表原子现象,但在牛顿近似下,其振幅平方给出了状态和跃迁的概率。对于质点系统的动力学,被薛定谔接受的引入了位形空间抽象概念的方程,并不是真正的传播方程,它只能决定出现概率。人们很难理解为何当相互作用消失时,会允许有这么一个由与许多质点相关的连续波的振幅**相乘的积**的解。

尽管人们难以自圆其说,但我们还是可以有趣的从中概括出如下观念:微观力学如同光学一样,其传播方程的连续解不应当只提供统计表象;对现象的精确描述要求有奇点解,以表征物质和辐射的原子特性。

对克莱因先生短文的答复[*]

我只是从克莱因先生的论文集中才得知五维宇宙理论的,而且我从他的论文集中摘录了我所需要的参考文献目录。我曾认为克拉默斯先生亦对该理论的建立作出了贡献。在这一问题上我愿意承认是我搞错了。功劳应属于卡鲁查先生一人,而我却认为是卡鲁查和克拉默斯两位先生的贡献。

在他的工作中,克莱因先生生动地说明了,根据他的传播方程,在五维宇宙间的相应"光线"应是原时间隔的短程线。从波动力学的观点来看,质点在宇宙中的轨迹必然是原时间隔的短程线。这不比旧力学的近似程度好,通过这样的论证,克莱因先生得到了一个对于电子动力学来说是可以接受的方程,但该方程的引入十分含糊。我认为再作一遍新的论述将是有益的。

在克莱因先生的理论中,由宇宙度规决定的 γ_{ik} 视作独立于质量的常数,这使我感到仿佛有点矛盾。我认为这种不确切是可以避免的。每一种质点都可用世界线与平面 x^0 ＝const. 之间的夹角来分类。

在我所写的文章中,不可避免地要采用要 ds^2 符号来对应于克莱因先生先前提出的符号。那样做不会在我的方程(12)中带来任何误解。看起来这只是一个定义,实际上应当改变我方程(19)中等号右端和方程(14)中最后一项的符号。这点不会带来其余部分的本质变化。

我无意"严厉地"评论克莱因先生论文集的内容;相反,我后来注意到了其中所有的优点和倾向。我特别愿意改善基本方程的形式;对此,克莱因先生也已认识到这是成功的[**]。

[①] CRAS,183(1926)447.

[*] 译自 Le Journal de Physique et Le Radium, série Ⅵ,8(1927)244,收稿日期:1927 年 5 月 23 日。

[**] 关于本文的进一步资料,可参阅德布罗意的《五维宇宙和波动力学》,Journal de Physique, série Ⅵ,8(1927)65。

连续波 ψ 在波动力学中的作用[*]

在最近的一篇论文中[①]，我们提出应将物质微粒的运动与波动力学中连续波 ψ 的传播辐射相缔合的观点。我们暂不考虑引力场的存在，而将其中的结果推而广之并借助于张量计算表达出来。

让我们从德唐德先生为质量是 m_0，电荷是 e 的质点系所给出的一般波动方程出发：

$$\frac{1}{\sqrt{-g}}\frac{\partial}{\partial x^k}\left[\sqrt{-g}g^{kl}\frac{\partial\psi}{\partial x^l}\right]-\frac{4\pi i}{h}p^k\frac{\partial\psi}{\partial x^k}=\frac{4\pi^2}{h^2}\left[m_0^2c^2-e^2p^2\right], \tag{1}$$

式中 p^k 为势矢的分量，$p^2=g_{kl}p^kp^l$ 为其模方；算子 $\frac{1}{\sqrt{-g}}\frac{\partial}{\partial x^k}\left[\sqrt{-g}g^{kl}\frac{\partial}{\partial x^l}\right]=-\square$ 为非欧几里得时空中的达朗贝尔算符的表达式。

令[②]

$$M_0=\sqrt{m_0^2-\frac{h^2}{4\pi^2c^2}\frac{\square a}{a}}, \tag{2}$$

并将 $\psi=a\exp\left(\frac{2\pi i}{h}S\right)$ 代入（1）式，其中 a 与 S 为两个**实函数**；则有

$$g^{kl}\left(\frac{\partial S}{\partial x^k}-ep_k\right)\left(\frac{\partial S}{\partial x^l}-ep_l\right)=M_0^2c^2, \tag{3}$$

$$\frac{1}{\sqrt{-g}}\frac{\partial}{\partial x^l}\left[\sqrt{-g}g^{kl}a^2\left(\frac{\partial S}{\partial x^k}-ep_k\right)\right]=0。 \tag{4}$$

可见，当以**修正质量** M_0 代替固有质量 m_0 时，方程（3）式便是经典的雅可比方程。因此经典动力学在目前我们所作的变换下仍然是有效的。于是很自然便引出对于质点系速度的定义：

$$M_0u^l=g^{kl}\left(\frac{\partial S}{\partial x^k}-ep_k\right)。 \tag{5}$$

同时可以用（3）式加以证明，其所要求的关系式 $u^ku_k=1$ 已得到很好的满足。

方程（4）式表明协变分量，$a^2\left(\frac{\partial S}{\partial x^k}-ep_k\right)$ 的散度为零。于是，很自然可以指出它表示微粒数的守恒，同时我们要说它与流体力学中的连续性方程是一致的：

$$\frac{1}{\sqrt{-g}}\frac{\partial}{\partial x^l}\left[\sqrt{-g}\rho_0u^l\right]=0, \tag{6}$$

式中 ρ_0u^l 表示**微粒流**的分量。由（4）式和（6）式的一致性并利用（5）式，我们可以设

$$\rho_0=Ca^2M_0 \quad （C 为常数）, \tag{7}$$

[*]　译自 CRAS，185(1927.10.8)380～382；分类：数学物理；由莫里斯·德布罗意推荐。

[①]　Journal de Physique，série Ⅵ，8(1927)225～241.

[②]　参阅前引文中方程(56)。

于是微粒系统的体密度可用流量 $\rho_0 u^l$ 的第四个分量来表示：

$$\rho = \rho_0 u^4 = Ca^2 g^{4k}\left(\frac{\partial S}{\partial x^k} - ep_k\right)。 \tag{8}$$

在闵可夫斯基的欧几里得世界中，方程（5）式和（8）式给出了 Mémoire 一开始就提出的系列基本公式（Ⅰ）和（Ⅱ）。根据 Mémoire 提出的准则，我们可以将前面提到的内容作下述的概括：方程（3）表明 ψ 是引领微粒运动的**引导波**；方程（4）表明它同时又是当微粒的初始位置忽略不计时，决定微粒在某一点存在概率的**概率波**[*]。

微粒与 ψ 波[**][①]

在最近的一篇短文[②]中，我们建立了物质微粒和光的运动与波动力学 ψ 波之间的普遍联系。在保留相同符号的情况下，我们可以推广这一结果。首先起码在新力学的条件下，有拉格朗日方程

$$\frac{\mathrm{d}}{\mathrm{d}s}(M_0 cu_l) = \frac{1}{2}M_0 cu^i u^k \frac{\partial g_{ik}}{\partial x_l} + cu^i\left(\frac{\partial p_i}{\partial x_l} - \frac{\partial p_l}{\partial x_i}\right) + c\frac{\partial M_0}{\partial x_l}。 \tag{1}$$

方程等号右端表示，除了引力和电磁力之外，还有一种由固有质量的变化所产生的新力。在光的衍射现象中，正是这一附加力致使光子的轨道弯曲。辐射理论的支持者说屏板对光微粒施加了一个力。总之，这一力与我们在这里所提到的观念完全类同。

假设没有引力场，并认为一团微粒缔合于同一个 ψ 波。将（1）式乘以 $M_0 a^2$ 并考虑连续性方程，我们容易得到

$$\frac{\partial}{\partial x_k}[T_i^k + \pi_i^k + S_i^k] = 0, \tag{2}$$

式中 S_i^k 是电磁应力张量；T_i^k 和 π_i^k 由下列公式定义

$$\begin{cases} T_i^k = \rho_0 M_0 u_i u^k, \\ \pi_i^k = g^{kl}\left[2\frac{\partial a}{\partial x_i}\frac{\partial a}{\partial x_k} - g_{il}\left(g^{mn}\frac{\partial a}{\partial x_m}\frac{\partial a}{\partial x_n} - a\Box a\right)\right], \end{cases} \tag{3}$$

式中 T_i^k 为微粒的能量-动量张量的分量，π_i^k 为**微粒周围**的**平均**内应力。因此，当 a 不是常量时，能量随微粒周围空间内应力而变化。在这里，我们认为微粒不是孤立的一点，而是发生现象的中心，微粒与 ψ 波的二象性描述给出了清晰而方便的图像，但尚未达到完全真实的程度。

到这里为止，量 ψ 是作为一个标量来考虑的。如果相反，将 ψ_i 考虑为一个宇宙矢量，则每次计算 ψ_i 都将得到传播方程，而人们也能轻易得到前面的普遍公式。这一普遍理论

---

[*]　从这一结论可看出，德布罗意当时已从双重解原理后退到"波导理论"的立场。

[**]　译自 CRAS,185(1927.11.21.)1118～1119；分类：数学物理；由莫里斯·德布罗意推荐。

[①]　在 1927 年 11 月 14 日的会议上。

[②]　CRAS,185(1927)380；并参阅 Rosenfeld. L.，*Ac. Belge*,13(1926)573。

看来似乎能够导致采纳下述观点：**光子**的 ψ_i 矢量与电磁理论中的四维矢势是一致的，这就暗示了光子满足方程 $\Box\psi_i=0$。根据这一观点，电磁场呈现光子形式。从这一情况出发，当光子静止或运动时，其能量以内应力形式或多或少被完整地储存起来。

新量子动力学[*]
［摘要报道］

德布罗意的思想是以这样的事实为出发点的，即若人们接受物质和辐射以基本微粒形式而存在是符合实验的话，则必须认为这些微粒具有某种周期性。按此观点，人们不能将"物质点"设想成为局限于空间某一区域的一个静态量，而应视其为广延至整个空间的周期现象之中心。德布罗意用波动来表示这些周期现象。描述物质点的这个波由下列函数给出：

$$u(x_0,y_0,z_0,t_0)=f(x_0,y_0,z_0)\cos(2\pi\nu_0 t_0)。 \tag{1}$$

在另一伽利略参考系中，物质点的速度为 $v=\beta c$，波的频率和相速度分别为

$$\nu=\frac{\nu_0}{\sqrt{1-\beta^2}},\quad V=\frac{c^2}{v}=\frac{c}{\beta}, \tag{2}$$

其中，相速度 V 是大于 c 的。

德布罗意证明了，物质点的速度即为群速度；它对应于由下列定义式得到的色散律：

$$n=\frac{c}{V}=\sqrt{1-\left(\frac{\nu_0}{\nu}\right)^2}。 \tag{3}$$

关于能量，德布罗意假定有关系式 $W=h\nu$，且在静止时，$m_0c^2=h\nu_0$。将表示波的函数写成

$$u(x,y,z,t)=f(x,y,z,t)\cos\frac{2\pi}{h}S(x,y,z,t), \tag{4}$$

得到

$$W=\frac{\partial S}{\partial t}\quad\text{和}\quad \boldsymbol{p}=-\nabla S, \tag{5}$$

式中 S 正是雅可比函数。他假设，若物质点受到一个力势 $F(x,y,z,t)$ 的作用，则以上形式仍然成立，并可求得波的折射率为

$$n=\sqrt{\left(1-\frac{F}{h\nu}\right)^2-\left(\frac{\nu_0}{\nu}\right)^2}。 \tag{6}$$

在光的情况下，若光子的静质量为零，德布罗意得到了关系式：

$$W=h\nu\quad\text{和}\quad G=h\nu/c。 \tag{7}$$

---

[*]　本文为德布罗意在第五届索尔维会议(1927 年 10 月 24—29 日，布鲁塞尔；议题为"电子和光子")上的报告摘要报道，译自 Jagdish Mehra, *The Solvay conferences on physics：Aspects of the development of physics since 1911*, D. Keidel(1975)。

德布罗意然后讨论了薛定谔的思想。他认为,薛定谔的最基本思想乃是:新的力学必须始于传播方程。这些方程是按如此方式构成的:不管在什么情况下,其正弦解的相位在几何光学的近似下应为雅可比方程的解。新力学中的波由 ψ 函数表示,它可以写成正则形式:

$$\psi = a \cos\left(\frac{2\pi}{h}S\right), \tag{8}$$

式中 S 为一级近似下雅可比方程的解;当 h 趋于零时,它必须回到经典结果。

德布罗意回忆道,薛定谔在其首篇论文中给出了方程:

$$\nabla^2\psi + \frac{8\pi^2 m_0}{h^2}(W - F)\psi = 0, \tag{9}$$

式中 F 为恒定场中的势函数。薛定谔还引进了波包的概念以描述物质点。德布罗意认为,用波包来代替原子中的物质点是有困难的,因为这时波包的扩展必须限制在原子自身大小的范围内。

德布罗意还讨论了相互作用质点系统的薛定谔方程,其形式为

$$m^{1/2} \sum_{k,l} \frac{\partial}{\partial q_k}\left[m^{-1/2} m^{kl} \frac{\partial \varphi}{\partial q_l}\right] + \frac{8\pi^2}{h^2}(W - F)\psi = 0, \tag{10}$$

式中 $F(q_1,\cdots,q_n)$ 为势能, $\frac{1}{2}\sum_{k,l} m^{kl} p_k p_l$ 为动能。

在以上两种情况中,对 ψ 的要求是,它必须是均匀的和连续的,且在整个空间中有限。这些条件导致了熟知的本征值问题,它给出定态的能量。

德布罗意指出,薛定谔异常巧妙地证明了其波动力学与海森伯矩阵力学的等价性。德布罗意还讨论了相对论条件下波动方程的克莱因推广。至于玻恩的思想,他评论道,玻恩是拒绝接受波包概念的,而只将 ψ 看成是电子存在的统计概率。

德布罗意指出了对物质作波动描述的困难所在;在能量分立单元存在的同时,ψ 又怎么一会儿表现为一**引导波**,一会儿表现为**概率波**。许多人认为,如果原子中的电子是由一 ψ 波表示的话,要问电子在一确定时间的位置或速度这样的问题,似乎是异想天开;但德布罗意本人却倾向于认为,有可能通过对位形空间中的变量定出准确含义的方式而赋予粒子以一位置和一速度,甚至是在原子系统中也有可能。

德布罗意然后考虑了氢原子的情况。他注意到,将薛定谔的 ψ 用到他德布罗意的速度和概率密度的公式中会导致原子中电子速度为零的结果。但若采用等同于波动方程的另一个解

$$\psi_n = F(r,\theta)\cos\frac{2\pi}{h}\left(W_n t - \frac{mh}{2\pi}\alpha\right) \tag{11}$$

的话,电子则会有一均速,为

$$v = \frac{1}{m_0 r}\frac{mh}{2\pi}, \tag{12}$$

它仅在 $m=0$ 的情况下为零。

德布罗意综述了支持新理论的一些实验。例如,人们已观测到了电子的衍射和干涉现象。这些现象依赖于缔合于电子运动的波的波长。由德布罗意的基本公式,即 $G = h\nu/V$,对速度为 v 的电子给出:

$$\lambda = \frac{V}{\nu} = \frac{h}{p} = \frac{h\sqrt{1-\beta^2}}{m_0 v}, \tag{13}$$

或者,若 β 不是太接近于 1 的话,有

$$\lambda = \frac{h}{m_0 v}。 \tag{14}$$

如果给予速度为 v 的电子以电势差 V 并以 V 为单位,那么,波长(h,e,m_0 取 cm-g-sec 制下的值)就是

$$\lambda = \frac{7.28}{v} = \frac{12.25}{\sqrt{V}} \times 10^{-8} \text{ cm}。$$

这可与 X 光的波长相比较。德布罗意评论了戴蒙德所得到的关于电子被气体原子衍射的实验结果;这一实验已由玻恩做过理论上的研究,实验结果定性地与预言相符。他还讨论了由戴维森-革末所做的电子在晶体中衍射的实验,其结果完全与理论一致。最后,德布罗意报告了 G. P. 汤姆孙和里德的实验;在这一实验中观测到了衍射现象,即,高能(约 10 000 V)电子形成了强度不同的衍射圆环。

用聚合方法研究自旋粒子的普遍理论*
［摘要报道］

继 Bhabha 的研究通信之后就是德布罗意的报告,此报告由托内拉特夫人宣读。**聚合法**(Fusion method)是由德布罗意自 1932 年以来为求得光子的波动力学而发展起来的一种方法。

这一方法的要点是,将自旋大于 $\frac{1}{2}\hbar$ 的粒子作为合成对象。最先考虑的是光子。光子应被认为是由两个自旋为 $\frac{1}{2}$ 的微粒紧密聚合而成的合成物,这样便给出一个矢量光子和一个标量光子;于是,对合成粒子立即就有玻色统计。

因而,描述光子的一整套形式可以仿照电子的狄拉克方程,导入一个关于光子的一阶微分方程。当然,也可将相互作用引进这一框架中。与此同时,德布罗意还将零质量和非零质量问题一起加以处理。由于零质量情况中有着量子化的麻烦,故他偏爱光子有一有限的静质量。他引入一**非点型相互作用**和一**"最小长度"**,从而消除了相互作用光子的发散问题。罗森,后来还有 March 和海森伯也提倡同样的观点。

类似地,可将自旋大于 1 的粒子分解为自旋为 $\frac{1}{2}$ 微粒的组合。例如,自旋为 2 的引

---

　　* 本文为德布罗意在第八届索尔维会议(1948 年 9 月 27 日至 10 月 2 日,布鲁塞尔;议题为"基本粒子")上的书面报告摘要报道,译自 Jagdish Mehra, *The Solvay conferences on physics: Aspects of the development of physics since 1911*, D. Keidel(1975)。

力子*就是由四个自旋为 $\frac{1}{2}$ 的粒子组成的。这一方法可以使人十分自然地解释牛顿定律**与库仑定律之间的相似性；这是托内拉特夫人在宣读德布罗意报告的附录时所指出的。

在讨论德布罗意-托内拉特的报告时，薛定谔和卡西米尔就有关具有质量（$<10^{-44}$ g，根据德布罗意的观点）的光子将会对电磁现象产生什么影响作了提问。结果发现，这仅仅产生可以忽略的极小效应。

----

    * 从爱因斯坦的观点来看，倾向于不存在所谓"引力子"。

   ** 指牛顿引力定律。

第四部分

有关非线性波动力学的代表性论文

· Part IV *Representative Papers on Nonlinear Wave Mechanics* ·

目前撰写量子力学书刊的作者们几乎都避而不谈那些孕育它的概念。而且,他们宁愿使用"**量子力学**"一词也不用"**波动力学**"一词。在他们眼里,后者似乎会在表象理论中引起某种误会或者不合胃口的物理图像。然而,波动力学以及由波动力学所导出的波动方程,却正是近代量子力学赖以发展的数学基础。没有这些,也就不会有什么量子力学的著作了。这些量子力学论文的作者们不承认指导波动力学创始人的物理直觉,多少有点像不愿承认自己的父母的孩子一样。

——德布罗意

量子力学奠基人薛定谔（Erwin Schrödinger, 1887—1961），1933年获诺贝尔物理学奖。

量子力学是非决定论的吗？*

在《关于波动力学形成的个人回忆》①一文中，我曾谈到 1923 年至 1928 年间我在波动力学诠释观点上的变化。我曾说起过，当我在发展实在论的、决定论的诠释以符合于物理学传统概念的基本特征这一企图遇到困难，以及我本人遭到激烈的攻击之后，我不得不违心地同意了玻尔和海森伯的概率解释和非决定论的观点。甚至在自己的演讲、报告和著作中阐述了这一观点。将近 25 年来我一直被迫接受这一为几乎所有理论物理学家所共同采用的观念。1951 年夏天，由于美国青年物理学家玻姆的殷勤通信，我才得知他后来在《物理学评论》1952 年 1 月 15 日那一期**上发表的论文。

在这篇论文中，玻姆至少在某种形式上完全恢复了我在 1927 年的引领波概念，并在某些地方以饶有趣味的形式补充了它。其后，维吉尔提请我注意，爱因斯坦广义相对论中粒子沿短程线的运动与我在 1927 年完全独立地提出的"**双重解理论**"之间的一致性，所有这些情况，近来重新引起了我对上述问题的重视。我并非是想按照我早年的思想来恢复波动力学的决定论，而是觉得这一问题是值得在没在任何哲学偏见的前提条件下加以重新审查的，其目的仅仅是为了对现已探明的事实进行客观的解释。为了说明目前尚存在的问题，我觉得有必要追述一下量子力学新概念的历史发展情况。

众所周知，波粒二象性的发现是现代微观物理学中的重大事件。这一二象性首先在研究光的性质时表现出来。很久以来，人们曾很自然地设想，光是由许多快速运动的粒子所组成的。光线在均匀媒质中的直线传播，光从镜面上反射类似于球从墙壁上回弹，以及光从一介质到另一介质时的折射；所有这一切都可以在光的微粒说基础上进行清楚的解释。这一为牛顿所倡导的理论一直被绝大多数物理学家所采用，直到 19 世纪初。然而必须指出的是，17 世纪末荷兰的伟大学者惠更斯也曾提出过光的波动论，并借助于波的概念和以他的姓氏命名的原理，成功地解释了反射、折射和双折射现象，尽管他未能解释光的本质。同样也必须指出的是，在发现了以"**牛顿环**"为名的干涉现象之后，牛顿曾在其"**猝发理论**"中企图将波与粒子加以非常有趣的综合。不幸的是，该理论在襁褓期间就被无情地扼杀了。

19 世纪初，英国医生 Th. 杨的工作引起了人们对干涉现象的重视。此后不久，Malus 发现了光的极化；菲涅耳开始了对干涉现象的实验研究。这一绕射现象，在 17 世纪便已知晓了，但以前研究得极少。菲涅耳指出这一现象用光的波动说完全可以解释，而用粒

---

* 译自 *Revue d'histoiredes sciences et de leurs applications*，1952 年第 4 期。

① 原载 *Revue de Metaphysique et de Morale*，后刊入我的 *Physique et microphysique*（Albin-Michle，1947）一书中。

** Bohm. D. ，*A Suggested interpretation of the quantum theory in terms of "Hidden" variables*，Phys. Rev. ，85 (1952)166～193.

子说则完全不能解释；他又指出波动说还可以解释均匀媒质中光的直线传播，补充了惠更斯在这一问题上的工作。当菲涅耳经过顽强斗争说服了不同意见之后，他又引进了光波中相对于传播方向的模振动假设，并根据这一假设给出了极化和双折射的完整理论；这一理论时至今天仍是经典理论。1827 年菲涅耳于 39 岁因肺结核病逝世。其时，光的波动说似乎已被置于不可动摇的基础之上。过了 40 年，麦克斯韦给菲涅耳波以电磁解释，并指出任何光波都是电磁激发的特殊形式，而全部光学均归结为电磁学。麦克斯韦的天才概括，尽管改变了人们对光波的看法，但仍然没有触及自那时起为所有物理学家所共有的信念，即光是由具有连续能量分布的波所形成的。

戏剧性的转变始于 19 世纪末。1887 年，赫兹发现光电效应，给出了光的波动说所不能解释的光与物质相互作用的第一个例子。1905 年，爱因斯坦在发现相对论差不多的时间里，就指出若恢复，或至少部分地恢复光的微粒说，就可以解释光电效应。爱因斯坦将频率为 ν 的光波的能量集合分成大小为 $h\nu$ 的许多份，每一份称为一个"**光量子**"，即现在所谓的"**光子**"，其中 h 为普朗克在黑体辐射理论中所引进的量子常数。顺便提及，爱因斯坦很清楚他的理论并非严格的粒子说，因为他采用了来自波动说的频率概念。显然，严格的粒子说是无法解释干涉和绕射现象的。爱因斯坦已预感到必须保留光的波动说并在波和粒子之间建立某种统计联系。我们将看到，这一思想是极深刻的。

爱因斯坦的理论遭到广泛的评论，在这一理论中是很容易找到难点的。但其价值在于奠定了以后量子力学蓬勃发展的基础，它在那时已孕育着一场推翻所有原子物理学的革命。我顺便提一句，黑体辐射的实验研究已指出，辐射光谱的成分与经典理论的预测是不相符的。普朗克确信这种不相符是完全不可挽救的，于是便在 1900 年引入了量子假设。这一假设不仅与所有经典概念无关，甚至是同它们相抵触的，然而正是这一假设使他找到了完全与实验数据相符的黑体辐射光谱定律。量子假说引进了一种新的，与人们的物理直觉很少有对应的概念。作用量子由著名的"**普朗克常数**"h 来量度，其数值已由普朗克根据黑体辐射的实验数据计算出来。不管最初看来是怎样难以接受，量子理论还是很快地在原子范围的现象中显示出它的巨大生命力。爱因斯坦将其用于光学理论中，并指出了该理论在比热研究中的现实意义。不久，玻尔及其主要追随者，主要是索末菲，指出了若按照卢瑟福的原则将原子看成一个微型太阳系，然后将量子理论应用于其中，便可以出色地解释原子的性质，尤其是它们的辐射光谱。根据这一理论（恕我在这里不能详述）所得到的结果，在原子世界中，电子或其他物质粒子并不像以前所设想的那样服从经典力学规律，而仅能处于某种一定的运动状态（按玻尔的说法称为"**稳定性**"），这些状态满足一定的"**量子条件**"，该条件中与常数 h 同时出现的是整数数字：量子数。在微观力学问题中，这种整数的出现可能显得有些古怪；然而，更奇怪的是整数时常出现在干涉和绕射的波动理论计算里。它们的出现有利于下述观点的理解，即对于像电子和其他物质微粒那样的粒子而言，如同光子与光波一样，同时具有波粒二象性。这就是引导我最初探求波动力学的原因之一。

当 1920 年，在我服过长期兵役之后，又重新回到科学研究工作上来的时候，情况是这样的：一方面，光子的存在由于刚从康普顿和拉曼效应的发现中获得了新的证据，因而显得非常可靠；但是为了引入在光子定义中所必然出现的频率 ν，也为了解释在干涉和衍射等现象中已被确认为十分准确的规律，就不得不借助于波动说。这就不可避免地导致波粒二象性观念的出现。另一方面，正如我在前面所说的，微观粒子运动的量子化已导致这种想法，即对于电子和其他物质微粒的单元也应引入波粒二象性。因此，就我而言，显然觉得有必要进行一次更普遍的综合，它既能应用于物质又能应用于光。将波动和粒子用二象性的观点紧密地联系起来，其公式中普朗克常数是必然要出现的。

　　这一综合工作我最初将其写成一系列短文并刊载于《法国科学院通报》(CRAS)1923年秋季的几期上，然后又将这些短文进行详细叙述写进将于 1924 年 11 月答辩的博士论文中。我的出发点是 19 世纪的哈密顿力学和 20 世纪的爱因斯坦相对论。从这两条路线出发，我得到结论：**每一个粒子的运动必须缔合着波的传播**，它的频率和波长以含有常数 h 的公式与粒子的能量及动量相联系。我曾指出，只有这样才能理解原子中电子运动的量子化现象。在这里我不打算多谈解决问题的技术性细节，我只想指出下面一点：对于未受外力场作用而沿直线匀速运动的粒子，我为它缔合了一沿着粒子运动方向传播的单色平面波，此波具有不变的振幅和对于参数 x,y,z,t 呈线性的相位。由于我建立了一方面是能量与动量，另一方面是频率与波长两者之间的联系，因而我就将粒子的整个运动状态与波的相位联系起来了。但是怎样使粒子位于空间某一位形的事实与波相适应呢？这一问题相当棘手，因为平面单色波在整个空间的振幅是相同的，它不可能同时确定某一粒子在给定时刻的具体位置。这一麻烦以及其他有关相对论方面的考虑（我不打算细谈），使我产生了这样的想法：如果说平面单色波的相位具有一定的物理意义，那么对该波的不变振幅就不能这么说了。振幅在空间的均匀分布只是表明粒子可以先验地以等概率处于空间的任何一点。此时振幅只有概率的意义，而粒子真实的位置（我不怀疑粒子在每一瞬间有确定的位置）就不能用振幅来表征。为了更清楚地表示出只有相位才具有物理意义，按我的意见，我所引进的缔合波应称为"**相位波**"。

　　当我为我的博士论文进行答辩的时候，人们最初无疑是带着惊疑参半的心情来看待这一问题的。但是不久它就得到了光辉的证实。在理论方面，首先是薛定谔的卓越工作；他在 1926 年从各个不同的角度补充和推广了我的工作，特别是提出了普遍情况下的波动力学方程，以及借助这一方程精确地解出了与波的稳定形式相联系的电子在原子系统中的稳态。他还指出，1925 年海森伯所提出的量子力学无非是波动力学的数学变换。

　　接着，出现了戴维森和革末同样出色的实验。1927 年他们在美国发现了电子在晶体中的衍射现象，完全与 X 射线在晶体中的衍射现象相仿。这一出色的实验（现已为许多物理学家所重复证实，并已成为今天实验室中的传统实验），成了检验波动力学的判决性实验。电子的运动完全与波的传播相缔合，而且这一结论也同样适用于其他物质粒子（质子、中子、原子核等等）。这些粒子同样有衍射现象，且定量地满足波动力学方程的解。

　　自 1924 年 11 月我的论文答辩时日起，直到 1927 到 10 月第五届索尔维会议前，我以毫不减弱的兴趣追踪着波动力学以后的所有进展，这是十分自然的，但是经常使我感到不安的，仍是新理论的物理诠释问题及波粒二象性的真实意义。就我所知，关于波粒二象性目前有三种解释。一种解释是否定二象性并否认粒子的存在，这是薛定谔所一贯主张的：只有波才具有物理意义，它类似于经典波；在特定条件下，波的传播可赋以粒子形式，但这无非仅是形式而已。开头薛定谔企图将粒子比拟为极小的波包。但这种解释是无法自圆其说的，因为波包在空间常有迅速地和无限地扩散的倾向，因而不可能代表具有长期稳定结构的粒子。尽管薛定谔似乎至今仍持有这种观点，但我认为这种解释是无法接受的，因为波粒二象性是必须接受的物理事实。剩下的另外两种解释，尽管都承认二象性是事实，但观点绝不相同。

第一种是我直到 1928 年为止仍赞同并坚持的，即为了使波粒二象性适合于物理学传统并具有真实意义，就应将粒子看成是波动现象中的某些奇点。当时很不理解，为何波动力学的解中只有连续解而没有奇点解。下面我就要谈到，如何在统一的形式下发展这一观点。

波粒二象性的第二种解释是这样的：为了不去分别地考虑粒子和波的概念，就将它们看成玻尔意义下的"**实在的互补方面**"。后面我也要叙述这一微妙的、与经典物理概念根本不同的学说，该学说就是 25 年来对波动力学的"**正统**"诠释的内容。

再回到历史的回顾上来。1924 年，在我论文答辩的翌日，我试图由经典物理学的概念出发，在这些概念的范围内，即借助于图像和运动对现象作笛卡儿式的描述的范围内，解释我所引进的新观念。有一点对我来说是很显然的，即粒子在每一瞬间应具有空间的位形和速度，从而它能在时间的进程中划出一条轨道来。当然我也同样深信。粒子是与一周期性的波动相缔合的。我十分自然地将粒子设想为广延的波动现象中所具有的奇点。这些奇点与波一同构成了统一的物理实在。奇点的运动将与以它为中心的波动现象同时演化，这就表明了奇点的运动是与波动现象传播过程中的一切条件有关的。由于这一原因，粒子的运动在任何情况下都不遵循经典力学的规律，尽管经典力学规律是非常精确的，它能指出只有作用在轨道上的力才能引起粒子的运动，而远离轨道的影响是不会引起粒子的运动的。相反，在我的概念中，奇点的运动与波动现象是相关的，它将取决于所有作用在波动上的外来因素，这样才能解释干涉和衍射现象的存在。

当时很难理解波动力学的发展竟然与波动方程中一个无奇点的、以希腊字母 ψ 表示的连续解相联系。这一疑问在我将粒子的匀速直线运动和平面单色波 ψ 相联系的时候就已出现了。我可以根据波的相位决定与粒子有关的频率和波长，好像具有直接的物理意义，但同时在我看来不变的振幅，却仅仅是粒子的可能位置的统计表示。在这里面出现了个体性和统计性的杂交。它引起了我的好奇心，这件事在我看来需要急于阐明。

如果参阅我在 1924 年至 1927 年期间关于这一问题所发表的短文，就可以看出我的思想是逐渐地演化成我当时称之为"**双重解理论**"的。完整的叙述刊载于 1927 年 6 月的《物理学杂志》* 上，它至今仍是我对这一问题唯一详尽的叙述。在这篇论文中我大胆地假设了波动力学方程式的所有连续解与一个奇异解 u 相缔合，该奇异解对应着运动着的奇点（粒子！），而且与 ψ 同具相同的相位。u 和 ψ 这两个解都具有波的形式且它们相同的相位都是 x, y, z, t 的函数，但具有完全不同的振幅，因为前者是奇点解而后者是连续解。

---

* *Journal de Physique*, Serie Ⅵ, 8(1927)225～241.

根据假设我认为关于 u 和 ψ 的传播方程应是相同的*。由传播方程式出发,我当时证明了一条基本定理:u 解的运动奇点应当在时间的进程中描绘出这样一条轨迹,在这一轨迹上的每一点处的速度与相位的梯度成正比。这就是说,它表示了波动现象的传播对作为其中心的奇点的反作用。我同时证明了,若将奇点-粒子看作是受一"**量子势**"的作用,就能将该反作用计算出来;而"**量子势**"恰恰就是由波动方程导得的对粒子反作用的数学表达式。于是,我就又回到光的旧粒子说创始人的观念上去了。他们曾说过,光在屏边缘的衍射是由于光受到该边缘的影响而从直线路径上偏折的。

如果具有运动奇点的 u 波包含着粒子和周围波动现象的相位,那么此时 ψ 波有何意义呢? 我认为它不再具有任何实在的物理意义,物理实在是由 u 波所描述的。但由于 ψ 波与 u 波具有相同相位,而粒子-奇点总沿着相位的梯度方向运动的,因此粒子的可能轨道是与 ψ 的等相位面的法线相重合的。当时我就十分容易地证明了,在某一点发现粒子的概率等于 ψ 波振幅的平方。这就给出了被认为是属于 ψ 波的第一个重要的性质:在某一点处振幅的平方 $|\psi^* \psi|$ 应能给出在该点存在粒子的概率。这一原理是在波动力学诞生时就被采用了的,而且它对于电子的衍射是必不可少的。然而,这一原理并非什么新玩意,而仅仅是历来在光学中所采用的原理的直接翻版。光的波动说的主要原理之一,就是光波振幅的平方给出辐射能量密度。当现在引进光子概念之后,这一原理仅仅意味着爱因斯坦在 1905 年他的第一篇论文中就已清楚地看出的情况是正确的:在空间某一点找到光子的概率正比于与光子相缔合的光波振幅的平方。

于是,在我看来,通常在波动力学中所采用的 ψ 波纯粹是虚构的波。它是概率的简单表示,而所有能改变我们对粒子状态知识的信息都可以令 ψ 波突然地变化。这就是 ψ 函数的性质,它随着波动力学的日臻发展而被逐渐揭露出来,但是,我所关心的却是隐藏在连续波 ψ 的阴影之中的奇点波 u,它实际上是将粒子看成广延的波动现象的中心。我们之所以误认为 ψ 波已能足够完全地描述粒子在实验中被观测到的行为,那是因为 ψ 波的相位与 u 波的相位相同的缘故。这就是我的理论的关键之处。

这就是我在 1927 年企图对波动力学的奇怪诠释作出发展的微妙之点。我很快就发现它在数学上遇到了麻烦。实际上,首先必须证明,在给定了边界条件的波动力学问题中,与形式上 ψ 解存在的同时,还存在着具有运动奇点的 u 解。其次,还必须重新探索新的干涉现象理论,例如 Th. 杨的狭缝实验,要**特别地**利用有奇点的 u 波,而不需要借助虚构的连续波 ψ 这条拐棍。还必须用 u 波来解释薛定谔在位形空间所发展的多粒子系统的波动力学,以及诸如此类。然而我感到力不从心的是,我无法在数学上处理这一总是包含着许多麻烦的具有奇点的解。

近年来,我对 1927 年所形成的观念作了重新检讨,我觉得有必要改变 u 波的定义。在 1927 年时,我认为 u 波是关于 ψ 的波动力学方程的特殊解。现在我觉得,特别是在与广义相对论进行比较之后,关于这一点我下面还要讲到,u 波的真正传播方程式应当是非线性的。与爱因斯坦在引力论中所遇到的相似,当 u 的数值足够小时可以允许用线性波动力学方程式作为它的一级近似。如果这一观点是正确的,则也许可以假设 u 波并不含

---

* 德布罗意的这一假设在数学上和物理上是**不必要的**。请参看下文关于非线性 u 波方程的叙述。

有在"**奇点**"这一名词严格意义下的运动奇点,而仅仅含有一个极小的特殊的运动区域(其大小尺度无疑是 10^{-13} cm)。在此区域内,u 的数值变得如此之大,以致线性近似成为不合理的;而同时在此极小的区域之外的所有空间,线性近似是合理的。遗憾的是,这一观点的改变并未使解决问题中所出现的数学麻烦变得容易简单些,因为如果当以具有奇点的解来解线性方程时常常出现困难的话,则解非线性方程就更加困难了。

让我们再回到 1927 年。那年春天,洛伦兹要我为将于当年 10 月在布鲁塞尔举行的第五届索尔维会议准备一份关于波动力学的报告。我当时觉得要以数学上的严格性来阐明双重解原理肯定要出现麻烦。于是我决定采取一种简单的观点,这一观点实际上在《物理学杂志》那篇文章的结尾处已点到了。按照我当时的观点,既然粒子的运动由 u 波和 ψ 波所共有的相位的梯度所决定,那么表面上所发生的事好像粒子的运动是被连续波 ψ 所引领的。这就是说,粒子的存在是一独立的现实,而粒子在其运动中被 ψ 波所引领并满足"**速度正比于 ψ 波的相位的梯度**"这一公式。这样来表达该问题的方法,即双重解思想的退化形式,我给予其一个意义清晰的名称叫作"**波导理论**"。我在第五届索尔维会议上讲述了这一理论。当时我并未意识到,**做这样的让步实际上大大地削弱了自己的地位**。其实,尽管双重解原理难以用数学表达,但若一旦成功,它将为物质结构和波粒二象性提供极为深刻的诠释,甚至,如我们以后将要看到的,它或许可以使我们将量子概念去与相对论进行对比。简化了的波导理论,虽则在某些方面具有双重解的结果,但却并不具有后者的这些优越性。由于 ψ 波的统计的和纯粹虚构的特征,对众人来说好像已是确定无疑的和已被接受了的事情,因而波导理论使他们面临一个无法接受的绝境:迫使他们承认是在用一个没有任何真实物理意义的、且又依赖于应用者的知识结构的、同时又依其知识的改变而突然改变的一个连续波 ψ 量,来决定粒子的运动。**如果我在 1927 年所发表的思想会在某个时间得以复活的话,那么它只可能是精确化了的双重解原理,而绝非简化了的令人无法接受的波导理论。**

在 1927 年 10 月举行的索尔维会议上,我的波导理论没有得到什么人的响应,泡利用"**上帝的鞭子**"猛击我的讲演。我预先准备了可能的答复,但是完全不能精确地阐明它。薛定谔不相信粒子的存在,不能附和我的意见。玻尔、海森伯、玻恩、泡利、狄拉克及其他的人发挥了纯概率解释,即我前面所述的当代正统诠释。大会主席洛伦兹一再表示他不相信这种诠释,并一再热情地宣传自己的观点,即理论物理学应该保持它的决定论特征,而且应当适用经典范围内时空的明确形式。爱因斯坦批评了纯概率解释,并对这一解释提出了莫测高深的反对意见。他支持我所选择的路线,但同时并不明确表示赞同我的波导理论。我回到巴黎后,很为这次辩论而沮丧。我思索了原因所在。由于上面业已陈述的理由,也由于其他一些想法,使我觉得波导理论确是不合适的。由于数学上的困难,又不敢回到双重解原理上去。我失去了勇气,违心地赞同了玻尔和海森伯的纯概率解释。25 年来,我一直以此作为我教学的蓝本并在我自己的书和报告中阐述它。我曾力求清楚地阐明该理论的各个不同方面,但据我的经验来看,这并非一件容易的事。下面我对该理论想再做一次简短的概括。

在玻尔和海森伯的概念中只有粒子和连续波 ψ,但无论是粒子还是波都无法用经典形式来表示。一般来说,不能赋予粒子以位置、速度和确定的轨道,只有当测量的时候,它才表现出具有确定的位置或确定的速度。可以说粒子在每一瞬间具有一系列可能的位置或者运动状态,这些不同的可能性只在测量时才以一定的概率呈现出来。正是在这里加入了连续波 ψ,它似乎是表示着具有相应概率的粒子的可能性系综。正因为如此,ψ 波在空间的广延就表示粒子位置的不确定性,它或许在所占有的区域中任一点存在,其概率正比于该点处振幅的平方。关于运动状态,情况也完全相同。将 ψ 波展成傅立叶级数或傅立叶积分,展开式就表示了测量动量所有可能结果;对应于每一项傅立叶系数的平方,就相当于给出了每一次测量的可能结果的概率。这一诠释被发展成最一般的形式,并应用于各种量的任何测量;它采取了极精致的数学形式,利用了所有线性分析的方法:函数论和本征值、展开为本征函数的级数、矩阵、希尔伯特空间,等等。这一套公式有着它不可避免的结果,即**"海森伯不确定关系"**。根据这一关系,我们在任何时候都无法同时知道粒子的精确位置和动量;所有的观测和实验,如果增加了我们关于粒子位置的知识,就会随之减少了我们关于粒子动量的知识;反之也一样。

由玻尔和海森伯所作出的波动力学诠释产生了一系列后果,其中之一便是新的一轮哲学探讨。粒子不再是时空中能被方便地确定的客体,而是一种满足概率规律的可能性系综所显示出来的特征。玻尔在近代物理学中所表现出来的风格与伦勃朗 * 相仿,他经常表现出对**"明暗对照""阴阳互补"**有着强烈的嗜好。他曾以他的风格说过,粒子是**"在一定的时空范围内无法确定的客体"**。至于波,在他眼里甚至比粒子还没有价值,波已失去了原先的物理意义,它仅仅成了探测概率的一根拐棍,而且与使用它的人所获得的信息有关。波也像概率分布一样,它成为人为的和主观的;同时也像概率一样,当使用它的人获得新的信息时它就要突然地变化。这就是海森伯所谓的**"波包编缩"**。该编缩是用以证明 ψ 波具有非物理的性质。

原先在物理学中所允许的、并在时空范围内可以精确地反映物理实在运动现象的决定论,在这一击之下消失了。再也不能普遍地满怀信心地来预测将要发生的现象,我们仅能计算各种不同的可能性发生的概率。诚然,在每两次测量之间,概率的变化是严格地服从波动力学方程,但是每一次测量或者新的观测所获得的信息都是概率的和非决定论的。

玻尔和海森伯不仅将全部的物理学归结为概率论,而且使这一概念大为改观。经典时期的伟大天才,从拉普拉斯到庞加莱,总是宣传着自然现象中的决定论,认为将概率引进科学理论中来,那是由于我们无知的结果,或者是由于我们无法探索到复杂的决定论的结果。而在今天量子力学所采用的诠释中,我们所处理的是**"纯概率"**,其中丝毫也容不得决定论的地位。在经典理论例如气体运动论中,概率规律是由于我们无法处理数目庞大的气体分子的缘故,而这些分子的运动是完全可以决定的,只是它们的运动很不规则并且很复杂而已。有关分子的位形和速度的知识,原则上允许我们精确地计算出整个气体的演化。但由于实际上我们很难知道这些隐参数,所以才引进了概率。然而量子力学的纯概率解释,却与经典概率不同。它所要说的是:引入概率并非我们对隐参量无知的结果,因为这些隐参量,包括粒子的坐标和速度,并不存在;粒子不可能自己显示出具

---

* Rembrand,1606—1669 年,荷兰画家。

有一定的位置或者速度,除非在测量或观测它的某一瞬间有仪器作用于它。概率在量子力学中不再是无知的结果,而成为纯粹的偶然性。

20 年前冯·诺伊曼在一个著名的论断中指出,为实验所证实的量子力学概率解释与隐参量的存在是不相容的。于是,退路最终被切断了。似乎不能再回到粒子的经典定义并借助于隐参量未解释量子力学的一整套公式了。冯·诺伊曼的抽象和精细的证明产生了很大的影响。我曾经一度认为它是无法驳倒的。下面我将说明,为何我现在对其可靠性发生了怀疑。

25 年来,几乎所有的物理学家都赞同了玻尔和海森伯的纯概率解释。但是也有一些很显著的例外。一些伟大的学者如爱因斯坦和薛定谔,经常拒绝采纳它并提出一些扰人的反对意见。在 1927 年第五届索尔维会议之后,爱因斯坦提出了下述反对意见。让我们考察一具有小孔的平面屏,粒子及其缔合的波 ψ 垂直地射在它的上面。当穿过小孔时,ψ 波发生衍射,并在屏背面以球面波形式传播。若在屏背后再放置一半球形的照相底片,则有可能在半球面上某一点 P 处记录下粒子的位置。波动力学告诉我们(这一观点是各方面都同意的),粒子处于 P 点的概率由 ψ 波在这点的振幅平方给出。若每一瞬间可以借助于隐参数确定粒子的轨道及位置,则由于对粒子轨道的无知只允许我们确定轨道穿过照相底片上这点或那点的概率。当粒子产生感光作用的事实说明了它的轨道已穿过 P 点时,粒子轨道穿过底片上其他各点的概率随之消失了。对于这些信息人们是很容易理解的。这一解释也是很清楚的,但却完全与纯概率解释不符。根据后者,在感光作用前,粒子以等于 ψ 波振幅平方的概率,潜在的存在于屏背后区域中所有的点。当 P 点感光时,粒子就定位于即凝聚于 P 点,而它在底片上所有其他各点存在的概率立即降落为零。爱因斯坦说,这样一来,该解释就与所有我们关于时间和空间的概念相抵触(即使在相对论时空中也如此),并且也与物理作用在空间以有限速度传播的局域性概念相矛盾。如果说我们关于时空的概念是由宏观经验得来的,因而可能在原子范围内是错误的,那也是不充分的。实际上,底片可以有宏观的大小(它可以有 $1m^2$ 的表面),因而这里的问题是甚至**宏观范围**内的时空概念也有毛病,这真是难以接受的。据我所知,**爱因斯坦的反对意见并没有得到满意的答复**。这一意见加上后来薛定谔以及再是爱因斯坦所提出的另外一些反对意见,关系到现象及其后果的"**因果关系**"。我不能在这里详述这些论点,只是想指出,它们都与爱因斯坦在 1927 年提出的论点一样,将必然导致矛盾的结论,特别是动摇了人们在宏观范围内必须承认的原有的时空观。当然,玻尔在用其微妙的、看起来很有趣的思考方法叙述他的观点时,似乎答复了些什么。但是,他的答复,正如我刚才所说的那样,好像被一种明暗对照的东西所笼罩着。正因为如此,不能说所有的人都是完全信服的。

这一表面上几乎是稳定的状态持续了四分之一世纪,直到几个月前才出现了我在本文开头所说的玻姆的论文。该论文本质上并无任何新东西,因为它只不过是重复了我在索尔维会议上所讲过的波导理论,即其中只有概率波 ψ,而无双重解原理所引入的具有奇点的 u 波;关于后者我总认为将会遇到无法克服的困难。然而玻姆的功绩不仅是强调了应对这些问题予以注意,他并且提出了若干有益的建议,特别是分析了用波导理论的观点来考察测量过程,而这一分析可以答复泡利在 1927 年对我的观点所提出的异议。在刚刚得知玻姆的论文和我现在就要谈到的维吉尔的见解之后，我就在两篇短文中概述了我对这一问题的见解，这两篇短文分别发表在 1951 年 9 月和 1952 年 1 月的《法国科学院通报》上，以下就是引起我注意的问题之一。冯·诺伊曼的证明声称不准将波动力学解释为具有隐参量的决定论理论。但是，要知道双重解原理或波导理论尽管不能认为是已被证明了的，它们却总是**存在**着的。因此我们可以反问一下，它们的存在怎样与冯·诺伊曼的证明相协调呢？这一意见重新引起我考虑该定理的证明，我发觉他的证明主要建立在如下假设的基础之上：所有为波动力学所许可的概率分布，**即使在施行实验以达到这一分布之前**，就已成为物理上的存在。于是由 ψ 波的信息所导出的有关位置和运动状态的概率分布，都能在精确确定位置和运动状态的实验之前存在。但也可以做出完全相反的假设（这一假设甚至与近代量子物理学家的操作主义定义完全符合）：这些概率分布或者至少是其中的一部分，可能是由于进行测量才有可能形成，而且仅在当测量已经完成，结果还不知道的时间间隔中存在。双重解原理和波导理论在这一点上与此没有矛盾，它们都假设，由连续波 ψ 的振幅平方所给出的关于位置的概率分布在任何一次测量之前就已存在，而其他力学量的概率分布（例如关于动量的概率分布）可以由测量所产生。所以，作为冯·诺伊曼证明基础的假设对它们失效，从而也就推翻了他所证明的结论。纯概率假设假定了所有概率分布的绝对等同。冯·诺伊曼以这一概率的绝对等同性作为假设的基础。做了这一假设之后，他所证明的不过是：如果采用了纯概率解的基本概念，就无法跳出如来佛的手掌心。由此可见，这里面存在着类似于恶性逻辑循环的特点。拆穿以后，冯·诺伊曼的理论就不像从前那样对我具有束缚力了。

　　紧随玻姆的论文之后，庞加莱研究所的维吉尔提出了将双重解原理与爱因斯坦相对论作对比的很有趣的想法。（爱因斯坦的理论也是 1927 年提出来的，但与我的研究完全无关。因为我当时的工作领域是在量子论方面，而不是广义相对论；而爱因斯坦则聚精会神于广义相对论，并没有深究量子论）为了理解这一对比的意义，我想让大家知道，当代理论物理学家似乎是被划分为两大不可调和的阵营。一方面，爱因斯坦及其助手们形成了一个不大的小组，他们致力于发展相对论的观念，力图拓展广义相对论的概念和方法，另一方面，绝大多数理论物理学家，完全不顾广义相对论的观念，他们为原子问题的兴趣所左右，竭力地发展量子力学。当然，波动力学的发展离不开狭义相对论，并且力图将相对论的概念吸收进去。狄拉克的自旋电子理论，以及更近期的朝永振一郎、施温格、费恩曼和戴森的杰出理论都应用了相对论的协变思想。当然在这些情形下所指的都是狭义相对论。但是，必须明白，狭义相对论是完全不够的，它应当加以推广，正如爱因斯坦在 1916 年所做的那样。令人难以置信的是，当代物理学的两大支柱，广义相对论和量子论，目前仍是互不接触并且相互忽视的。人们希望在将来能实现它们之间的综合[*]。

　　在奠定了广义相对论的基本轮廓之后，爱因斯坦便以全力投身于用引力场奇点来表示物质原子结构的可能性探索里。另外，他研究了下列问题：根据广义相对论原理，物体在弯曲时空中的运动轨迹就是时空中的短程线。由这一原理，他重新计算了行星绕日运

---

　　[*]　有许多理由表明，广义相对论和量子论无论在哲学上，还是在物理上、数学上，都是水火不相容的，很难实现这种综合。目前许多所谓的"综合"，实际上是硬凑，不屑一顾。

动,并进而解释了每一世纪中水星的近日点进动。如果用引力场中存在着的奇点来定义物质的基本粒子,就可以**仅从引力场方程出发**,证明奇点运动沿时空的短程线进行,而不必将此结果作为独立的假设引进来。爱因斯坦曾花了不少时间研究了这一问题,直到1927 年,才在格罗斯曼的合作下完成了上述工作。后来爱因斯坦和他的合作者英费尔德及霍夫曼又用几种不同的方法重复并推广了这一证明。显而易见,爱因斯坦关于这一理论的证明,与我在 1927 年所作出的关于 u 波奇点的粒子总是具有沿着 u 波相位梯度方向的速度的证明,有着一定的类似。维吉尔在时空度规的定义中引入波函数 u,热心地企图更加确定这一类比。尽管他的尝试可能还有些问题,但他的路线是极有意义的,因为这有可能使我们走向广义相对论和波动力学之间的综合。我们可以设想物质粒子(光子也一样)作为被波场所包围的时空度规的奇点,如果认为粒子也是波场的一个局部,并且在波场的定义中引入普朗克常数,则似乎有可能达到将爱因斯坦关于粒子的思想与我的双重解原理综合起来的目的。时间将会告诉我们,这一将量子论与相对论综合起来的浩大工程是否有可有实现。

据我看有一件事是毫无疑问的,即这一综合中会重新出现并且证实现有波动力学解释里业已存在的全部结果和计算方法,包括海森伯的不确定关系、原子体系的量子化等等。不过现在确有理由要问:如果目前的诠释已能足够分析所有被观测到的现象,那么为何要改变它呢?为什么要引进看来无益而又复杂化的双重解、带有奇点的解、等等,因而使自己陷入泥淖难以自拔或陷于绝境难以自救呢?对于这类问题可以如此答复:回到遵循时空规律的清晰的笛卡儿观念,会使许多人满意;这不仅可以消除爱因斯坦和薛定谔的使人难堪的反对意见,还可以避免出现目前正统诠释中的某些奇怪结果。其实,目前正统诠释企图仅用连续波 ψ 来描述量子现象,其统计性质是不言自明的;这样的诠释,逻辑上必将导致自圆其说的"**主观主义**";由于它竭力否认独立于观测者的物理实在的存在,在哲学上就成了唯心主义的近亲。但是要知道,正如迈耶森[*]曾经清楚地强调过的,物理学家始终是自发的"**实在论者**",这是有其重大原因的:主观主义的解释总会引起物理学家的反感。物理学家最终总会幸运地从这种解释中解脱出来。

我们也可以跟着玻姆一起去想:如果目前的正统诠释在可以预见的原子范围($10^{-8} \sim 10^{-11}$ cm)内是适用的,但它不见得在原子核范围(10^{-13} cm)内也是适用的,因为在那里不同粒子的影响区域将相互重叠而不能认为它们是相互独立的。必须承认,当代的原子核理论,特别是保持原子核稳定性的相互作用力理论,其状况还不能令人满意。除此之外,目前的物质粒子理论,更加无情地令我们失望:几乎每个月都有报告说是发现了新的粒子。看来物理学迫切需要对粒子的结构进行定义,就像原先在洛伦兹的理论中那样引进所谓电子的"半径"。这样就可防止滥用统计波 ψ 来描述粒子,因为统计波中所说的"**粒子**"是没有任何形式的内部结构的。我们可以设想,如果改变观点,回到时空形式中去,也许会使情况有所改善。当然,这只不过只希望,即泡利所说的"**空白支票**",但是据我看来,这里面包含着一种可能性,不应该先验地加以完全排除。要避免由于过于深信纯概率解释而使量子力学成为一门只开花不结果的学科。

---

[*]　Meyerson. E. ,1859—1933,法国科学哲学家,其代表作为 *Identité et réalité*(1908)。

最后,我要说的是,就是爱因斯坦经常强调的如下问题:纯统计性质的 ψ 波的现代诠释是否是实在的"**完备**"描述?（如果是"完备"的,就必须承认非决定论,就必须承认不可能在时空范围内以确定的形式表示原子尺度内的实在）或者反过来,如果这一解释如同经典物理中的统计理论那样是不完备的,那么是否在它背后必定隐藏着完全的决定论,并且是否可以用时空范围内对我们来说是隐蔽着的,或是如人们所说"在实验的测量里逃脱了"的变数,来描述实在呢? 倘若第二种说法是肯定的,那么,在我看来,它或多或少将表现为双重解的形式;甚至,毫无疑问,是和广义相对论的思想相一致的。这一点,我将来还要进行阐述。我已经意识到,（并且近来对全部问题的重新审查又一次向我指出）这一尝试将会遭遇到何等巨大的,也许是很难克服的困难。我同时也意识到,为了牢固地建立这一理论,将会在数学上遇到不可回避的麻烦。如果这一尝试失败了,那么也只好无可奈何地回到纯概率解释上去。但是直到目前为止,我仍认为对这一问题的重新研究是完全必要的。

在放弃了我的初次尝试之后,25 年来,我违心地遵循着玻尔和海森伯的解释。当我现在又重新产生疑问,并且思量着是否归根结底还是我当初的方向更好些的时候,毫无疑问,会有人站出来责难我反复无常。对这一责难,说句笑话,我可以用 Voltaire* 的话来回答他:"**只有笨伯才是不变的。**"当然更严肃的回答也是有的。科学的历史表明,当某些概念被当成教条的形式时,科学的进步就必然要经常地被这些固定了的观念的专制影响所束缚。由于这一原因,对于已经成为不需要讨论就该接受的原理,就更必须加以深入研究了。当然,在以前的四分之一世纪里,波动力学的纯概率解释对物理学家也是有贡献的,因为它毕竟解决了不少现实的疑难问题,使他们走上许多有结果的应用道路,而且它也阻止了物理学家去钻研那些极难解决的问题,例如根据双重解原理去建立新的非线性波动力学。

然而波动力学在其目前的形势下,在解释量子现象方面已经很大程度上力不从心了。这是大家都默认的,甚至纯概率解释的拥护者们,也在寻求着出路（看来似乎没有取得突出的成功）。他们引入了新的、更为抽象和更为远离经典形式的概念,如 S 矩阵、最短长度**等等。我并不否认对这些尝试的兴趣,但我常常自问:回到时空概念的明确性上来是不是更好一些呢? 这种明确性过去曾是我们所企求的方向。不管怎样,为了审查目前所公认的正统诠释是否是唯一可被接受的解释,并重新着手于困难的波动力学的解释问题,总是有益无害的。

对于科学,也像对作家一样,应该像布瓦洛***所说的那样:"不停地工作,不停地改善你的工作。"

---

　*　原姓名为 Arouet. F. -M. ,1694—1778,法国启蒙思想家、作家和哲学家。

　**　这些均为海森伯的后期工作。

　***　Boileau-Despréaux. N. ,1631—1711,法国诗人,文艺理论家。

波动力学诠释*

目前撰写量子力学书刊的作者们几乎都避而不谈那些孕育它的概念。而且，他们宁愿使用"**量子力学**"一词也不用"**波动力学**"一词。在他们眼里，后者似乎会在表象理论中引起某种误会或者不合胃口的物理图像。然而，波动力学以及由波动力学所导出的波动方程，却正是近代量子力学赖以发展的数学基础。没有这些，也就不会有什么量子力学的著作了。**这些量子力学论文的作者们不承认指导波动力学创始人的物理直觉，多少有点像不愿承认自己的父母的孩子一样**。

因此我认为首先提一下波动力学的起源不是毫无益处的。

波动力学来源于真正理解波粒二象性本质的企图。这种二象性在光电效应的爱因斯坦解释（光量子论，1905）和实验中已完全成为定论，但在理论上却依然无法理解。在思考这一问题的时候，我产生了一种想法，即波粒二象性应当是一般的结论而不应当是（至少从这一观点看来）只对光子适用的结论但不对其他物质微粒适用的结论。言简意赅地说，我的出发点在于**将任何微粒的运动，与波的传播缔合起来**；我希望这一波与粒子的缔合可以成功地解释玻尔原子论中决定原子中电子运动的量子化条件。这些量子化条件中所出现的整数，与波动理论中在干涉或共振条件中出现的整数是类似的。

在建立粒子运动和波的传播之间的联系时，我的基本**出发点是相对论**。在研究过程中，有一件事曾使我困惑，即给定的伽利略参考系坐标变换时的时钟频率改变公式，与同样变换条件下任何一种波的频率改变公式之间，有着明显的差别。我试图将微粒看作是波动中极小局部的破缺，这样一来就使我产生了一种想法：要将微粒中的**小时钟**看成是独立的，而其相位应当在任何时候都与其缔合波的相位一致。在研究微粒——时钟频率和其缔合波频率之间的差别时，我发觉如果相位一致就可以将一个匀速直线运动的微粒与一种单色平面波的波动联系起来，这种波正是我所寻求的与微粒相缔合的波。由于这一正确的分析，并为爱因斯坦光量子理论所鼓舞，才使我得以建立下述基本公式，即自由运动微粒的能量 W 和动量 p，是与其缔合单色波的频率 ν 和波长 λ 相当的：

$$W = h\nu, \quad \lambda = h/p,$$

式中 h 为普朗克常数。这些公式，当用于光子的时候，就可以将光量子（今天我们称之为光子）作为特例包括其中。

我认为这样才能使我们深刻地理解波粒二象性：上述公式指出必须将微粒包括在波动中以便使微粒和波动相缔合。

1. 哈密顿-雅可比理论和薛定谔的工作

由著名的经典分析力学理论，即哈密顿-雅可比理论，也能导出类似的结果（我本人在

---

* 译自 *Amote*，1956 年第 1 期。

最初的研究工作中已知道这一点）。其实，经典力学理论与目前这种新颖的波动力学在观念上相符，是不足为怪的，因为倘若波动力学中的波粒二象性是真实的话，那么它一定也隐含在经典力学理论中；如果波粒二象性是正确的话就应当被这两种理论中的任一种用数学表述出来。

根据 120 年前[①]由哈密顿而后又由雅可比提出的理论，在给定力场中运动的粒子系综，与几何光学中在此空间区域中传播的某一种波相当。这一令人向往的图景，使人有可能将波所缔合的粒子的可能运动轨道，与该波（在几何光学意义上的）"**波矢**"等同起来，也就是说，可以将运动轨道与等相位面的法线等同起来。于是在粒子运动和波的传播之间出现了极为深刻的对应，尽管这仅在几何光学有效的局部范围内成立。然而，这一对应自哈密顿和雅可比时代直到量子理论发现之前，并未受到重视。这是可以理解的，因为只有作用量子的引入才有可能真正理解这一对应的意义。

下面我们将由哈密顿-雅可比理论导得的波动的形式明确一下。这一理论中有一个偏微分方程，与光学中称之为"**几何光学方程**"的十分类似，人们证明了，该方程的全积分 $S(x, y, z, t)$，可以被看成几何光学中真实情况下传播的波的相位。如果对应于该波的是一些"**光线**"，则此光线便是问题中所考虑粒子的可能的运动轨道。我们可以将以上所述画成一个图：其中虚线表示几个等相位面 $S = \text{const.}$，而用实线表示与这些面正交的曲线，也即粒子的可能运动轨道"**光线**"。

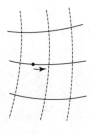

图　1

然而，在此必须提及一件对于后面的讨论至关重要的原理：作为质点动力学基础之一的哈密顿-雅可比理论，其中隐含着这样一条观念，即当粒子在外力场中运动时该粒子运动所经过的轨道仅是许多可能轨道中的**一条**。由此可知，当波动以其"**光线**"这种方式传播的时候，隐含着在波动的某一很小的局部而且沿着某一条"**光线**"，有一与波动同相位的微小"**破缺**"（即图 1 中的黑点）。

利用哈密顿-雅可比理论所提供的类比，进而引入作用量子（其功能是将能量和频率联系起来），就可以方便地导出波动力学的基本方程。人们从中得到了启发。哈密顿-雅可比理论等价于几何光学，但从波动的观点来看，几何光学仅是在特定条件下才适用的一种近似。这理所当然使我产生了一种自我的学位论文[*]开始就已表达出来的思想：经典力学显然也只是一种近似，它只在特定条件下才是正确的；而那种具有波动特征，且与经典力学的关系犹如波动光学与几何学光学的关系相仿的新力学，才应该是真正的力学，才能真正体现波粒二象性。这一新力学，对于所有粒子来说，必须能够解释干涉和衍射现象，而该两种现象在经典力学中是无法解释的。由于戴维森和革末所发现的电子在晶体中的衍射现象（1927），这两种现象已是人所共知的事了。

但就是打从这时候起，有一个问题使我不安。这就是与粒子相缔合的波的振幅到底作何解释的问题。许多人将这种波与经典力学中的波相类比，认为该振幅在空间中是连续而光滑地变化着的。但我认为接受这种看法是冒失的，因为这么一来，波就无法用以

---

① 本文写于 1956 年。

* *Recherches sar la thèorie des quanta*, *Annales de Physique*, 3(1925)22～128.

表征具有局域奇性的微粒了。据我看来，只有用雅可比函数 S 所表示的波的相位（在几何光学有效的近似情形中）才具有确定的物理意义，而振幅则不然。我当时故意不说振幅，但是我心中明白：它不可能是正规的，它应当反映某种孤立的局部奇异性。

1926 年，薛定谔在我最初工作的影响下，以一系列文章*发展了我的思想，他起初打算发展相对论性的波动力学，希望通过对哈密顿-雅可比方程的深入研究，导出能体现几何光学的波动方程；但后来由于数学上的原因他只将工作局限于非相对论的近似范围内。他成功地导出了以他的姓氏命名的（适用于无自旋的）非相对论形式的波动力学方程。该方程与哈密顿-雅可比理论之间的关系是十分诱人的，以致可以利用它们之间的类比将该方程推广到多体问题。薛定谔用一个抽象的态空间中的波来描述多体系统的运动（抽象的态空间是由多体问题中诸粒子的坐标所构成的坐标集合），并从容地写出了该波在空间中的传播方程。

薛定谔方程的应用曾达到的成就是众所周知的，因而没有必要在这里赘述。然而，尽管有这些成就，尽管有着形式上的严密性以及建立在此基础之上的量子力学所具有的形式主义预言能力，我们还是要说，薛定谔的出色论文中含有冒失的结论，这些结论在当时被认为是完全自然的而且未经讨论就被接受了，而它们却也许会将波动力学的诠释引向一个错误的方向。结论中的头一个说的是，只有具有连续振幅的波才是波动方程所允许的唯一的解；这样就否定了没有任何破缺从而否定了粒子的存在，结论中的第二个说的是，在考察物理空间中粒子所缔合的波的传播和态空间中多体系统所缔合的波的传播时，应将它们视为平等的。以下我们来简略地说一下这一问题。

我们来研究一个粒子以及在物理空间与之缔合的波，并事先假设波的传播是在几何光学的近似条件下行行的。当我们重新回到哈密顿-雅可比的波动形式时，由于函数 S 与相位成比例，因此 S 为常数的面就是等相位面或波阵面，而波阵面的法线方向即为粒子的可能运动轨道之一。然而对多粒子系统来说情况就有所不同了，此时具有连续振幅的波只是一种传播形式，其中已不允许再有粒子的概念。在经典的哈密顿-雅可比理论中，波与粒子是缔合在一起的，即图 1 中所标的黑点。在目前这一多体问题中，就必须同时而且平等地去考查一切与 S 为常数的波阵面正交的法线，以寻找或许存在于这些法线上的粒子并确定这些法线是否是粒子和运动轨道。这样一来，我们所得到的粒子和运动轨道成了虚拟和统计的东西。如果将这些运动轨道比做流体动力学中的流线，就很容易看出，有充分理由将该波的连续振幅的平方比做这假想流体的密度①。由此可以作出结论说，振幅平方就等于被考查处发现粒子的概率。

到目前为止，由于我们承认几何光学近似对于波的传播来说还是有效的，因而可以应用哈密顿-雅可比理论。如果在用波动力学传播方程研究某些几何光学时其近似程度已无效的情况下，就只能凭定义将与波的传播相缔合的"**流线**"看作是粒子的运动轨道

---

* 参阅 *Quantisisierung als Eigenwertproblem*，*Annalen der Physik*，$\underline{79}$(1926)361，489，734；$\underline{80}$(1926)437；$\underline{81}$ (1926)109。

① 按一般程序若令 ψ 为连续的薛定谔波，并设 $\psi = a\exp\left(\dfrac{i}{\hbar}S\right)$，其中 a 和 S 均为实数，$\hbar = \dfrac{h}{2\pi}$，则振幅平方 a^2 就可写成经典形式 $|\psi^*\psi|$。

了。但是在使用连续波时，所有这些运动轨道都是等价的，而绝不能说这一条而不是那一条更可能是运动轨道。同时在任何时候都可以将波振幅的平方看作是假想的流体的密度，而这假想的流体是由描绘出一切可能轨道的无限多粒子所构成的。

于是，我们就会看到，在一切情况下，无条件地应用波动方程及其正规解，就不可避免地使粒子的严格特征随之消失；粒子的特征指的是精确的局域化以及在某一瞬间可以描绘出完全确切的轨道等等。代替这些特征的将是一些统计信息，例如必须同时考察所有的位形以及所有与波阵面相垂直的运动轨道。在这种情况下，局域性的粒子从人们眼皮底下不见了，人们再也无法找到它。因此，人们不得不强迫自己在下述两种说法中选择一种以安慰自己：或者如薛定谔所说的那样，从此以后就只认为波是物理实在而放弃粒子的概念，因为它仅仅是波的幻象；（然而这种说法从未在逻辑上有效地引申下去，因为在我看来它与实验已证实为可靠的粒子局域性是根本不相容的）或者像玻尔和海森伯那样尽管也同时保留波和粒子的概念，但却只赋予它们一种虚幻的名义，此时的粒子只是作为其一切可能的轨道中和其一切可能的运动状态中的统计"**分布**"而存在；而此时的波也仅仅是概率的主观表象（由于事实本身的需要，尽管有时也赋予它以客观实在的伪装）。众所周知，恰恰是这第二种说法，尽管它是够模糊的，25 年来一直被认为是波动力学的正统诠释。

还可以补充一点：当海森伯将任一粒子在物理空间中的波传播与多粒子系统在组态空间中的波传播加以对等考虑的时候，他实际上已取消了波作为客观物理实在的意义，因为在抽象的组态空间中的波传播完全是凭空假想的。从这时候起，不管人们愿意与否，波动力学中的波就成为抽象的东西了。

2. 双重解原理的波动力学诠释

然而在 1925—1927 年间我产生了一种完全能与上述诠释不是一码事的想法。我在 1927 年第 5 期《物理学杂志》上，以"**双重解原理**"为内容 * 阐述了这一诠释。

我为了同时保留波的概念和粒子的严格局域性概念，将粒子设想为波结构中的局部破缺。这就使我产生了如下的思想：真正的物理实在不应该如海森伯所设想的那样用波动方程的连续解来表示，而应该用通常存在于运动区域但其函数值突然变得很大的另外一类解来表示①。当我想到这一问题时，我觉得这样来描述粒子是有着巨大的优越性的（该粒子将缔合在传播着的波中），它可以体现粒子的严格局域性，而同时又可以使我们理解远离粒子运动轨道的障碍物是如何影响其运动的，这对于我们和处理干涉和衍射现象是必不可少的。

同时，在我看来，连续波的概率诠释也应当保留下来。如果说具有奇异区域的波可以用来描述物理实在的话，那么连续波或许可用来寻找粒子的可能位置和给出其可能的运动状态。当然，连续波若能起到这一作用，它必须和具有奇异区域的波有着某种默契。前面业已提到，波的相位曾在我的早期工作中起到过重要作用，正是粒子的

---

* *La mécanique ondulatoire et la structure atomique de la matière et du rayonnement*, *Journal de Physique*, Série Ⅱ, 8(1927)225~241.

① 我当时设想波函数在某一小区域的中心具有数学上的奇异性且有无限大的值。但后来，我的观点趋近于爱因斯坦，宁可不引进这一假设。

相位（将粒子看作时钟）和它的缔合波的相位二者的普遍一致性，导致我得到了波动力学的基本关系。这使我联想起，必须使真实的波与假想的连续波具有相同的相位，才能使后者给出粒子运动的统计性描述。与此同时，在我看来，连续波的振幅平方并不具有客观实在性，而只有统计的意义，如前所述它只能给出每一时刻在某一位置粒子出现的概率。

只要在时空框架中描述任何实在的表象有可能存在，那么在我看来某种说法就是不能同意的。我们这里所说的"**某种**"是有所指的，那就是薛定谔所作的将在态空间传播着的波仅仅看作抽想波的设想，并以这种设想为依据去解释 N 个粒子相互作用的做法，我的想法是，凡能提出的问题必有解决它的办法。我们只要去研究在真实的三维空间中传播着的 N 个具有奇异区域且彼此相互影响着的波就行了，然后，我们再去证明薛定谔在组态空间中的连续波所给出的正是这些相互作用的统计结果，而连续波本身由于只能表示概率因此只可能是抽象的。

在发展这一思想的过程中，我于 1927 年获得了今天称之为"**波缔理论**"的结果，这一理论是双重解原理的简化说法。波缔理论可以表述如下："**如果波动方程的解在一个极小的奇异区域中有很大的值，那么该奇异区域就将有完全确定的运动，其方向就沿着波阵面的法线方向。**"当我们假设通常的波动力学中的假想的连续波与真实的波同相位的时候，那就可以说一切就好像是这样发生着的：在运动条件完全确定的条件下，粒子沿着连续波的波阵面法线方向运动。波缔理论在一般情况下均有效，此时波的传播不一定非要满足几何光学的近似。为了给出了一个更清晰的印象，我们可以考察一个已满足几何光学近似的特例。让我们回到哈密顿-雅可比理论，亦即我们的图 1。设想具有奇异区域的波以 $S=\text{const.}$ 作为其等相位面。图 1 中的黑点表示一个很小的奇异区域；我们假定在这一区域中波取极大的值，而且这一区域沿实线之一做确定的滑移运动。这样，我们就获得了物理实在的充分表示，即粒子以波的局部破缺的形式，随道相位波传播。至于具有同相位的连续波（有振幅，但无奇导区域），它除了不带黑点外其余处处与图 1 相同。它显然是假想的，是由那些贪图方便的人所虚拟的。但是由于它的波矢方向有可能粒子的运动轨道，因而它可以被认为是方便的统计描述：众所周知，它的振幅平方就给出了粒子存在的概率。

我于 1927 年给出的波缔理论，适用于当时已知的波动方程（薛定谔方程及其相对论推广克莱因-戈登方程）。不久前，我有了新的证明[①]。新的证明利用了一阶线性偏微分方程的积分方法，其优点在于它适用于目前一切使用着的波动方程，其中包括带电粒子的狄拉克方程。对于所有这一切波动方程，均可获得波的传播与假想流体的守恒原理之间的某种对应关系。由于流体中是存在着流线的，因此我们便可以得到下面的普遍定理（它将我上面所说的作为一个特例包括在内）："**如果波动力学方程的一个正规解与另一个具有奇异区域的解，被容许有同一条流线，则第二个解的奇异区域将沿着这一流线运动。**"

玻姆于 1951—1953 年间所发表的论文，实际上是回到了我 1927 年的"**波导理**

---

① 参阅 *CRAS*, $\underline{237}$(1954)237; $\underline{241}$(1955)345。

论"。在维吉尔极为积极的合作下,我又重新从事新的研究,尝试用双重解原理来诠释波动力学,而这一原理在 1928 年由于数学上的困难而被我束之高阁。在这期间,我与维吉尔发现双重解原理和爱因斯坦在广义相对论框架中所建立的粒子概念,在诠释上有着深刻的雷同之处。在广义相对论中,粒子作为场(引力场、电磁场或任何其他的场)的奇点在某一小区域内有极大的数值,且沿着场内的短程线运动。这些类似之处(我下面还要说到它们)使我们联想到:表示物理实在的具有奇异区域的波的传播方程也应当是非线性的,其中非线性项显然只在奇异域内才具有极大的数值,而在该区域之外则衰减得很快以致可以将其略去从而使波动方程成为线性的并同通常的波动力学方程在形式上相同。

现在我来解释真正的波动方程在奇异区域之内应是非线性的这一观念的优越性。为此,我首先觉得必须明确这一波完全应当具有什么形式。在我与维吉尔看来,具有奇异区域的波(我用 u 来表示它,以便与通常波动力学中的连续波区分开来,后者通常用 ψ 来表示),在奇异区域之外应该可以用 $u = u_0 + v$ 的形式分解开[*];其中 u_0 是一个在奇异区域之外与 v 相比为极小,但在奇异区域之中突然增至极大的函数;至于 v 则是线性波动方程的正规解,其数学形式一般来说在任何情况下都必须同问题中通常的连续波函数 ψ 相一致。因此,函数 u_0 和 v 是波动力学方程的两个解,一个是正规解,另一个是奇异解;总的 u 波看起来似乎是在 v 波上叠加着一个严格局域化的突起,而 v 波具有通常 ψ 波的数学形式。我尝试着将以上所述画在图 2 上。

我证明了,在用双重解原理理解通常波动力学中的本征值计算方面,和理解干涉现象(例如 Th. 杨环)方面,这一关于 u 波的假设是必不可少的。

波缔理论告诉我们,u 波中的巨大数值是集中在一个极小的区域中的并沿着 v 波的流线移动的。在这里,u 波所满足的非线性方程起着极其重要的作用。如果 u 波所满足的波动方程在各处都是线性的,则 u_0 和 v 两个解就成为完全独立

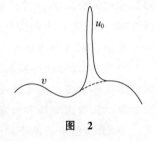

图 2

的,而说什么它们具有同一条流线和突起的 u_0 部分的运动为流线 v 所决定也就毫无意义了。但若 u 波所满足的波动方程在奇异区域(波在该区域内具有极大的值)内是非线性的话,事情就大为改观了,u_0 和 v 这两个函数就被波动方程在奇异区域内的非线性所紧紧地联系在一起了;而波缔理论的深刻含义,毫无疑问,也就在这里。

将奇异区域之外的 v 波与通常波动力学中的 ψ 波之间的关系弄明白是至关重要的,因为在双重解原理中的 u 波是不依赖于观测者的知识而存在的客观实在,所以作为 u 波的一部分且在奇异区域之外与 u 波相符的 v 波也应当具有客观实在的特征。首先,v 波应当具有完全确定的振幅,该振幅完全不在观测者的安排之中,也不可按照他的处理而正规化。然而观测者却可以在他的理性中构造函数 ψ,该 ψ 函数到处以一比例系数与 v 波成比例,而比例系数却是他可以任意选择也容许正规化的。如果即使 u 波占据了几个不同的空间区域,观测者也可以按照他对于粒子状态的了解而对不同的区域选择不同的

---

[*] 参阅 1953 年 5 月爱因斯坦致德布罗意的信。

比例系数。恰恰由于这一可能性，在我看来，使我们可以理解海森伯所说的"**概率波包的编缩**"为何物。

我们关于 ψ 波的概念可以很好地理解现代纯概率解释的拥护者们为什么一直在两种思想即以纯概率波函数为其表征的纯主观思想和以 v 波为其表征而多少反映一些物理实在的较客观思想之间徘徊的原因，从我们的分析中可以看出，ψ 波自然是理性的产物；它是纯主观的，且由于它依赖于人们的知识从而表示为概率的形式。然而由于它是以多少能反映客观实在的 v 波为基础构成的，这就使它并不总是受主观知识的束缚而能够给出精确的统计估价。这样，我们就重新分清了，主观的东西和客观的东西之间的界线，而这一界线在正统的波动力学诠释中却是十分难以理解地被弄模糊了。

在这里我们不可能用双重解原理来诠释所有微观物理学中的复杂问题，其中包括通常量子力学和量子场论中无法圆满解决的问题。这些问题的绝大部分尚未解决。它们只能逐步地并且在付出巨大努力之后被解决。现在我们暂且不去理会这些问题，而先来说明在双重解原理中为何粒子的空间局域性是必要的。

3. 粒子局域化的必要性

当人们思索着与微观世界中的粒子有关的物理量是用什么实验方法来测量这一问题的时候，就注意到了在测量过程中所观测到的客观现象或粒子的行为被干扰是不可避免的（这些客观现象如由光子或电子引起的使照相底片感光的化学反应，由于粒子进入威耳孙云室或其他计数器引起水滴凝聚或放电等等）。在冯·诺伊曼和他的诠释者关于测量过程的分析里，在我看来，没有足够强调这种干扰的必要性[1]，可是却赋予"**测量仪器**"以据我看来过多的含义。测量仪器的作用仅仅在于在必要的情况下当它产生干扰时给出宏观现象的精确数据。

当然，有许多值得细加分析的测量过程[2]。但在这里我们仅限于讨论其中的一个，即测量能量和动量。这个例子将被用来说明，如果不建立粒子在空间中的永久局域性，那就会导致如爱因斯坦和薛定谔以前所指出的那种实在无法接受的结论。

为此，我们来看两个粒子的碰撞。这两个粒子的初始能量和动量事先均已精确地给出。它们相距不远，在碰撞过程中存在着彼此间的相互作用，但能量和动量是守恒的。当能量和动量彼此交换之后，相互作用终止，这两个粒子就在各自应有的方向上分开了。利用通常的波动力学方法进行分析。我们会得到如下结论：由于两个粒子在它们的初始时刻是与足够单色的波列 A_0 和 B_0 相缔合的，因此在碰撞之后，对于第一个粒子有一系列的波列 $A_1, A_2, \cdots$ 而对于第二个粒子也有一系列波列 $B_1, B_2, \cdots$

图 3

这些波列可以被分成一系列相干波列对：$A_1-B_1, A_2-B_2, \cdots$（我们在图 3 中只画了其中的两对。）对于每一组波列对，两个粒子在末态的能量和及动量和，总是等于初态的能量和

---

① 参阅 London et Bauer, *La théorie d'observation en mécanique quantique*, *Actualités scientifiques*, Hermann, Paris(1939)。

② 我打算于 1955—1956 年之交的寒假在庞加莱研究所所讲授的课程中仔细分析各种不同性质的测量过程。

及动量和。波动力学的正统诠释（其统计预见无疑是确切的）建立了各个粒子在每一组波列对中的相互联系。换言之，根据正统诠释，如果第一个粒子的存在出现在波列 A_1 中，那么第二个粒子的存在就必然出现在波列 B_1 中，并排斥了在任何其他波列 B_k 中存在的可能性。这样一来，如果我们在波列 A_1 中放置一个该粒子能在其中引起宏观效应的测量仪器，例如迅灭计数器，那么当我们观测到这一宏观效应时，这件事就等于告诉我们第二个粒子必存在于与之相关的波列 B_1 中，也就是说第二个粒子具有相应于 B_1 的能量和动量。就这样，我们借助于第一个粒子所产生的宏观效应，同时"**测量**"了第二个粒子的能量和动量。

正统的波动力学诠释（这种诠释认为粒子不可以局域在波中）是如何理解这件事的呢？显然，如果从冯·诺伊曼及其诠释者的概念出发，就应该说：由于那观测到宏观效应（在迅灭计数器中表现出来的宏观现象）的观测者的"**意念**"，使得原先统计地分布在波列 $B_1, B_2, \cdots$ 中的第二个粒子，突然局域到波列 B_1 中。这样的解释在我看来是不通的，在观测者意识中所发生的任何事情不可能超距地引起物理作用。难道第二个粒子局域于 B_1 中这一事实是和站在计数器前面的观测者眼睁还是眼闭有关的吗？

稍微合理一些的解释也许是这样的：恰恰是在迅灭计数器中观测到的效应使得原先统计地分布于一切 B 波列中粒子局域化于 B_1。但是再仔细想一想，这一解释也是不能接受的。在 A_1 中所观测到的东西无论如何不能使第二个粒子局域化于 B_1。而且 A_1 和 B_1 在测量的时候可能相距很远。薛定谔在谈到这一解释时说："**这简直是魔术！**"的确，这实在像变戏法。

当人们深入进行分析以后，就会非常清楚地看出，由那些认为粒子不是局域于其缔合波的理论，是不可能得到任何有关波列之间相互作用，以及从这些相互作用导出的测量的合理解释的。但若从粒子在空间中永久局域化的理论，如双重解原理出发，这些困难便可迎刃而解。两个粒子的初始（未知）位置各自由波列 A_0, B_0 决定，当它们之间发生碰撞后，其运动按照波缔理论有着完全确定的轨道；于是就使它们最终出现在某一组合理的且相互关联的波列对中，例如第一个粒子在 A_1 中而第二个粒子在 B_1 中。如果在 A_1 中观测到第一个粒子所引起的宏观效应，那就意味着第一个粒子确实存在于 A_1，而这时第二个粒子就必然存在于 B_1。在这里并没有什么不能允许的有关所观测到现象的超距作用，也没有什么魔术。至于说到观测者关于所观测到现象的"**理性**"（这使他能够赋予第二个粒子以一定的能量和动量），那也不过是对不依赖于他的客观事物的判断；这时候的观测者已重新恢复那种在经典物理学中习惯了的合理的理解力了。

这种对测量过程的分析，除了告诉我们建立粒子局域化于波的必要性外，还可以使我们获得更多的教益。量子理论中有一两个结论显然在任何情况下都是不容怀疑的，即任何测量过程完全破坏了事物在测量前的状态，任何对粒子某一力学量（例如坐标、动量的分量等等）的精确测量一般不允许对其他力学量进行精确测量。在双重解原理中，第一个结论是这样来解释的：当测量通过仪器来进行时，粒子就必然会与仪器发生相互作用，或者说，粒子的缔合波将被仪器改变了传播方式（如上述例子）。总的 u 波在测量前后是不同的。此外，测量某一力学量时 u 波的改变，同测量另外一些力学量时 u 波的改变并不相同,由此得出了第二个结论。总而言之,这些结论来源于粒子及其缔合波之间的非线性联系,而这一联系可以从波缔理论中波的形式中看出来①。

对这些问题的研究,十分清楚地表明了,波动力学中与各力学量相关的概率分布,只有当这些力学量有可能测量时才有用,而且只有当测量的结果尚属未知的时候才有用。因为如我们所看到的那样,测量过程随力学量的不同而不同;也正是由于这一原因,就不可能用同一测量过程来测量所有的力学量。所以,波动力学中由测量以前的 ψ 波函数导出的诸概率分布,也就从来都不可能同时起作用。用统计学家的术语来说,"这些分布不是对应于同一**集合**的";因而认为这些分布与任何一次测量以前的初态相关,也是错误的。冯·诺伊曼曾经极其严格地证明了,不可能由于引进行任何可以依赖于它而使任何时刻的粒子具有完全确定的位置和运动的"隐参量",而使所有概率分布都和同一集合相关。然而与他的初衷相反,他并没有证明,引进**"隐参量"**以后每一时刻使粒子具有确定的位置和确定的运动这件事是不可能的。按照双重解原理,引入这种参量后,某种形式的波是能够同时对应于粒子的可能是诸位置和可能的诸运动状态的,而只有这些可能性中的一个才是真实的,但我们并不知道它。与这可能性的集合相对应的是具有概率分布的集合(该概率分布是很容易明确规定的),但这是关于同一被观测力学量的概率分布,而不是通常波动力学中所说的概率分布。如果现在再回到测量粒子的力学量,那么由于波态将为测量过程所改变,因而在过程结束之后它将对应于新的集合,就该新集合而言,**被测量的力学量**的概率分布,这一次才真正是通常波动力学中所说的那种概率分布。双重解原理在完全估计到这些因素之后,选择了完全经典的统计方案,在这一统计方案中,那种从正统诠释去考察同一问题时所出现的奇谈怪论,就被一扫而光了。显然,就在这些地方,具有奇异区域的非线性波的因果诠释,比起正统诠释要令人满意得多。

关于海森伯的不确定性原理,我还要说几句。从初始的波态出发,要么进行粒子坐标 x 的测量,要么进行粒子动量分量 p_x 的测量,但这两种测量不可能同时完成,因为它们要求不同的仪器。然而通常波动力学所给出的概率分布知识却要求我们在任何测量之前就去计算这一不确定性,该不确定性是先验地对这一次或那一次测量的一些可能结果而言的。海森伯关系告诉我们,这一不确定关系总是和普朗克常数同一量级。显然,由此可知,海森伯的不确定性正是对于两个互不相容的测量(位置的测量和动量的测量)的可能结果而言的,然而它们仅仅是**预见的不确定性**,而无论如何也不能引起位置和动量的真正的不确定性。

4.非线性波动力学的所开辟的前景

以上,我们清楚地研究了为何要重建粒子在波中永久局域化的原因。这一永久局域化,指的是粒子的运动必须受波缔理论所制约。当然,很明显,如果站在我在 1927 年称为**"波导理论"** *的更直截了当的立场上,可以用比波缔理论更短捷的路径来达到这一目

---

① 玻尔说,这种情况的出现是作用量子存在的结果。但作用量子在本质上是与粒子及其缔合波之间的联系有关的。因此这两种说法是相当的。

* 即前述玻姆于 1952 年发表的论文中所具有的相同的形式。

的。一方面是粒子,另一方面是波;当粒子缔结在波中被迫沿着由波缔理论所决定的波动流线之一运动时,看上去粒子就不是什么外来的东西,而好像是由波所"**引领**"的,如同水流带走的软木塞一样。

如果站在这一观点上,那就还需要将在某些时候使我极感困惑的一个问题弄清楚。自然,通常波动力学的连续波具有主观的性质而仅仅是概率的表象;当某观测者获得关于粒子的新知识的时候,他认为显然看到了概率波包的编缩,而这种编缩是同波的客观性不相容的。然而这也是十分自然的,如果假定粒子为某种主观的东西所左右,要得到一个满意的粒子理论是不可能的。在前面我们已经得到结论:应当区分两种连续波,即通常波动力学中的 ψ 波(这是主观的东西)和具有客观性质的 v 波(双重解原理中 u 波的外沿部分)。于是,显然可以假定,正是这个 v 波引领着粒子;换言之,很明显,如果将双重解原理中 u 波的奇异区域取消(用使 u 归结为 v 的方法)并代入以粒子,便得到粒子被迫为 v 波所引领的"**波导理论**"。这一概念看上去似乎比波缔理论更简单,但我认为在思想上它不及后者来得深刻,的确,我已能证明,从双重解原理来看,**波导理论是没有什么价值的**。

首先,理论物理学家所应该研究的最重要问题之一,是关于微观尺度内粒子的结构和性质问题。目前我们所知道的粒子种类要比几年前多得多,差不多每天都在发现类似于介子或超子这样的粒子。我们知道,这些粒子无论在质量上,在电荷上,还是在自旋的数值上都是不同的,而且它们的质量数值形成一个不连续谱。至今为止,我们还不能理解这一切,而且我们尚没有一个关于粒子的组成、结构及其性质的理论。将粒子当作一个软木塞随波逐流的波导理论不可能为我们得到这一理论带来新的启示。近年来,人们企图利用现有的理论(众所周知,它是一个统计的理论)来描述各种不同的粒子,这些不同的粒子是依赖于本质上建立在群和对称性理论基础之上的波动方程的。这种企图是有理由的,因为波动方程反映了粒子的对称结构,但是,从纯统计的连续波函数导出物理个体的**完备**描述,这难道是可能的吗?与之相反,双重解原理却具有达到这一目的可能性。精确的 u 函数以及关于它的奇异区域的精确计算,显然应当给出粒子结构的完备描述,这一描述包括粒子的一切性质以及对这些性质的解释。当然,我们离这一计算的实现还相当遥远,甚至连 u 在奇异区域的非线性方程到目前都还不知道。然而,双重解原理在我们面前开辟了极有意义的前景这一点是不容置疑的。因为它指明了道路,这条道路可能在不久的将来会把我们引向微观粒子的真正理论。

与此同时,双重解原理还在另一个方向上为我们开辟了更有意义的远景,那就是量子物理与广义相对论的综合。这一综合是必要的,但目前大多数物理学家显然是不关心这件事的。爱因斯坦在对广义相对论的基本概念作了深思熟虑以后,产生了这样的思想,即物理实在只能用场(引力场,电磁场等)来描述。所谓场就是说在时空中的每一点都严格确定的量。按照他的意见,不应将粒子看作场的源(如在电子论和古典引力理论中所做的那样),而应将粒子看作空间中一个极其微小的区域,在这区域内场具有极为巨大但却并非无限的数值。这样来理解的粒子,其性质和运动就将无条件地完全包含在场方程中了。爱因斯坦写道:"在这新物理学中,显然在同一时刻不可能既有场又有物质

（粒子），因为在新物理学中，**场是唯一的实在。**"如果我们假定双重解原理中的 u 波与其他的场（引力场、电磁场等）地相位当，那么只要 u 场是波动的，它就可以与爱因斯坦所提出的伟大纲领确切地相呼应，并且能给出波粒二象性的完全表象。按照爱因斯坦的论断，粒子运动完全为 u 场的传播条件所决定。因此，我上文所说的更有意义的远景正是在这里，即当将双重解原理中的 u 场也包括进去之后，所有具有已知形式的场就会统一在单一的相对论的框架里。这所有的场包括那些场值极为巨大的奇异区域，而这些奇异区域很可能就是各种形式的粒子（光子、引力子、电子、质子、介子等等）。只有那包罗万象的总场的场方程，才会完全确定上述所有奇异区域的运动，**因而也就将它们之间的一切相互作用都包含在内**。当然，这仅仅是一个纲领，要实现这一纲领无疑需要很长的时间并付出巨大的代价。然而，我要重申，我们应当预见到那有意义的远景。无论是目前纯统计的波动力学，还是残缺不全的波导理论，都不会为我们揭示出这样的前景。

在思索着这一切的时候，我有把握认为波缔理论可能正是将来宏伟的理论物理大厦中的第一块砖。这宏伟的大厦将把目前彼此隔绝的两翼，即量子物理学和场的相对论物理学，联成一体。

对贝尔定理的批判[*]

本文目的是陈述贝尔先生所极力证明的"隐变量理论波动力学诠释不可能成立"这一推论为何是无法接受的。

在 1964 年出版的《物理》杂志的一篇文章[①]中，贝尔先生极力证明"隐变量理论"的波动力学诠释是不可能成立的。而对我们来说，这种表述[**]指出了一种粒子必须永久局域于它的波中的理论，其中隐变量就是粒子的坐标。

在他的文章的第三节中，贝尔先生考察了两个极端分立的电子的自旋测量，并在承认有隐变量存在和这些测量是独立进行的条件下计算了这些测量结果所给出的概率，评价是，人们所得到的必然同我们关于波中粒子的局域性理论相一致。

但是贝尔先生随后所作的证明以及他所建立的定理，却使自旋测量的独立性假设同总是能精确地表达出来的通常量子力学[***]一般规律之间出现了矛盾。为了完成这一证明，他用统一的字母 λ 表示假想的隐变量，并设两个确定的单位矢量 a_k 和 b_k 作为测量两个预设为分立和局域的是子的自旋的位矢。矢量所指处置有两台测量仪器。

早先将自旋的大小统一定为 $\hbar/2$；在贝尔先生的文章中，分立电子的自旋的测量结果

---

[*] 1974 年 3 月 25 日会议发言；译自 CRAS 278B(1974.4.17)721～722。

[①] Bell. J. S. ,*Physics*. 1(1964)185～200.

[**] 指"隐变量理论"的波动力学诠释。

[***] 指"正统"量子力学诠释。

必须用公式

$$A(a_k, \lambda) = \pm 1, \quad B(b_k, \lambda) = \pm 1 \qquad (1)$$

表示出来。

它们意味着，当沿着粒子的方位即矢量 a_k 和 b_k 的指向测量自旋时，其结果为 ± 1；对一个电子进行测量的结果，与另一个电子对仪器指针的影响无关。人们由此断言，在隐变量理论中，若 $\rho(\lambda)$ 为对 λ 的概率，则分量 $\sigma_k^1 a_k$ 和 $\sigma_k^2 b_k$ 的平均值是

$$P(a_k, b_k) = \int \rho(\lambda) A(a_k, \lambda) B(b_k, \lambda) \mathrm{d}\lambda, \qquad (2)$$

对这一公式我们是同意的。

然而，贝尔先生随后说，作为任一隐变量理论的必然结果，该平均值必然同量子力学所预言的"一种单态"相当；用他文章中所使用的符号，我们在形式上得到

$$\langle \sigma_k^1 a_k, \sigma_k^2 b_k \rangle = \overline{(\sigma_k^1 a_k)(\sigma_k^2 b_k) + (\sigma_k^1 b_k)(\sigma_k^2 a_k)},$$
$$= -a_k b_k \qquad (3)$$

其中角标 1 和 2 为粒子的编号。这一得到贝尔先生赞同的公式，对一切隐变量理论来说都是难以接受的。

但，我们怀疑公式（3）的一般有效性。事实上，该公式意味着什么？如果我们将粒子在空间中的位置对换一下，作为总效果就是两个电子的自旋对换了，因为自旋是由波的局部结构决定的而并非由粒子的位置决定的。变换的结果使 $\sigma_k^1 a_k$ 变成 $\sigma_k^1 b_k$，同时 $\sigma_k^2 b_k$ 变成 $\sigma_k^2 a_k$。公式（3）因而反映了位形空间中两电子波函数的反对称化，亦即意味着自旋的反对称化。然而，正为此故，我在很久前[①]就注意到，这种反对称化是无法证明的，除非在空间中两电子所缔合的波列是自相耦合的，至少是部分耦合的。

对以上这一断言的意义是容易理解的，不管是两粒子还是它们的波列，它们的运动在我们的向导定律给出的理论中和在亚量子的扰动下总是相关的，而且这种相关对于费米子是以反对称化公式显示出来的[②]。对于玻色子是以对称化公式显示出来的。然而，从波到自身出现分裂起，每个处于其波列中的粒子的运动就完全独立于分立的另一个处于其波列中的粒子的运动了。

大部分量子力学论文的作者总是争辩说，与粒子相缔合的波在时空是无限的。对于光来说，除了激光的发射外，其波长都不会超过"米"的量极。但是，对于电子，其波长却是微米级或百万分之一米的量级。大多数量子理论家都未虑及这一点。而这一点已为许多非常著名的光电子专家（如 Möllenstedt、Fert、Faget 和 Zouckermann）的一系列工作所指出。

电子的波长非常小，其结果是，最初在同一波列中的两电子受到斯特恩-革拉赫型仪器的作用后会按不同的方向甩出。它们的波列，其次是对应于存在于公式（3）中的一个单态，在不超过 10^{-12} s 的时间内析离；公式（3）不再有效；但它得自公式（2），因而贝尔定理失效。

---

①　de Broglie. L. , *La Mécanique ondulatoire des systèmes de corpuscules* , Gauthier-Villars. (1939) 重版 (1950) 134～135。

②　de Broglie. L. , *La réinterprétation de la Mécanique ondulatoire* , Gauthier-Villars (1971) 183～188；又见 88～93。

总而言之,贝尔先生所考察的两个分立电子,同与其相当的波列的向导,是无法协调的两种假设。

再补充一点意见,如果,对两个分立电子自旋的测量是在瞬间完成的,而且如果该测量是相关的,即在两台测量仪器之间出现"即时"的信息交流,这就违背了相对论。这一批判是有效的,因为粒子不可能不是局域的,它绝不会同隐变量理论相对立。这样一来,我们的这一批判就完整了。因为对我们来说,分立电子的自旋测量是不会相关的。

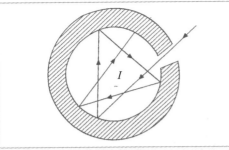

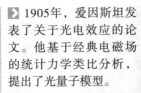

1905年，爱因斯坦发表了关于光电效应的论文。他基于经典电磁场的统计力学类比分析，提出了光量子模型。

黑体辐射示意图。19世纪，科学家普遍认为古典力学的理论已趋于完备，然而对于黑体辐射所衍生的问题，在科学家的努力下渐渐揭开其神秘面纱，引领我们进入了一个全新的领域——量子力学。

这是象牙海岸为纪念普朗克发现量子理论并成为1918年诺贝尔奖获得者而发行的邮票。1900年，普朗克在他关于热辐射的经典论文中，提出了"能量子"的概念，这是量子力学诞生的标志。

前排坐者从左至右依次为：能斯特 布里渊 索尔维 洛伦兹 瓦尔堡 佩兰 维恩 居里夫人 庞加莱
后排立者从左至右依次为：戈德施米特 普朗克 鲁本斯 索末菲 林德曼 莫里斯·德布罗意 克努森
哈泽内尔 奥斯特莱 赫尔岑 金斯 卢瑟福 开默林·昂内斯 爱因斯坦 朗之万

第一届索尔维会议合影

1911年10月29日，在能斯特的组织下，主题为"辐射理论与量子"的第一届索尔维会议在布鲁塞尔召开，各国的物理学家们共同讨论了"恼人的量子"问题。此次会议使量子思想声名远播，并使更多的人投入到量子问题的研究中。

△ 1916年，密立根发表了光电效应实验结果，验证了爱因斯坦的光量子说。

△ 玻尔(左)在普朗克（右）的量子理论基础上提出了原子的定态假设和频率法则，这些理论的建立促进了近代物理学的进一步发展。

▷ 索末菲（左）和玻尔（右）在一起。索末菲提出用椭圆轨道代替玻尔原子的圆轨道，引入轨道的空间量子化等概念，成功地解释了氢原子光谱和重元素 X 射线谱的精细结构以及正常塞曼效应。

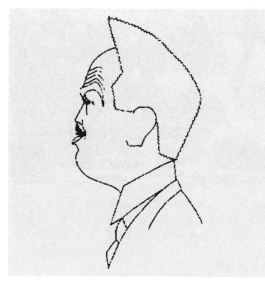

△ Gheorghe Manu创作的德布罗意画像。德布罗意在他的博士论文中提出光的粒子行为与粒子的波动行为应该是对应存在的，首次提出物质波的概念。

△ 奥地利纸币上的薛定谔。薛定谔提出了量子力学的第二种形式——波动力学。

1927年10月24日到29日，由洛伦兹主持召开了第五届索尔维会议。德布罗意应洛伦兹之邀在会议上作了关于"波动力学"的学术报告。

前排坐者：朗缪尔 普朗克 居里夫人 洛伦兹 爱因斯坦 朗之万 古伊 威尔逊 里查森
中排坐者：德拜 克努森 布拉格 克莱默 狄拉克 康普顿 路易·德布罗意 玻恩 玻尔
后排立者：皮卡尔德 亨利厄特 埃伦费斯特 赫尔岑 德唐德 薛定谔 费尔夏费尔特 泡利 海森伯 富勒 布里渊

美国佛罗里达州立大学科学图书馆的狄拉克雕像。狄拉克提出了相对论性质的波动方程用来描述电子，解释了电子的自旋并预测了反物质。

狄拉克（左）和费恩曼（右）在讨论量子问题。费恩曼提出了量子力学"路径积分"表象。

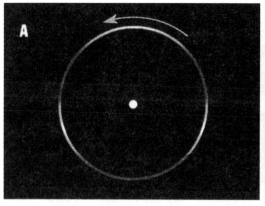
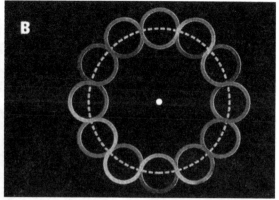

1924年，德布罗意推理说，电子与质子等的微粒也能像波一样运动。图片A表现了旧的电子轨道模型，图片B表现了新的波状电子轨道模型。

1927年，戴维森（左）和革末（右）意外发现电子在镍晶材料中的衍射现象，这直接验证了波动理论的正确性。

1930年，费米（左）、海森伯（中）和泡利（右）在一起。量子力学创立之初的1925年，费米和海森伯才24岁，泡利也只有25岁。

原子弹之父奥本海默（左）和计算机之父冯·诺伊曼（右）。冯·诺伊曼在量子力学方面颇有建树——著有《量子力学的数学基础》一书。

▶ 1933年，诺贝尔物理学奖获得者与其家属。从左至右依次为海森伯的母亲、狄拉克的母亲、薛定谔的夫人、狄拉克、海森伯、薛定谔。

◀ 原子论演化。图中通过三个原子模型演示了原子论的发展变化：1是德谟克利特的颗粒状原子；2是卢瑟福的电子绕核公转模型；3是薛定谔的量子力学模型。

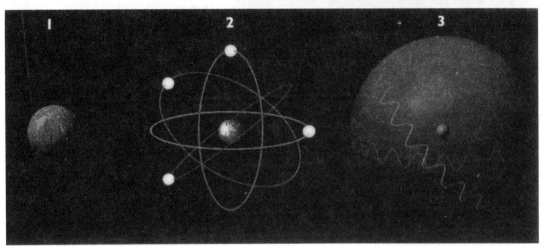

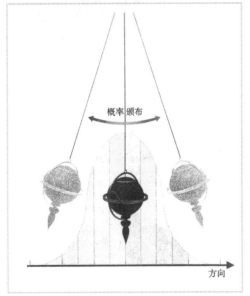

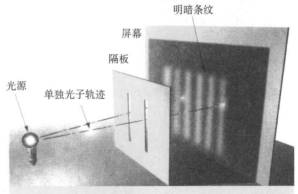

▲ 由于量子力学引进的二象性，粒子也会产生干涉。一个著名的例子就是所谓的双缝产生明暗条纹，其原因是从双缝来的波在屏幕的不同部分相互叠加或相互抵消。利用粒子，比如电子，得到类似的条纹，证明它们的行为和波相似。

◢ 具有概率分布的摆。根据量子理论，一个单摆的基态或者最低能量的态，都必须具有最低的涨落。这意味着摆的位置由概率分布给定。在它的基态，最可能的位置是直接指向下方，但是它还具有在和垂直夹一小角度上被找到的概率。

苏黎世理工学院的爱因斯坦实验室的仪器。爱因斯坦并不是我们想象的纯理论家，他曾花费许多时间建造仪器，用来测量大气中的微弱电量（电荷量）。

从20世纪至今，有关量子力学的科学和哲学问题的争论是科学发展史上的重大事件。爱因斯坦（左）和玻尔（右）之间的激烈交锋，是其中最主要和最有代表性的部分。

1962年，玻尔去世，他的工作室的黑板上还画着当年爱因斯坦那个光子盒的草图。

哥本哈根大学正门的左右两边竖立着八尊这所大学著名人物的雕像，而最右边一座就是量子力学哥本哈根学派领袖玻尔。

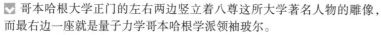

纳尔逊提出了量子力学的随机诠释。（沈惠川 提供）

艾弗雷特三世提出了量子力学的多世界诠释。图为他所著的《艾弗雷特三世多世界诠释》的封面。

玻姆提出了量子势诠释。

贝尔所创立的贝尔定理、贝尔不等式得到了正统量子力学学派的支持，却受到了德布罗意的反驳。（沈惠川 提供）

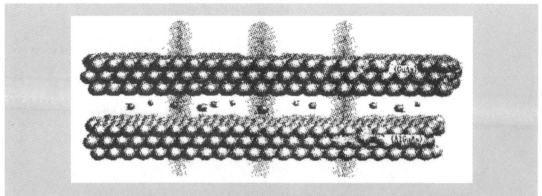

▲ 电子量子流体现象的发现是量子物理学领域内的重大突破，它为现代物理学许多分支中新的理论发展作出了重要贡献。

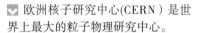

▶ 量子围栏。照片是扫描隧道显微镜下的48个原子在铜的表面排列成直径为14.3nm的圆圈所构成的一个量子围栏，照片中反映的是电子密度的高低，围栏内是电子密度波的驻波。

◢ 欧洲核子研究中心(CERN）是世界上最大的粒子物理研究中心。

附　录　I
德布罗意著述书序和前言

· Appendix I ·

　　三十多年来，大多数物理学家在关于量子物理和波动力学诠释方面都加入了玻尔及其追随者（哥本哈根学派）的行列。这一诠释通过自身的完善显然适应了优雅而严格的、且目前在量子力学中已成为惯例的形式主义；这种形式主义在预言能力方面表现出与实验普遍的惊人一致。

　　紧接着我关于波动力学的原始工作，我又着手研究物质的波粒二象性，这是一种完全不同于哥本哈根学派的观念。但是，我很快又被迫放弃这种观点，因为出现了难以克服的困难；最后，我接受了现在称为正统的诠释并从那时候起讲授这种诠释。

——德布罗意

量子力学奠基人狄拉克（Paul Adrien Maurice Dirac，1902—1984），1933年获诺贝尔物理学奖。

《物理学的进化》* 一书的前言：量子的重要性

一、为什么有必要知道量子？

当人们一瞥见这本小书的封面时，毫无疑问，许多人都会被吓跑的，因为他们看到了一个神秘的单词：量子！多年前，对相对论有过一阵高谈阔论，故而一般公众对它有了一点朦胧的概念——的确，公众的感觉一直是相当模糊的。但是，我相信，这些公众对量子理论却没有任何概念，哪怕是模糊的概念。必须说，这是可以理解的，因为量子是个非常玄妙的东西。就拿我来说，20 岁左右就开始与它打交道，至今已对它深思了近四分之一个世纪**。如果说在沉思的过程中我已经逐渐看到了量子的部分面貌的话，那么现在我必须谦卑地承认，我还是无法准确地知道，在遮掩其真实面目的假面具的背后究竟隐藏着什么。不过，在我看来，有一点似乎是可以肯定的，即不管 20 世纪中的物理学家取得了多么大的进步，这些进步又是怎样的重要，只要物理学家还没有注意到量子的存在，那么他们就根本无法领略物理现象的深奥本质。这是因为，没有量子也就不可能有光，不可能有物质。如果套用福音书上的一句话，可以这么说，没有量子"任何东西也不会被造出来"。

于是，我们可以想象得出，在人类科学发展的航程中有过一次大转折，它发生在行程中的那么一天，即发现量子偷偷摸摸地混入之日。从那天起，经典物理学这座摩天大楼的根基发生了动摇，而起初谁都未能清楚地认识到这一点。在理性世界的历史中，还很少有过这样的震撼可与之相比。

只是在今天，由于这场革命已经逐渐过去，我们才能够得以估计其影响究竟有多大。经典物理学忠实于笛卡儿的思想，它向我们展示了，宇宙就像是一架巨大的机械装置，根据零件在空间中的定域和随时间流逝的变化，就可以对这台机器作出完全准确的描述。原则上，其演变能够以严格的精确度加以预测，只要人们给出初始状态的定量数据就行。然而，这一观念是建立在若干隐含的假设基础之上的，对于这些假设，人们几乎是不假思索就予以默认了。假设之一就是，时间和空间的框架是个理想的刚体，也是个固定的框架，人们几乎是自发地将自身所有的感觉局限于其中，在这一框架中，每一物理事件在原则上都是严格局域化的，而与其周围所发生着的一切动态过程无关。随即，物理世界的所有演变过程都不可避免地被描绘成空间局域状态随时间进程而产生的变化。这就是为什么在经典科学中，诸如能量、动量等动力学变量是作为导出量而出现的原因，构造这

---

* 本书原文为法文，*Noonday press*（1953）；英译本由 R. W. Niemeyer 译，*The evolution in physics*，Greenwood press（1969）；从本书的内容看，显然作于 1936 年前后。尽管如此，德布罗意在书中还是流露出他对哥本哈根诠释的不满并具有他本人的特色。

** 从这句话可看出，本书作于 1936—1948 年间；由本文末尾处的加注可推算出成书日期确为 1936 年。

些量所凭借的就是速度这样一个概念。于是,运动学成了动力学的基础。但是,要是从量子物理学观点出发的话,就完全不是这码事。本书中时常要提到作用量子,它的存在就暗示了,时空局域化观点与动力学发展观点是互不相容的。每一种观点都能够描述现实世界,但不可能同时采用两种观点而又不失其严密性。时空中的严格局域性是一种静态的理想化,它排斥了所有演变的可能性和一切推动力的存在。相反,纯粹运动状态的概念是一种动态的理想化,原则上它与位置与瞬时的概念是相矛盾的。按照量子理论,只能这样去描述物理世界,即同时采用这对矛盾的图像,一种图像多用了一些,另一种则要少用一些,这就达成了一种妥协。有名的海森伯不确定性关系告诉我们,在什么程度上这种妥协是可能的。这种新思想带来许多结论,其一就是,运动学不再是一种具有物理意义的科学。经典力学中,可以研究空间中自身的位移,故而能够定义速度和加速度,至于实际上通过何种方式来实现这一位移的问题,我们无须操心。由这种运动的抽象性研究,人们可以跨入动力学,只需引入几个新的物理原理就行了。然而,量子力学在原则上不允许这样来划分问题,这是因为,作为运动学基础的时空局域性,其可靠程度视运动的动态条件而定。我们在后文将看到,在研究宏观现象时,为什么使用运动学是合理的,而对量子起着突出作用的原子尺度上的现象来说,运动学就完全失去了它的意义。这里所指的运动学定义为:研究与动力学毫不相关的运动。

隐含在经典物理学中的另一假设就是,当科学家研究一自然现象而以一定精度对其作观察和测量时,只要他们足够小心谨慎的话,作用在对象上的干扰是有可能小到忽略不计的。换言之,在设计精良的实验中,对测量的干扰可以减小至人们所希望的程度。在大尺度现象中,这一点总是可以办到的,但在原子世界中,则不尽然如此。实际上,海森伯和玻尔在作了深刻细致的分析后指出,对给定体系的某一特征量加以测量的所有尝试,都会以一未知的方式改变与这一体系相关的其他物理量,其原因就是作用量子的存在。更确切地说,要是体系中一物理量在时空中是完全局域性的,则对它所作的任意测量将按一未知的方式改变与之相对应的共轭量,而此共轭量是用来确定体系的动力学状态的。特别是,不可能既同时又准确地测量任何一对共轭量。于是,我们便知道在何种意义上可以说作用量子的存在造成了体系中的一部分的时空局域性,与系统动力学状态的不相容。因为,为了定域系统的那部分,需要准确地知道一组量,而关于它们的知识反倒排斥了关于动力学状态的共轭量。量子的存在要求,物理学家对研究对象所作的干扰,是有一个非常确定的下限的。这样一来,结局是否定了一个暗中为经典物理学奠定基础的假设,这件事所造成的后果是严重的。

由此推出,我们绝不可能知道半数以上的物理量,而按照经典思想,体系的完备描述需要有关全部物理量的知识。刻画一体系的物理量实际上是这样来取值的,即当它的共轭量被更为准确地知道时,它自己的不确定性就越大。由此涉及新旧物理学在讨论自然现象时在决定论这一问题上的区别。在旧的物理学中,要是确定了体系中一部分的位置物理量,及其共轭的动力学变量的话,则可以对体系在以后的状态进行严格计算,至少在原则上是可以这样做的。如果准确地知道刻画体系的物理量在 t_0 时刻为 $x_0, y_0, \cdots$ 值,我们就可毫不含糊地预言,当这些量在稍后时刻 t 的规律被确定下来时,它们的取值 x、y,$\cdots$ 又将是怎样的,这一结论来自物理学和力学理论的基本方程所具有的形式,以及方程的数学性质。从现在发生的现象出发,对将来所要发生的现象进行准确预测的可能性暗示了,未来是以某种方式包含于现在之中,一点也不比现在要多些什么,这就是所谓的自然现象的决定论*。当然,这一可能性要求,在同一瞬间必须准确地知道空间局域化的变量及其共轭动力学变量。但量子力学正是在这一点上认为,这是无法办到的。从而,当今的物理学家(至少也是其中的大多数)的思维方式由此而产生了极大的变化,他们按照这种方式去推断物理学理论的预言能力和自然现象的威力。一旦物理学家确定了物理量在瞬间 t_0 时的值,并且它们还带有按照量子力学所必然具备的不确定性的话,他还是不能预测出这些量在以后的时间内将取何值,而只能说出在稍后的时刻 t 这些量取定某些值的概率是多少。为了定量地研究自然现象,必须做一些测量。在连续的测量结果之间,其联系不再是与经典决定论相一致的因果性关系,而是一种概率性关系。正如我们在前面所解释过的那样,这种关系与不确定关系同出一炉,即来自作用量子的存在。我们在这里仅谈到了,物理定律在观念上所必须作出的主要修正。我们认为,现在人们还没有充分认识到,由此而对哲学所产生的后果。

最近,在理论物理学的发展中产生了两种思想,它们得到了相当普遍的应用。此即玻尔的互补性观念和概念的局限性。玻尔首先发现,在由波动力学的发展而赋予其形式的新量子力学中,粒子和波动、时空局域化和确定的动力学状态都是"互补的"概念。他的意思是说,可观测现象的完备描述,要求这些概念是轮换使用的。当然,从某种意义上来看,它们是不可调和的概念,由此而产生的图像绝不会同时全都用于描述实在。例如,仅仅援用粒子的概念就可以处理原子物理中所观测到的大量事实,以至于物理学家们都离不开它。同样,波动的概念对于许多现象的描述来说也是必不可少的。如果这两个概念之一被严格地运用了,则另一个就要遭到彻底排斥。但实际发现,在某种程度上,这两者都是有用的,而且应当视情况轮换着使用,尽管它们之间有着矛盾的一面。对于时空局域化和确定的动力学状态这两个概念来说,情况也是同样的。与粒子和波动之间的关系一样,它们也是"互补的"。我们在后文将会看到,它们是紧密相关的一对概念。人们或许要问,这两个矛盾的图像为何从来没有相撞呢?其原因我们已经指出过了:之所以如此是因为无法同时确定一切细节,否则同时应用这两种图像就是完全正确的。将这种不可能性用分析的语言表达出来,就是海森伯的不确定性关系,它依然是建立在作用量子存在的基础之上的。在当今理论物理学的发展过程中,量子的发现起到过重要的作用。眼下,这一作用已十分清楚地显示出来了。

概念的局限性与玻尔的互补性观念密切相关。简言之,诸如粒子、波动、空间中的点、运动的确定状态等等都是抽象化的和理想化的图像;我们不难发现,在绝大多数情况中,这种理想化在自然界中是近似成立的,因而,无论如何,其应用也是有限的。每一理想化的有效性是受其"互补"理想化的有效性制约的。于是,可以说粒子是存在的,因为这种说法可以解释众多的现象。然而,在另外一些现象中,粒子性的一面差不多全被隐藏起来了,而只显露其波动性的一面。这种近乎图解式味道的理想化是人们头脑凭空构思出来的,尽管它们确能表征事物的某些方面,然而这也是有限度的,在它本身的固定框架中无法描述多姿多彩的实在全貌。

关于这种新的观点,我不想一下子就将概论拉得太长,因为仅此已使我们知道了一

* 这种决定论只有当物理学方程是线性的时候才是正确的,对非线性方程来说则没有这么简单。

些有关量子物理学发展的状况。在本书中,我们将不时地,逐个地讨论所有这些问题,对它们进行彻底的研究。我们已经谈到的内容足以使读者明白,量子理论是多么有趣:它不仅促成了原子物理学的发展,并使原子物理学目前成了物理科学中一个最为活跃和热门的分支,而且它还无可争辩地拓宽了我们的视野,和引进了一些新的思维方法,毫无疑问,在未来人类思维的发展中仍将留下它深深的烙印。所以,量子物理学不仅对物理学家是有趣的,而且对于具有一定文化素质的人也是必须予以重视的。

二、经典力学和经典物理学都是近似

现在,我们来看一下,在一个量子物理学家的眼中,整个经典力学和经典物理学将剩下多少价值。当然,在它们赖以诞生并得到验证的那些领域,其价值几乎是无限的。量子的发现并无碍落体定律的成立,几何光学的规律也不会失效。一旦某个定律已经检验到了某种近似程度(所有检验都伴有一定程度的近似),而且其方式是无懈可击的话,那么我们就可得到一个确定的结果,以后仅凭思维是不能把它推翻的。不是这样的话就不可能有科学。不过,要是有了新的实验事实或新的理论概念,我们也并非不可以认为,先前检验过的定律只是近似成立的。这即是说,如果无止境地提高检验的精确度,这些定律不再会继续得到完全证实。在科学发展史中,类似的情形已经出现过多次。像光的直线传播这样的几何光学定律,尽管已经得到了准确的验证,并且起初曾被认为是严格成立的,但是一当光的衍射现象和波动性质被发现后,它就只能被看成是一个近似的规律了。科学正是通过这种逐步的近似过程得以发展的,而不是相反。已经牢固地建立起来的结构不会在后续的发展中坍塌,而只会并入一个更大的结构之中。

可以认为,经典力学和经典物理学正是通过这种途经进入量子物理学的框架之中的。建立经典力学和经典物理学的目的,是为了解释作用在常规的或人类尺度上的现象。对于天体这种更大尺度上的现象,它们也可能有效。然而,在原子尺度上,由于量子的存在,它们就不那么有效了。为什么如此说呢?这是因为,由著名的普朗克常数为尺度的作用量子,其数值是非常小的。如果采用的单位是通常的单位,即与之相比较的量是常规尺度下的量,则在通常条件下,按照我们的常规尺度来度量时,由于量子的存在,特别是海森伯的不确定性所引入的干扰绝大部分都很小,因而造成的误差很难被觉察到。确实,它们小于难以避免的实验误差,因而不影响经典定律的证实。

从量子理论的观点出发,经典力学和经典物理学看来在原则上并非丝毫无误的,但在通常情况下,这种不准确性被实验误差所完全掩盖住了。因此,对宏观尺度上的现象进行测量,其近似程度是相当好的。从而,我们又认识到了科学发展中的一般过程:牢固奠定下来的原理和充分检验过的定律绝非一成不变的,可以将它们看作是一种近似,只是对一定类别的事实它们才能成立。

由于经典力学和经典物理学对常规尺度上的现象是有效的,而且量子并没有介入这些现象,人们也许会说:"简而言之,量子并非像你所说的那么重要,在经典力学和经典物理学得以成立的广阔领域中完全可以略去量子,而这些领域中特别有一些是具有实用价值的。"我们认为,这种看法似乎并不那么合理。首先,原子物理学和核物理学这样一些领域,它们是极为活跃、重要且富有潜力的分支学科①。在这里,量子确实起着至关重要的作用。不求助于量子,就完全无法解释一些现象。而在宏观物理学中,由于不可避免地缺乏足够的测量精度,因而微小的量子是测不出的。尽管如此,它们仍然存在;并且在原则上,正是由于它们的存在,才必然导致我们在前面所列举过的那些结论。即便在实践中这些结论未能造成多大的影响,这也丝毫无损于它们在哲学上的普遍运用。有关作用量子的知识和研究构成了当今自然哲学的一种必不可缺的基础。

《物质和光》*一书的自序

在友人 Andre Joliot 的怂恿下,我将数篇研究文章和讲义加以汇集整理而成此书。本书的内容涉及现代物理学的概况及其哲学思考。各篇相互独立,可以分开阅读。但这样也就在某种程度上无法避免重复,为此恳请读者见谅。有关当代物理学中几个重大的基本阶段,如物质的分类、光电效应的研究、光量子学说以及波动力学的出现等内容,我不得不时时加以重复叙述,因为由这些问题出发立即就会深入到专业方面,因此不能预先假定这些情况是众所周知的。然而,倘若在多篇文章中都提到相同的话题,我也尽可能做到将自己的观点以不同的方式表达出来,从而使读者逐渐了解量子物理学中具有本质性问题的方方面面,也就更能深刻地理解它们的重要意义。

如果将这些研究互相比较着阅读的话,读者就会觉察到在内容上它们是互相渗透、互为补充的;随后,他们就会为现代物理学这座大厦的庄严和魅力而感动,他们也将为实验物理家由众多的、极为细微的实验事实中所作出的发现,和为理论物理学家为解释这些事实所发挥出来的绝妙的、无与伦比的思维能力而叹服。除此之外,他们还将了解到,物理学工作的方法和观念在最近数年中是如何进化并接受考验的,以至于今日我们的思想与上一代学者的朴素实在论或单纯机械论之间相去甚远。当我们逐步深入到物质的细微结构之中时,就会认识到自己头脑中由日常经验所造成的概念,特别是空间和时间的概念,在描述这个新世界方面已无能为力了。可以这么说,如果将我们的概念用于原子尺度以下的事物,哪怕只是稍微用一下,就会将事物的轮廓弄得模糊,就仿佛其所在的时空是一件不合身的服装似的。于是,个性将被取消,而取代它的将是相互作用的神秘过程;前代物理学家所偏爱的决定论也好像行不通了。然而,科学就好比是一部巨型书,任何时候也写不完似的,还有许多令人惊讶的事物在等待我们去发现。例如,原子比最小的昆虫也要小几万亿倍,若将它看成一个宇宙的话,则原子核中所隐藏着的那些秘密至今还无法揭示出来。

数十年中,那些迄今为止都被认为是最可靠的原理以及最受支持的结论都土崩瓦解了。这就告诉我们,以一般哲学的结论为基础去探索科学的进步,需要十分的慎重;这跟

---

①　本文是在 10 年前写成的。原子弹在最近成为现实的事实有力地证明了,原子物理学和核物理学的进步将在实用领域中产生多么深刻的结果。(1946 年加注)

*　*Matière et Lumière*,Albin-Michel(1939);本文根据日文版(岩波书店,昭和四十七年,河野与一訳)译出。

在颤动着的地基上建造房屋是一个道理,看看我们的无知之舟是如何漂游于知识的瀚海之中,就不会那么急于下结论了。即使如此,由于量子力学为各类问题开辟了完全崭新的视野,我们可以说,今后哲学的方向也必然或迟或早地受到它的反冲,像玻尔这样的优秀物理学家,他就毫不怀疑量子力学中的**"不确定性关系"**和**"互补原理"**总有一天会在生物理论中占据一席重要之地。根据胚胎学者的观点,生命及其遗传的各种潜在因子兴许是包含在几乎能与原子尺度相比拟的基元里的,甚至恐怕是处于基元的分子之中的;所以,玻尔的见解并非奇谈怪论。要是生命及其物质的神秘结合果真是在微小的领域中进行的话,那么量子力学概念就有了用武之地。不过,现在当然还没有到达深入研究这类问题的时机,对此事的思考还是留给那些懂得哲学的读者吧。

在结束此序之前,我想就科学家心目中所困扰的一个问题讲上几句。这个问题就是科学的价值,也就是说我们有什么理由非要称颂科学研究。许多人尊重科学是因为它可以应用,比如说,科学给我们的日常生活带来了无数物质上的改善,为尽可能延长我们的寿命提供了有力的服务,等等。还有一种见解认为,科学给我们以希望,它开辟了一条通往无限未来的康庄大道。当然对这一见解是允许有所保留的,因为科学的应用并非都是为了造福;而且,也不能肯定科学的发展确实能够保证人类的进步。所有这些进步主要是指人类在精神伦理上的提高,而并非仅仅在于物质条件的改善。尽管这样,科学的应用在某些方面还是美化了我们的日常生活,使它变得轻松柔和。要是我们多加努力的话,今后还将继续享受这种恩惠。这样看来,我们有着正当的理由去热爱科学,因为,它可以应用,它给人类的生活带来方便;切不可忘记,人类的生活从来就是不安的的和悲惨的。但我认为,还有其他理由说明为什么要推崇科学,因为它的价值是通过人们的努力而显示出来的。实际上,同所有伟大的事物一样,人们从事科学的努力就是在精神方面充分发挥自身的价值。从这种意义上来说,不爱科学是不行的:科学是一部由精神创造出来的伟大作品。

《物理学和微观物理学》[*]一书的自序

本书汇集了有关物理学、科学哲学和科学史等专题方面的一系列讲座和演讲。

选择《物理学和微观物理学》作为本书书名是想强调存在于两类物理学之间的形式对立。首先,在大尺度范围的现象中有一种物理学:在这里,时空区域、决定论和个体等经典概念是完全成立的。其次,在原子和微粒尺度中有另一种物理学:由于作用量子的必然出现,其结果是,上述经典概念在这里是含糊不清的并需作出修正。本书的重点是讨论了以下这些值得注意的问题:

我们业已说明,物理学与微观物理学的基础是互相矛盾的;而且,对于我们的理性所可直接感知的现象来说,微观物理学所采用的图像仅仅描述了一些数目巨大的基本过程

---

* *Physique et Microphysique*. Albin-Michel(1947);英译本 *Physics and Microphysics*, Hutchinson's Sci. & Tech. publications,(1965)由 Martin Davidson 译。

的统计性方面,而该图像对于基本过程本身则是无效的。有关这些问题的一个新的总结可在本书中题为"微观物理学展望"一章里找到。还有某些特殊问题也重新作了考查,并见之于本书的其他章节中。

在大约前 15 年中,如闪电般迅速发展起来的物理学分支之一是核物理,继一些奇妙的发展之后,这一新学科已经使得原子能的公开利用成为可能。本书中没有详述那些卓越的研究成果,是它们使得原子弹的创造成为可能,而它们中有很大一部分则是在法国作出的。本书作者亦曾花了几个月的功夫于此方面的写作,然而,其他专家似乎应该比我更有权利作详细的论述。此外,特别是在书的头两章中,我试图描绘出新观念所构成的一幅图像,这些观念是科学在过去岁月里从核物理的发展中挖掘出来的,它们仍在发展之中且饶有趣味。在书的末尾同时评论了原子能的获得对未来科学的进步和将来的人类文明所产生的影响。对于核物理中所发现的对人类生存至关重要的能源,它的惊人增长在精神和物质世界中都会产生严重的甚至是令人痛苦的问题,目前没有任何人能够无视这一点。

尽管书的作者本人在其生涯的某一阶段曾在实验室中工作过,但我是一位理论家。我从前提出的有关波动力学原始基础的那些研究基本上是思辨推理性的。故而,我不无惊奇的是,几年之内,波动力学观念竟然已经演化成某些极具实际重要性的技术,诸如电子光学和用电子衍射作微结构分析等等。在第六章中就这些技术作了概述。由波动力学新概念所产生的这些未曾料及的反响使我们注意到,在纯科学发现和应用科学及技术进步之间有着紧密的联系。这一思想在本书中各处均有反映。

一些带有历史性的研究也在本书中崭露头角。有些个人回忆,对于当今的研究或许是有用的。在我看来,要完整地理解科学的现状,研究科学史是有着极大重要性的。当今的许多科学概念,如果人的思维是以不同的路径去逼近它的话,这些路径是会很不相同的。

况且,科学史是普通历史中最迷人的分支之一,这是因为,它让我们全面地观看到一场宏伟艰难的探险演出。通过不断地开阔我们的思维境界和不断地改善我们的生活条件,这种探险敦促我们以不断加快的速度奔向一个迷人的未来。

为《波动力学的应用:分子结构研究》一书所写的引言*

今天开幕的第八届年会首先确定研究主题。前几届年会已取得丰硕成果,而且其中大多数内容实际上均已出版。

今年的年会主题是研究分子结构,它实际上是波动力学的某种应用。这一主题并非空穴来风,前几年在研究稳变异构问题时,就有过分子结构方面的阐述和课题,并涉及其不同方面。尤其是最近关于低频红外和紫外频谱方面的许多结果,以及关于分子电磁运

---

* 译自 *Les applications de la mécanique ondulatoire : A l'étude de la structure des molécules*,本书由《光学摘编》编辑部出版。(1953)

动方面的新资料，对我们讨论这一主题是会有帮助的。

物理学家目前所采用的理论是唯象的，其概念与形式同波动力学紧密相关。玻尔的原始原子理论以及后来发展起来的量子理论，立即使人联想起原子与分子应具有不同的表象。从前，人们将电子描绘成一个点并沿轨道运行，电子轨道的错综复杂使得原子或分子呈现出球状结构。而在波动力学中，代替这一图像的是用连续波，每一电子是该缔合波的一级近似，波 ψ 的强度正比于模方 $|\psi|^2$，它等于每一电子在该点的存在概率。人们由此找到一种方法或者一种绝妙的效应使得所有原子或分子系统中的每一个电子显示出来。但这种电子出现的概率分布很难使人们推断出整个物体的物理或化学性质。尽管所引入的概念是巧妙的，并且所进行的计算是困难的，然而人们还是利用这种方法取得了许多出色的结果，在我们这次会议上就有许多这方面的事例。

我绝不可能全面介绍会议的概况，而只能局限于从一个特殊的角度来发展一些非常一般性的意见。我同意 Daudel 先生今天向诸位所指出的，人们目前已经能够建立原子和分子的各种图像，并能利用图解技巧求得 $|\psi|^2$ 的分布，而这一分布是正比于电子的存在概率的。由此表象所得到的结果多少反映了原子和分子的散射效应，这种散射效应是由电磁波的传播完成的。然而像这种非常有趣的方法，以及用电流的平均分布使电子"显形"的出色的方法，在原子这一层次的系统中达到了极限。这时已不允许描绘这样的原子图像，直至某一深层，其十分之一的量级也许可称为原子辐射。这一详细描绘 $|\psi|^2$ 图像在原子深层的可能极限（这是一个值得深入研究的有趣课题），或许与研究手段的极限有关。记得有一年曾讨论过微观电子内部"观测"的可能性。通常的手段表明，当人们在分析问题的时候，目前的推理观点总是经典的，亦即在众所周知的"海森伯显微镜"之内。人们在电子显微镜下所看到的原子，其四周呈现出电荷分布图像，这种假想的推理可以概括地称为"海森伯推理"，它将在光子和原子中的电子之间产生矛盾。这不仅可由著名的康普顿散射，而且可由物体的相干散射（汤姆孙散射）加以证明，甚至也许还有更多的例子证明这一点。但是，若以新观点来研究这一课题，则在相干散射如同在康普顿散射中一样，电子显微镜不可能观测到原子深部的细节，这些细节直接导致了在其十分之一量级上沿原子直径方向的球面辐射。

用口头方式建立起来的基本上用于解释原子 $|\psi|^2$ 相干散射的图像，当然不可能提高显微镜在理论上的分辨能力。这一明显的极限使人们无法勾画出原子深部的图像，当然也无法从电子显微镜下的已知情况中对此作出相应的公正推理。我认为为了有可能越过这一极限将整个分析方法推广到原子内部结构，对理论课题进行深入研究是必然的。

我对这一特点十分满意。为了不至于说得太多，在行将结束的时候我要感谢全体与会者并要说对这一期文集十分欣赏。这一文集由于诸位的通力协作而出色地提供了所要求的一切。我要感谢平易近人的 Ramart-Lucas 夫人的卓越工作，尽管她事务繁忙，但她仍为我们讲述了紫外条件下分子频谱的漂亮成果，这对理论表象是极为重要的。我接着要感谢 Lecomte 先生使我们通晓了红外光谱学方面的最新进展，在这一领域中法国的领先地位是无可争辩的。我还要表达我对 Wyart 先生同样的谢意，他以他在本课题中的全部权威向我们讲述了怎样利用衍射方法测量原子之间的距离。同样，还有 Chanson 先生的工作。

最后，我要十分感谢 Daudel 先生在如此盛大而又有条理的活动中所做的一切，以及他在组织所委托编辑的文集中和在会议中所表现出来的热情；文集和会议反映了分子结构现代理论的普遍观点。感谢青年研究员 Pacault 先生、Sandorly 先生、Vroelant 先生、Nguven-Quang Trinh 先生、Lumbroso 先生和 Laforgue 先生，他们为我们介绍了他们个人的工作。

（1951 年 4 月 24 日）

《微观物理学的新远景》一书的自序[*]

在本书中，我将最近五六年里所撰写的一定数量的文章汇集起来；这些文章涉及理论物理、科学史及科学哲学中各种不同的问题。

作为本书原动力并与本书名相符的理论物理学研究，根据它的一个具有重要意义的发展，被分成两个相互衔接的部分，而这一发展是从 1951 年年末起根据我的想法而产生的，它所关心的是对波动力学和对波粒二象性的表述。自波动力学诞生时起，从 1923 年至 1927 年，我多年来一直试图找到一种与因果律这一思想相符的诠释；此外，我一直力求按照物理学家的传统，借助于时空框架中的精确图像来表示物理实在，我在发展这一意图时所遇到的困难，以及因这一尝试在其他理论物理学家那里所激起的对立情绪，使得我在 1928 年放弃了这一尝试。在将近 25 年的时间内，我一直转向赞同玻恩、玻尔和海森伯三位先生的著作中所阐述的概率诠释。这几位先生的著作那时一直是理论物理学中正式认可的学说，我在《今日之科学》这本集子的前几卷中发表的大部分文章都是用来讨论这一如此精巧且难以说清楚的概率诠释的。然而在 1951—1952 年间，正如我在构成本书第二部分的研究中所说明的那样，这导致我再次思考这一学说，我想：为了对波粒二象性有真正的理解，并对波动力学有一个真正明白易懂的诠释，这一学说是否并非应当遵循的最合适的路线？由此就在我的思想中以及我最近 4 年的著作中，产生出了一个新方向。

这样一种状况对我产生了某种启示；这种状况在我的内心引起过一阵骚动，它使我意外地回到阔别已久的思想，这实在是再奇巧不过的事；这些事涉及学者的心理。无疑，正如我在读者将要看到的一些文章中所说的那样，当我在接近 1951 年年末时得知玻姆和维吉尔先生的工作时，他们的工作在我的研究过程中起到了决定性的作用。然而应当肯定的是，在我的思想中对这种态度的转变已经有了一些准备，我没有说起在阐述波动力学的概率解释时总要遇到的困难；没有提到当我看到其他大多数人忘掉或不再承认物理直觉时，时常产生的那股遗憾之感（物理直觉是这一深邃理论出发点和基础）；也没有讲过当我试图在当今的量子物理所构成的迷雾^{**}中确定前进方向时，所熏染的某种笛卡儿式的明晰引起的隐秘的忧伤；但是我要指出下面的事实，在 1950 年和 1951 年间，我将

---

　*　译自 *Nouvelles perspectives en microphysique*，Albin-Michel(1956)。德布罗意在此书中首次提出"诠释"。

　**　坂田昌一指出此乃哥本哈根之雾。

对量子物理学中的概率诠释作详细考查及进行批判作为我在庞加莱研究所工作期间的研究课题；我是从偏袒这一诠释的角度着手该工作的。我不仅对数学上表示这一诠释的完美无缺的形式体系进行了认真的研究，而且也对爱因斯坦、薛定谔先生对此所作的批评意见以及玻尔先生及其学生们对此批评所作的答复做了认真的研究。尽管我的态度自始至终都是倾向于概率诠释的，我还是对反对该诠释的力量及为排除这些反对意见所进行的讨论中那些含混不清产生了深刻的印象，我还研究了冯·诺伊曼先生的测量理论；我赞赏其中的逻辑结构，但我认为它过于抽象，而且是建立在对微观物理学的测量条件所作的略稍简单的分析这一基础之上的；此外，冯·诺伊曼先生及其评论家们在将他们的思想贯彻到底时，将测量的宏观仪器和观测者本人用波函数表示出来后得到的结果，在我看来简直难以令人置信。我不能同意这样的观点：可观测到宏观现象的观测者的"悟性"，能在微观的物理学事件的发展进程中以一种有效的方式起作用。渐渐地在我看来，概率诠释的支持者们不断地将"用概率给出简单波的主观表象"这一思想，偷偷换成"具有某种物理实在的波"这一相对立的思想。在我看来，正是在这两种观点之间摇摆不定，才使得他们得以将困难掩盖起来；这些困难与他们的学说相互矛盾。我认识到，我本人在受占支配地位的模式吸引时，前几年无意识地参与了一项这种类型的冒险的脑力体操训练；这时我开始意识到寻求对概率诠释原理加以清楚说明时，所常常感受到的那种不快的原因。

就这样，接近 1951 年年底时，为实现这场我那时将要完成的大转变所需的一切均已在我的精神上作好了准备，而这一转变，作为基础知识的一次急骤升华，早就翻腾在我的脑海之中了，这正是一种心理现象；这一现象在科学研究中的重要性早就不断为人们所注意到，特别是庞加莱。此外在我看来，可能的情况是，一个不论从事何种职业的人，每当他作出一项重要决定，而这项决定是他从前根本没有宣布过的时候，这一意外的突然转变是在他的无意识的思想深处，通过一个很慢的发展过程而逐步做了准备工作的；其结果与我刚刚分析过的那样，产生了一个急骤的升华现象。

毫无疑问，人们会问我，在经过大约 4 年的时间，当我重新对波动力学的诠释及波粒二象性问题做了研究之后，我得到了什么结论？在回答这一问题之前，我要首先强调这么一件事实，即在研究这一问题时，我没有因为考虑物理现象的决定论而为任何已知的哲学意见所左右；在我看来，实质上合乎要求既不是恢复决定论，也不是回到人们所谈及的可以清楚了解的那种精确的时空图像；回到某种清晰的图像有可能不可避免地导致恢复决定论；我在 1927 年提出的双重解理论以及近几年中所重新着手做的工作都正是这样。但是我认为，想要让物理学的理论服从某种事先为人们所接受的思想，或者想要导出常常是过分推测的哲学结论，这都是极其危险的。这样一来，人们总是想要通过非决定论的诠释和补充性的概念来得出极不可靠和夸大其词的结论；例如像将海森伯的不确定性（原理）同人类的自由意志硬扯在一起：不确定性原理适用于电子运动，它是从有关的微观物理学测量条件得出的，它无疑与自由意志风马牛不相及。根据同样的理由，对学者而言，最为恰当的肯定是站在理论物理学已有过精确阐述的这块相对来说较为坚实的基础之上，而尽量少在哲学推理这片流沙中冒险。

为了总结一下我对波动力学诠释问题所持的观点而不牵扯到细节（读者可以从书中

含有的某些叙述中找到有关的细节),我要指出,根据我于 1927 年所指出的方向,在谨慎地(因为我深知其中的麻烦)着手对波动力学的因果关系的再解释进行重新检查时,我发现有一些不久前还绊手绊脚的障碍减少了,甚至是消失了,这大大增强了我必胜的信心。我这样说绝不是否认还有大量的困难有待克服,然而我认为,极有可能的是,用含有一个奇异区域的"真实的"波代替通常考虑的连续波,所得到的波动力学的重新解释可以使整个量子物理学变得面目一新,尤其可以利用它来描述各种粒子的结构并预言它们的性质,由此还可以使之与相对论物理学之间建立起必不可少的联系,这就是爱因斯坦所设想的统一场论。

现在迅速回过头来给出本书中所含内容的分类。第一部分包括与波动力学的诠释无关的理论力学问题中的各种研究,其中大部分是在我改变方向之前就已经写成的。特别是,人们在论述核场及原子层次的粒子的文章中可以找到我二十多年来关于粒子结构所发展起来的思想的综述,正如在 1949—1952 年间特别引起我注意的亚系综场理论所指出的那样。

在第二部分中,除了在 1927 年索尔维会议上我与爱因斯坦见面这一小小轶事的记述之外,还收集了 4 篇涉及近来关于波动力学的重新诠释方面的文章。第一篇文章的日期是 1952 年年末,因此写成于我改变观点之后不久。第二篇写于 1954 年秋初,即两年之后为 *Il Nuovo Cimento* 杂志撰写的。比较这些文章,可向读者展示这两年来,尤其是通过建立更为精确的"真实"波这一概念,所取得的进展;这一概念使人们得以理解为何可以利用这种波来解释干涉现象的存在,以及为何通常的方法能对量子系统的定态进行成功的计算。

我要借用一角篇幅谈谈题为"爱因斯坦著作中的波粒二象性"的一篇文章;它的内容颇具"戏剧性",乍看起来令人无法相信。我一直试图用我于 1924—1927 年间得到的双重解理论来证明:波动力学诠释的努力乃是爱因斯坦所发现的光量子、他关于波粒二象性的思想以及粒子与场的关系的自然推广。1927 年 10 月索尔维会议上这一努力的失败(爱因斯坦对这一努力似乎没有给以足够的注意),产生了一个意料不到的后果。事实上,这次失败造成了纯概率诠释表面上的大胜,爱因斯坦对这一诠释是不赞成的。这次失败使这位著名的物理学家中止了他的科学生涯,陷入了一种悲哀孤立的境地;在此境地,人们认为他一反常态,成了跟不上当代思想动向的人[*]。或许将来有一天,人们会认为对他的这种评价是需要进行某种形式的修改的。

本书第二部分的第四篇文章叙述了与基于双重解理论的思想有些不同的表象,并对人们就波动力学的实际诠释所谈论的若干重大问题予以综述。

关于本书的后两部分,它们包括一系列涉及科学进步的哲学范畴的问题,以及对过去或当代科学史的各种论题的研究。这些文章要比上述文章更容易读懂,因此读者应当尽力掌握本书的前两部分。

(1955 年 9 月)

---

[*]　这是玻尔的看法。

《非线性波动力学》*一书的自序

人们常言道，当一个人年老时会回顾他青年时代的一些主张。也许这就是为什么近4年多来，我会对自己提出如下这一问题的原因：在 1922 年至 1928 年我最初研究波动力学的那个时代，作为我研究指导思想的那些概念，是否比起以后流行的概念更为准确更为基本呢？

早在 1923 年，我已经清楚地认识到，每一**粒子的运动**必然要与一个**波的传播**相缔合。然而在我看来，我曾经研究过且已成为通常波动力学中 ψ 波的那个连续波——就如经典光学中所熟悉的那种波一样——似乎并不能准确地描述物理实在；我认为只有它那直接与粒子运动有关的相位才具有基本意义，这也就是为什么我曾将与粒子相缔合的波称为"**相位波**"的原因——这一名称现在已经被完全淡忘，但是在那个时候我相信是完全有道理的。由于其他科学家对波动力学所作的发展，ψ 波及其连续振幅只能用作统计性预言这一点已日臻明显。于是，人们就越来越倾向于作"**纯概率**"的诠释，玻恩、玻尔和海森伯就是这种诠释的主要发言人。我对这种发展感到遗憾，我觉得它似乎不能满足理论物理学的"**诠释性**"目的；这也就使得我在 1925 年至 1927 年间相信波动力学的所有问题都必须涉及波动方程的两个互相耦合的解：一个是具有确定相位的 ψ 波，但由于其振幅的连续性质因而只具有统计的和主观的意义；另外一个是与 ψ 波同相位的 u 波，其振幅在空间某一点附近有着很大的数值，正因为这一点是空间的奇异点（可能不是数学上严格的奇异点），才使它可被用来客观地描述粒子。使用这种方法，我得到了一个符合爱因斯坦思想（我总认为这是必须考虑的）的粒子图像；在这一图像中，粒子精确地作为一个广延波动现象的中心。幸亏在理论上我们要求 u 波和 ψ 波之间是平行的，因此我觉得才保持了 ψ 波应有的统计性质。

这就是在我心目中所形成的观念，它的微妙之处至今使我惊讶不已。也就是这种被我称为"**双重解原理**"的观念，把我全部真实的想法变为复杂的具体内容。但是为了便于阐明它，我曾经一度将它退化成为一个在我看来不那么深刻的简化形式，这一简化形式被我称为"**波导理论**"。在这一理论中先验地假设粒子是由连续的 ψ 波所引领的。由于大多数理论物理学家对我的思想都很冷淡，同时大家又都被纯概率解释的优美形式和表面上的严格所强烈吸引，因而我也就同意了这种诠释并且二十多年来承认它是正统的。

我已说过，自 1951 年以来我又开始怀疑我那最初的思想是否果真是不对的。在对这一十分棘手的问题深入思考之后，我对双重解原理中原有的某些地方做了改进，而在另外一些地方，实际上对理论本身也作了修正，其中最明显的修正是引进了目前我认为

---

* *Non-linear wave mechanics*；*A causal interpretation*，*Elsevier*，（1960）；法文原版 *Une Tentative d'interprétation causale et non linear de la mécanique ondulatoire*（*La théorie de la double solution*），Gauthier-Villars（1956）。

是不可缺少的假设,即 u 波传播方程基本上应当是**非线性**的,因此,u 波所满足的方程与 ψ 波所满足的方程是**不同**的,尽管几乎在其他各处可以认为这两个方程是完全相同的。

本书在总结了目前称为"正统"的纯概率诠释以及一小部分著名科学家对它所提出的异议之后,将对眼下关于双重解原理我曾想到的一切做一番一般性的阐述。我冒昧地请读者注意第十七章、第十八章和第十九章,其中含有一些无疑是很大胆的建议——这些建议也许会产生深远的后果。**我非常希望富有物理洞察力的青年理论物理学家和富有经验的数学家们,能对本书结尾处我所提出而不能真正加以辩解的那些假设产生兴趣。**

没有任何先入之见也没有任何企图,我再度研究了波动力学中我以前和更早期曾有过的那些概念。我的这一希望,即回到比在目前理论物理学中占优势的还要更清晰的概念的希望,也许是错误的。不过我还是想对这条至今已被抛弃 25 年之久而且曾被认为是引向绝境的思路,做一番仔细的重新研究,看看它是否相反的却是一条能引向未来的真正微观物理学的途径。[①]

1954 年 8 月

德布罗意

《波动力学的测量理论:通常诠释和因果诠释》一书的自序[*]

本书是我最近出版的有关波动力学双重解诠释一书[②]的某种补充。在细节问题上我做了不少修改。书中阐述了真实实验的许多具体方法和许多近似方法,这些实验迄今为止仍被人们认为是习以为常的。这一新生事物必将导致对量子物理学中测量影响的重新审查。

本书的大纲如下:在第一章中回顾了波动力学中某些众所周知的有用的原理;在第二、三章中叙述了冯·诺伊曼的测量理论,并复述了不久前由爱因斯坦和薛定谔所提出的意见。测量理论尽管具有简洁明了的特点并且具有形式主义令人满意和无懈可击的外表,但其结论却是很难使人接受的。异议主要来自两个方面:一方面它无法与当前的观念相协调,当前的观念要求空间中的粒子必须具有永久局域性的特征。另一方面是指它的预言,由于测量过程使用了过分抽象的方法使人难以相信这种预言。

在第四章和第五章中我概括地阐述了双重解理论的基本概念,并做了一些补充。读者可从中找到我以往的一些陈述。在第六章和第七章中,以更实际的观点考查了测量过程。我们引入了有关波列的基本观念,波列的范围依然是无所不在的。我们不能同意那

---

① 根据法文原版译校。

* 译自 *La théorie de la mesure en mécanique ondulatoire:interprétatiom usuelle et interprétation cousale*,Gauthier-Villars (1957)。

② *La théorie de la double solution*,Gauthier-Villars (1956).

种认为对微观物理学实在的测量必须以可测量的宏观现象为中介的意见,因为宏观现象与微粒的局部运动是脱节的。在这里我要附带说一句,微粒在空间永久局域的基本概念正是双重解理论的结果。我阐述了由此得到的关于测量过程的清晰图像,而对于同样的异议,冯·诺伊曼及其后继者的理论是无法解决的。

最后一章中,很快审查了冯·诺伊曼的热力学,以及他在这一诠释下先前所陈述过的观念。

本书的目的是要总结我们有什么样的理由必须恢复微观物理学中的粒子的永久局域性图像,以及为什么我有必要重新改变信仰;近年来我重新找回的这种信仰,其轮廓就是我 1927 年未获成功的波动力学诠释。

1956 年 9 月

为玻姆《现代物理学中的因果性和机遇律》*
一书所作的序

凡是研究过现代物理学发展的人都知道:我们关于微观物理现象知识的进步,已使我们在对这些现象做出解释时,采取了一种与经典物理学迥然不同的态度。在经典物理学中,人们可能曾是这样来描述自然事件的进程的:它是在时间和空间(或相对论时空)的框架中按照因果性演化的,这便给物理学家的想象提供了清晰而精确的模型。然而,目前量子物理学则杜绝任何这种类型的描述,甚至使这种类型的描述变得完全不可能了。它只承认建立在纯抽象公式上的理论,而否认在原子和微粒子现象中有因果演化的概念;它只提供一些概率定律,认为这些概率定律是第一性的,并且构成终极可被认识的实在:它不允许将这些概率定律诠释成是由更深一个层次物理世界中的因果演化所引起的。

我们应当承认:理论量子物理学家 30 年来所持的这种态度,至少在表面上,是与从实验中得到的关于原子世界的信息完全符合的。就目前微观物理研究所达到的水平而言,我们的测量方法的确不允许我们同时来确定为得出一幅经典粒子图像所必需的全部物理量(这可由海森伯的不确定性原理推出);而且测量所带来的无法消除的干扰,使我们对测量结果一般说来不能作出精确的预言,而只能作出统计性的预测。因此,纯概率公式(目前所有理论工作者都使用它)的建立,就是完全可以理解的了。可是,大多数理论工作者,往往被源于实证主义的先入之见所迷惑,以至于认为他们可以更进一步断言:现阶段实验所给予我们的关于微观物理学中的真实过程的知识,其之所以具有不确定和不完备的特性,乃是物理状态及其演化是真正非决定论的缘故。这种外推无论如何也不能认为是有根据的。有这样一种可能:将来当认识到更深一个层次的物理实在之后,我

---

* *Causality and chance in modern physics*, Routledge & Kegan Paul Ltd. (1957).

们可以将概率定律和量子物理学解释成为目前还对我们隐藏起来的某些完全决定论的变量所表现出来的统计结果。或许,我们现已开始用来破坏原子结构并使之产生新粒子的那些强有力的工具,有朝一日总会将我们目前还未拥有的关于更深层次物理实在的直接知识揭示给我们。妄图阻止人们超越现有量子物理学观点的尝试,对科学的发展是极其有害的,而且也违背了科学史留给我们的教训。事实上,科学史教导我们:我们的知识的现状总是暂时性的,除了现在已经认识了的事物之外,必定还有广阔的新领域有待人们去发现。此外,量子物理学近几年来一直纠缠于一些它所不能解决的问题,看来是走进了一条死胡同。这些情况有力地表明:修正量子物理学作茧自缚的观念结构的努力,将是一件有价值的工作。

人们高兴地看到:最近几年来有一种要重新审查微观物理学流行诠释基础的趋势。这一运动是由于玻姆 1952 年年初在《物理评论》上发表的两篇论文*而引起的。早在 1927 年第 5 期《物理学杂志》**上,我就曾著文提出过波动力学的一种因果诠释,并名之为"双重解原理"。但是这一工作所引起的责难使我感到沮丧,因而放弃了它。玻姆教授在 1952 年的论文中,采用了我那篇文章的某些思想,并且以极为引人入胜的方式阐明和拓展了这些思想,成功地提出了一些重要论据,主张对量子物理学重新进行因果诠释。玻姆教授的文章使我重新又捡起了我早先的观念,并且与我在庞加莱研究所的一些年轻同事,特别是与维吉尔先生的合作中,得到了一些令人鼓舞的成果。维吉尔先生在玻姆教授的亲自协助下,对波动力学中 $|\psi|^2$ 的统计意义作了一番有趣的解释。看来,今后几年内仍应继续沿着这一方向努力。据我看来,人们可以期望这种努力将是富有成果的,有助于将量子物理学从目前所处的绝境中拯救出来。

为了说明这种努力的正当性和必要性,玻姆教授认为,在他的研究中,对物理理论的性质以及对那些在现代科学发展水准上阐明自然现象的各种诠释的性质重新进行批判性审查的时机,已经成熟了。他将经典物理学发展过程中——相继出现的普通机械论、一般场论和统计理论等观点与量子物理学所引入的一套本身独有的新概念进行了比较。他精辟而详细地分析了机遇这一概念,并且指出,在我们知识增加的每一阶段,每当我们尚未意识到我们正处在更深一个层次的、为我们尚未把握住的客观实在的边缘时,机遇概念就会随之而生。玻姆确信:理论物理学已经而且以后还将不断地揭示出物理世界越来越深的层次,这个过程将会无止境地继续下去;他得出的结论是:**量子物理学无权认为它的现有概念已是最后确定了的,它不能阻止研究工作者去想象比起已经探索过的实在领域更为深刻的实在领域。**

在这里我无法全面介绍玻姆教授的这一透彻而又引人入胜的著作。读者将会发现其中有一些非常优雅而又富于启发性的分析,它会使读者受益并进行思考。没有谁比玻姆教授更适于写这样一本书了,而且这本书的问世又非常及时。

---

* *Physical Review*,<u>85</u>(1952)166~193.

** *Journal de Physique*,série Ⅵ,<u>8</u>(1927)255~241.

《维吉尔及其合作者的新粒子理论导论》
一书的自序[*]

本书的目的是阐述由维吉尔先生及其研究群体所发展起来的最新最近的粒子理论。维吉尔的群体中包括高林武彦[**]、F. Halbwach、P. Hillion[***]和洛切克。

自从发现有粒子存在以来,现在又有大量被检验经证实的新粒子被认为是有必要存在的。这就需要进行合理的分类和可以接受的综合。为此,经验是极其重要的,并且应当建立一套经验公式:人们为了表征粒子的某种特征,不仅可以从质量、电荷及其自旋,寿命的长或短,还可以从同位素自旋或同位旋,奇异数和重子数方面来分类。基本公式,即盖尔曼-西岛公式,是一个十分得体的方案;它是以电荷、同位旋、奇导数和重子数来分类的;人们认为它在反映粒子的真实意义方面是出色的。在理论物理学目前流行观念的框架中,这种表示在理论上是成功的;但是有意思的是,从这一表示中并不能获得非常清晰的概念。

维吉尔先生及其合作者,在与双重解理论发展相关的更具体的微观现象表象的框架中,着手研究了不同的问题;双重解理论是我早年在我的书和文章中提出来的,至今已有30年了。粒子可以很好地表示为空间局域性,并且按涡旋波动场的方式而演变,它有点类似于旋转中的流体单位。人们由此得到了一种与相对论粒子相缔合的图像,并导致了对这种十分接近于相对论的流体单元的研究,而这种流体是与狄拉克的电子理论联系在一起的。这一受欢迎的深入研究,其本质上的结果是指出了,旋转的相对论运动是一种非常复杂的、无法想象的、并且至今无法澄清的运动(质量或物质的中心,回旋,旋转不平衡,等等);无论是什么为理解粒子的复杂结构而提出的新的基本建议,都无法摆脱相对论的框架。维吉尔及其合作者找到了某种表征粒子的量子数,以度量粒子的内部运动。经过一段时间的摸索,他们终于找到了一种相当于同位旋、奇异数和量子数的量子数,并且由此重新获得了可以理解的盖尔曼-西岛公式。

我在本书中阐述了这一新的粒子理论;当然其中的论证据我看来在反映他们最初的研究方面,是相当简略的。自从重新恢复我的观点后,我在形式上做了更深入的研究:通过分析最近的工作,我立即出版或撰写了教程。

新的粒子理论可以对已知的粒子进行普遍的分类,并且可以利用大量有趣的图表预言未知的粒子。我希望这种分类方法能与先前的自旋粒子理论衔接起来;大约20年前,我发展了一种称之为“聚合法”的理论;在这一理论中我引入了一种思想,即自旋有可能

---

[*] 译自 *Introduction a la nouvelle théorie des particules*: *de M. Jean-Pierre Vigier et de ses collaborateurs*, Gauthier-Villars(1961)。

[**] 高林武彦(Takehiko Takabayasi),日本名古屋大学。

[***] Francis Halbwach 和 Pierre Hillion,法国庞加莱研究所。

与它们的对称性和反对称性结合起来;这种对称性和反对称性分别对应于三重线的中间分量和单值线。维吉尔先生及其合作者并没有采纳这一观点;他们的分类方法和由此得到的图表与我的稍有不同;我想,为了找到新的改进方法并得到结果,必须作出计算和审查;请注意第四章中有关的图表。

这一新的粒子理论具有令人满意的性质,它似乎向我展示了在重新回到更具体更真实的微观物理学的概念方面,这一理论比目前采用的理论更自然,更有生命力,而且必将导致量子物理学的新的进步。

《对波动力学流行诠释的批判》[*]一书的自序

三十多年来,大多数物理学家在关于量子物理和波动力学诠释方面都加入了玻尔及其追随者(哥本哈根学派)的行列。这一诠释通过自身的完善显然适应了优雅而严格的、且目前在量子力学中已成为惯例的形式主义;这种形式主义在预言能力方面表现出与实验普遍的惊人一致。

紧接着我关于波动力学的原始工作,我又着手研究物质的波粒二象性,这是一种完全不同于哥本哈根学派的观念。但是,我很快又被迫放弃这种观点,因为出现了难以克服的困难;最后,我接受了现在称为正统的诠释并从那时候起讲授这种诠释。

在过去的 10 年中,当我又回到原来的观点上来时,我又开始确信通常的形式主义是不可能在亚微观的层次上为物理学提供一种深刻而又令人信服的诠释的。尽管它以严格的面目出现并广泛导得精确的结果。

对我的这一突然变化自然会有人提出这样的问题:既然现行的正统观念是不完备的,那么为什么许多杰出的思想家会接受它? 而且,为什么我已经接受了它那么多年? 答案显然是:一旦量子力学的形式主义被接受(它在诸多方面确是令人满意的),就必然会不由自主地走向这一正统观念。由于讲授流行诠释已积累多年使我处于这样一种地位,即只有我才有资格对流行诠释进行充分的批判,并进而在已被接受的推理中暴露其不完备性和含糊性;有些推理看上去似乎是确定无疑的而其实未必。 特别是,在微观物理水平上粒子的局域性作为最终的裁判是我们可以间接地观测到的现象;对我来说特别令人不能满意之处在于:**流行诠释自以为是地将定域粒子从理论中取消了**。在后面的正文中,我将给出一些例子以说明由此引出的悖论。

我已不止一次地发觉,现有的一些支持流行诠释的论点,事实上反而正在帮助我阐明自己的观点;许多这方面的例子将会在本书中找到。

在这本小书中,我回顾了早期以双重解原理为名提出来的有关波动力学的诠释,但也包括了我在这一课题上更近期的思想发展。特别是我强调了在理论中引进随机因素

---

[*] *Étude critique des bases de l'interprétation actuelle de la mécanique ondulatoier*,Gauthier-Villars(1963),英译本:*The current interpertation of wave mechanics:A critical study*,Elsevier.(1964)。

的重要性，它对应着玻姆和维吉尔的"**亚量子介质**"假设。按此假设，甚至一个孤立粒子也必须被看作与一"**隐恒温器**"持久地接触着；隐恒温器所处的位置便是我们称之为"**真空**"的东西。实际上我已越来越意识到，我早期提出的双重解原理应通过附加这一随机因素而加以完善。我采用向导公式加以描述的单粒子动力学，必须通过结合粒子的热力学来进行讨论。对此我正打算着手在一个更大的范围内探索。这里，我应用于一个来源于爱因斯坦的思想，他以他那举世无双的物理直觉，看到了量子物理中粒子的某些行为跟布朗运动十分相似，由此人们产生了一种对涨落行为的考虑，这种行为曾在统计热力学中被研究过。

当然，我感到有必要在后面的篇幅中评述一下波粒二象性新诠释的原则，但这并非本书的主要目的。本书的主要目的在于试图将我正在增强的信心告诉读者。而对已被接受为物理学流行诠释的各种论点，本书的批判似乎并非是致命的，正好相反，仍然存在着许多重大的漏洞。**曾经由于受夸大了的抽象倾向影响而被迫屈从的大多数物理学家，竟然那样轻易地离开了用清晰明了的语言表述量子物理学现象的道路，对此我深感遗憾。**

本书最后补充的一章"关于全同粒子的评论"，是由 João Luis Andrade e Silva 执笔的。我十分诚挚地感谢他的宝贵合作。

1962 年 7 月 1 日

德布罗意

附 录 Ⅱ
德布罗意小传和逸事

· Appendix Ⅱ ·

德布罗意穿着一件丝绸外套，在他的富丽堂皇的书房中接待了我。我们开始谈论物理学。他没有说一句英语；我的法语又十分蹩脚。但是我设法，一部分靠我的蹩脚法语，一部分靠书写论文中的公式来进行交谈。我尽量向他转达我想说的和想了解的他的意见。未及一年以后，德布罗意来伦敦的皇家学院做学术报告，当然，我是听众之一。他用漂亮的英语做了一个出色的报告，仅略带口音。因此我懂得了他的另一条原则：当外国人到达法国后他们就必须说法语。

——伽莫夫

量子力学奠基人费米（Enrico Fermi, 1901—1954），1938年获诺贝尔物理学奖。

德布罗意亲王：贵族革命家[*]

福伊尔(Lewis S. Feuer)

1925 年[**]一名出身于法兰西高贵家族之一的青年子孙向巴黎大学提交了他的博士论文。文中提出了一种激进的新思想，即在量子轨道上运动着的电子缔合着波动，其波长等于普朗克常数除以电子的力学动量。这就是 Louis Victor de Broglie(以下简译为"德布罗意")亲王的设想。所论及的"相位波"与电子相伴。迄今为止，量子理论家试图在一些现象(如经典的连续光波)中寻求一种不连续的微粒结构。年轻的法兰西人反其道而行之，他在运动于其量子轨道上的电子中，发现了一种基本的波结构。从这一基本思想出发，逐渐形成了波动力学的给人以深刻印象的理论发展。

在社会心理学家的眼里看来，德布罗意的发现是科学史中变革最激烈的，这件事本身就是一件戏剧性的事。迄今为止，我们谈及思想革命的渊源，大都来自中产阶级的子孙之中，例如青年爱因斯坦和海森伯，他们反对标准的科学思想体系的禀性倾向是无疑的；这是一种革命学生的文明，他们都在其中活动着，但对青年德布罗意来说，道路朝着自发的科学创造力方向延伸就意味着必须断绝同他的背景之间的联系；在青年时代的转折点，他没有得到过任何方面包括来自法国激进分子、资产阶级或实证主义者科学文明中的同事的帮助。

德布罗意的血统

de Broglie 家族[***]祖先的贵族身份可追溯到 10 世纪[****]。在近代，Victor-François de Broglie(1718—1804)公爵[*****]是"七年战争"中的元帅[******]；当法国革命爆发时，他移居德国，并于 1792 年成为流亡贵族第一军团的司令官。他的儿子 Victor-Claude de Broglie (1757—1794)亲王一度同情革命，但后来由于指责革命法庭所作出的裁决而走到其激进

---

[*] 译自 *Einstein and the Generations of Science*，(2nd ed,)Transaction. Inc.，(1982)200～223。

[**] 应为 1924 年 11 月 29 日下午 6 时。

[***] Broglie 这个姓，取自 Normandie(诺曼底)地区一座小城镇的名字。

[****] de Broglie 的远祖曾在现意大利 Milan(米兰)南方约 50 千米的 Piedmont 地区的 Chieri 居住过。

[*****] 1704 年，法国国王 Louis XIV(路易十四)将公爵头衔封给 François M. de Broglie(1671—1745)。即 Victor-François de Broglie 的父亲。

[******] 在"七年战争"中，由于 Victor-François de Broglie 元帅在支援奥地利的战役中荣获成功，因而圣罗马帝国于 1759 年又加封 Victor-François de Broglie 为德国亲王。这是一个全家人都能领衔的封号；而公爵封号只能由嫡长世袭。

主张的反面。他带着自己的儿子想要效忠革命，却因这件事受到不公正的对待*。其孤子 Achille-Charles-Victor de Broglie(1785—1870)成为路易·菲利普(Louis Philippe)国王首届内阁的公共教育部部长，稍后又任外交部部长和首相。他具有温和的自由主义工作作风，甚至在"复辟"期间充当新老法兰西之间的调停人。他的夫人是才貌双全的 de Staël 夫人的女儿。当路易·拿破仑(Louis Napoleon)于 1851 年政变成功时，Achille-Charles-Victor 公爵体面退休并献身于历史学研究。过去的传统感召着 de Broglie 家族的子孙们。他的儿子 Jacques-Victor-Albert de Broglie(1821—1901)亲王，是著名的历史学家兼外交官。Albert 曾任驻英国大使。作为第三共和国历史上最重要的人物，他是反对君主政体的领袖。例如在 1873 年将 Adolphe Thiers 赶下台的运动中他曾是主角。他两度担任共和国的总理，而且还是外交部部长和司法部部长。Albert 设法让新的自由主义与旧的君主主义共处。他对中央集权政府不断增长的权力很担忧。为了捍卫个人自由，他提议恢复公众和地方的局部权利。为了缓解众议院的挑剔和刁难，他提议参议院不要建立在世袭的基础上，而是建立在功绩基础上。宪政君主考虑了他的观点，在参议院增补了若干位被精确鉴定是长期几乎基本上注意国是而有适当影响的人。再有，曾有一个代表会议及其无限的权力是建立在自私的宗派主义基础之上的；但 Albert 容许它只有在服从宪法的条件下并具有适当的人选时才能恢复活动。"如果人人都可以选择，"他写道："明智的人宁可要共和国也不要国内战争。"

王室国务活动家 Albert 是德布罗意的祖父。在其青少年时代，德布罗意这位将来的物理学家，曾想要成为研究中世纪和 18 世纪外交的历史学家。他这样做，是因为有其祖父这个伟大的榜样。Albert 信奉传统价值和天主教价值及教皇极权主义，排斥 18 世纪以来的怀疑主义论调。在他所著的六卷《四世纪的教会和罗马帝国》**一书中，针对 Edward Gibbon 的理性主义观点，指出基督教对异教徒的胜利是政治环境的结果。他的弟弟 August-Théodore-Paul de Broglie 献身于教会，担任神职。August-Théodore-Paul 放弃了在法国海军中的上尉军衔，成为一名神父，而且还写了一系列文章以抨击天主教对抗实证主义者科学和其他意识形态结构的教条。在 August-Théodore-Paul 逝世时，他所完成的书显示了这种理性和信仰的一致。

Albert 公爵写了一本关于以往君主政治外交琐事的书《国王机密：1752 年至 1774 年间路易十五的秘密通信及其外交代表》。在此书中，他利用在外交部工作期间所得到的档案记录，发掘了旧时的文件，用以增补含糊不清的家族案卷。这本书陈述了家族延续与国家命运相攸关：

"在我幼年时经常听说曾祖父及其论及的与路易十五的神秘关系，当时我确实并不在意。根据记录在我父亲论文中的确凿迹象，伯爵除了服从国王外，还是国王的秘密工具……"

君主主义者有着怀旧的感觉，而他的研究是十分真实的："一些历史研究兼有直觉和判断力……渴望从这些研究中有所发现……"确实，他十分诚实地承认自己有"许多弱

---

* Victor-Claude de Broglie 公爵于 1794 年被斩于断头台。
** L'Eglise et l'Empire Roman an Ⅳ Siécle.

点",这一弱点发生在"这种小剧本中的主角身上"。他的曾祖父 de Broglie 伯爵*认为,这是由于"希望见到总是令人喜欢的环境,在这一环境中有些重要人物专心于崇高的政治目的,并热情地期待国家昌盛。"当然,"不幸的事实"也应当被叙述,因为某些人也许不相信君主政治制度。例如,Albert 公爵如此说过:

"我没有理由认为理想的情况应当损害对法兰西君主政治的强烈怀念。一种制度(如君主制度)持续和繁荣了 10 个世纪,是足够稳固的,并闪耀出历史的光芒。它的有辨别力的赞美者(我期望成为其中一员)对隐瞒突然垮台的可悲的君主的任何缺陷和隐瞒滥用权力的弊病并不感兴趣,因为它们经常违背它的法规并经常损害它的利益。"

Albert 希望在"一个古城堡的顶楼"致力于研究,这种研究"必须为祖先争光"。

科学革命的使命

年轻的德布罗意生长在一个具有强烈政治气氛的家庭,这样的家庭使人联想起以往的岁月。他的父亲**,作为天主教和保守议会的代表,还有他的母亲***,是"以他们全部的勇气"的反德雷福斯派。"在巴黎的餐桌旁,就如在家乡一样,他们只谈论'事件'……"有少数亲属涉嫌犯有包庇德雷福斯的罪行。1898 年德布罗意 6 岁时,德雷福斯由他在魔鬼岛的拘留处回到雷恩(Rennes)。德布罗意的姐姐回忆道:

"有许多天,我仍看见我的母亲来到我的房间,她的服装凌乱……她挥动着手臂举着由雷恩发来的电报……对所有的人哭叫道:'谢谢上帝,他是有罪的。'……她大概有一种想法,即法兰西的命运和基督教的前途有赖于这次审判的结局,有赖于一位无名官员的裁决,因为这名官员是一个虔诚的犹太教徒……"****

德布罗意逐渐成长为一个英俊、愉快、活泼而又讨人喜欢的孩子。他身着海军服。餐桌旁的紧张由于他的出现而变得松弛下来。然而,他受教育的环境相对来说是孤单的。"他读了许多新奇的虚构故事;他有时候远足散步,自言自语几个小时,提出问题,并用虚构的英雄人物来给以解答。"他具有非凡的记忆力,能够朗诵全部法兰西剧院演出的剧情台词。

他仿佛对历史有兴趣,这里指的是政治历史。听着家庭成员议论政治,他可以用报刊上的报道发表即席演说,并可以列举出第三共和国经常变更的内阁部长的完整名单。他具有不可思议的模仿天资,能够以滑稽的样子模仿著名人物的声音和姿势。

德布罗意的第一位家庭教师自然是有长胡子的基督教徒,一位怀有强烈家庭使命感的传教士。德布罗意的父亲,患有糖尿病,他于 1904 年将其 12 岁的儿子带到上议院照管一段时期。著名社会主义者的首领 Jean Jaurès 在演说中主张义务兵役制应由 3 年压缩到 2 年。右派政党猛烈地和再三地打断他的演说,而 Jaurès 则敲击着讲台。一位代表

---

 * 指 Victor-Claude de Broglie 亲王,若干年后被追封为伯爵。
 ** 即 Victor de Broglie 公爵。
 *** 即 Pauline d'Armaillé。
**** 有关德雷福斯事件,在朗之万的 *La Pensée et l'Action*(《思想与行动》)一书中亦有叙述。

高喊着:"国王万岁!"尽管发生了这样的场面,德布罗意的父亲仍平静地坐在自己的位子上,不愿承担骚动升级的责任。在回家的路上,"德布罗意以令人惊讶的才能抨击了激烈的会议,提议对某些怪诞的法律进行讨论修改:'内阁解散后,阁员更迭,我庄重地声明并向大众呼吁,我打算让贤并将其补缺给被愚弄的职员……'人人都预言德布罗意有一个政治活动家的伟大前途!"

当德布罗意的父亲于 1906 年逝世后,他的母亲成为一家之长。这时才 14 岁并只接受过一系列教士个别辅导的德布罗意到公立中等学校注册。以他的演讲才能以及和谐可亲的品格,他很可能成为一名政治活动家。当然,他好像不能主宰命运;他有一个不服从他们已去世的祖父遗训的兄长 Maurice*;Maurice 退出了海军部,并成为一名物理学家。"科学,"老公爵说,"是一个满足于引诱成年男子的老姑娘。"这句话对一位 de Broglie 并不适用。祖父于 1901 年去世,3 年后,Maurice 无限期地休假,并发展到正式辞职,而且于 1908 年去法兰西大学攻读博士学位。

法兰西当时正处于由德雷福斯事件造成的激烈敌意的四分五裂之中。他的祖先的荣誉必然是年轻的德布罗意的沉重的包袱。尽管在公立中等学校学习时,他第一次学到了数学和哲学,但他仍打算献身于中世纪历史学。他展出了自己的旧手稿的原始图表和解释。他取得了学士学位,并以文字形式写了一篇关于研究大约 1717 年间统治者以及阁员和议会更迭的论文。但他并没有止步;他后来发觉自己对政治历史不感兴趣,加之,历史教学对他来说仿佛是先天的和平凡的学问,是一种对教科书和文件档案的鉴定,而与伟大的观念和通常的理想是隔离的。青年德布罗意终于背叛了这种先天性并抛弃了他的家族传统。他为庞加莱的充满活力和研究精神的书《科学的价值》和《科学和假设》所激动。在他们的父亲去世后,他的兄长,早已是物理学家的 31 岁的 Maurice,承担着教育弟弟的责任。Maurice 为德布罗意的多变的智力徘徊而焦虑。Maurice 还承担着多半是父亲的责任。他弟弟信奉柏格森的叛逆哲学,懂得物理哲学多于物理学本身。但德布罗意沿着自己的道路终于回到了物理真实,实际上与自己的兄长是一致的。克服了"青春期的困惑"后,他的叛逆冲力使其对正在进行的"物理学革命"的奇异的创造冒险感到满足。波动力学表明了与其兄长的一致。他的兄长叙述了德布罗意的这一转变:

"(他)一直关注哲学,但这时转向科学了;在吸收科学的细节之前他研究了贯穿于其中的深奥的原理。因此作为特殊数学的历史被抛弃了,尽管它始终贯穿于学士学位文凭的研究……所有这一切表明了我的弟弟在其 20 岁时克服了青春期的困惑。历史的欺骗有助于他的转变,这部分是由于他的外甥的例子引起的,部分是为了摆脱沿着军事或外交的经历发展;在上述期间,看来对于他来说只有一件事是满意的,即陷入了哲学的不确定性。也许吸引和打乱他的,是庞加莱所作的对数学论证基础的批判性分析。他彷徨了,但对自己并不缺乏信心,他中断了普通物理学考试(对交流电的好奇心)……这里我强调了他的情况。"

庞加莱的思想深深地影响了青年德布罗意,他回忆起 1912 年他 19 岁时所用的方法。他不倦地重读数学物理教程和庞加莱关于科学哲学方面的论文。有一天他坐着火

---

* Maurice de Broglie 排行第二,是德布罗意唯一的兄长。

车去度国假日,在火车上读到了庞加莱突然去世的消息:"我感觉到有一种大难临头了,好像法国科学在伟大革命的瞬间被残酷地绞杀了。我认为对物理学来说他的存在是必需的。"庞加莱逝世激励着他参与这一"革命"工作。德布罗意希望取代庞加莱的地位成为一名革命领袖。"庞加莱的怀疑主义,"他写道:"是令人沮丧的和没有生命力的。"在后来他推测,为何庞加莱在相对论原理的普遍特性的发掘工作中失败了,也许是因为他必须被"更年轻和更具怀疑思想的爱因斯坦"所取代,尽管庞加莱也许已经拥有大量唯象理和相关的逻辑说明。德布罗意从别处发觉这种怀疑观点对处理不同性质的问题是方便的。他写道:

"少量例子无法证明用以解释实验事实而有无限多种可能性的理论。这一点对我们仿佛甚至是肯定的。于是便有大量逻辑相当的理论。我认为物理学家是非常正确的,因为他们最符合以物理真实为基础这一条,而且是最一般的有才能的人,他们最善于揭示神秘的和谐。"

柏格森的青年信徒

对这位年经、后来成为科学革命家的人来说,最大的思想影响来自柏格森*的哲学。"就个人来说,从我们的青年时代起就被柏格森最初的思想中所提到的时间、延续性和运动所吸引。"德布罗意写道。从青年时代开始,他就被芝诺佯谬所吸引。该佯谬是柏格森最为得意的论题。尽管爱因斯坦在其青年时代曾思考过人们在具有光速的条件下旅行将有何感受这一问题,德布罗意仍沉湎于这种运动本身的特征和可能性。他要求自己作为一名柏格森的信徒,怎样将一种运动用空间矢量描绘出来,而这种运动具有"顽强地绕过障碍物的本领"。Maurice 写道:"我的弟弟,面对光学和力学定律,首先得到了一个关系式,该式强调了波和运动粒子的深刻相互关系。"

1912 年,正是柏格森的声誉和影响力达到鼎盛的时期。爱因斯坦的热情由于马赫的激动而洋溢,玻尔刚刚对 Kierkegrard 的分裂和连续跃迁及通用系统发生兴趣,而海森伯则刚刚接触到类似于柏拉图**的提马亚斯精神,它阐明了物质实体之外的几何形式是头等重要的。这一时期,柏格森关于自然终极真实性的想象力引起了德布罗意的兴趣。

自 1900 年到 1914 年,柏格森在法兰西大学的讲座成了巴黎精神生活的中心。当年柏格森率领一代叛逆者对抗在法国大学里占统治地位的正统哲学的情景也许今天已被淡忘了。在巴黎大学(Sorbonne)和师范大学(Ecole Normale)流行着实证论者的实证主义解释,Emile Durkheim 的实证主义社会学十分接近官方哲学。新的一代在德雷福斯事件之后兴起,他们是 Durkheim 资产阶级实证主义和"科学主义"的补充。Comte 和 Taine 的格言,经验证当然被人们所熟记,仿佛他们是厌倦了的、缺乏独创性的和平凡的一代。

---

* Bergson. H. ,1859—1941;1927 年获诺贝尔文学奖;其主要著作有:1900 年的《笑的研究》,1911 年的《变化的知觉》,1919 年的《精神力量》,1922 年的《绵延性和同时性》,1934 年的《思想和运动》;1927 年授予他诺贝尔文学奖的理由是:"由于其丰富而生气勃勃的思想及表达的卓越技巧。"

** 柏拉图,古希腊哲学家。

他们中有些人最终信奉柏格森,其中有佩吉,他试图寻求一种新的理想主义以便重新建立起自己对自由对高尚的社会的信心;有年经的天主教哲学家 Jacqnes Maritain 和 Etienne Gilson;其中有中老年马克思主义者 Georges Sorel,他厌倦了马克思主义的"科学"模型,希望恢复无产阶级哲学和对本能的、不可预见的直觉的知识的元气,并希望恢复总罢工作为历史运动高潮的吸引人的形象。柏格森是他们这一代法兰西哲学革命的领袖;他是将他们从一个单调的、法老似的、官僚政治的科学主义中带领到一个自由的和有创造力发展的、被解放了的直觉知识中去的摩西(Moses)*。他站在法国官方大学系统法兰西大学的外面,在他的讲座中没有像大众讲座中心那样的学位授予制度。在那里柏格森的讲座是苏格拉底(Socrates)**似的,而不是为应付考试的大学生而设的。但该讲座的演讲每天都有甚至在星期天;参加的人当中有时髦的小姐太太和老式的工团主义者,有时常出没于市场的也有蜷缩在孤独的阁楼上的,有左派也有右派,有无神论者也有天主教徒;他们都热望即将到来的新气象。师范大学的专业大学生,他的眼睛和耳朵仅仅集中在考试的通过上面,忽视了柏格森在法兰西大学的讲座。但那里有许多人像博学的哲学家 Etienne Gilson 一样,在最近的回忆中认为柏格森的哲学对他们来说并不如笛卡儿或 Kant 那样重要:

"柏格森是位天才,他的演讲至今仍留在我的脑海中,令人心旷神怡。我经常认为柏格森只是活跃的哲学大师,而且我认为他在我的哲学生活中就像是上帝造就的最神圣的人。由于有柏格森,才使我兼备从书本之外得到的和不同于书本的哲学创造能力。"

至此,整个一代人包括青年理想主义者、冷酷而节欲的保守派功利实证主义的叛逆者,都以柏格森为精神领袖。他们是拥护共和的,但他们认为共和国若是保留实证主义思想体系则将因缺少精神支柱而灭亡。好斗的实证主义流行于巴黎大学,不仅在自然科学方面而且还流行在社会学和哲学方面,仿佛它是一种原则。它使青年们精神贫困并窒息了他们的想象力。Jacques Maritain 发明了"科学主义"这个词以表示唯物主义意识形态,科学主义断言"只有实际上可以证明的事物才是可理解的",而且所有事物都受力学规律的支配。但"只要逆着圣•雅克路(Rue Saint Jacqnes)并采取步骤沿着学院路(Rue des Ecoles)"走向法兰西大学,就将处在不同的精神世界中,正如 Maritain 所写:

"大量偏见和怀疑存在于这两个学术团体之间——特别是,当巴黎大学的哲学家读到柏格森学说的部分时这种反感是强烈的。这对年轻的大学生来说几乎是难以接受的,他们认为巴黎大学到法兰西大学就如同从巴黎大学到圣•热纳维埃夫(Saint Geneviève)的大教堂一样,它们几乎是相邻的。"

青年诗人兼编辑佩吉是大学生们的灵魂工程师,他反叛了巴黎大学的"历史主义"而信奉柏格森的学说。在小说家罗兰为他的朋友佩吉所写的宏伟的传记中记载着关于柏格森的使人感动的一段,说他和他的哲学影响了佩吉和青年一代。柏格森"最杰出的思想是人类时间",他是人们"精神上的总先驱"。他不是在向其他东西挑战,而是向机械决定论范畴的权威挑战。产业革命尾随着他取得长足进步,但他的哲学表达衰败到空间的 Taine 实证主义和 Spencer 盲目乐观主义的地步。在巴黎大学他的代言人是"法国社会

---

　* 圣经中的人物。
　** 古希腊哲学家。

学学派的好斗的教条主义,扬言只有教皇才是柏格森和 Durkheim 的主要的正式对手"。但"自由纯洁的灵魂"渴望"跳出深渊和他们的痛苦……在青年之中,这种叛逆思想,在燃烧着怨恨着,他们挖苦着痛苦着"。他们听到了思想解放的直观的并有深刻见解格言,这些格言来自"全体叛逆者都聚集在其周围的一位不可思议的人物:柏格森"。每星期五在法兰西大学大约有三百名旁听者,他们即使听到一句与实际情况相悖的言论,也宁可认其为"超理性的"。柏格森的对手,Julien Benda 轻蔑地说:"柏格森主义确实归因于当代社会,它希望被认可……"但罗兰的反应是:

"对我们来说这的确是有趣的;思想中的弱点比我们眼睛所能观察到的多得多,它符合新时代的迫切需要,它期待着新时代的到来并有求于新时代——它宁可说是一种指标,一种对应于人类精神在需要的时候极度需要的指标。"

佩吉的杂志《半月备忘》成了柏格森的青年信徒们的机关报。1913 年佩吉写了一篇文章挖苦实证主义者:"他们不能原谅柏格森断开了锁链。"

作为佩吉 19 世纪 30 年代末期的研究,他估计到一代人与一代人之间的矛盾在法兰西思想中是剧烈的。他认为,巴黎大学中的危机是以这种代沟为基础的,它招致了争执和敌意,也许至今还为哲学、艺术和科学的前进提供了动力。1911 年佩吉奉献了其全部《半月备忘》,雄辩地逐篇发表了他这一代人的牢骚:

"对一代人来说,对一些年长的人来说要他们承认其他人也是成熟的人,是极端困难的,如果不说不可能的话(根据《半月备忘》)。更确切地说,人们乐于承认他们的前辈是成熟的,而他们衡量这一时效几乎用的是几何学的标准……凭他们的职位提升、权威和暂时的职权,但他们不愿意公开肯定其他比他们年轻的人,即青年人。然而,下一代人是显而易见胜于蓝的,并以相同的速度在进步。所有的家庭危机、父与子,都起源于此。有些人不相信另外的人,例如他的儿子,也会长成人。而母亲一般来说比父亲更糟。所有这些巴黎大学的危机(不是指巴黎大学,而是指危机),都是很深刻的——这起因于现实,即整个将近 60 岁的一代人,他们不信任与他们 40 年前大致相同的整个其他一代人。"

"如果这种无休止的争执……无休止地继续下去,从一代传到另一代,以后势必将触发并经常演变成类似的观念上的争执和非争执险情及危机。在家庭中,在民族中,在人民大众中,这是一条不随时间而变的规律——为此,在上一代人和我们这一代人之间不能制造这种争执。人们什么时候重视这一点并达到科学的程度,上一代人和我们这一代人之间才能相互适应。"

《半月备忘》激烈地断言,没有哪一代人,在任何地点和时间,"像我们的上一代人那样始终生硬地、徒劳无益地对待我们这一代,他们是如此不幸地憎恨、愤怒、辛辣。我们有理由对此表示过反感,他们仿佛童话中的老妖婆,总是想吞没年轻的王后就像吞没一串青豆似的"。

在某种意义上,德布罗意也介入了这场运动。不是任何一个诺曼底人*在任何情况下,都会全神贯注于基本问题而不是只注重于考试的。他探究着柏格森哲学的深刻含义。

---

* 指公元 10 世纪定居在法国塞纳河口、接受法国文化的一支诺曼人及其后裔。

根据 1910 年柏格森的想法创建了青年教授的普及讲授班。柏格森哲学的反对派不无理由地指责柏格森吸引大学生是"左倾"。"难以理解的决定"和对正规科学的藐视。有些所谓青年知识分子,对当一名技术人员、医生和工程师是否十分好,对他们的有关专业和现实是否重要,有可能轻视。他们常说:"心理上的现实是生活……"对有些吹毛求疵者说来,柏格森主义仿佛是在教唆"哲学上的虚伪"。更激烈的言辞说,柏格森有生以来没有"写过用以解释世界的一字一句"。他们说,数学不是一种游戏,它来自真实的和绝对的观测;物理学也一样。而且其最后派生的形式与我们的实际利益相一致。尽管如此,柏格森的青年弟子们仍十分珍视由柏格森所阐述的具有持久特征的每一段话,这些话由于将运动简化为静止,将连续归结为分立的原子的组合这样一种数学方法而被曲解。

德布罗意从来不是任何柏格森学术圈子中的一名成员,也从来没有自觉地与这些圈子发生联系。甚至,在某种意义上他也不是任何抽象论的"拥护者"。"甚至在我十分年轻的时候我就研究柏格森,"他写道:"但这是因为他的思想是可靠的才吸引了我。老实说我从来不是一名拥护者。"由于天生的独立性,他从知识的海洋中吸收了他们的思想尽管并非其中一员。他改造了这些思想并将其用于自己的课题和爱好之中;他不是一名柏格森的信徒,但会升华抽象的不满,这种不满曾由柏格森的青年信徒们持久地和明显地表露出来过。德布罗意本人曾写道:

"我最大的特点,除了专业责任感外,就是具有顽强的'独立性',它伴随着我度过了我的青年时代。在我父亲和两位年老的夫人(我的母亲和祖母)去世之后,我已经厌倦于与我家里许多人待在一起的世俗生活。我认为这是我生活中至关重要的一点……"

德布罗意摒弃了他的家族的通常的生活作风,他仗着他自己的才智,分享着由他这一代人的新思想所带来的激动,仿佛以此替代以前的生活作风。他几乎应该归入柏格森的青年信徒的圈子;不可思议的是,或许可以用玩笑的方式说,他当时已与他的"相位波"发生了关系。很可能德布罗意与柏格森的青年信徒的关系和小说家 Marcel Proust 与他们的关系十分相像。从柏格森的讲义中,Proust 推论出在时间上充满回忆特征的结论:"变化着和流逝着的柏格森节奏和柏格森的反复无常,通过对往昔事物的记忆在进行着……"Proust 于 1919 年给一位研究柏格森的朋友写道:"这仿佛就像我们处在同一顶峰上。"他研究了关于柏格森的足够的材料,他说,他可以了解创造性发展的方向,这种创造性发展作为"他的思想的反映,在仅有一代人之后,已是足够看得清了"。在他临终前的 1922 年,他说他打算写一部小说,似乎其目的是在其望远镜的视界中争取时间,排除不可知现象以揭示能动精神,借此与柏格森相一致;他说:"就我所知道的来说,在那一点上从来就没有什么任何直接的东西。"通过一条简单的非直接的路径,我们看到在德布罗意的科学工作中,如同在 Proust 的艺术中一样,有着柏格森的影响。

当读到柏格森于 1889 年出版的《对意识的直接资料的评论》时,他果断地割断了与流行知识和他自己青年时代的偶像——Hippolyte Tainne 的环境决定论以及 Auguste Comte 和 Herbert Spencer 的绝对决定论的关系。科学知识,及其对客观实体的空间处理,曾因为被作为攻击柏格森歪曲不连续和分立的理由因而被柏格森考虑过;直感自然可以得到连续运动的内部特征。唯物论归纳法或实证论分析法从来没有对内部意识的持续性有所裨益,这种持续性向全部几何学提出了挑战。

德布罗意好不容易才接受了柏格森关于数学方法与终极真实性不相符的激烈批评。但在柏格森的讲义尤其是《物质和记忆》一书中，他给出了他对物理学哲学的认同。在物理学中从思想和对自然的观念上取代原子模型是困难的，自然界越是连续延伸就越像流体。他认为运动的实际需要迫使人们依据物质的性质提出"原始不连续性"。还有，物理学家也开始从这些"通常的概念"中摆脱自己。

"当然，当我们见到力和物质彼此十分接近时物理学家则看透了它们之间的影响。我们将看到力越来越物质化，而原子却越来越理想化。这两个方面朝着一个共同的极限趋近，而宇宙将重新变成连续的。我们也许曾读到过原子……然而原子的硬度和惯性，这两者将渐渐地消失到运动和力线中去。力线与硬度是互易的，这使我们想起了宇宙的连续性。"

根据柏格森的说法："上一世纪有两位物理学家极仔细地研究了物质的结构，他们是开尔文勋爵和法拉第。"关于法拉第，他指出原子的特征逐渐消失于无穷的力线之中，这种力线延伸到整个空间并与原子互相贯穿。关于开尔文勋爵，他提出原子就是连续介质的涡旋中心。"但关于二者之一的前提，"柏格森断言："当我们接近物质的基本元素时，我们宁可认为它是不连续地趋于零的，这种不连续性是我们从表面上感觉到的。""自然界中的各种哲学，"根据柏格森的说法："研究它们的结果表明，（不连续性）是与物质的普遍性质相互排斥的。"因而，物理科学的发展，必须被心理分析上的直觉所接受。

这是大胆的思想，它引起了德布罗意的兴趣。当时他刚取得一个历史学的学位*，自 1911—1913 年，他开始着手攻读科学硕士学位。人们的思想往往跟不上取得成功的"科学发展"的重要进程。作为科学发展之一，德布罗意的兄长，已是一名公认的著名科学家的莫里斯，在其私人实验室中研究了 X 射线，并掌握了大量的资料，德布罗意透露：

"1911 年 10 月，在布鲁塞尔举行了第一届索尔维会议，讨论了鲜为人知的量子问题。我的哥哥是大会的秘书之一，有着大会资料的预印件，他告知了我有关会议将要讨论的题目。凭着成年人的热情，使我对这些问题产生了兴趣并取代了原先的狂热。我希望能贡献我全部的力量以理解不可思议的量子。这些量子是普朗克 10 年前引入理论物理学的，但其深刻含意尚未被理解。"

然而，由于柏格森的影响，德布罗意还产生了与普朗克、爱因斯坦和玻尔引入原子和能量的构思中的不连续性观点截然相反的思想。

年轻的法兰西贵族真正地处在最特殊的具有激情和魄力的精英之中。一方面，他从其家族及君主制度的过去的传统偏见转变为接近科学世界。同时，他以不同寻常的方式成为精细地挑选出来的少数精英中的一员；作为德布罗意亲王，其祖先为了君主的利益战斗并耗费了他们的生命，同时信奉天主教教义；而他也以一种奇特的方式保持着他的忠诚，这与迫害犹太人时受约束的爱因斯坦所表现出来的忠诚没有什么不同。一位受迫害的伟人，可以出身高贵，也可以出身低贱，二者择一，因此，德布罗意从未将他自己全心全意地献给庞加莱的共和国实证主义者怀疑论。但是在柏格森的充满反对唯物主义的、

---

*　德布罗意于 1910 年获文学学士学位。

以微妙的识别力及直觉知识吸引人的、且与实际运动类型有细微差别的学说中,他知道了许多事,这些事与他的激动的渴望有关。

从事军用无线电时的中断

在这一关键时刻,第一次世界大战介入进来了。"1914 年至 1918 年的世界大战成了若干年思想发展的野蛮拦路虎,以后的结果表明这些思想是一种好的指导方针。"德布罗意写道。因此他所生活的时期不同于爱因斯坦在伯尔尼专利局酝酿科学的年代。德布罗意应征加入法兰西陆军,并在由费里埃将军和布雷诺上校指挥下的军事无线电部门工作,年青的物理学家遗憾的是,他几乎没有时间致力于他的理论研究,但他对能学到一种实用的电子技术知识和在实验室气氛中工作而高兴。他格外热衷于研制利用埃菲尔铁塔作为军事无线电发射的计划。费里埃将军的性格对年青的德布罗意产生了巨大的影响。费里埃是法兰西所特有的军人中的一员,一名专业军事家,同时又是一名科学家和思想家。在巴黎综合工科学校取得资格后,费里埃成为无线电报学的发展(实验方面)中的一位先锋;作为一名解决将无线电用于军事通信问题的主要角色,他还是一名几何物理学和气象学方面的研究者。在他终生的工作中,尤其重视波动的实在性;这种波动即赫兹在缺乏理解力和缺乏想象力的墨守成规者面前成功完成了公开实验的电磁波。1914 年当大战爆发时,他克服了巨大的困难成为三极真空管的制造者,这种三极真空管对法国是必不可少的,当时仅在(美利坚)合众国出现过。1949 年纪念他的将军时德布罗意说:

"因而,撇开他的富有成果的军事经历外,费里埃还是一名伟大的科学家,他的工作影响到科学的各种不同领域。他知道怎样超越自我去研究和探索,始终从事个人的工作。他还知道怎样从事其他的工作,以首长的身份,他令人钦佩地知道在其周围的合作者是怎样需要他,他知道怎样经常热心地激励他们。仁慈的和善于辞令的他,成功地使不同专业的学者为了伟大的事业而在一起工作,以献身于我们的祖国和科学的发展。"

从费里埃身上,德布罗意发现了旧秩序和新法兰西共和国互相对抗的二重性的一种结合。他回忆了他在军队的经历:

"埃菲尔铁塔的位置在内地。在其中进行改造是困难的,而动员技术部门的成员(例如普通的一名下士或一名非现役军官)则更是困难。岗位上的主管经常是一名不折不扣的下士。这是我们所许可的。我的同事和我当时说:'今天晚上值勤得到一名将军和一名下士的许可。'对这两种军队阶层中极端等级之间的反差,我们一笑置之,因为我们是青年人,但我们认为有教育意义的教训是,它告诉人们:我们知道费里埃将军给予我们的是一个伟大的范例。"

波动力学的诞生

大战结束之后,德布罗意于 1919 年复员,他重新开始他的研究,在他兄长的实验室中工作。他从事 X 射线的实验,同时与他的兄长进行长时间的讨论;他的兄长也乐意与年轻的同事交换意见。他的兄长对实验室所做的关于 X 射线的波动特性的实验感兴趣,更进一步将他"引入对波总是与粒子相缔合的观点之必然性的深入思考"。考虑了玻尔的量子轨道理论,德布罗意对非连续的轨道、电子跃迁以及能量的释放必须同波的结构和表现形式相联系多么惊奇。二象性观点,根据光和 X 射线的现象可以被接受。但对他来说有一个大胆的想法是,物质本身的原子是与潜在的波动缔合的。他现在能否证明物质的粒子理论是它在波动力学中的对应物呢?终于,在 1923 年 9 月和 10 月出现了光明,德布罗意写出了三篇短文,其中阐述了波动力学的基本思想。这是一个革命性的设想,它同样具有德布罗意的传统主义的印记,在这些思想中表明了 17 世纪和 18 世纪的法兰西物理学家费马和莫培督是并列重要的。他努力证明应用于某一电子运动的莫培督最小作用量原理解析地对应于某一波动传播的费马原理。他的最本质的创造性在他的短文推导中,其中证明了物质粒子是由某种新型的波所引领、指导或领导的;德布罗意称之为"物质波",但科学家们以后将它命名为"德布罗意波"。该设想立即显示了其探索性威力,它能够导出玻尔所赋予他的那些相应于实验光谱资料的电子具有的稳定的非连续的最优轨道。在德布罗意的理论中,最优轨道起因于物质波的相位干涉,它们类似于普通光投影在屏幕上衍射时实际干涉条纹的亮区。可能轨道之外则对应于暗区,其中波的相位与其他各个被增加的相位相比是被衰减了。按照德布罗意的一个简单的数学定律,决定了引领波对它们的粒子的关系:波长反比于它们的粒子的动量。

德布罗意将其结果汇集到他的科学博士论文中,并于 1924 年 11 月 25 日 * 在巴黎大学进行了答辩。他的评审委员会是由名家组成的,其中包括著名的原子物理学家朗之万、佩兰和数学家嘉当,他们** 评估了德布罗意那异乎寻常的设想,即所有的原子粒子与波动缔合,而一一对应于它们的局域量子轨道上的电子的波长可以用数学推导出来。德布罗意认为实验资料会证实这些引领波设想,但到目前为止还没有谁提到。这是否如某些人所说的只是个"空想游戏",一场"法国喜剧"呢?朗之万发觉该博士应试者提交的论文重建了牛顿的力学而在方法上与爱因斯坦的一样深刻。尽管朗之万在政治上是一名革命者,但他还是对这位贵族的平静的大胆感到吃惊。正如 Philipp Frank 所写,朗之万"为新的提议所震惊"因为"对他来说,这仿佛简直是荒谬的"。尽管如此,朗之万认识到,在当代思维中,谬误和真理是奇妙地混杂的。朗之万将论文寄给爱因斯坦;爱因斯坦赞扬德布罗意"**掀开了巨大面纱的一角**";他告诉哲学家迈耶森,称德布罗意的工作是"**天才的一笔**";还称这是一篇"**十分惊人的论文**"。最后,来自一个出人意料的地方的实验资料证实了引领波的存在。1927 年,工作于贝尔电话公司实验室的两位美国物理学家戴维森和革末出乎意外地发现了一束电子在一块镍晶材料中的衍射现象。最初他们并不领悟到他们发现的重大意义;然而戴维森还是将他的结果寄给了理论物理学家玻恩;玻恩想到了爱因斯坦对德布罗意设想的热情。玻恩指导一名合作者验证是否戴维森的难以理解的峰值应当是德布罗意波干涉条纹的解释。于是,美国研究者才认识到他们证实了波动力学的基本思想。

---

* 应为 1924 年 11 月 29 日。

** 还有晶体学家 Charles Mauguin。

在 19 世纪 20 年代,物理学家之中几乎没有人曾经预感到在他们的理论体系中需要电子的波动理论。Victor F. Lenzen 教授的回忆录使人们想起青年物理学家那个时代的知识界的社会思潮:

"当德布罗意关于他的波的观念的论文发表时,执教理论物理学于伯克利(Berkeley)的 W. H. Williams 教授就在学术报告会上对此做了报告。我真切地记得他说他不认为这有多大道理,除非爱因斯坦认为它是重要的。在 1927—1928 年之际我是格丁根的 Guggenheim 成员,我出席了一个讨论会;会上玻恩报告了戴维森和革末的实验发现。"

德布罗意的观念中隐含着一种先验的洞察力。在这一洞察力中,"波"的概念作为真实性的特征被恢复到首位:"人们可能想到由于自然界的一条伟大的定律,使固有质量 m_0 的各单位能量与频率 ν_0 的周期性现象缔合在一起。"

根据这一思想我们可以得知,粒子及其相位波在物理的真实性方面没有区别。如果是一一对应的话我们仿佛就会看到下列结论:我们的动力学(其爱因斯坦形式是熟知的)落后于光学,静力学则在几何光学之中。若在我们今天看来足够真实的话,则各种波动表现了能量的集中,相形之下一个质点的动力学毫无疑问地隐藏着一种波的传播,而最小作用量原理的真实含意是表示了相位的一致。

德布罗意写道,他的关于粒子和波在本质上物理相当的这一思想,是"得自费马的最小作用量原理的思想"。这条原理是 17 世纪伟大的法兰西数学家费马按照先验的、亚里士多德的立场,作为一条基础定律提出来的,它在自然界按短程线运动始终成立。由此他导出了光的反射定律——入射光线上的一点和反射光线上的一点之间的光所经过的路径是尽可能短的,且光的交汇点在镜面上。费马还导出了折射定律:凭着光从一种介质进入另一种介质所需时间最少所描绘的路径,可以确定不同介质的阻抗。其结果,如费马在 1661 年所写,"最非凡、最意外和偶然的,始终是……"莫培督于 1744 年和 1746 年修正了费马原理使之适用于粒子理论,当时费马原理也被惠更斯从他的光的波动理论中推导出来。莫培督提出假设,即光在所遵循的一条路径上消耗最小作用量;他将此推广为所有运动轨道并视为一个动力系统和整个自然界所必须服从的一条定律。然而在德布罗意现在的公式中,尽管经典波动观点连同费马原理,恢复了真实性的一个方面,但也不是在根本上等同(在某种先验的意义上)于莫培督的粒子概念:"其莫培督形式的最小作用量原理和相位一致原理,归因于费马的力量,是一个定律的两个方面。"费马是一位与 Corneille、Racine 同时代的人,他是发明家 Mersenne 和神秘的 Pascal 的朋友,并且是图卢兹(Toulouse)国会议员,他从事数学作为一种业余爱好,只有少数被谨慎地发表。他是步希腊数学家 Diophantus 和 Apollonius 之后尘以满足他自己的人。他是法兰西古典时代的科学家。莫培督在其他方面,是哲学家的朋友;在关于牛顿主义的斗争中他是他们攻击的主要人物,是 Voltaire 令人钦佩的朋友。

这样来评价德布罗意是合适的:在他身上,经典的传统与一个革新者的热情共存,他重建了费马的观念并使之与莫培督的等价:

"我们获得了下列结论:费马原理应用于相位波等同于莫培督原理应用于运动轨道;关于运动轨道的动力学可能迹线等同于波的可能射线。"

这成了德布罗意为获得波和量子的某种综合的启发式原理。德布罗意写道:这种一个质点的运动始终隐藏着一个波的传播的思想,应加以研究和完善,为了达到令人满意的形式,它必须显示出"一个伟大的理性美的某种综合"。而这种"理性美"也许是天地万物;作为一名柏格森的青年贵族信徒以其科学家的性格,是渴望见到它的。

柏格森作为一名反对唯理智论的哲学家,作为一名反对理性直觉的领袖,经常遭到责难。但更值得注意的是,德布罗意公开声明他发现了柏格森思想与量子和波动力学之间的最大相似性,这就说明了一切。而且我们可以推断,这些由自早期青少年时代就影响了其思想形态所导得的相似性,也许可以解答某些深切的渴望和了解。尤其是,由于他力图证明数学形式体系是与实验真相一致的,终于使人们对波动概念的想象具体化。

近年来,德布罗意写了一篇有关揭示柏格森的洞察力与量子力学观点之间相似性的短论。德布罗意写道:"柏格森有关运动的思想评论与当代量子理论的概念之间有无任何相似? 答复仿佛应当是肯定的。"依据柏格森,艾利亚(Elea)的芝诺说过,要知道一枝箭在任何瞬间在某一确定位置是否运动是不可能的,要是它在任何瞬间总是静止的怎么能说箭在运动呢?

"流通是运动而停留是静止……当我看到运动迹线始终通过一点……我留心考察它的停留就像要逮住它一样……空间所有的点必然是不动的,我必须仔细地不将运动迹线本身的流动和与之相重合的空间点的静止混为一谈……"

借助艾利亚的芝诺的引导,柏格森所言,设法确定运动轨道在任何瞬间的位置是歪曲了其运动事实的。到了德布罗意,这成了量子力学思想中的要点:

"当人们考虑一个足够小尺度的东西时,其运动轨道是不可能指出的,至少自始至终可以测量的必然是一系列不连续的量,这些量仅仅是运动着的物理实体的瞬时位形,而且各种测量暗含着在其运动状态同一时刻所能给出的概率的总貌。"

1889 年柏格森写了其第一篇有关运动的空间失真的评论,比海森伯公式化的不确定性原理早 40 年。今天,他可以用量子力学的术语说:"如果试图通过某种测量或某种观察来测量空间一点的运动轨道,人们将仅仅得到某一位形而全然得不到运动状态。"

根据德布罗意,柏格森当然是直观的量子力学预言家。其中基本的物理实在,从前是用几何空间中确定的粒子概念来表示的,而现在则是用本质上互补的"波动概念,它在波动力学中表示为纯态空间中的运动而不是在物理空间中的运动"。不能同时做到描绘运动和位置。柏格森在剔除运动的经典表示,即通过在连续的曲线上用一系列位置来表示运动方面是有预见的,而且他还是第一次在经典物理学中抛弃严格决定论的人。依据柏格森,未来不能被完会地决定,因为真实的时间绵延"不断地在其中产生创造……某些事物是不可逆转和全新的"。德布罗意认为在量子物理的发展中应有这种见解:

"如果柏格森能够在细节上研究量子理论,那他一定会注意到我们所给予他的物理世界发展的印象是,在各个瞬间自然界是如此被描绘的,它似乎是在大量的概率之间踌躇,因而他必定可能正如在《创造性思想》中所反复说过的那样说:'时间,是十分短暂的,或者它根本就没有。'"

在德布罗意看来,量子理论也仿佛证实了柏格森的洞察力,即真实性是由其组分的相互贯穿以及聚合来表征的;个体例如原子,或是纯粹与外部联系的各方面有关的知觉,在实际常识方面是有区别的,但对真实性特征来说不是本质的。真实性更类似于乐曲的谐音;在乐曲中,渗透在旋律中的各其他方面是可以被修正的。于是德布罗意断言,波动力学中在涉及的具有相同的物理性质的粒子群中,得到各种截然不同的独立特征,也是不可能的。只有当人们能够凭着各不相同的空间位置来区分粒子时,这才是可能的,尽管"在波动力学中,人们不可能一般地解释空间中粒子的意义明确的位形……如果它们在可能出现的地方消失或交叠——这是最经常发生的——人们怎么能探索它们的特征呢?因此波动力学摒弃了使粒子个性化和最终探索它们各自演变的企图……"

但是,建立海森伯的不确定性与柏格森的连续绵延时间的关系,在德布罗意试图从概率结局中挽救他的波动理论之后,近年来已获得应用。更有意思的是,柏格森的波动比拟,已经滋润了他最原始的思想。

柏格森哲学中的主要概念实际上成了德布罗意的物理学概论。这就是为什么柏格森在他最后文件中可以自称他引导了"德布罗意理论的直接结论"的缘故。在20世纪初期的哲学家中间,柏格森是喜爱以波动概念作为唯一的基本真实性的第一个人。在《创造性的发展》一书中,这种洞察力已显露出来:

"作为完整的生命,它来自第一次推动,他被推入世界,就像波一样隆起,并对抗着来自物质的衰变运动……这种正在发展的波就是意识,而且大概是全部的意识,它包括无数互相渗透的潜力……从我们的观点来看,生命作为一个整体就像是一个极大的波,自一个中心向周围世界惊人地扩张,这个波沿着几乎它的全部边界都是被制动的,因而转变为振荡……"

在法兰西文化圈中,有关波动见解的感情知识的帷幔,是由柏格森的文章所揭开的:波动理论成了年轻的法兰西知识分子在与资产阶级的争论中的、共和国的原子论和唯物论的同义语。无论如何强调柏格森的工作即将波动奇妙地而又有创造性地比拟为持续的音乐旋律,都不算过分。这种工作已在德布罗意的波动力学表象中被显示出来。德布罗意写道,电子在其轨道上的稳定性条件,应是它的"相位波与路径长度相协调"。在德布罗意的工作中的音乐比拟似乎是伽莫夫所讲的,他之所以对物理学感兴趣,部分是起因于德布罗意的学识就像是一位"室内音乐的内行";于是,"德布罗意决定弄明白原子就像要弄懂某种乐器一样,相信沿着这条道路它是可以被创造的,可以发出某种可靠的基本音调和某种泛音的片段"。然而,音乐曲调比喻的标准说明是在柏格森的第一本书中:一系列摆钟振荡应当被理解为在它们的持续真实性中,仅仅当它们被看作"如同曲调的特征,它们的各基音穿过其他基音,而且各种基音组成曲调本身",同时具有"某种持续的或品质上的多样性";持续就如同"曲调……弥散的特征,可以说,是相互贯穿";运动应当被理解为仅仅像"类似于一种旋律中的……一个片段的某种协调"。他近几年称赞Whitehead像一位"十分渊博的哲学家首先像一位数学家",而且面对铁器毛坯就像面对"某种旋律的连续"。无疑,德布罗意作为一位数学物理学家是不会赞同旋律的,而柏格森也直接反对数的概念和数学方法本身。同时,德布罗意认为柏格森的态度是反相对论的。至今,即使柏格森的"无数的批评"常常是有充分根据的,但是,德布罗意说,他本人的工作是强有力的:

"我们由于当代物理学的确信无疑的新概念与连续哲学的确定无疑的逼真直感之间的相似而受窘,而且我们由于大多数直感已知是以时代和自由意志来表示的事实而更加吃惊,柏格森的开创性工作也许还是最值得注意的……这本论文集,是作者的博士论文,日期是从1889年开始,从而先于玻尔和海森伯关于波动力学物理表象的思想40年。"

最使爱因斯坦感动的是德布罗意在其"盖世无双"的书《物理学和微观物理学》中，用诚挚的语言所作的关于物理学逻辑基础的一些努力的说明："**从新近已获得的有着强烈魅力的概论中，我明白了柏格森的和芝诺的哲学的重要性。**"以前爱因斯坦是轻视柏格森的哲学的，在他的整个生涯中，德布罗意从柏格森的直觉知识中汲取营养。面对由于原子轰击和原子时代初期形成的精神危机，他求助于柏格森的"伟大的工作"《道德和宗教的两条起源》中的有关章节。德布罗意的科学直觉是由一代叛逆精神引导的，在这种精神中首波上覆盖着次波——在一个资产阶级世界中一位被取代了的贵族的子孙的情感。

在法兰西科学历史的重要人物中，德布罗意最欣赏的是安培，甚至他写过一本简短的安培传记，"**以展示科学一代怎样在不幸的年代里通过一些尝试逐渐成长起来……**"安培的祖先类似于德布罗意自己的祖先，为此他"**为加在他头上的压力付出代价终于成了当时的佼佼者**"，以便对付国民公会的制裁。祖先的功过也影响了青年安培，"**这就是他整年受干扰的原因**"。"**他是羞怯的、易受影响的、缺乏信心的，而且几乎从来没有愉快过。**""**从青少年时代起他就不再懂得愉快。**"作为一名青年，他是一个神秘学派然后演变成一个哲学小组角色的，称为"青年哲学家组织"的成员，该小组的精神领袖是 Maine de Biran。在这个受有创伤的榜样和哲学感应中，德布罗意理解了类似于他自己生活的某些本质上的事。唯心主义的 Maine de Biran 实际上是柏格森的智力先驱，而安培单独对抗占优势的机械热素假说的事实就如德布罗意对抗纯原子论。

（参考文献略）

回忆早年我与德布罗意的交往[*]

博勒加尔[**]（O. Costa de Beauregard）

1940 年 11 月，我从军队复员，内心十分惆怅。我决定辞去战前在航空工业部门的工作，开始在德布罗意指导下从事理论物理学研究。我具有物理学硕士学位，工作之余常攻读多种论著，如劳厄的相对论著作，德布罗意的一些量子力学著作，其中包括研究狄拉克电子理论那篇出色的论文。

德布罗意恰好有一些工作等着我。那时确有些大学教授——不仅仅是在法国——他们不接受相对论。巴黎大学有位 Alexandre Dufour，他与巴黎综合工科学校的工程师 Fernand Prunier 一起，做了一个修正后的分离实验（恒循环），他们声称驳倒了相对论。他们在计算中使用了菲涅耳的以太牵引公式。此公式已于 1908 年由劳厄从相对论速度

---

[*] 译自 *Foundations of Physics*，<u>12</u>(1982)963~969。（1982 年 4 月 14 日收到）

[**] 博勒加尔为现任"路易·德布罗意基金会"主席。他原先接替德布罗意任《物理学基础》杂志的编委。

合成公式出发重新作了推导(1928 年 Hadamard 又用李群推理导得了此式)。十分显然，
Dufour 和 Prunider 在使用相对论时犯了错误。因此德布罗意给我的任务就是找出症结
所在，并要在他的研讨班上就此做个报告。我还记得这些，因为那情形太令人激动了。
参加者比往常多得多，最后的辩论唇枪舌剑。这种事情的结局与通常一样，(大多数)相
对论派对我提出的解释点头称是，(少数)非相对论派带着不满和不服气的情绪离开报告
厅。"佯谬和范例"是物理学中一次又一次表演的辩证法游戏，这已由 Duhem 和 Kuhn 及
其他人解释得非常完满。在 1940—1941 年的《法国科学院通报》上，人们可能读到 Duf-
our-Prunier 与我之间交火的战报。他们两人俱已谢世。我的看法是，当时他们的想法，
从现在的眼光来看也是背离相对论的……

我告诉德布罗意，我所希望的题目是通过系统地应用闵可夫斯基空间中的四维几何
近似使相对论与量子的形式体系得到完全的、清晰的协调。随后我渐渐发现，这种做法
不仅仅是一种形式，而是一种关系到人们思维方式的解释。朝永振一郎、施温格、戴森和
费恩曼于 1946—1947 年间在他们的论文中已清楚地显示了这一点。当然，1940 年的德
布罗意对此已了如指掌，他尽力地用哥本哈根-格丁根的量子力学概念去表达它们，但在
我与他的交谈中，我发现了令我惊奇的一件事，即他并不盲目相信有一种可接受的好办
法既具有量子的形式体系推广——例如出于必要和直接效果——又满足相对论协变性。

策略的不同亦即哲学上的不同。理论物理学的进展有点像走钢丝，在危机四伏的羊
肠小道上前进，这需要有惊人的机警。因此它在模型主义和形而上学之间徘徊，决不倒
向任何一方。德布罗意的确欣赏模型主义，他经常引用玻耳兹曼的气体理论，因为它击
败了所谓的唯能论学派。随后吉布斯将统计力学变化成十分抽象的形式系综，但这却打
动不了他。在我的印象中，总是觉得形而上学者的成功丝毫不比模型主义者逊色。用
Kuhn 的说法，"科学革命"常以形而上学者的成功为标志。而"通常"的科学只是处理从
现在范例中借来的模型。但是玻耳兹曼的气体理论和德布罗意的波动力学尽管也是科
学革命，**却是**模型主义的胜利。事情往往是错综复杂的。

在与德布罗意亲密交往的那些岁月里，第二件令我惊奇的是，他竟然极不相信相对
论和量子理论十分有可能在形式上协调起来。当然，他过去曾经相信过，并且表现过：如
果不是这样，他怎么会在 1925 年提出"波动力学"，而它是"明显协变"的呢？在其他文章
中，他巧妙地应用群速度概念——实际上是菲涅耳的三维驻相位在四维中的推广——使
他能将菲涅耳原理和莫培督-哈密顿原理综合起来。令人关注的是，尽管狄拉克发现了自
旋 1/2 的波动方程，而且他也构筑了自旋为 1 和 0 的大规模光子方程，但海森伯-薛定谔-
狄拉克的一般方法是明显不协变的。怎样表达清晰的思想和认识，怎样补救，远非显而
易见的。我这里不仅指 1925 年德布罗意的波动力学，而且我还要说下去，这指的是总
体。自然界是相对论和量子的；更何况相对论和量子理论都是波动物理之娇女，她们无
疑是姐妹，应当消除概念上的争论。德布罗意不想从评估现有范例的细节中寻找原因更
不用说抱有希望了：所有这些都不总是有益的。*

---

　　* 这仅仅是作者(亦代表一部分人)的想法；但德布罗意的看法更有道理，因为相对论与量子力学之间在哲学、物
理学、数学上的矛盾无法调和。

　　我们应当如何动作？由于协变波动方程业已存在,还有其他一些台阶(如场论中的协变对易公式)和狄拉克-福克-波多耳斯基的多时间形式体系,这样就可以动摇海森伯和薛定谔建立的那老一套体系,尽管它规模庞大,但已是陈词滥调。时间、能量和哈密顿量将失去它们的优越性,相应的傅立叶变换将用于时空的弯曲三维表面和四维频率间隔。Marcel Riesz 已先行一步,我将紧随其后。德布罗意绝对不相信这种近似,他认为这不过是形式而已,其物理内涵倒有可能失去。

　　1947 年,一件特别的事发生了。在讨论反对不可分离现象的爱因斯坦-波多耳斯基-罗森(EPR)佯谬时,或者确切地说,在讨论其前兆即爱因斯坦在第五届索尔维会议上提出的问题时,我认为量子力学和相对论的协调一致在那时已初露端倪。这次会议是"新量子力学"的摇篮,当时的量子力学奠基者都有所建树。爱因斯坦早年的远见确实敏锐,直至今天,他在 1927 年和 1935 年的"佯谬"仍是许多理论和实验论文的中心话题,并招致激烈的辩论。它具有新生儿的特征。在随后的许多年内,爱因斯坦作为奇才,仍是这一"矛盾标志"的象征。

　　当我与德布罗意进行讨论时,我看不出有什么"佯谬"。佯谬实际上可用两个酷似的"骰子"来表示——可以这么说:当"摇晃杯子"时,骰子确实没有"抛掷"。——其中的过程现在称之为实验制备——但它们"在桌面上停止翻滚"时——此即在测量中。否则它们便相关。这就是佯谬。这一矛盾来源于 1926 年玻恩所提出的通俗易懂的"革命"。他在波动力学中增加了概率波的计算;其中不完全部分的振幅(而不是概率)相加,独立的振幅(而不是概率)相乘。

　　经过反复思考,一天,我带着一系列见解拜访了德布罗意。那天我将这些见解表达为:(1)只有两个相关测量间的物理联系存在于测量前的制备;(2)该联系又是数学形式上的联系;(3)因为它由两个类时矢量构成,这就意味着在基本层次上我们处理的因果性概念并不比时间箭头更好;(4)但这并不会引起误解,因为固有时间对称性是理论物理学中的一条普遍原理;例如洛喜密脱在 1876 年、策尔梅洛在 1896 年指出,统计力学在概率计算中**本质**上是正确的;(5)这与相对论毫无抵触;如果承认爱因斯坦的"与过去联络"的极限是宏观的或类真实的,那么自然界的极限多半是热力学熵减少。

　　德布罗意再次感到这是形而上学,而绝非模型主义的。当我和托内拉特夫人走出他的办公室时,她对我说:"你有没有注意到德布罗意的眼神呢？它实在怪极了……"

　　不用说,直到 1982 年,EPR 相关本身在公众心目中仍是"狂热"的,而我的提议(那时我仍充满信心)并不比其他人的更为怪异。

　　尽管德布罗意欣赏模型而我倾向于形而上学,且事实上我们都坚持各自的思想,但在他的群体中,我们的关系仍很好。我们经常请他写总评;他常在办公室里写,随后归还,常常是注释满篇。当他在向学生们解释经典的或"新"的物理难题的症结所在,指出我们可能会误入的歧途时,他从不吝惜时间和精力。他的学识和直觉令人惊羡;他的耐心和他传授的一切,使我们由衷感激。我永远也忘不了那些激动人心的谈话。他的声音、表情,他充满智慧和时代精神的眼光。面临疑难时的沉思,(经典的或"新"的)解释完满时的安详,你或我误入歧途时的责怪,或者他认为没问题而你的提议却与之冲突时的微嗔——这一切我都永生难忘。

我已说过,在那些日子里,德布罗意违心地接受了量子力学的哥本哈根-格丁根表象。从他那里我听到"量子神学"(是一位胡闹的德国学生杜撰的)这一字眼。它正像查理四世的儿子在学习《微积分》时柯西(Baron Augustin Louis Cauchy)所说的:"学会并应用这些规则,真理就会来到你面前。"这就是量子力学,遍及世界的量子力学……1943 年我以狄拉克方程和自旋方法的工作获得博士学位。1950 年至 1951 年,我进入普林斯顿高等研究所,因为我想见识一下施温格-费恩曼理论的实际工作。甚至在那时德布罗意仍怀疑相对论与量子理论在总体上协调一致的可能性。这使我很沮丧,因为在我的思想中这一点是绝对不容怀疑的。1951 年春天,普林斯顿发生了一件我不希望发生的事。

几位朋友计划好让我和爱因斯坦在他的办公室里会面后再放我离开普林斯顿。(当然,每个人都可以在从城市到研究所的车站上见到他。)大约有一小时,我仔细地聆听了爱因斯坦关于隐变量测量的见解。例如,考虑宏观旋转物体和角度的不确定性关系。回家后,我给德布罗意去了封长信,总结了爱因斯坦的看法,当然也包括他和我觉得不以为然的东西。一周或两周以后,德布罗意的复信来了。我几乎不相信自己的眼睛:信中说他已改变主意,他转向了爱因斯坦的观点!方向的偏离,是由玻姆和维吉尔触发的。他们再次发现了(和阐明了)德布罗意早期波动力学思想中的某些东西。

1951 年秋,回到法国后,我感到我与德布罗意十余年的交情像被一把阿特洛波斯的剪刀切断了似的。处理相对论和量子力学的关系时,我与他没有共同语言,在涉及量子力学表象方面我们没有太多的共同道路。这太令人悲伤。但这是一个人的职责,而且也不能改变他的信仰。

当然,恰当地说,量子力学的问题仍未得到解决。涉及(特殊)相对论和量子力学时,甚至在今天仍有形形色色的意见,从"当然没问题,索末菲和狄拉克知道这些。"这类看法到"什么时候我们才真正有一个令人满意的相对论性量子力学?……"诸如此类。至于EPR 相关,绝对不会有两位理论家同意同一个适当的见解。

由一位思想巨人引入真正的理论物理殿堂,我对此深感荣幸;用爱因斯坦的话来说,德布罗意就是"已经揭开巨大面纱的一角"的那个人,一个深刻的思想家,精通物理学发现和发现者经历的历史的人。他是个真正的人文学者,对历史有浓厚的兴趣,对诗作有着天才的鉴赏力。

春天的一个下午,我步行去他在巴黎 Neuilly 郊区的家:我准备向他讨教一个物理问题。核桃树郁郁葱葱,天气美妙极了。德布罗意问,依我看谁是法兰西最伟大的诗人。我记不清他是怎么提到这一问题的。犹豫片刻,我回答说:"这是个人爱好问题,我选择Pawl Valéry,可能你不同意。"巧极了,这也正是他的选择。他的下一个问题是,Valéry的诗作中我最喜欢哪一首。又一次迟疑后,我回答,我的选择(当然)不是人人颂扬的《椋鸟公墓》,而是那首题为《蛇的素描》的哲学长诗。那是一篇 Lucifer 与上帝之间的精彩对话:星空下的花园里,蛇、黄昏、树木——以及后来的一切。太巧了,德布罗意又赞同我的见解。那天晚上,剩下的时光里,我们一同朗诵、评论那些优美的诗句。最后,我们谈到了知识的不可抑制的增长,从下里巴人,到阳春白雪。

这段轶事还有个有趣的续篇。1962 年,华沙(Warsaw)相对论会议在 Tulcayn 郊区举行——又是春天一个明媚的日子——我和 Andrè Lichnerowicz 一起在阳光下散步时,我又讲了那个故事。Lichnerowicz 听着听着,从微笑演变成前俯后仰。最后他从腋下拿出一本书:Valèry 的诗集。

科学家和 Valèry 之间似乎有着某种沟通;这大概就是 Lebniz 所说的"前协调"——它涉及不可压抑的知识之树此起彼伏的成长。

(参考文献略)

德布罗意与法语[*]

伽莫夫(George Gamow)

在 20 年代末期当时我在剑桥大学卢瑟福处工作。我决定利用圣诞节假日的时间去巴黎一次(在此之前我还从未去过)。我写了一封信给德布罗意,说我十分希望拜访他并与他讨论量子理论中的一些问题。他回信说大学将放假,但他愿意在他家中见到我。德布罗意居住在时髦巴黎的郊区 Neuilly-Seine 的一座气派的公馆里。大门由一位有着令人印象深刻面容的管事开启。

"我希望见到德布罗意教授。"

"您应当说,德布罗意公爵[**]先生。"管事纠正说。

"对。德布罗意公爵。"我说,于是让我进了屋。

德布罗意穿着一件丝绸外套,在他的富丽堂皇的书房中接待了我。我们开始谈论物理学。他没有说一句英语,我的法语又十分蹩脚。但是我设法,一部分靠我的蹩脚法语,一部分靠书写论文中的公式来进行交谈。我尽量向他转达我想说的和想了解的他的意见。未及一年以后,德布罗意来伦敦的皇家学院做学术报告,当然,我是听众之一。他用漂亮的英语做了一个出色的报告,仅略带口音。因此我懂得了他的另一条原则:当外国人到达法国后他们就必须说法语。

数年后当我打算离开欧洲时,德布罗意邀请我到庞加莱研究院做一次特别的报告;他是研究院的主任[***];我决定有备而去。在横越大西洋的轮船船舱内我打算用我的(十分)蹩脚的法语写讲稿。那时我有巴黎某些人的标准教科书,我就用它为讲稿作注释。但是,众所周知,一切美好的决心都敌不过航海中出现的许多干扰;我不得不面对巴黎大学完全无法预期的听众。演讲多少有点结结巴巴,但法语还马马虎虎,人们还能听懂我在说些什么。演讲后我对德布罗意说,我十分抱歉未能用正确的法语语气将我的原有水平表达出来。"我的上帝!"他喊道:"还算幸运,你总算没有出洋相。"

---

[*]　译自 *Thirty years that shook physics：The story of quantum theory*，Anchor Books，Doubleday & Company，Inc.(1966)85～87;标题为译者所加。

[**]　德布罗意当时尚未承袭公爵,仅是亲王。

[***]　德布罗意当时是法国科学院院士。

　　德布罗意告诉我关于著名英国物理学家否勒所作的学术报告。众所周知，英语是最为世界性的语言，有一种看法认为所有外国人都必须学会英语，而个别人可以根据需要再学任何其他的语言。由于巴黎大学的演讲将使用法语，而否勒的讲稿则完全是用英语准备的，因此他预先将其讲稿寄给德布罗意，请德布罗意亲自译成法语。所以否勒的讲稿有法语打字稿。德布罗意说，在演讲之后他的学生对他说："教授先生，"他们说："我们曾十分担心。我们曾希望否勒教授能用英语演讲；我们的英语知识对于理解已足够有用；但他若不用英语而是用某些其他语言的话，那我们除了语言之外可能什么都无法学到。""而如往常一样，"德布罗意补充道："我曾告知他们，否勒教授将用法语演讲！"

（参考文献略）

附 录 Ⅲ
德布罗意思想评价

· *Appendix Ⅲ* ·

德布罗意的物理思想和影响仍然存在。他仍旧活在我们心中，尽管在当代物理学和日常生活中，他常被冷落甚至遭人厌烦。他的名字常被人们遗忘，就如同伽利略一样。这或许是出于同一原因：他们的发现最初不为人们所理解，甚至被人否定，因而这些发现未能融入总的理论体系并变成公共财富。于是人们淡忘了这些天才，淡忘了只有天才才能提出的一些思想。当扫描隧道电子显微镜发明之时，没有人记得德布罗意（据我所知）；这正如与人们将火箭射向木星之时，没有人记得伽利略原理的正确性一样。

——洛切克

量子力学奠基人泡利（Wolfgang Ernst Pauli，1900—1958），1945年获诺贝尔物理学奖。

德布罗意*

洛切克(Georges Lochak)

有一个人曾经说过：

"人们可以认为，质量为 m_0 的能量单元与频率为 ν_0 的周期现象之间的联系，是一个伟大的自然规律：

$$h\nu_0 = m_0 c^2,$$

……这一假设作为我们的体系的基础，其价值在于，由各种假设所能得到的东西也同样可以由它得到。"

（这就是原始的物质波！）

这个人说过：

"费马原理之用于相位波，相当于莫培督原理之用于运动物体；运动物体的可能的力学轨道，相当于波的可能射线。"

（这正是波动力学的思想！）

这个人说过：

"当两个或更多个原子的相位波精确重叠时，可以认为它们是被同一个波所载运；而它们的运动按照概率理论不能再被视为是可区分的。这些原子'**在波中**'的运动呈现出某种相干性，它是（目前）尚无法进一步说明的相互作用的结果。"

（这是量子统计的确切解释！）

这个人说过：

"当光原子的相位波通过激发态的（物质）原子时，能引起受激发射；发射出的其他光原子与入射波的相位一致。"

（这是激光相干性的首次预言！）

这个人还说过：

"……在特定情况中，任何运动物体都可能衍射；一束电子通过足够小的孔穴就会呈现衍射现象，它使得人们有可能寻找我们思想的实验证据。"

（这不需要多加评论！）

爱因斯坦曾提到这个人："他撩起巨大面纱的一角。"——这个人不幸于 3 月 19 日离我们而去。

珍贵的荣誉和幸运只属于他和少数几个人，世界因为他们而大为改观。他的物质波思想比起任何思想对当代生活方式的影响都更为深远。

---

* 译自 *Foundations of Physics*，<u>12</u>(1982)967~970；生卒月、日为校者所加。

正是电子波动性质的发现使人们看到了利用电子显微镜的可能性；由于德布罗意波的短波长，才开拓了人们的视野并使之付诸实施。

新出现的扫描隧道电子显微镜更是德布罗意思想的产物，它不仅证明了波具有超越障碍的本领，而且还证实了其原理正是物质本身所具有的波动性质。

没有扫描隧道电子显微镜的技术应用，无法想象物质性质方面研究的巨大进步！现在我们可以用直接的方法（当时我们只知道劳厄的间接方法）确知，晶格是由原子组成的。从而我们今天能够**观看**它们。René Just Haüy 和 August Seeber 在两个世纪之前提出的晶格结构猜想得到了证实。而凭借奇特的"二象性"佯谬，我们将这种原子结构周围的新的实在，称之为物质的波动性。

毫无疑问，扫描隧道电子显微镜将为医药、生物、技术提供新的研究手段。今天，人们可以说，关于细胞、病毒、物质结构的重要信息，无一不与扫描隧道电子显微镜或电子衍射的使用，亦即德布罗意波的应用有关。

固态是德布罗意波最重要的应用领域。我们不会忘记，固体理论是建立在布里渊的紧致束缚近似基础之上的，而这一近似又是建立在德布罗意波在周期性晶格结构中的传播和驻波态基础之上的。

从这个意义上来说，德布罗意又是晶体管和所有微电子设备的"**鼻祖**"，其中包括从小计算器到巨型计算机，还包括电子表、电视、相机以及工业自动控制系统中的核心部件。没有物质波，就没有计算机科学和宇宙探测，也就没有其他许多东西。

德布罗意的物理思想和影响仍然存在。他仍旧活在我们心中，尽管在当代物理学和日常生活中，他常被冷落甚至遭人厌烦。他的名字常被人们遗忘，就如同伽利略一样。这或许是出于同一原因：他们的发现最初不为人们所理解，甚至被人否定，因而这些发现未能融入总的理论体系并变成公共财富。于是人们淡忘了这些天才，淡忘了只有天才才能提出的一些思想。当扫描隧道电子显微镜发明之时，没有人记得德布罗意（据我所知）；这正如人们将火箭射向木星之时，没有人记得伽利略原理的正确性一样。

我们一定要记住，德布罗意不仅阐述了篇首的那些思想（而此仅为其基本物理思想的一部分），而且还提出了一幅世界图像；正是由于他刻意追求这幅世界图像，德布罗意才发现了他科学遗产中那辉煌的一部分。

德布罗意说过：

"这些性质（群速度定理）是哈密顿方程的直接结果，它使我们想到，可以将物质点视为波包中的奇点，其运动由哈密顿-费马原理所决定……但只有当我们成功地描绘出光波的结构和奇点的量子特性后，整个理论才会变得清晰。奇点运动可从波动观点加以推测。"

他曾说过：

"归一化的 ψ 波变换成简单的概率表象，可以得到许多精确的预测结果；但能解释波粒共存的结果则一点也没有……20 年来，我再次确信，我们必须回到这一思想上来；粒子是沿着轨道运动的微小客体。"

他曾说过：

"寻找因果关系是人类思想中的根本信念。它认为现象是按次序发生的而不是随机地一个挨着一个……即是说存在某种联系，每一现象都是它之前所发生现象的必然结果。不承认这一点就行不通。"

而且他还说过：

"理论物理学长期以来利用抽象的表象……它们当然非常有用，几乎成了推理必备的辅助工具。然而不能忘记，抽象表象不是物理实在，只有局域于空间、存在于时间过程中的运动才真正代表物理实在。"

这些思想将永垂不朽。

德布罗意与爱因斯坦

爱因斯坦对德布罗意博士论文的评价[*]

……

德布罗意先生在一篇很值得注意的论文[①]中已经指出，一物质粒子或物质粒子系统应当如何与一（标量）波场缔合。一质量为 m_0 的物质粒子首先应按下式同一个频率 ν_0 相对应：

$$m_0 c^3 = h\nu_0 。 \tag{1}$$

现在假设该粒子相对于一伽利略坐标系 K' 是静止的，那么在这一坐标系中，我们就可设想有一个到处与频率为 ν_0 的振荡同相位的周期运动。对于坐标系 K 来说，K' 与质量 m_0 以速度 v 沿着 x 轴正向运动，此时相对于坐标系 K 就存在如下形式的波动过程：

$$\sin\left(2\pi\nu_0 \frac{t - \frac{v}{c^2}x}{\sqrt{1 - \frac{v^2}{c^2}}}\right),$$

从而，这一过程的频率 ν 和相速度 V 由下式给出：

$$\nu = \frac{\nu_0}{\sqrt{1 - \frac{v^2}{c^2}}}, \tag{2}$$

$$V = \frac{c^2}{v}, \tag{3}$$

这时的 v，如德布罗意先生所指出的那样，正好等于该波的群速度。更妙的是，粒子的能量 $m_0 c^2 \Big/ \sqrt{1 - \frac{v^2}{c^2}}$ 由（1）和（2）式，正好等于 $h\nu$，同量子论的基本关系式相一致。

我们现在看到了，气体可以如此这般同一标量波场相缔合 ……

这一考虑给我在第一篇论文末尾处所指出的悖论带来了光明。为了使两个波列能够

---

[*] 译自 Sitzungsber. Press. Acad., *Phys.-Math. Kl.*, 1(1925)3-14。

[①] de Broglie. L., *Thèses*, Paris, Edit. Musson & co. (1924)；该学位论文对玻尔-索末菲的量子化条件也作了很值得注意的几何解释。

明显地产生干涉,它们必须具有几乎相同的 V 和 ν。即,根据(1)、(2)、(3)式,对于两种气体,其 v 和 m_0 必须趋近一致。因此,若两种气体的分子质量有明显差别的话,则它们所缔合的波场不可能明显地相互干涉。我们可以由此得到结论:根据这里的理论,气体混合物的熵,如同按照经典理论那样,正好是混合物各组成部分的熵的总和,至少当各组成部分的分子量在某种程度上相互有差别时是如此。

……

爱因斯坦为德布罗意著作《物理学和微观物理学》* 一书所作的序

这是一本极好的书。作者德布罗意曾首次指出了物质量子态与谐振现象之间在物理上精确而又对称的关系,当时物质的波动性还没有在实验中被发现。

最近 10 年,分子物理学及其令人吃惊的实验结果还有创造性理论的文献资料,开拓并深化了每一位读者的视野。

是什么东西对我触动最大? 我认为仍然是为物理学基本逻辑原理而斗争所作的忠实介绍。它最终导致德布罗意相信全部基本过程是统计性的**。我发觉,从新近得到的概念的观点来看,柏格森***和芝诺****的哲学见解是非常令人神往的。

作者兼有创造性才干、鲜明的批判态度和哲学知识。

爱因斯坦

爱因斯坦 1953 年 5 月写给德布罗意的信

1953 年 5 月

亲爱的德布罗意:

您建议以如下乘积的形式表示物理学实在(完整的描述):

$$\Psi = \psi\Omega 。$$

在这一乘积中,其中一个余因子代表粒子结构,另一个代表波结构。毫无疑问,这里的双重结构概念是令人满意的而且在实验上容易被人接受。这才真正是一个新的理论,而不是对旧理论的补充。在这里我只有一点不理解,即您是否认为,整个乘积应当满足原始的薛定谔方程,或者仅仅是"波动"余因子,甚至乘积中的两个余因子都应当具有这种属性?

如果未知函数是这一乘积的两个因子的和的话,您的目的也是同样可以达到的。最

---

* *Physique et Microphysique*,Albin-Michel (1947);译本 *Physics and Microphysics*,Hatchinson's Sci. & Tech. publications. (1965),由 Martin Daridson 译。

** 德布罗意当时的观点尚未回到"双重解"原理上来。

*** 柏格森,1859—1941,法国哲学家,1927 年获诺贝尔文学奖。

**** 芝诺是意大利哲学家、数学家。

后,我要说的是,如果有可能用几个组成部分的总和来达到这一目的的话,那么仅用唯一的函数(一个组成部分)来表明这一切也是可能的。

您很清楚,这种选择的多样化对于理论物理学家来说是一种巨大的不幸,因为它使我们极度的不安。这就是为什么我要寻求一条原理在形式上制约它的原因。现在,我也许已经顺利克服了这一麻烦,当然用的方法还很粗糙。

但是,我们两人都坚持这样的信念,即充分地客观地阐明物理实在的可能性还是存在的。

致以

友好的敬礼

您的爱因斯坦

爱因斯坦 1954 年 2 月 15 日写给德布罗意的信

1954 年 2 月 15 日

亲爱的德布罗意:

昨天我读到了您的那篇《量子力学是非决定论的吗?》* 文章的德译本,尽管文章的大致内容我早就知道了。您的思想的鲜明性使我非常高兴。使我感到十分钦佩的是,这一切都是用祖国语言表达出来的。我觉得它写得十分生动和优美。

今天我要给您写的信,是由一个奇特的原因引起的。我想对您谈一下,是什么东西形成了我的方法论。的确,我大概很像沙漠中的一种鸟——鸵鸟,总是将自己的脑袋深埋在相对论的沙土中,以免同可恶的量子照面。事实上,我和您一样深信,有必要寻求一种更为基本的东西;然而现代量子力学所采用的统计形式,却把这一必要性给巧妙地遮盖起来了。

我早就确信,不能光凭从经验中得来的物理学对象的某些现象,用自圆其说的方法建立这种基础,因为人类知识的获得还需要经过头脑的思维。这并不是由于我的思想多年来已经僵化,而是我根据创建广义相对论的实践得出来的结论。相对论场方程仅仅是根据纯粹形式上的原理(普遍的协变性),即以确信自然规律是建立在最大限度的逻辑简单性的基础之上而发现的。显而易见,相对论场方程仅仅是发现更一般的,包括电磁作用在内的统一场论方程之前的第一块砖石。起初,我认为,为了有希望解决量子问题,必须沿着这条逻辑道路走到底。正是由于这一缘故,我才成了"逻辑简单性"的狂热信徒。

当然,大多数现代物理学家深信,通过这条路径是不可能得到量子理论和原子结构理论的。也许他们在这一问题上是正确的;可能根本就不存在场的量子理论。在这种情况下,我的努力就不可能解决原子理论问题,或许甚至连接近它也不可能。但是,这种否定论在其本身结构上只有主观的根据,而无客观的根据。此外,我看不出除了逻辑简单性原理之外还有什么其他阳关大道。

以上这些是为了说明鸵鸟政策。我想,从心理学的观点来说,我过去的一切或许会

---

* 原载 *Revue d'histoiredes sciences et de lewrs applications*,1952 年第 4 期。

使你感兴趣,更何况您已再次丧失了对统计学方法终极价值的信任。

致以

诚挚的敬礼

您的爱因斯坦

德布罗意对爱因斯坦 1954 年 2 月 15 日来信的回复

1954 年 3 月 8 日

尊敬的爱因斯坦先生:

阅读和玩味您的来信是使我赏心悦目的事。我感谢你来信支持我继续更加深入地研究我早在 1927 年就已提出的那些模糊设想。您也许已经知道,我目前正在同几位青年助手共同研究如何更加准确地说明和拓展已有的概念。我们在这方面已取得某些结果,并且我认为是鼓舞人心的。

当然,您十分清楚,依然还存在一些远未解决的重大难题。然而,我却认为目前的统计诠释是"**不完备的**",而应当在量子力学统计诠释已获成就的基础之上继续探索波粒二象性的准确时空形式。

您的来信中所谈及的您对量子问题的态度以及对"**逻辑简单性**"原理的信念,引起了我的深思。的确,我认为,那些使您在广义相对论和统一场论中取得辉煌成就的普遍逻辑关系,在将来可以使人们更好地理解量子和波粒二象性的意义。

在我目前所进行的研究工作中,我有这样一种想法,即为了真正了解波粒二象性,必须发展一种建立在非线性方程基础之上的量子力学,而通常的线性方程仅仅在特定的条件下才是近似正确的。当然,为了在这方面取得进展,必须首先导出这一非线性方程。这是一件相当棘手的课题,而我目前还无法利用物理学已有的成果去解决它。我同意您的看法,即为了解决这一难题,必须采取类似于您得到广义相对论场方程时所用的"**逻辑简单性**"方法。

我再次由衷地感谢您的珍贵来信,它使我得到了启发。我并且感谢您对我的新工作所给予的巨大支持。

爱因斯坦先生,请接受我诚挚的敬意。

德布罗意

爱因斯坦对诺贝尔物理学奖的提议(量子力学部分)[*]

Pais

1928 年 9 月 25 日。这是爱因斯坦将注意力集中到创立量子力学的三封信中的第一封。"以我之见,物理学中最重要的、尚未得到奖励的成就是对力学过程的波动性质的洞

---

[*] 译自 Pais. A. ,"*Subtle is the Lord ……*",*The Science and the Life of Albert Einstein*,Oxford university press.(1982)。

察力。"他提出几条建议:"第一,奖金的一半应当给德布罗意,另一半给戴维森和革末。"爱因斯坦觉得"这是个难题,德布罗意是关键的发起者,但他没有详细阐明彻底解决这一问题需要考虑(物质波存在的)实验证明的可能性。"[1]爱因斯坦继续写道:"应当在(1930?)同等考虑理论物理学家海森伯和薛定谔(分享诺贝尔奖奖金)。就成果而论,这些研究者中的每一位都值得授予全部诺贝尔奖奖金,尽管他们的理论只是大体上同现实内容相符。然而,依我之见,德布罗意应当优先,这尤其是因为(其)思想肯定正确,而以海森伯和薛定谔两位研究者姓氏命名的大胆构想出的理论,最终能有多长的生命力似乎现在下结论还为时过早。"

作为进一步的替代方案,爱因斯坦提议,由德布罗意和薛定谔分享一次奖金,另一次由海森伯、玻恩和约旦共享。他考虑这样做并不十分理想,因为相对来说海森伯是三人中的最强者……

……意味深长的是,爱因斯坦在 1928 年以及以后的任何时间里从来没有提议过狄拉克。

……1931 年 9 月 20 日。此时爱因斯坦已相信量子力学有能力存活下去了。他提议:"波动力学或量子力学的创始人,柏林的薛定谔教授和莱比锡的海森伯教授。据我看,这一理论无疑含有最终真理的成分。两位的成就是相互独立的,其意义是如此重大以致由两位分享一次奖金是不恰当的。"

"谁应先得到奖金,这一问题难以作答。就我个人的意见,我认为薛定谔的成就较大,因为在我的印象中,薛定谔所创立的概念是比海森伯创立的概念更有发展前途,(然而,这只是我个人的看法,也可能不对。)另一方面,海森伯的最早重要出版物要比薛定谔的在前,如果非要我拍板的话,我倒想先把奖金授给海森伯。"

……1932 年 9 月 29 日。"我今年再次提名柏林的薛定谔教授。我觉得,我们今天能对量子现象有更深一步的了解,主要得益于他和德布罗意的工作。"薛定谔与海森伯之间的差别依然存在[*]。

德布罗意波动力学诠释思想的演化[**]

洛切克(Georges Lochak)

为了使德布罗意在现代物理中的工作和影响为人所知,在他 90 岁华诞之即,德布罗意基金会组织了几次重要的活动,其中包括在巴黎举行的一系列研究班、《德布罗意基金

---

[1] 这是不大准确的,德布罗意在其博士论文中提到物质衍射的可能性。

[*] 从以上所引爱因斯坦的提名可以看出,在爱因斯坦心目中,量子力学创始人的排座次是:德布罗意、薛定谔、海森伯、玻尔、约旦。

[**] 原载 *Les incertitudes d'Heisenberg et l'interprétation probabiliste de la mécanique ondulatoire*,本文是洛切克所写的序;又载 *Foundations of Physics*,12(1982)931~954。

会纪事》中各种文件的发行,和"波粒二象性"国际研讨会(会议论文已由 D. Reidel 公司出版)。最后,是《海森伯不确定性与波动力学概率诠释》一书由他的终生出版者 Gauthier-Villars 公司组织出版发行。此书收集了德布罗意从未公开发表过的著作。

应德布罗意之请,我为此书作序。这不仅是我仔细研读他的著作,而且也是多年内与他晤谈达数百小时的结果。

无论是作为德布罗意的工作成果还是作为科普读物,此书都与众不同。人们将发现,这位伟大的作者又突然重返至往日工作的道路上,并开始怀疑他曾参与创立的理论的真正含义。

本书手稿的历史可追溯至 1951—1952 年间。30 年后,德布罗意才同意出版。事实上,手稿完成的最后一刻,他便否定了它。在手稿中,他既没有对哥本哈根学派的量子力学诠释作任何批判,也没有以任何显著的方式表示欣赏和信服。当他重新审阅时,他便立即产生了疑问。书中的注解就是他的疑问,是由粘贴在稿页上各个时期的纸条、经删节和意味深长的校订后汇集而成的。

几个月前我们之间的讨论已将德布罗意的思想精华深深地留在了本书中,它或许能给未来的进展带来一线光明。有关他的这一转变,对每个人来说都显得突然,但却是千真万确的(我们将在后面读到这一点)。事实上,德布罗意与哥本哈根学派毫无瓜葛,而且对他们也无足轻重,尽管他的思想在一段时期内常依附于这个学派。他现在站到了批判的立场上,带着青年人的热情,又重新提出了被迫放弃了的双重解理论:他曾经对此寄予厚望。此举是对是错,只待未来的评判。

无论德布罗意的理论是否会引起争论,我现在认为这场争论可能将被证明是正确的。起码它已恢复并深化了有关量子力学诠释这一起源古老的话题。

经过 30 年,情况发生了变化。一位 20 世纪最著名的物理学家突然改变立场,这本来是没有什么值得大惊小怪的。但在庞加莱研究所的走廊上,人们嘀嘀咕咕,好像德布罗意突然犯了重病似的,最好还是离他远点。

当然,这一点也没有影响善意、虔诚、安静的听众蜂拥着去参加他的讲座和研讨班——而他仍像往日一样友好和镇定自若地走过,装作什么也不知道。但同一件事在普林斯顿,情形就大不相同。爱因斯坦拒绝迁就正统的潮流,他带着漠视和幽默的神情毅然走出了笼罩在他头顶的光轮。他写信给玻恩说:"在这里我被人视为化石,岁月使我又聋又瞎。"

这场论战波及世界,某种程度上像是宗教战争:大多数量子力学的奠基者以及他们的狂热追随者都卷入了这场战争。但也有聪敏的旁观点,例如玻姆,他突然跨入前沿阵地,因为他的成果已动摇了整个大厦。

争论始终没有停止过。怀疑量子力学基础已是很普遍的事,尽管这一基础曾为人所偏爱,也曾为人以赞美或默认的方式所一致通过——这当然是科学王国中的大好事,因为一致通过的对发明创造的鉴定,却导致了思想和学术的僵化。

在今天的争论中,德布罗意的思想还远远未能被人们接受;实际上还不止不为多数人所知,甚至还遭到某些知情人的批判(在这些批判中人们所说的并非全是无理的)。他的同事们和他本人清楚地认识到,他们还不能建立一套完善的理论,但这些思想却正在变得加倍丰富和格外普遍。

例如近来在非线性方程和孤立子的研究中,德布罗意及其协作者是首先在微观领域中开辟先河的,但却很少有作者提到过。我还认为,**位置测量**应当比其他参量和谱分析测量优先的思想,是极为重要的。这一思想是由德布罗意提出并丰富了的,它现在被认为是一条重要的准则。

写完目前正在出版的手稿后,德布罗意将对 12 本书和 60 多篇论文进行校评以捍卫他的新思想。但我肯定,现在这本书仍保留其独特的地位,因为它是德布罗意著作中的转折点,而且还因为它已招致争论。

此书与德布罗意的其他著作一样,包括两个方面:一方面是批判现存理论,另一方面是提出另一种替代方案。当然读者一定要有听得进批评声,至少是疑问的准备,如果他们无论如何都无法接受德布罗意提出的理论的话。因为在读者心目中,完全有可能埋藏着与这些疑问相关的问题。当然,书中绝没有术语意义正好相反的概念,全部概念都是哥本哈根学派的。只是在脚注中,德布罗意对其基本观点提出质疑,就同普遍读者所能做的一样。这些注解,正如 Proust 所说的那样,是"点睛"之作,它以短小精悍的形式附于手稿中。注解中所包含的思想,正是德布罗意 60 岁后进行工作的出发点。注解中的难懂之处,我已做了说明。

无论读者同意抑或不同意这些思想,我只希望他不持偏见地弄清楚不同观点的特征,分清什么是德布罗意的,什么是海森伯的,什么是玻尔的,什么是爱因斯坦的。遗憾的是,辉煌的时代已成过去,量子大厦的奠基者老的老,谢世的谢世。这些科学伟人带着他们的宿怨和对抗,都已成为历史的一部分。当然,竞争在我们这一代仍旧火一般存在。因为科学不是一个已有真理的冷冻库,而是一个战场。人们及其思想一直在与他人激烈地冲突着。但愿我们的论战不是去反对历史人物。这些伟人从不用无用的苛刻限制去破坏他人的智慧和艺术上的快乐,我们对此深表钦佩。在本书中,我们要对玻尔和海森伯精辟的分析致意。他们的分析与德布罗意的注解同时收入本书。一个 60 多岁的人敢于冒风险并不畏人言,为重新实现自己的理想而不管他已达到人生的顶点。他的誉毁存亡使人人都想知道他的思想。他的这一壮举使得他的科学生涯更加充实强劲。我们无法表达自己的敬意。我们祝愿他长寿,企望他能完成晚年的使命。他在其 80 寿辰时曾说过:"从智力角度讲,我想知道 70 岁之后的日子是不是人生中最灿烂的时代。"

为了欣赏此书及所提出的反面意见,有必要遵照作者的指示。下面几段是本书出版的**必要条件**。我想从它的出版过程开始讲会更有趣些。

几年前,德布罗意告诉我,他愿授权于我,让我以适当方式使用他的论文,同时他给了我一些文章。

其中大多数只是零星散落的小纸片。他的助手们对此是很熟悉的。他习惯用黑色蘸水笔在上面作些科学"诗"。它们看上去的确像"诗"。每首诗都清晰而精确地阐述一个问题,其论说适当,通常不满一页,却挤着他优美整齐的笔迹。显而易见,手稿中的细节如果不那么清楚的话,那是为了应急。这是作者常有的习惯。

每篇论文都在封面上加以分类。每本封面上都录有德布罗意依其兴趣程度而作的陈述。

他还给了我几本与"星期四讲座"有关的笔记。在德布罗意学术生涯最近几年中,他在庞加莱研究所开设了两个不同类型的讲座。星期一,他向学生作经典报告。这是由其他教授和顾问们完成的基础理论数学,其大部分由他一年又一年地重复讲授。星期四上午,他的报告是每年不同的——专论当时科学疑难中的新发现。这一做法是大部分法兰西大学的传统。这就是年轻助手称之为"星期四讲座"的缘由。

这些讲座成了德布罗意诸多著作中的骨架,但有些尚未出版。他给我的就属于这一类。其中有两本硬壳布面的格外出众,引起我的注意。遗憾的是,正是这两本提醒我它们不能出版。作为预防,他在每一本的扉页上有力地写了两遍:**"不要出版!"**他只简略地说了原因。同时鼓励我读读手稿,并附带一句:"对像你这样的人,这可能是很有趣的。"但当第二天读后,我所受的感触远远超过了好奇。我从内心深处知道,每句注释的重要程度和铅笔的细微笔迹意味着什么样的猜想。因为我熟悉那个人就像了解我父亲一样。我坚信,他不出版此书,其他人以后也会出版它。我马上一边施加压力一边说服他。从某种程度上讲,他的著作不属于他个人,而是科学历史中的一部分。它确实可以用不同的方式问世。我又指出,实际上科学大众太习惯于完美无缺的科学,就像 Minerva 戴着 Jove 的头盔出场。因而现代理论已从形式上表明,合理的综合继承使我们(错误地)想到,与艺术家不同,科学家能够以某种方式得到十分精确的结果,尽管永恒的封条从一开始就将它隔离起来。相反,当科学在我们面前徘徊、痛苦地前进时,正如在实际生活中看到的那样,这正是施展科学功能的机会。当然,每个人都能对粗糙的雕塑和画家的草图进行思索,通过作品的表现力,每个人欣赏到了艺术家的风格。有些则被淘汰或替代。但人们为什么偏偏不承认物理学家的草图呢?

事情开始并不那么顺利,因为德布罗意不是一个能轻易改变主意的人。但随后几个月,我并没有放弃这一目标。一天,得到他的允诺,我拿到了那两本笔记。我们一起核对并做了简单的估测后,抹去了铅笔字:**"不要出版"**;由我和一名编辑负责,拿出**"不准改动"**的手稿。其中附有完整的脚注和全文的简介。

重要的事是必须讲清先前被德布罗意所放弃,而且又在 25 年后被恢复了的、经过两次反复的原始思想。但,为此目的,又必须了解量子物量学历史中他所从事的工作的点滴细节。

我认为,我可以说德布罗意是继爱因斯坦之后,第一位相信光量子(光子)存在的理论物理学家,唯有他从不相信光的二象性,而应当是波和粒子的缔合——这是他自己的话。

众所周知,光量子假说经过克服极大阻力才为人所接受,并且在长时期内被认为是爱因斯坦由于年轻而犯的错误——只是由于他在其他领域中获得了巨大声誉才为人所谅解,甚至光电效应的实验证实(由密立根所完成)也未能使任何人信服——包括密立根本人在内。只是随着 1922 年康普顿效应的发现,人们才开始相信这一假说。但在那个时期,德布罗意致力于光量子理论的研究已有很长时间。在《黑体辐射和光量子》一文中他应用了这一假说,仅借助于统计力学和相对论而不利用电磁理论,他就得到了黑体辐射的热力学结果。在其他工作中,他得到了斯特藩-玻耳兹曼公式(比玻色早两年)和有名的 $8\pi h/c^3$ 常数,此常数出现在辐射能量密度函数中——而这一切都未用到波动理论。在这些论文中,他发展了非零静质量光子设想。他指出这种光子在真空中的速度依赖于其频率,光速 c 是其相对论极限速度,无论是实物粒子或者光子都不能达到光速。

在这些论文中,他尽可能地坚持光的微粒说并巧妙地使用它,同时小心地保持粒子性与波动性的缔合。在《关于相干性和光量子理论》一文中,他提出"存在着其运动独立但相干的光原子团",他推测"麦克斯韦方程组是对辐射能量不连续结构的连续性近似(在许多情况中但不是在所有情况中成立)"。

正是这样的思想指导着德布罗意的工作,这毫无疑问也是他发现波动力学的动力:首先,他深信光子的微粒性和波性是统一的;其次,他不相信(光的)粒子性仅是"外部特征"。与具有静质量的粒子进行各方面的比较,它们也是"实在的"微粒,也应符合相对论力学规律。很明显,德布罗意经常用——我相信他是唯一的一个——**光原子**而不是**量子**;当涉及光波中相干群体时,他称这些原子聚合成**分子**那样的形态。

他坚信与光子一样,波粒之间有着同样普遍,唯一而重要的实在。这导致他去寻找二者之间可能存在的联系,并建立二者运动之间的关系。波动力学正是由此而产生。德布罗意利用适当参考关系中成立的公式 $m_0c^2 = h\nu_0$,定义了粒子的**内在振动**频率。这一公式貌似简单却隐含一个重要的毛病,因为在一个运动着的观测者看来质量要增加,而内在频率由于**时钟变慢**而减小,因而这一等式不是相对论不变的。德布罗意注意到假如在一个适当的参考系中,粒子的内在频率与频率为 ν_0 的驻波有关的话,由于该驻波的频率 ν 随参考系的变化与质量的变化具有相同的形式,所以在一切伽利略参考系中量子关系式可写成 $mc^2 = h\nu$,它是相对论不变的。

在同一时期,德布罗意还建立了公式 $Vv = c^2$,该公式将波的相速度与粒子速度联系起来,他称之为"相位和谐定律"。这一公式给出了解决波粒二象性问题的金钥匙:"粒子在自己的波场中运动,因而在发现粒子的各点,粒子内在振动与波振动保持相位同步。"

既然他将"光原子"看成实物粒子,他的思想也就可以在更广的范围内加以推广——正如他在陈述这一问题时所说的那样——对**任何运动物体**尤其是电子,它必定缔合着波的传播。因此,德布罗意能早在 1923 年就指出:"任何动体在特定条件下都能发生衍射。一束电子通过足够小的孔穴时将产生衍射。"

随后他马上提出了基于自己的观念的物理思想:"我们认为相位波引领着能量运动——这有可能将波与量子综合起来。波动理论否认能量结构的不连续性,这走得太远;它放弃利用动力学,这又走得太近。"

在他 1924 年完成那篇著名的学位论文后不久,德布罗意在一本小书中进一步阐述了他的思想。这本小书在其答辩前一周出版发行。他在此书中第一次介绍了"奇异点"这一概念:

"……这一性质(它使我们想起了群速度定理)是哈密顿方程的直接结果,它使我们认识到质点是波包中的奇异点。而波包的运动则遵循哈密顿-费马原理。"这就是波缔理论的雏形。他用下面的话作为该书的结束语:

"无论如何,如果我们能获得光波的结构和由量子构成的奇异点的性质,那么整个理论就会变得清晰。只通过波我们就可预测量子的运动。"

最后,1925 年 2 月 16 日,德布罗意在《关于电子的固有频率》这篇文章中做了这样的尝试。他证明如果相位波 $\phi(x,y,z,t) \cdot \exp\left[2i\pi\nu\left(t-\dfrac{z}{V}\right)\right]$ 满足达朗贝尔方程,则其振幅 ϕ 满足以下方程:

$$\nabla^2\phi - \frac{1}{c^2}\frac{\partial^2\phi}{\partial t^2} = -\frac{4\pi^2\nu_0^2}{c^2}\phi \quad \left(\nu_0 = \frac{m_0 c^2}{h}\right).$$

这一方程**不是**克莱因-戈登方程*,因为其右端符号是相反的。这一相反不是推导错误。不管怎样,德布罗意远未得到真正的波动方程。因此薛定谔的工作一发表,他立即修改了他 1925 年的结果,并且率先在相对论框架中建立了电子波动方程。更重要的是,他马上用它处理波包并得到第一个奇解:他早就知道这些奇解应当存在。在他眼里,只有奇解才表明波粒缔合。

此后不久,在其相位和谐定律指导下,德布罗意猜想他的单值波可能与薛定谔的连续波之间存在着某种联系。他在 1927 年的一篇长文**中发展了**双重解理论**。

这**不同于**差不多同时发表的马德隆的理论那样,仅仅是解释薛定谔方程。这是一直指导其研究工作的同一个基本思想的继续。这一基本思想导致物质粒子波动性的发现。

然而几个月后,他便放弃了这种努力。在《波动力学产生的个人回忆》一文中,德布罗意非常粗略地谈及了放弃努力的原因。当他重新主张自己最初思想的时候,他自然避免提到这方面的争论,但这至少已使我们多少明白一些当时的原因。

这些原因可以归结成一句话:他突然发现自己濒临绝境,而物理学却在他的身旁成功地前进。他立刻明白为什么他尽管有光辉的起点却被抛在后面,一切都源于自己的观点与其他绝大多数物理学家所欣赏的观点之间有着差异。

德布罗意具有直观、具体、实际的思想,他喜欢三维空间中的简单物理图像;他认为数学模型没有什么逻辑价值。尤其是抽象空间中的代数表象,他视其为某些人的数学手段。只有当他的物理直观无法最佳处理抽象问题时才用一下这类表象。他经常持这种观点。所有现象发生在真实空间。只有当他去揭示这些数学相对应的普遍空间中的物理规律时,数学结果才有意义。

眼下他正面临着的一个完全不同的新局面:理论物理学利用数学处理而得到结果。物理学中充满抽象概念,自然规律不再对应于时空中的图像,而是抽象空间中的几何、代数规则,它们通常是多维复数。理论物理学家正在创造另一种直观,它们很少直接源于物理事实或根本与物理事实无关,而是用数学模拟、代数或对称规律和群变换去获取结果。

理论物理学家不再去描述事实而是猜测它们。他们的过程和结果似乎是纯粹数学、物理内容越来越少。如果有丁点可能,就不去考虑图像。然而他们得到的公式常奇迹般地为实验所证实。这与菲涅耳、麦克斯韦或洛伦兹时代的理论物理学大相径庭。最明显的是爱因斯坦,他以敏锐的物理直观和紧扣实验而闻名;他是这种新格局的主要缔造者之一。不仅因为他的相对论,更因为他在 1917 年的光量子论文中,第一次用哈密顿动力

---

* 将 $\nu_0 = m_0 c^2/h$ 代入上述方程,并引用普朗克-狄拉克常数 $\hbar = h/2\pi$,便得到德布罗意方程为 $\left(\nabla^2 - \dfrac{1}{c^2}\dfrac{\partial^2}{\partial t^2} + \dfrac{m_0^2 c^2}{\hbar^2}\right)\phi = 0$,而克莱因-戈登方程为 $\left(\nabla^2 - \dfrac{1}{c^2}\dfrac{\partial^2}{\partial t^2} - \dfrac{m_0^2 c^2}{\hbar^2}\right)\psi = 0$。

** 指 *Journal de Physique*,Série Ⅵ.8(1927)225~241。

学空间中的**几何诠释**解决了量子问题。这极大地影响了德布罗意和薛定谔。

很显然,海森伯的矩阵力学和狄拉克的q数理论就是出自抽象物理概念。薛定谔的工作也有类似之处,其中的**德布罗意波**已失去直接物理存在的意义。在薛定谔看来,波传播在组态空间而并非物理空间,它表征了整个系统中所有粒子的集团性质。对这个抽象的波,薛定谔通过推广的德布罗意思想运用了惠更斯原理。

这种倾向很快成了哥本哈根学派的准则——正如玻尔、海森伯所明确主张的那样。他们的观点依据玻尔的说法列表如下:

经典理论	量子理论		
时间和空间中现象的描述; 服从因果律	在时间和空间中现象的描述中任选一种; 服从不确定关系	由统计得到的(左,右两边的)抉择	或仅是与时、空或与二者均无关的数学方案; 服从因果律

表中左列已经过时,未来的发展方向在右列。换言之,玻尔及其同事认为量子现象的时空表示和任何因果律都是不能允许的,其基础应当是不确定关系,其最普遍的标度应当是量子理论的数学结构,这些数学结构后来又经海森伯、薛定谔、狄拉克、玻恩和冯·诺伊曼的发展已日臻完善;**同时**探讨电子的局域性和它的波动性是无意义之举,因为这两方面是**互补的**。按照玻尔的想法,放弃波粒共存对理论并无影响,因为没有实验能同时测出波动性和粒子性——这应当感谢狡辩物理学家的分析。

这一理论的诠释有两个方面:

(1)首先,它是哲学实证主义(它声明只有理论中的可观测量才有意义)、唯心论(它只承认进行观测时存在的事实和性质)和非决定论(因为它抛弃了因果律对独立微观过程的描述)的产物。

(2)无论如何,该诠释基于实际的选择。在物理学飞速发展的时代,这可能是必需的。哥本哈根学派的观点可以从歌德的名言中一览无余:"不要寻求事实以外的东西,它们已决定了一切!"他们或许也曾说过:"不要寻找公式之外的一切,它们就是实在!"这很显然,当理论迅速拓展,当人们熟悉必备的数学基础(例如波方程的超位形原理,物理量与算符之间的对应,诸如此类)时,这种态度会松懈人们的思想,而人们本来是有可能去发现深层的物理表象,以解释观测到的现象的。

毋庸置疑,这样做可以使理论变得容易些。当在连续时空中表达波粒二象性遇到数学困难时,德布罗意深感为难。他在《物理学和微观物理学》一书中提到此事:"我试图将自己的波动力学新思想纳入已有框架中,但努力愈多,我所遇到的障碍也就愈大。困难一直增大的感觉妨碍了我1925年开始的新构思的发展。"我们不能忘记他在1925年,差一点就得到了波动方程。

他的首要工作是求薛定谔方程的奇异解和建立相对论性波动方程,尽管仍存有希望,但却有很多巨大的障碍横在他的前面,例如寻找奇异解的一般方法,定态中奇异点的令人难以置信的行为,用时空项完备描述粒子系统的必要性,等等。关于最后一个问题,德布罗意希望用它代替基矢空间的薛定谔方程。

受洛伦兹之邀,德布罗意1927年在索尔维会议上做了一个报告。但由于双重解理论存在极大的数学困难,他在报告中只提到了其简化形式,即所谓"波导理论"。在报告中,他只给薛定谔连续波加上一个代表粒子点的隐参量。而粒子假定沿着波的流线前进。

尽管使用这种方式,德布罗意避免了双重解的数学困难,但失去了该因果理论的逻辑一致性。此因果理论是借连续波来"引领"粒子的,而连续波的概率意义是众所周知的——这正是其对手们所念念不忘地指出的。德布罗意的观点遭到了泡利的尖锐指评。在这次冲突中,德布罗意既没有得到薛定谔的支持,因为他不相信有这样的粒子存在;也没有得到洛伦兹的支持,虽然他同情德布罗意,但毕竟年事已高。实际上也没有得到爱因斯坦的支持。爱因斯坦鼓励德布罗意但不欣赏这个观点,尽管他也有力地抨击了哥本哈根学派。相反,德布罗意面对着玻尔、海森伯、玻恩、泡利和狄拉克五剑客的挑战。他们以胜利者的姿态自居,炫耀概率诠释而且毫不妥协。尽管他们的理论有着明显的概念缺陷,爱因斯坦曾揭示过这一点,但概率理论常被认为是提供了——而且仍将提供最实际最合理的解释。

索尔维会议上的争论使他感到困惑,于是,他感到了已失去解决疑难的希望,他接受了庞加莱研究所的教授职务,但究竟讲授哪一方面的理论仍令人窘迫。德布罗意很快决定加入正统的行列,并接受了哥本哈根学派的主张。

顺应潮流意味着背叛。德布罗意放弃了自己的波动力学诠释——令人痛苦的抉择,而被迫接受了新的想法:对他完全陌生甚至违逆他天性的想法。

随之而来的是从 1927—1932 年,除了综述外,他未发表过一篇论文。

接着,他突然隐居起来,几年后他有了第二次重大发现:光子的波动力学,海森伯后来写道:"根据 1936 年德布罗意的思想,光量子必定是复合实体,作为一个重大原理它所带来的难题与物质波发现所引起的疑问同样重要。"

要在这里解释或总结这一理论是不可能的。但为了弄清楚他是怎样抓住第二次转机并恢复原先思想,至少需要知道这条道路是与德布罗意整个思想相吻合的。

波动力学源于爱因斯坦光的波粒二象向实物粒子的推广。但令人惊异的是,光子不服从波动力学的第一个方程。薛定谔方程是非相对论的形式,而克莱因-戈登方程又不适于说明偏振。这个谜深深地吸引了德布罗意。他比其他任何人更希望将光子纳入由他首创的波动力学框架中,狄拉克方程一出现,他认识到眼下有了可能。他熟悉这一理论,实际上他已写了这方面的论著《电子磁学》(Hermann,1934)。这一理论是相对论的。其中一项看起来类似于偏振(自旋)。有一些量了数可以定义成与麦克斯韦张量类似的二阶反对称张量。必须是这样,否则 $\frac{1}{2}$ 自旋粒子将服从玻色统计而不是费米统计:光子肯定是狄拉克粒子。

德布罗意数年执着的探索才掌握了这一奥秘的关键。通过对称考虑,通过对某些现象中光子湮灭的考虑(例如光电效应),通过对狄拉克电偶极子对理论的考虑,他指出**光子不是一个基本粒子**,实际上它由具有小质量的狄拉克粒子——可能是**中微子**所组成,它曾被用于解释光的中性理论。

1934 年,德布罗意建立了复合粒子的波动方程和一套数学变换方法。借助于该变换,他证明了德布罗意方程是由两个狄拉克方程融合(fusion)而成的,它可分解成两类:

一类与自旋为零的粒子有关,这在实验中尚未发现;另一类是简化的麦克斯韦方程组,并带有代表电磁势能的补充项,这些项含有光子固有质量因子;尽管很小,但却一点也不能相互消去。这也是德布罗意深信不疑的理论的逻辑结果:公式的自洽必须使光子质量不能消失。

这些补充项尽管非常小,但没有它们却完全破坏了规范不变理论的约束,显然,那些条件必须自动满足洛伦兹规范。

既然德布罗意的理论仍未摆脱困境,那么想超越物质与光的极好综合的波动力学以及附带的基本工作的企图,也是不大可能达到的。德布罗意本人为此理论及其在任意自旋粒子中的推广,奋斗了 10 年,奉献了 20 篇论文和 6 本书。

饶有兴趣的是,这些论著中更多的是融会了作者深邃的思想和发乎天性的理解力,而不是玻尔的观点,更不是曾强加于他的抽象的形而上学思想。你可以改变一个人的意见,但绝不可能改变他真正的秉性。

光子波动力学是在物量空间中精心构筑的**物理模型**。对它的理解非常接近经典图像。只是当它被立即**翻译**成量子力学的数学语言,更确切地说是狄拉克的理论时它才会变得面目全非。与其他的物理学家如海森伯、泡利、约旦或狄拉克相比,通常的群不变定律、群表示法则,在德布罗意看来不是获得真理的方法。例如,他从来没想过将自旋粒子方程与有限维的洛伦兹群表象扯在一起,但必须注意的是,他的思想在他建立光理论,论证光子发射和吸收,研究它们与狄拉克对的关系及相对论粒子对在中心引力场中的性质**之前**就成型了。在一篇文章中,他分析了"现代物理学中的抽象理论和具体表象"之间的关系。他相信具体的表象仍然是科学的基石,尽管具体表象有时是模糊的,不完备的、有疑问的,甚至由于或多或少的不精确性而被抛弃。

在他的光子理论中,与哥本哈根学派相同的地方是德布罗意使用了量子力学中通常所用的语言,尤其是利用波函数和哈密顿算符来计算传播概率。总之,他使用了与别人一样的术语。这意味着他放弃了粒子永久局域的思想,亦即放弃了自己最初的计划,其原因是玻尔和海森伯所取得的进展,他"相信这些都是可靠的以避免长时间的徒劳无功"——这是他的原话。

必须承认,无论如何,当然这样说也许是靠不住的:他似乎不可能完成这一雄心勃勃的计划,尽管他将自己放在先驱的位置上。我们知道,有巨大的困难挡住了他前进的道路。何况,德布罗意也放松了将电子和光子的波动图像统一起来的工作。

然而,一旦循环结束(由于战争,必须隐藏),他突然感到空虚。除此之外他还想干些什么呢?统一的构想已完成大部分,在理论框架中改进它的可能性似乎很小。唯一对他胃口的是核问题。经仔细钻研后(他为此写过一本三卷的书),他发现自己对现有理论不满意,但也认识到他对此无能为力。因此他开始怀疑,如果核理论是不完善的话,是否应当暂时**懂得适应**量子力学本身所具有的部分或整体上的不完备。

这就是他未能将全部精力投放进这一问题的原因。他已 50 岁,正处于智力的顶峰。他有着同其他物理学障碍一样的,由战争造成的困难:缺衣少食,忍受战争带来的物质贫乏。他披着大衣去找一本书,常冻得哆哆嗦嗦。他在尚蒂依(Chantilly)的树林中一间烧木柴的小屋里工作,过着与世隔绝的生活。但这只是暂时的不利:真正的妨碍是他作为科学名人所付出的代价。当然,这不能阻止他在 1941 年至 1951 年间写出 13 本书和 30 篇论文。这些年,我们关心的是,他的修道士式的生活和不懈的工作。

这些文章包罗万象,甚至有些杂乱,缺乏一个共同的主题。在这 10 年间,德布罗意的论著涉及:光与自旋粒子(越来越少),温度变换的相对论定律,核,波导,电子光学,经典力学的绝热不变性、概率量子系综的结构,相位波与电子本征频率(20 年中第一次),自旋测量的实验问题,量子场论、经典力学和电动力学的热力学模拟,最后是现在这本书,收集了他自 1951 年至 1952 年在庞加莱研究所做的演讲;他在此书中又回到了原先的量子领域。

如果仔细审阅他的论著,如果对各处收集来的评论通盘考虑,并结合他的后继工作,就很容易编排其主题目录。

它们中的一些自然是即兴应景工作。例如关于波导那本书(受 State 委托写于战争年代)或者关于微粒光学那本书,它们显然是应同事之邀而作。但这些似乎专业化的书也充满了最根本的考虑。甚至还包含着波动和光学的新进展;德布罗意后来重新利用并发展了它们。光与自旋粒子方面的论文自然不必多说,它显然代表了当时的最高水平。在涉及核领域时,或者如我们所说,在探索波动力学的最大发展可能性时,德布罗意认为目前的理论可能已达到极限。也就是说,在量子场论的工作中,无论手段多么巧妙,计算怎么高明,也无法解决"无穷大"问题,事实上在 1950 年前,他就开始确信,核理论所面临的困难和在量子电动力学中所遇到的一样,暴露出在已有的概念框架中无法解决如何描述时空结构这一根本性缺陷。这一越来越坚定的信念使他在 1952 年明确指出:"······现在,波动力学的解释能力在各方面都仿佛显得软弱。"

他的全部智力活动除了上述论著包括现在这本书外,可以分为两类:一类是企图回到他曾经坚信的波动力学中去;他再次探索了深厚的量子理论基础,并从热力学、经典力学和相对论方面进行考虑;他在这几方面均有所获。另一类是对目前流行或正统的波动力学诠释提出质疑,正如他对待自己那样;这在他的概率量子系综工作和我们现在看到的有关自旋测量的这本书中随处可见。这本书是否过于自信?人们可能会这么想。坦率地说,我不知道,德布罗意也绝不知道是不是这样。作这样的估计比糊里糊涂付账单好不到哪里去,这没有什么意思。我们可以说,德布罗意也必定向自己问过这样的问题,所以他的校阅特别仔细,并希望读者能分享这些成果。可以肯定地说,这些演讲十分正统,论说有理,证明充分!只有对那些非常复杂的问题产生疑问时才有他自己的分析,而这些分析在初稿中是没有的。经复制的批判性的注解是**后加**的,有些是几个月前才添加上去的(我们不知其具体日期)。当德布罗意写这本书时,他确实没想到会再次回到双重解理论,因此该理论写得甚至比波导理论还少。

在 1951 年夏天,当手稿轮廓已有,但尚未正式成文时,德布罗意收到寄自普林斯顿的一篇长文的摘要。作者是一位年轻的物理学家;他在法国还没有什么名气,尽管他在等离子体方面已作出过贡献,而且他的量子力学方面的书* 刚出版。他就是玻姆。在这篇论文中,他重新得到了波导理论并发展了它——他只是不久前才知道它。玻姆在此文的摘要中提到,早在 25 年前德布罗意已创建了这一理论但又马上放弃了它云云。

---

* Bohm. D. , *Quantum theory*, Prentice-Hall Inc. ,(1951).

德布罗意对此的第一个反应是否定。他清楚地知道，反对波导理论的辩论马上就会掀起。如果人们觉得粒子在抽象空间传播比波在物理空间中传播更可靠的话，并且如果他们认为粒子仅仅是局域测量中波包编缩的话，他们就不会承认粒子运动是因果的。

然而玻姆的论文却打破了长期使德布罗意如陷囹圄的壁垒。德布罗意和其他科学家的六方面壁的局面，是哥本哈根学派形式主义以及**不确定性**和**互补原理**中所包含的科学哲学思想所造成的。这些思想曾经被认为是完美的，甚至以冯·诺伊曼定理的形式打算将它们固定下来。冯·诺伊曼定理指出，根据数学结构，有隐参量的因果理论是不可能描述量子规律的。

当该定理刚出来时，人们就觉得它在哲学态度上狂妄得难以令人置信。因为它企图在一个理论内证明。它所赖以成立的原理有着不可动摇的基础，从而限定了人类知识所能达到的最大极限。这种新形式是拉普拉斯决定论的过分炫耀——只是外观上相反而已，德布罗意在其演讲中仅提到无可辩驳的冯·诺伊曼定理——实际上，25 年来他一直想戳穿它。德布罗意突然产生了一个直觉，不完善的波导理论，正是这一定理用来攻击的例子。因为理论上已经证明波导理论是不可能的！稍作迟疑后，他在手稿上加上一条注解："波导理论无论在哪一点上都似乎与冯·诺伊曼定理中的某种缺陷一致。"

随后，德布罗意证明了这些缺陷来源于绝对的假设。根据这种假设，量子力学的概率测量都必须是单值的，即使当概率不能单值测量时也必须保持单值。德布罗意精心准备了这方面的分析，多亏他对概率理论颇有研究，使这些论文得以发表。接着，他又在几本书中进行了质疑。在我看来，它们只驳斥了冯·诺伊曼的理论，至于其他的批判，只是后来才提出来的。因为尽管理论受到抨击，其他的缺陷亦已发现，但不得不对付逻辑上的和通常已有的难题。这有点乏味。但我觉得，只有在统计系综基础上诠释波粒二象性的物理机制才真正具有重要的意义。当驳斥其他同类理论时，这种诠释也应当是深刻的，而无论碰到的谬论形式多么复杂。

德布罗意必须进行这样的战斗。因为在撩起的面纱背后，他又看到了自己曾拥有的世界图像，它在他的思想中差点被抹去。

这就是他的第二次转变。失去的图像重现于眼前，而且愈来愈清晰，正像我们从书中注释上所看到的那样，尽管它仍带有最后的疑点。这幅图像是他曾经确信的，也是他晚年尽力完善和发展的那一幅。

绝不会再有科学家漠视这一想法，不管他是否欣赏。它是微观世界的另一种概念，是与人们习以为常的信条完全不同的概念。每个人都应当知道它的存在，因为是它带来了波动力学。

但是，打开新发现大门的钥匙是否操在从前首次应用这一理论的同一个人手中？依我看，这是当然的。一定会有这种新发现，我将永远颂扬它。但我认为一位杰出的老科学家的工作，应当像 Michelangelo 的 Milan Pietà 那样经过深思熟虑，Milan Pietà 是后期作品，前期作品 Vatican Pietà 与之相比就显得似乎粗糙些而且尚未完成。但它不也是时代精品的早期原型吗？

艺术给人的启示与自然给物理学家的启示是相类似的。物理学家也是文化意义上的人，像德布罗意最钦佩的爱因斯坦就是这样的人。在爱因斯坦的生活和思想中，他会突然受到和谐音乐的启示。当然这种模式对德布罗意不合适，音乐对他仍是完全陌生的艺术。但德布罗意的工作似乎也有两个路标。

第一个是历史。当然，他精心研究历史已绝非一天。有一天，他告诉我，他相信自己读过的历史书比物理学方面的书多得多。尤为特别的是，16世纪至17世纪物理思想的历史在他的工作中起着重要的作用：这不仅仅是博学的嗜好或纯粹的消遣。历史是他综合思想的原动力，是他思想中的一片沃土。他1924年那篇著名的学位论文中的第一个单词就是"历史"，这绝非偶然的巧合。

第二个是直觉，也就是普朗克称之为"世界观"的那种东西。德布罗意就是凭着直觉去寻找他自己的世界图像的。在德布罗意看来，理解即意味着能看到。他喜欢具体的模型，因为它的作用只是使物理空间中的诠释"看得见"。取自光学和丰富的视觉世界的形式，本身就十分清晰明确。当他谈到某个重大思想时，德布罗意称赞它是"闪光"，"黑夜中的光"。他喜欢说："真正的创造是看得见的。"谈论到**生活目的**时，他就说："知识的唯一目的，就是将我们知道的一切进行滤色和反射。"在描述波动力学的发现时，他说："脑海中突然出现一片光明。"**看得见**即意味着其乐融融。在回忆原子统计的发现时，他说："那天，终于揭开面纱，我们看到了隐藏在经典热力学抽象形式后面的真正物理实在。"

德布罗意的基本思想是相对论的。他的想象力在四维时空中驰骋，其中时间维就是历史。他的图像存在于空间。他曾说过："只有时空中存在的运动才是真正的物理。"德布罗意有一个伟大的设想，就是将长期存在、相互矛盾的规律或表达中的共同之处提炼出来，然后用一幅空间图像来解释综合后的结果。他的创造常常出乎意料地直观，令人惊羡。但当他引入必要的数学语言以描述现象时却显得薄弱不足，他常为此沮丧。他描绘世界的思想十分强烈，在《科学家的最后时刻》一文中，他承认他的最终梦想就是描绘世界，因为我们所看到的时空或许还不是真正的世界图像。也许物理学家就像能在身子背后编织花毯的匠人那样："只有当他将杰作从背后拿到前面供人欣赏时，人们才能真正评价他的工作。"

就这样，德布罗意重新开始工作，并再次找到年轻时曾经发现过的那幅世界图像。几个月内，他又检查了各个方面。当他谈到这些时，他愈来愈自信。他剔除了强加于他的那些概念，重新着手检验自己的理论并处理该理论所涉及的技术困难。

在由年轻助手组成的新班子帮助下，他又注意上了非线性方程中由非扩散波包所引领的奇异解（即现在所谓的**孤立子**）这一难题，并在狄拉克理论、折射介质光学，尤其是粒子系统中推广了自己的思想。他提出了一整套新的量子力学测量理论，发展了静质量可变系统的动力学和相对论热力学。最近，他又提出单粒子热力学思想。这些工作都可以在50篇论文和14本书中查到，包括现在这一本。

如果让我从中挑选对我有益的思想，我认为只选两条就够了。

第一条是**孤立子**思想。在庞加莱研究所里我们常称孤立子叫"隆起波"（驼峰波）。这一思想过去曾被人视为陈腐、古典的东西，现在却名闻天下。正如我前面所说的，将来有可能会进一步发展。25 年来当我们希望从无限多种可能的非线性方程中挑出一个的时候,我们缺乏一个普遍的原则;这就是症结所在。如果我们能依据这一思想找到这个方程,新的微观物理学也就诞生了。

第二条是**单子**热力学思想。德布罗意的思想一方面是基于钟频与温度的相对论变化规律应当相同,另一方面是三条基本原理,即费马原理、莫培督原理、卡诺原理之间的比较。

这些甚至还不是真正的理论,而只是对将来我们或许能取得成果的一种远见卓识。在一年或是一个世纪内?天知道!我们不要忘记在拉普拉斯时代,人们仍怀疑费马原理;也不要忘记,惠更斯谢世后一个世纪,他的理论仍然无人问津。

伟大思想的证实是个缓慢的过程。在这个喧闹的时代,几乎没有田园诗人得以沉思的空间,所以这也难怪别人不易接受。这或许是因为无数荣誉光环缠绕着德布罗意,因而使他的思想在一个小圈子外不为人知的缘故吧。另一个原因也许是面对占统治地位的学派,而这些学派对自己的思想如同宗教教义一样自信,并且丝毫不许旁人改动。只有德布罗意勇敢地站了出来。他秉承着法国科学家朴素和毫不妥协的传统,就像费马、拉普拉斯、菲涅耳、庞加莱那样。他们的做法被今天的实用或形式化方法的欣赏者所否定,但这些方法却是更加广泛和通用的。

无论群体工作的必要性和结果如何,我们不能忘记,从来没有过提出伟大思想的群体,而只有提出伟大思想的个人。群体的工作仅仅是发展这些思想。如果每个个人的思想被压服,就不会再有新的思想出现。同样,无论国际合作的效益如何,我们一定要记住,尽管科学成果是国际化的,但人的思想方式,工作和考虑问题的习惯仍具有民族特色。为什么只有美国人才能建立真正的美国科学,而德国科学只能由德国人建立,这就是原因。如果法国人忘掉自己的传统,那么谁也无法再复活它。每种传统应当兼容并蓄,发展进化。但依我看如果法国科学家一个个都醉心于赶外国时髦,那么甚至在有可能提高法国在国际上的地位时,他们也会忘却这一目标。

德布罗意经常大声疾呼,反对科学集团日益增长的势力和专家委员会讨厌的影响。他觉得那些东西有禁锢思想的味道。如果不进行直接的研究,不突出科研"自由",不强调在没有任何成见情况下重新检验已被普遍接受的理论,就将会造成危害。他公开反对这种做法。

这就是创立**德布罗意基金会**的精神:他将他澄清物理规律、寻找简单、直观的理论图像的事业留给了基金会。更重要的是,他将自己的根本信条传了下来。那就是,绝没有一经建立就永不可破的理论和假说,也绝没有不经彻底辨析就被抛弃的批评和新思想。

(参考文献略)

《德布罗意波动力学诠释思想的演化》一文的编者附言*

默维（Alwyn van der Merwe）**

作为洛切克以上短文的参考，德布罗意基金会以他的名义特作一些确凿的说明。

在非法国籍的科学家中，人们或许不知道《物理学基础》此特辑所纪念的科学家是出身于法兰西贵族世家的神圣罗马帝国的一位亲王①。在德布罗意和其兄长莫里斯出场之前，他们的家族很早以前就已在科学领域之外作出了杰出的贡献。被"**为了将来**"（他的家族从 17 世纪开始沿用的）祖训所激发起来的德布罗意的先辈，曾为法国国王和皇帝效忠；他们在军事、外交和国务方面被委以重任；这可以追溯至路易十四时代。

德布罗意将具有历史意义的祖训赠给德布罗意基金会作为礼物；下面是他的手迹***：

Si l'on me demandait

quelle devait être à mon

avis la devise de cette Fondation

je dirais volontiers "Pour l'Avenir"

Louis de Broglie

以上复印件承蒙洛切克（现任德布罗意基金会主席）惠允。他还慷慨地允许我们出版德布罗意交给他的两首"科学诗"（这是他的原话）。现予首次发表。所说的手迹复制件附于此文，其后的英译文****几乎立即（为了广泛宣传的效果）由洛切克译出：

---

* 译自 *Foundations of Physics*, <u>12</u>(1982)955～962。

** van der Merwe. A. ，为 *Foundations of Physics* 的主编。

① 1960 年，德布罗意的兄长 Maurice de Broglie 去世后，德布罗意又承袭了公爵封号。

*** 手迹印刷体为：

Si l'on me demandait quelle devrcit étra à mon avis la devise de ceette Fondation je dirais volontiers "Pour l'Avenir"

Louis de Broglie

其内容为："为了表达我对献身精神的理解，我愉快地将'**为了将来**'赠给基金会作为座右铭。"

**** 本译文由英译文转译。法文印刷体略。德布罗意的手迹全部附于文末。

第一首：关于爱因斯坦在 1927 年索尔维会议上的异议。

在 1927 年 10 月的索尔维会议上，爱因斯坦反对哥本哈根学派的诠释，并提出他的异议如下：

在板壁上开一很小的孔穴 O，小到使每个垂直入射的平面光波只携带一个光子。

由于衍射效应，小孔背后的出射波是球面波；我们假定它落在球面屏幕上。如果光子在球面屏幕上一点 P 处出现，那么它不可能同时出现在其他点。按照正统诠释，光子到达 P 点前并不局域在波中，但无论它在何处，都同时"预告"了光子一定会到达 P 点，那么当它从 P 点立即传播至屏幕上其他点时，就可能存在一种"信息"。这是与相对论原理相矛盾的。

非常奇怪的是，自 1927 年后，没有哪一位正统论者试图回答爱因斯坦的异议。

人们可以将这一异议用一种吸引人的方式作比拟：一个管道 T_0 分有两条岔道 T_1 和 T_2，终端处置有光电池分别是 C_1 和 C_2。

假设 T_0 中只通过携带一个光子的波。当这一光子出现在电池 C_1 处时，它本身就不可能同时出现在 C_2 处，就像爱因斯坦考虑的那样，C_1 和 C_2 之间就会有瞬时信息传输。这一严重情形就意味着 C_1 和 C_2 接收到分离了的波。

第二首：关于不确定性关系。

首先要指出的是，我们考虑的是波列，它在数学上用傅立叶分量叠加来表示。这样的波列自然是连续的，且含有物理实在；而傅立叶分量只存在于理论家的脑海里。由此出发，我们像通常量子力学中所做的那样，设波列的维数变量 δx、δy、δz 代表粒子在波列中的位形的不确定。对我们来说，这种不确定是一直不变的，但由于它是通过向导定律、亚量子微扰等方法测量的，人们很容易看出我们仍不知道它。

考虑 δp_x、δp_y、δp_z 的不确定时，情况就完全不同了。对我们来说，在初态时这些不确定性并不真正存在，因为 δp_x、δp_y、δp_z 此时没有物理意义。只是在下列情形中，不确定性才有意义：初态由于实验操作而被破坏；粒子本身被激发而产生运动；在运动的发展过程中，矢量 p 被认为是有一个可以定义的量。

不确定量 δx、δy、δz 和 δp_x、δp_y、δp_z 当然由下式联系：

$$\delta x \delta p_x \geqslant h, \qquad \delta y \delta p_y \geqslant h, \qquad \delta z \delta p_z \geqslant h.$$

但 δp_x、δp_y、δp_z 的不确定性与 δx、δy、δz 的不确定性不是处在同一态。这就否定了通常量子力学中不确定关系的诠释和由此而得出的结果。

为了完整，我们附加以下说明：

在第一首"科学诗"的注释中，德布罗意提出了爱因斯坦佯谬。H. Ranch 和他的协作者在维也纳所作的通用中子衍射实验证实了以上短文中引申出来的"沟通效应"确实存在。

关于第二首"科学诗"，其中所总结的非正统的海森伯不确定性关系的诠释已由德布罗意在书中得到发展，尤其是在《波动力学的测量理论》一书中[①]。

最后援引一封历史信件的摘录也许是有趣的。（得到耶路撒冷的 Hebrew 大学惠允。由于洛切克的提议，引起我的重视；在这之前，据我所知，是不许出版的。）这封信是

---

① *La théorie de la mesure en mecanique ondulatoire*，Gauthier-Villars，Paris，（1957）.

1924 年 12 月 16 日爱因斯坦写给洛伦兹的(信是用德文写的[*]):

"我们知道,de Broglie[**] 的弟弟在解释玻尔-索末菲的量子规则方面进行了非常有趣的探索(学位论文,Paris,1924)。我相信这是照亮我们最难解开的物理之谜的第一缕微弱的光。在他的构思中,我也发现了某些东西。"

这些预言,如果说得谨慎些的话,已由在他的**博士学位论文**发表不久的重大理论进展所应验——而这信是在爱因斯坦去世(1955 年)后,德布罗意才看到的。

附件一:第一首"科学诗"手迹

Sur l'objection d'Einstein au Congrès Solvay de 1927

Au Congrès Solvay d'octobre 1927, Einstein avait opposé à l'interprétation de l'Ecole de Copenhague l'objection suivante.

Soit un écran plan percé d'un très petit trou O sur lequel tombe normalement en onde lumineuse plane transportant un seul photon

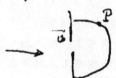

Par suite d'un effet de diffraction, l'onde sort du trou sous la forme d'une onde sphérique et nous supposons qu'elle tombe alors sur un écran de forme sphérique. Si le photon manifeste sa présence en un point P de l'écran sphérique, il est instantanément impossible qu'il manifeste sa présence en tout autre point de l'écran. Dans

---

[*] 德文信附于文末。
[**] 指 Maurice de Broglie。

l'interprétation orthodoxe où le photon n'est pas
localisé dans l'onde avant de se manifester, en P,
cela exigerait que tous les points de l'écran sont
instantanément "prévenus" de la localisation du photon
en P. Il y aurait donc une "information" qui se
transmettrait instantanément du point P à tous les
autres points de l'écran, ce qui est incompatible avec
la théorie de Relativité.

Il est fort curieux que depuis 1927 aucun
auteur orthodoxe n'ait essayé de répondre à l'objection
d'Einstein.

On peut donner à cette objection une forme encore plus
frappante en considérant un trajet T_0 qui se divise en
deux trajets divergents T_1 et T_2, chacun des trajets
T_1 et T_2 comportant à leur extrémité une cellule
photoélectrique C_1 et C_2.

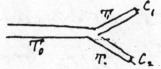

Si l'on envoit dans T_0 une onde lumineuse portant
un seul photon et si ce photon manifeste sa présence sur la
cellule photoélectrique C_1, il devient statistiquement impossible
qu'il se manifeste sur C_2. Il y aurait donc, comme dans le
cas envisagé par Einstein, transport instantané d'information
de C_1 à C_2 avec cette circonstance aggravante que les cellules C_1
et C_2 sont frappées par des ondes séparées.

附件二：第二首"科学诗"手迹

Sur les relations d'incertitude

Il est d'abord essentiel de remarquer que, si l'on considère un train d'ondes mathématiquement représenté par une superposition de composantes de Fourier, c'est le train qui seul a une réalité physique. Les composantes de Fourier n'existent que dans l'esprit du théoricien. Il en résulte que, pour nous comme en Mécanique quantique usuelle, les grandeurs $\delta x, \delta y, \delta z$ mesurant les dimensions du train d'ondes représentent des incertitudes sur la position de la particule dans ce train d'ondes. Pour nous, cette position existe à chaque instant, mais comme elle est déterminée par la loi du guidage et par les perturbations subquantiques, on voit aisément qu'elle nous reste inconnue.

La situation est tout à fait différente en ce qui concerne les incertitudes $\delta p_x, \delta p_y, \delta p_z$. Pour nous, ces incertitudes n'ont aucune existence réelle dans l'état initial puisque les p_x, p_y, p_z n'ont pas de sens physique. Ces incertitudes ne prennent un sens physique que quand, l'état initial ~~initial~~ ayant été détruit par une opération expérimentale, la particule se trouve pouvoir être animée de l'un des mouvements d'un ensemble de mouvements où le vecteur $\vec{p}$ peut être considéré comme ayant une valeur bien définie.

Les incertitudes $\delta x, \delta y, \delta z$ et $\delta p_x, \delta p_y, \delta p_z$ ainsi définies sont bien reliées par les relations

$$\delta x \cdot \delta p_x \gtrsim h \qquad \delta y \cdot \delta p_y \gtrsim h \qquad \delta z \cdot \delta p_z \gtrsim h$$

Mais les incertitudes $\delta p_x, \delta p_y, \delta p_z$ ne se rapportent pas au même état que les incertitudes $\delta x, \delta y, \delta z$. Et cela fait tomber l'interprétation que l'on donne aux relations d'incertitude en Mécanique quantique usuelle et les conséquences que l'on en tire.

附件三：爱因斯坦致洛伦兹的信

"Ein jüngerer Brude von（dem uns bekannten）de Broglie hat einen sehr interessanten Versuch zur Deutung der Bohr-Sommerfeldschen Quantenregeln unternommen （Pariser Dissertation,1924）. Ich glaube, das ist ein erster schwacher Strahl zur Erhellung dieses schlimmsten unserer physikalischen Rätsel. Ich habe auch einiges gfunden, was für seine Konstruktion spricht."

德布罗意关于德布罗意波的原始概念[*]

洛切克

一、引　言

在本文中，我打算陈述德布罗意个人对"物质波"的看法和测量理论的某些结果。"物质波"的概念是波动力学的源头。其后，由于德布罗意及其合作者在前 25 年中的工作又得到了发展。在本书中有两篇有关这一专题的论文。现在的这篇综合了我本人在

---

[*] Diner. S. et al.（eds）：*The Wave-Particle Dualism*，D. Reidel publishing Co. .（1984）1～25. 本文自第三节开始，主要是洛切克本人的工作。

佩鲁贾（Perugia）讨论会上所作的两次演讲，另一篇（由 Daniel Fargue 撰写）主要着重于讨论双重解理论和利用非线性方程的基本思想。关于后一篇文章，我想特别指出的是，我非常高兴地看到，物理学家的看法在这些年中发生了如此大的变化：20—25 年前，只有我们几个人在谈论非线性方程和基于这一想法而将量子力学普遍化的可能性，那时，所有官方科学委员会都认为，这完全是索然没趣的无稽之谈，它只能说明德布罗意已经不折不扣地变成了一个位老朽；而现在，物质波的干涉和衍射中出现非线性效应的可能性已受到重视，这无疑是一个非常重大的进步，它有助于人们对物质二象性的理解。当然，必须承认，与四分之一世纪之前一样，主要的困难仍在于：从一个普遍原理的基础之上找到一个非线性方程，而不是一下子牵涉无穷多种可能的方程，或许其中有一个是正确的方程。所以，尽管取得了某些实际发展，但对于波粒二象性这一问题，通向其真正物理解答所需走过的道路非常可能与 25 年前一样遥远，无视这一事实是一种可悲的错误。正确的非线性方程大概只能在作了漫长岁月的研究之后才能够找到……除非是（科学史上时有发生）某位青年学生，当然他是未被邀请到佩鲁贾来的人，正在发现有关该问题的非常简单而新颖的答案。

二、德布罗意的主要思想

让我们现在回到本文的主题上。德布罗意的主要思想不是二象性，而是波与粒子的**缔合**。玻尔和德布罗意的不同之处在于：玻尔相信一种两重性的物理实在，在某种场合它对我们表现为一个粒子，而在另一种场合则表现为波；相反，德布罗意则认为，始终只有**一种东西**，（在同一时刻）既是一个粒子又是一个波。而且，我们所观测到的粒子性质是由系统的波动结构所引领（制导）的。这就是他自量子力学开始出现以来的思想。为说明这一点，我们将简要地概述德布罗意著名的前三篇论文，它们刊登在 1923 年的《法国科学院通报》上。

德布罗意的想法是这样的：首先考虑一个**粒子**。对这一粒子，他假定（按他本人的话说就是："作为自然界最高法则的一个推论。"），将"爱因斯坦能量"与"普朗克能量"等同起来，就可以定义一个频率。在适当的参考系下等式可写为

$$m_0 c^2 = h\nu_0 。 \tag{1}$$

在这一步上，他假定了"适当的频率是属于粒子的而不是属于一个波的"。但是，德布罗意注意到，如果一位观测者看到粒子在他面前以速度 v 而运动，则其所看到的质量就按熟知的公式而变换：

$$m = m_0 / \sqrt{1 - \left(\frac{v}{c}\right)^2} 。 \tag{2}$$

而在这时，必须将频率 ν_0 看作是粒子所固有的，且遵守时钟变慢的相对论规律，即变成

$$\nu_1 = \nu_0 \sqrt{1 - \left(\frac{v}{c}\right)^2} 。 \tag{3}$$

从而等式（1）不再成立！它并非是相对论不变性的。德布罗意为此十分困惑。经过长期思考后，他只能做这样的假设：他假定，在这个**适当的参考系**中并非仅有一"固有时钟"以一频率 ν_0 缔合于粒子，而且还有一个**驻波**，它具有与时钟相同的频率和相位，并写成

$$\exp(i\nu_0 t_0) 。 \tag{4}$$

现在，在另一相对速度为 v 的伽利略参考系中，时间的洛伦兹变换给出：

$$t_0 = \frac{1}{\sqrt{1-\left(\dfrac{v}{c}\right)^2}}\left(t - \frac{vx}{c^2}\right),$$

波则变成

$$\exp\left[\mathrm{i}\,\frac{\nu_0}{\sqrt{1-\left(\dfrac{v}{c}\right)^2}}\left(t - \frac{vx}{c^2}\right)\right]。 \tag{5}$$

我们现在可以看出，这个波的频率 ν 与（3）式定义的频率 ν_1 不同，而是

$$\nu = \nu_0 \Big/ \sqrt{1-\left(\frac{v}{c}\right)^2}。 \tag{6}$$

于是，波频 ν 的变化与质量的变化（2）同步。利用（1）（2）（6）式，我们可以写出不变式

$$mc^2 = h\nu \tag{7}$$

而要用粒子的"固有时钟"频率 ν_1 的话，这是不可能办到的。除此之外，利用（5）式我们还可以得到**相速度** V 和德布罗意的著名公式

$$Vv = c^2。 \tag{8}$$

可以看出，V 是大于 c 的。但我们也知道，对应的群速度 U 可以证明是等于 v 的，即等于粒子的速度[①]。

在发现波频 ν 所具有的重要性质（6）和（7）后，德布罗意就抛弃了他那关于固有时钟频率 ν_1 的原始概念。但这还不是他所要作的，因为他得到了另一重要的发现：当一观测者看到粒子在他面前以速度 v 而运动时，德布罗意计算了在伽利略参考系中的粒子于时刻 t 在点 x 处的固有时钟的相位，借助（1）和（3）式，得到

$$\phi_{时钟} = \nu_1 t = \frac{m_0 c^2}{h}\sqrt{1-\left(\frac{v}{c}\right)^2} \cdot \frac{x}{v}。 \tag{9}$$

德布罗意也计算了在同一时刻 t 同一点 x 处，粒子的缔合波的相位，利用（5）和（6）式，得到（记住 $x = vt$！）

$$\phi_{波} = \nu\left(t - \frac{vx}{c^2}\right) = \frac{m_0 c^2}{h}\frac{1}{\sqrt{1-\left(\dfrac{v}{c}\right)^2}}\left(\frac{x}{v} - \frac{vx}{c^2}\right) = \frac{m_0 c^2}{h}\sqrt{1-\left(\frac{v}{c}\right)^2} \cdot \frac{x}{v}。 \tag{10}$$

我们发现两者的相位是一致的！换言之，我们知道，粒子固有的时钟频率小于波频，但同时，粒子速度小于波的相速度，其结果是两者的差值正好互补。于是，我们可以断言："**对任意的伽利略观测者来说，粒子'固有时钟'的相位，在每一瞬间等于粒子缔合波的相位。**"

这就是德布罗意的**相位一致（或和谐）定律**。有趣的是，在这里有必要强调一下德布罗意认为这一定律才是他的主要成就，而并非是他那个著名波长的发现。10 年前*，在科学院为纪念他 80 寿辰举办的报告会上，他引用柏格森的话对我们说："一个人在其一

---

① 由（6）和（8）式，立即可得到德布罗意波长为

$$\lambda = \frac{V}{\nu} = \frac{c^2/v}{m_0 c^2/h\sqrt{1-\left(\dfrac{v}{c}\right)^2}} = \frac{h}{m_0 v\Big/\sqrt{1-\left(\dfrac{v}{c}\right)^2}} = \frac{h}{p}。$$

* 指 1972 年。

生中只能有一个伟大的思想。"他又补充道:"如果我确实有过这么一个思想的话,那无疑就是我在 1924 年于我的博士论文第一章中所表达出来的相位和谐定律。"

在发现物质粒子的衍射之后,并且多亏了薛定谔方程所起到的重要作用,德布罗意的波长已赫赫有名。但实际上,却是不再被教科书所引用并被人遗忘了的相位和谐定律,才构成了波粒二象性这整个问题的基础,甚至按照德布罗意的观点,它还包含着深刻的奥秘。如果人们要理解量子力学,就必须首先解开这一奥秘。德布罗意在陈述这一定律时从来不认为他已经给出了波粒二象性的什么释疑:他只是从相对论规律中发现了一个重要的公式。但问题是:公式背后隐藏着**什么**性质? 按此公式所表达出来的波与粒子之间的神秘平衡(类似于冲浪手与海浪之间的那种平衡)是什么?

为了解释德布罗意的推理模式,回忆一下他是如何求得玻尔原子的量子化能级兴许是有趣的。多亏了他的波,现在每个人都知道,按一初等方法要得到这一结果是多么的容易,只要将德布罗意波长沿着圆形开普勒轨道写出共振条件即可。但这并**不是**德布罗意所选择的方法,他没有用到过波长! 他的推理是比较复杂的,基础是相位和谐,在这种方法中,他利用了波粒二象性。

他是这么说的(见图 1):考虑一圆形玻尔轨道,电子从一点 O 出发并以速度 v 描绘出这一轨道,而波也在同一时刻出发,但其相速度 $V=v/c^2$ 远远为大。于是,在某一时刻 τ,波将在一点 O' 处又追赶上粒子。在时刻 τ,粒子描绘出了一弧度 OO',而对波来说,则必须有同一弧度再**加上**一圆周,于是便得到

$$V\tau = \frac{c^2}{v}\tau = v(\tau+T), \quad \tau = \frac{v^2}{c^2-v_2}T, \tag{11}$$

式中 T 为电子在轨道上的周期。从而,[利用(1)(3)(11)式]我们求得了当波追赶上粒子之时刻 τ 时的粒子**固有相位**(固有**时钟**的相位)

$$2\pi\nu_1 T = 2\pi\frac{m_0c^2}{h}\sqrt{1-\left(\frac{v^2}{c}\right)} \cdot \frac{v^2}{c^2-v^2}T。 \tag{12}$$

图 1

在电子描绘出轨道弧度 OO' 的这段时间内,电子被自身的波追上。波的相速度远远大于粒子的速度

然后,德布罗意在固有相位和追赶波的相位之间应用相位和谐定律,即必须满足下面的条件:

$$2\pi\nu_1\tau = 2n\pi \quad (n\in\mathbf{N})。 \tag{13}$$

由(12)式和(13)式,立得

$$m_0v^2/\sqrt{1-\left(\frac{v}{c}\right)^2} = nh。 \tag{14}$$

这正是相对论形式下的玻尔条件。

引入轨道长度 $L=vT$ 和波长 $\lambda=h/p$,我们马上得到公式(它可立即被定为一个条件):

$$L = n\lambda。 \tag{15}$$

当然,德布罗意以后验证了这个公式。但有趣的是,我们注意到,即使在他的博士论文里,公式 $\lambda=h/p$ 也只是在 100 页之后谈到玻尔原子问题时才给出的(只是顺便提到且是在非相对论近似下)。对于他来说,基本的**量不是**波长而是波频和时钟,相位和群速度(后者等于粒子的速度),换言之,即参与相位和谐定律的那些量。

重要的是应当认识到,在某种意义上,德布罗意推理的要素不是波而是时钟,这就是为什么德布罗意总是认为,波动力学的首要基本思想不是在惠更斯的著作里而是在牛顿的著作里,即在有名的"猝发理论"(fit theory)中,通过反射和透射的突变轮流交替这一

假设,已将固有频率引进光的粒子说中。

在结束本节内容之前,必须强调狭义相对论在其中所起到的作用。我们注意到,对德布罗意来说,主要的问题是,在一个时钟的频率和一质量的相对论性变化之间是有着差异的。波动概念的引入本身就是以此问题的解决为动机的。相位和谐定律实质上是相对论性的。我们必须牢记,起着绝对重要作用的相速度仅仅在相对论中才有定义,例如,在薛定谔方程中就没有它的定义。

相对论在德布罗意理论中的重要性犹如力学与光学之间的关系一样,这是照他的原话所作的比拟。

在德布罗意的博士论文中,还有另一种方法可以导得力学的波动表达形式,这就是最小作用量原理和费马原理之间的类比。尽管这一问题远较前述问题为人所知,但我们还是要重述一遍,其目的就是为了说明相对论的作用。

我们写出四维动量

$$J_\alpha = m_0 c u_\alpha + e A_\alpha \qquad (\alpha = 1, 2, 3, 4), \tag{16}$$

式中,u_α 为四维速度,A_α 为电磁势。哈密顿原理的形式为

$$\delta \int_P^Q J_\alpha \mathrm{d} x^\alpha = 0 \qquad (\alpha = 1, 2, 3, 4), \tag{17}$$

式中的 P 和 Q 为运动质点的世界线之两端点。随后,德布罗意考虑保守体系的情况,并将最小作用量原理以莫培督的形式写出

$$\delta \int_A^B J_k \mathrm{d} x^k = 0 \qquad (k = 1, 2, 3, 4), \tag{18}$$

式中的 A 和 B 现在则是**空间**轨道的两端点。

德布罗意将这些公式与光学中的最短光程原理做了比较,他首先将这一原理按相对论的形式写出

$$\delta \int_P^Q \mathrm{d} \phi = \delta \int 2 \pi O_\alpha \mathrm{d} x^\alpha \qquad (\alpha = 1, 2, 3, 4), \tag{19}$$

式中的 P 和 Q 仍是世界线(四维光射线)的两端点,ϕ 为波的相位,O_α 为宇宙波矢。如果我们考虑折射率与时间无关的情况,它等价于力学中的保守情况,我们就得到"莫培督形式"而非"哈密顿形式"最小作用量原理:

$$\delta \int_A^B O_k \mathrm{d} x^k = 0 \qquad (k = 1, 2, 3, 4), \tag{20}$$

这不是别的,正是费马的积分(当然,A 和 B 是 $\boldsymbol{R}^3$ 中的点)。

德布罗意考查了两个宇宙矢量:四维动量 J_α 和四维波矢 O_α,他注意到,若假定普朗克公式具有**普遍意义**,我们便可发现这些矢量间的一个关系。实际上,若将它们更清楚地写出来的话,就有(为简便计,我们这里略去势 A_α,但这**并非**是必要的)

$$J_k = m_0 c u_k = \frac{m_0 v_k}{\sqrt{1 - \left(\frac{v}{c}\right)^2}} = p_k \quad (k = 1, 2, 3), J_4 = \frac{W}{c}, \tag{21}$$

式中 v_k 为粒子的速度分量;W 为能量。

$$O_k = \frac{\nu}{V} n_k \quad (k = 1, 2, 3), O_4 = \frac{\nu}{c}, \tag{22}$$

式中 ν 为频率;V 为相速度;n_k 为单位波矢。我们立即可得(由普朗克定律):

$$W = h\nu \Rightarrow J_4 = h O_4。 \tag{23}$$

于是，若**假定**此关系是相对论不变的，德布罗意断定，则必须有

$$J_a = hO_a \qquad (\alpha = 1, 2, 3, 4)。 \tag{24}$$

所以，比较（21）和（22）式，我们就得到德布罗意的公式

$$p = \frac{h\nu}{V} = \frac{h}{\lambda}。 \tag{25}$$

而且发现了费马原理与莫培督原理之间的等价性。

这一结果被公认为是德布罗意的真正伟大成就，也是量子力学的奠基石。但这不是德布罗意自己的观点。他看到了自己的两种推理（相位和谐定律和两个最小量原理的等价性）之间有一根本区别，他偏爱第一种。他确实认为：后者严格地局限于几何光学极限下和经典力学之中；而相位和谐定律具有普遍意义；它不仅适用于经典近似的情况，而且也包括了整个波动力学，且含有波的所有传播特征。

这一观点是否正确呢？迄今，我们还无法回答这一问题。这将留待将来去解决。但是，我们可以认为：德布罗意的科学夙愿实质上是，期待着有那么一天，有人能解释存在于波和粒子之间的奇妙关系的深奥本质，而这关系是他在 60 年前所发现的。

三、德布罗意的测量理论

在这一节中，我们将简要解释，德布罗意思想基础上的测量理论对波粒二象性的某些结论。这些结果是由德布罗意及其同事在前 30 年中发展起来的。

我们主要谈三个问题。

第一个问题是，粒子的局域化在测量过程中所起的特殊作用，也就是说，微观物理学中所有那些可以测量的物理量中，位置的测量是极为特别的。

第二个问题与上一个有着密切的关系，它涉及量子力学中概率的三种定义：即所谓的**存在**概率、**预测**概率和**隐**概率。

第三个问题是，对有争议（甚至有爆炸般的争议）的贝尔不等式这一问题我也要讲几句。

我们暂时先来回忆一下，关于物理量的测量问题中，量子力学所持的若干众所周知的观点。我们知道，玻恩在量子力学一开头就提出的原理是：（1）当归一化波函数给定时，我们可以直接得到粒子处在空间中任意体积元里的概率为$|\psi|^2 dV$。（2）若一个物理量 A 由希尔伯特空间中的一个算符 $\hat{A}$ 表示的话，则 $\hat{A}$ 的本征值 a_k 即为测量 A 时所可能得到的那些值。现在，我们将 ψ 按 $\hat{A}$ 的归一化本征函数 ϕ_k 展开：

$$\psi = \sum_k c_k \phi_k。 \tag{26}$$

c_k 的模平方给出了测量 A 时恰好得到 a_k 的概率。

在量子力学的流行诠释和德布罗意的阐述之间是有严格区别的，其中最大的区别涉及变换理论。

传统上，量子力学承认，一个物理系统的所有可能的表象之间有着一定的对称性，即具有某种相同的含意。例如，我们可以写出 q 和 p 表象，利用 $\delta(q-q_0)$ 为 $\hat{Q}=q$ 的本征函数，$\exp\left(-\frac{\mathrm{i}}{h}pq\right)$ 为 $\hat{P}=\mathrm{i}\hbar\frac{\partial}{\partial q}$ 的本征函数；我们可以将函数 ψ 在两个表象中等价地表示出来：

$$\psi(q) = \int \psi(q_0)\delta(q-q_0)\mathrm{d}q_0 = \frac{1}{\sqrt{\hbar}}\int C(p)\exp\left(-\frac{\mathrm{i}}{h}pq\right)\mathrm{d}p。 \tag{27}$$

以狄拉克的名著为首的大多数教科书都认为，表象间的等价性即是量子力学的根据之所在，又是其优美之处，当然，从纯数学的角度来看，这是毫无疑问的。但是，以物理学观点来看则并非如此。这就是德布罗意不赞成流行说法的一个基本点。30 年前，他就这样说过：实际上，在所有能够实际加以测量的物理量中，**位置**单独作为一方，所有其他可能的变量的集合作为另一方，其间有着**很强的非对称性**。一般说来，位置是唯一可以加以观测而无须制备任何物理系统的物理量。你只需记录下——比如说——一个波撞到一堵墙上发生什么就行；利用一块感光板或任何其他记录仪，你就可以知道在**何处**，即在波的哪一点上，粒子是局域化的。

通常，人们无法**直接**回答关于任何描述系统的量的问题，除非是局域化问题。如果你打算测量其他的物理量，并且彻底地检查了我们目前为止所能组装的**所有**仪器的话，你就会发现，它们总是基于相同的步骤：这一步骤存在于对一个粒子**位置**的观测之中，其条件是，粒子在空间中一定区域中的单次计数使你能够单值地确定待测物理量的数值。

最一般的测量过程由图 2 这样的示意图给出。我们看到，这一过程由波包的空间分

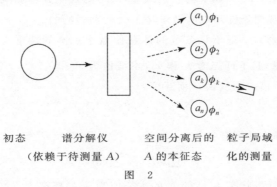

| 初态 | 谱分解仪 | 空间分离后的 | 粒子局域 |
| （依赖于待测量 A） | A 的本征态 | 化的测量 |

图　2

离所组成，各波包对应于 $\hat{A}$ 的不同本征态（因此也就是本征值）。于是，粒子处于一波包中的计数为，比如说是 a_k[①]。一架谱分析仪（种类由实验的类别而定）是必要的，它必须适用于待测的物理量**但不能立即适用于所有其他的量**，这一必要性是海森伯不确定性的真正起因。更一般的，它也基于"量子概率"的神秘奇妙性，以便拼成了一道可口的菜肴供理论家们在前 50 年中品尝。其结果，我们就有了在两种概率——**存在**的和**预测**的——之间作出区别的问题。这两种概率到底是什么意思呢？

按德布罗意的术语，**存在概率**关系到一个可以**不需任何制备**就可进行观测的事件。所有"经典"概率都是这种情况，比如出现在游戏问题（掷骰子、猜硬币正反面等等）中的那些概率。微观物理学中有关位置测量的概率，也属于这一情况。或更一般的，不管是什么物理量，只要是通过对发生了的事件进行简单的审视便可以完成对它的测量，亦即为测量所必需的制备**已经**完成了的话，有关它们的测量概率都是**存在的**。换言之，这就是当系统通过谱分解仪**之后**—物理量所能取的数值的情况。

但相反的，一般对大多数物理量来说，并非如此，这是因为在测量前你得**制备**系统：

---

①　对此有一标准的异议：这对某些仪器如棱镜、质谱仪、斯特恩-革拉赫的实验装置等是对的，但对于用一分子束的**共振**所得到的测量则不尽其然。这一异议是不能成立的，因为，分子束中的共振实际上是由出射束的强度所探测到的，即取决于一个粒子在空间的一定区域中是**存在**还是**不存在**。

谱分解仪（如我们所见的那样）为使测量简化为对粒子局域化的测量而更改了系统的状态。这就形成了一类新型的概率：它们不再是存在的而只可能是**预测的**。我们现在来更为准确地解释这一重要的论点。假定，我们有两组事件，分别编号为 i 和 k。记 i 和 k 的概率为 P_i 和 P_k；$P_i^{(k)} [P_k^{(i)}]$ 为当事件 $k(i)$ 已知时事件 $i(k)$ 发生的条件概率；P_{ik} 为 i 和 k 都实现的联合概率。众所周知，概率算法的**经典方案**基于下面的公式：

$$P_{ik} = P_i P_k^{(i)} = P_k P_i^{(k)}, \tag{28}$$

$$P_i = \sum_k P_{ik}, \quad P_k = \sum_i P_{ik}, \tag{28'}$$

$$P_i = \sum_k P_k P_i^{(k)}; \quad P_k = \sum_i P_i P_k^{(i)}. \tag{28''}$$

（当然，第三式隐含在前两式中，而且，我们注意到，尽管我们的分析主要是处理**离散**系统的情况，但这并不会使我们的讨论失去一般性。）

关键之处在于联合概率的存在性，这意味着两事件 i 和 k 有可能**同时**发生，而两者之间没有任何相互作用。于是，如下的假设成立：$i(k)$ 的观测并不影响 $k(i)$ 的观测，观测不到 $i(k)$ 的话，$k(i)$ 的观测条件和观测结果是不会受到影响的。

现在，我们来考虑对一处于状态 ψ 的体系作量子观测的情形，观测对象是由算符 $\hat{A}$ 和 $\hat{B}$ 所表示的两个量；其本征态为 ϕ_i 和 x_k，本征值为 α_i 和 β_k。

矢量 ϕ 和 x 都可借一酉变换 d 而互变：

$$\phi_i = \sum_k d_{ik} x_k, \quad x_k = \sum_i d_{ki}^* \phi_i. \tag{29}$$

我们可以将 ψ 按两种方式展开：

$$\psi = \sum_i c_i \phi_i = \sum_{ik} c_i d_{ik} x_k. \tag{30}$$

众所周知，发现系统处于状态 ϕ_i 且量 $\hat{A}$ 的本征值为 α_i 的概率为

$$P_i = |c_i|^2. \tag{31}$$

同样，利用（30）式，可以将系统处于状态 x_k 且量 $\hat{B}$ 的本征值为 β_k 的概率写成

$$P_k = \left| \sum_i c_i d_{ik} \right|^2. \tag{32}$$

现在，由（29）式我们可以推出下面的条件概率（其含义是显然的）：

$$P_k^{(i)} = P_i^{(k)} = |d_{ik}|^2. \tag{33}$$

借助于（31）、（32）、（33）式，我们可以定义两个表达式：

$$P_{i,k} = P_i P_k^{(i)} = |c_i|^2 |d_{ik}|^2, \tag{34}$$

$$P_{k,i} = P_k P_i^{(k)} = \left| \sum_j c_j d_{jk} \right|^2 |d_{ik}|^2. \tag{34'}$$

除了对易算符的情况之外，都有

$$P_{i,k} \neq P_{k,i}. \tag{35}$$

于是，我们**不能定义一联合概率** P_{ik}；（28）式就不成立，（28'）式也是如此；当然，（28''）式就更不用说了，这是因为

$$\sum_i P_i P_k^{(i)} = \sum_i |c_i|^2 |d_{ik}|^2 \neq P_k, \tag{36}$$

$$\sum_k P_k P_i^{(k)} = \sum_{jk} |c_j d_{jk}|^2 |d_{ik}|^2 \neq P_i. \tag{36'}$$

这里，我们面临着量子概率的核心问题，正如我们所知，不能定义联合概率就等价于

有海森伯不确定性关系。这两者都与(32)式中出现的干涉项有关。这一项不是别的，正是由图上的测量方案所反映的事实：**不可能找到一台单一谱分解仪**——因而也是波包的单次分裂——它能够让我们同时测量**所有**的物理量，如果 Â 和 B̂ 等互不对易的话。于是，当 Â 和 B̂ 不对易的时候，人们不能同时回答两个问题：当物理体系处在一给定状态 ψ 时，A 的值为多少和 B 的值又为几何？在这种情况下，我们将等价地得到海森伯不确定性：除非用不同的谱分解仪对图 2 中的 A 和 B 进行测量，否则不会破坏经典概率方案的不等式(35)式。

现在，请注意，我们在这里所说的都是在**物理空间**中传播的实波，而并非定义在一抽象空间中的函数；上面所考虑的谱分解仪当然也是一实在的**物理仪器**而非一哈密顿量（尽管为对仪器作一数学描述我们非得需要一个哈密顿量）。当然，我们不仅讨论的是实波，而且也是**真实的粒子**，而且，我们暗中已经承认了这样一条基本假说，即一个粒子**永远局域**在它的波上，换言之，就是假设了，在观测到粒子位于一定的波包中（图 2 的右边）之前，粒子就已经在每一时刻局域于空间某一极小的区域之中。这意味着，我们承认有一条隐蔽的轨道，从初始波包 ψ 中的某一点出发通过谱分解仪抵达波包 φ_k，在这里粒子被我们观测到。这也就是说，我们假定安在图 2 右边的测量仪器（计数器、闪烁荧光屏、感光板等等）只允许我们观测到一个**预先存在**的情况，即粒子存在于哪个波包中。从而，观测应当只能**显示**而绝非"产生"或"导致"粒子的存在。

现在我们可以问也必须要问这样的问题：这一假设与量子力学正统诠释是否一致？换言之，位置在所有可观测的物理量中应具有一特殊性，这一断言是否与正统的量子测量理论相容呢？不过，我们不去讨论这一问题，因为 Francis Fer 已在本书中对它进行了处理。

到此为止，在德布罗意所说的三种概率中我们还只遇到两种：**存在**概率对应于可观测事件的经典概率集合；**预测**概率与不可能依靠简单的审视而加以观测的事件相关，因为这些概率需要一特殊制备（谱分解）以待观测，更何况这一制备并非对所有事件都是一样的。我们现在就要遇到第三种概率：**隐**概率。

众所周知，冯·诺伊曼在其名著《量子力学的数学基础》中证明了一条定理，它称"没有无统计离散的纯态"。这一结果在直观上是很明显的，因为：一个纯态中无离散就意味着，对由此纯态所描述的系统进行测量，就有可能同时测出属于此系统的物理量；但实际上我们知道，对不可对易量来说这是不可能的。从这种意义上来说，该定理不是别的，正是海森伯不确定性的一条结论。当然由此定理人们也可推断出：不可能将一个纯态描绘成若干无离散态的混合。显然，这是因为这些态根本就不存在！这暗指，不能将量子力学的一纯态误认为是服从概率论统计方案(28)式的统计集综：这就是我们前面所说的那些。现在，如果你仍不愿这么做的话，那么，任你去断定：有可能找到这样一组隐参量能够说明量子概率的规律，它们既服从**量子力学定律**又形成一统计混合并有**经典概率方案**(28)式。显然，这与前面的结果相矛盾！但是，冯·诺伊曼又进一步宣称：不可能设想出量子力学的任何隐参量理论。

而德布罗意的回答则是，如果隐参量**确实**存在的话，它们**不可能**服从量子力学，这是因为，如果你想设计隐参量的话，当然就是为了恢复经典的概率方案。于是，由于这一要求是不能放弃的，你就不得不放弃利用量子规律的可能性以便让这些隐参量存在。现在，对于依照隐参量方案引进的物理量，如果你想将经典的概率方案应用于它们的客观（然而是隐蔽的）数值上的话，则这些概率不可能是对其测量结果所观测到的概率：这只是因为，观测到的概率服从量子方案而非经典方案。

所以，德布罗意就引入了第三种概率：即所谓的**隐概率**。它是一种满足（28）式的经典型概率，然而，涉及的却是隐变量的统计分布。而且，它们自身也是隐蔽的，这是因为，当你试图作一测量时，你必须要**制备**系统，也即是说，要按一适当的方式将系统的状态加以修正以破坏隐蔽的经典统计学并使之让位于量子统计学。

最后，我们必须认识到，如果要将隐参量引入量子理论，则这些参量的分布**也必须是隐蔽的**。这样一种分布绝不会与测量结果的统计分布相符。

按照我们的观点，构造隐参量理论的任何尝试都必须以此为基点。但遗憾的是，工作于隐变量问题尤其是相关的统计问题方面的研究者们都忽略了这一点，他们从来就没有动过这种脑筋。

例如，冯·诺伊曼定理的正确推论只应当是，波动力学的各种概率不可能一起都是**存在的**。这也就是我们曾经说过的，由于非对易量的存在而得到的结论。鉴于此因，可以无误地断言：由于这些概率破坏了经典方案，故不可能以恢复经典决定论为目的而将它们引入隐参量理论。在这个意义上，冯·诺伊曼的定理是正确的。但是，当他宣称隐参量理论不可能时，他就错了。因为他忽视了这样一件事实：在这样一个理论中，概率都必须是经典的，还要求是**隐蔽的**（而不是**存在的**）。他的错误在于，试图将隐参量指派给**预测**的量子概率而不是隐蔽的经典概率。

自从德布罗意发表了对冯·诺伊曼定理的反驳之后（例如在其著作《波动力学中的测量理论》一书中），另有其他一些反驳也问世了。它们全都是论证这条定理在逻辑上的不连贯性，其中有些也列举了它在数学上的一些毛病，尽管，指出了数学上的错误就足以使这一定理无效，但德布罗意的反驳却更进了一步，由于他的理论具有普遍的物理特性，因而他提醒我们不要再作类似的其他尝试。例如，我于几年前（1976 年）给出的对贝尔不等式的反驳，就是建立在德布罗意理论基础之上的。不难说明（见下节），贝尔不等式隐含了对测量结果作统计分布时采用了经典的概率方案。这样，此不等式就彻底地与量子力学的一部分相矛盾。这一部分就是量子统计的预见，而众所周知，量子统计预见是为观测到的物理事实所证实的。这就难怪为什么迄今为止的许多实验（包括阿斯派克特所做的）都证明了贝尔不等式是无效的。我还要补充一句，这一问题**与局域性问题毫无任何关系**，而为了检验这一不等式所做的实验，其目的基本上都在于此。

四、关于贝尔不等式的一席话

过去，当我说明贝尔不等式必然隐含着对测量统计的经典方案，故而同量子力学相抵触时，我惊异地看到，有一些人激烈地加以反对，而大多数人则漠然无视。现在，我却高兴地发现，许多作者又重新发现了这一颇为显而易见的事实。这里，我想再次按两种稍微不同的方式将事情说清楚：首先，我要（在一种更为心平气和的气氛中）重新引入我于 1976 年所提出的一种证明；然后，我再给出最近由德斯帕那特提出的对贝尔不等式的一种反驳。

1. 我于 1976 年提出的证明

在贝尔不等式的原始证明中（由 Clauser、Horne、Shimony 和 Holt 等人稍作修改），引入了一个积分

$$P(\boldsymbol{a}、\boldsymbol{b}) = \int d\lambda \rho(\lambda) A(\boldsymbol{a}, \lambda) B(\boldsymbol{b}, \lambda)。 \tag{37}$$

这表示了，对两个粒子的自旋沿 $\boldsymbol{a}$ 和 $\boldsymbol{b}$ 两方向作测量其结果间的关联。粒子在测量前是相互作用着的；A 和 B 是两次测量是的结果；λ 是一组隐参量（在系统的初态中给定），不妨假定，它的存在表示测量是决定论性相依的；$\rho(\lambda)$ 是这些参数**统计分布**，所有测量结果的平均值都借此而算出。$\rho(\lambda)$（如 λ 一样）在系统的初态中取定，以使测量结果的统计**不依赖于测量过程本身**。正是这一假设与量子力学相矛盾；这是显而易见的，即使是在一单个物理量的情况下，例如此物理量是两粒子之一的自旋，也是如此，借助于分布 $\rho(\lambda)$，我们不难定义概率 $P_a(\alpha)$，它是沿 $\boldsymbol{a}$ 方向测量粒子 a 的自旋时发现结果为 $A(\boldsymbol{a}, \lambda) = \alpha(\alpha = \pm 1)$ 的概率。我们也可求得对同一粒子沿另一方向 $\boldsymbol{a}'$ 测量时的类似概率。

的确，如果我们在隐参量的位形空间 $E\{\lambda\}$ 中定义如下的两个子空间

$$\left.\begin{aligned} E_\alpha &= E_A(\boldsymbol{a}, \lambda) = \alpha = E\{\lambda \mid A(\boldsymbol{a}, \lambda) = \alpha\} & \alpha = \pm 1 \\ E_{\alpha'} &= E_A(\boldsymbol{a}', \lambda) = \alpha' = E\{\lambda \mid A(\boldsymbol{a}', \psi) = \alpha'\} & \alpha' = \pm 1 \end{aligned}\right\}。 \tag{38}$$

那么，我们就可得到概率

$$\left.\begin{aligned} P_a(\alpha) &= P_r\{A(\boldsymbol{a}, \lambda) = \alpha\} = \int_{E_\alpha} \rho(\lambda) d\lambda \\ P_{a'}(\alpha') &= P_r\{A(\boldsymbol{a}', \lambda) = \alpha'\} = \int_{E_{\alpha'}} \rho(\lambda) d\lambda \end{aligned}\right\}。 \tag{39}$$

现在我们可以定义一个量

$$P_{a,a'}(\alpha, \alpha') P_r\{A(\boldsymbol{a}, \lambda) = \alpha, A(\boldsymbol{a}', \lambda) = \alpha'\} = \int_{E_\alpha \cap E_{\alpha'}} \rho(\lambda) d\lambda。 \tag{40}$$

这不是别的，正是沿 $\boldsymbol{a}$ 方向测量粒子 a 的自旋时发现其值为 α，而且沿另一方向 $\boldsymbol{a}'$ 测量同一粒子自旋时其值为 α' 的概率：它就是联合概率！

由于对每一自旋的测量只能给出值 ± 1（此处化为一单位值），我们就有

$$E_{\alpha=-1} \bigcup E_{\alpha=1} = E\{\lambda\}；E_{\alpha'=-1} \bigcup E_{\alpha'=1} = E\{\lambda\}。 \tag{41}$$

因此

$$\int_{E_\alpha \cap E_{\alpha'}=1} \rho(\lambda) d\lambda + \int_{E_\alpha \cap E_{\alpha'}=-1} \rho(\lambda) d\lambda = \int_{E_\alpha} \rho(\lambda) d\lambda。 \tag{42}$$

于是，根据（39）和（40）式，我们推得

$$\left.\begin{aligned} P_a(\alpha) &= \sum_{\alpha'=\pm 1} P_{a,a'}(\alpha, \alpha') \\ P_{a'}(\alpha) &= \sum_{\alpha'=\pm 1} P_{a,a'}(\alpha, \alpha') \end{aligned}\right\}。 \tag{43}$$

这就是（28.2）式。现在，引入如下的条件概率我们还可写出（28.1）式，

$$\left.\begin{aligned} P_a^{(a')}(\alpha, \alpha') &= \frac{P_{a,a'}(\alpha, \alpha')}{P_{a'}(\alpha')} \\ P_{a'}^{(a)}(\alpha, \alpha') &= \frac{P_{a,a'}(\alpha, \alpha')}{P_a(\alpha)} \end{aligned}\right\}。 \tag{44}$$

最后，利用（43）式，我们求得

$$\left.\begin{array}{l} P_a(\alpha) = \sum_{a'=\pm 1} P_a^{(a')}(\alpha, \alpha') P_{a'}(\alpha') \\[2mm] P_{a'}(\alpha') = \sum_{a=\pm 1} P_{a'}^{(a)}(\alpha, \alpha') P_a(\alpha) \end{array}\right\} \circ \qquad (45)$$

此即为(28.3)式。于是,我们看到,在贝尔不等式之前的假设中已隐含了对测量结果进行**经典**的统计方案,也就是,隐含了(与海森伯的不确定性和实验相矛盾)对同一粒子的两自旋分量作**同时**测量的可能性。

换言之,贝尔的错误正好与冯·诺伊曼的相反:后者将测量结果的**量子**统计归之于隐参量,而前者则将隐参量的**经典**统计归之于测量结果。二者都忽视了如德布罗意所指出的,隐**经典概率**与预测**量子概率**之间的差别。

2. 德斯帕那特的孪生学生问题(1979 年)

为了将定理按一既简明又普遍的说法表达出来,作者设想了一单纯的例子:他将自旋换成了双生子!

我们来考查这样一所大学,这里的每个学生都有一孪生兄弟(当然是真正的孪生兄弟),并且,讲授的和测验的课程仅为三门语种:拉丁语、希腊语和汉语。

首先,容易证明,在任何情况下(**不考虑**"孪生"假设),我们可以将学生分为三个"统计样本",并在测验后作出这样的断言:

"样本 1 中拉丁语和希腊语的毕业生数,不会大于样本 2 中拉丁语和汉语的毕业生数与样本 3 中没有通过汉语测验但希腊语都及格了的毕业生数之和。"

这正是贝尔不等式!但也许会有人反对道,这些语种太难了,某**一单个**学生参加的不同测验是会互相影响的(这些影响就是由测量造成的微扰!);这就是德斯帕那特为何引入双生子的缘故。这样,一场测验可以由孪生兄弟之一参加,而另一场则由另一弟兄参加(不会影响第一人),但对两人都会用同样的标准打分,因为已经假定了他们是一对理想的双生子。

看起来似乎是,我们就这样发现了贝尔不等式,而不用假定同一学生会参加两场测验。于是,也就不需要记住测量微扰这码事。这就错了!让我们来试试给出这一不等式的一个真正的证明。

为此,我们先将双生子分开以得到两组"孪生集合",每组又分为三个样本(分别记为 $1,2,3$ 和 $1',2',3'$)。在每一样本中,我们用 l,g,c 来标记拉丁语、希腊语和汉语的"直接"毕业生数(即自己参加测验的),$\tilde{l},\tilde{g},\tilde{c}$ 为"直接"落第的学生数,$\underline{l},\underline{g},\underline{c}$(或 $\tilde{l},\tilde{g},\tilde{c}$)为由其孪生兄弟代考而"间接"通过(或未通过)测验的学生数。当然,根据假定,我们有 $l=\underline{l},g=\underline{g},c=\underline{c}$,等等。

现在我们考虑下图:

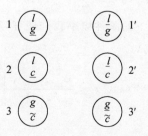

如果我们记$(l,\underline{g})_1$为样本 1 中的那些学生数,他们"直接"地通过了拉丁语且"间接"地通过了希腊语的测验,并按同样的方式引入类似的括号的话,则可将前面表述的贝尔不等式写成

$$(l,\underline{g})_1 \leqslant (l,\underline{c})_2 + (g,\underline{c})_3 。 \tag{46}$$

现在,为了证明此不等式,我们在样本 1 中作普通的分解:

$$(l,\underline{g})_1 = (l,\underline{g},\underline{c})_1 + (l,\underline{g},\underline{c})_1 。 \tag{47}$$

但三个样本都是统计等价的,因而

$$(l,\underline{g})_1 = (l,\underline{g},\underline{c})_2 + (l,\underline{g},\underline{c})_3 。 \tag{48}$$

现在,在每一样本中,我们都有

$$\begin{aligned}(l,\underline{g},\underline{c})_2 &\leqslant (l,\underline{c})_2 , \\ (l,\underline{g},\underline{c})_3 &\leqslant (g,\underline{c})_3 。\end{aligned} \tag{49}$$

将(49)式代入(48)式,就可得到(46)式。

不幸的是,我们在(47)式中引入的分解(为求得一不等式,除此之外我们还有什么办法呢?)隐含着,已经就学生的知识**直接**地考核了两门**语种**(例如希腊语和汉语)。我们讨论这些学生在物理上是有意义的,因为这意味着,为了证明不等式,最终我们不得不讨论"对同一物体去测量两个量",而我们又已经假定了这些量不是同时可测的。换言之,我们仍停留在这个假定上:测量的统计是**经典的**。

五、寻求新答案

人们也许会提出下面的难题:如果用隐参量构造一个模型,隐参量服从隐蔽的经典概率,但该概率是与测量结果的量子概率方案相一致的。这是否真有可能?为了回答这一问题,我们将给出一个基于德布罗意思想的自旋测量模型。当然,我们只是概略地描述一下,不是将它当作一个真实的理论,而仅作为一个例子。

主要想法是这样的:微粒永远局域在波上(尽管我们不能准确地知道在何处),而且,自旋在波上的每一点都是相当确定的,但不做特别的制备的话自旋就不能被测量到。这是因为,一次测量隐含着:(1)粒子的探测;(2)这样实现的状态,使得位置的大致确定能够唯一地决定自旋。

为简化起见,我们考虑非相对论情况。于是,缔合于波的粒子由一旋量表示,其两分量满足泡利方程。现在,贝尔用λ标记的隐参量则为粒子在波中的位置坐标r,因而,密度$\rho(r)$可写为

$$\rho(\boldsymbol{r}) = \psi^*(\boldsymbol{r})\psi(\boldsymbol{r}) = |\psi_1(\boldsymbol{r})|^2 + |\psi_2(\boldsymbol{r})|^2 , \tag{50}$$

且有

$$\psi = \begin{pmatrix} \psi_1 \\ \psi_2 \end{pmatrix}, \int \rho(\boldsymbol{r})\mathrm{d}V = 1 。 \tag{51}$$

在粒子的任一状态ψ中,我们定义一自旋

$$s(\boldsymbol{r}) = \frac{\psi^* \boldsymbol{\sigma} \psi}{\psi^* \psi} , \tag{52}$$

式中$\boldsymbol{\sigma}$表示三个泡利矩阵。

$$\boldsymbol{\sigma}_1 = \begin{pmatrix} 0 & 1 \\ 1 & 0 \end{pmatrix}, \boldsymbol{\sigma}_2 = \begin{pmatrix} 0 & i \\ i & 0 \end{pmatrix}, \boldsymbol{\sigma}_3 = \begin{pmatrix} 1 & 0 \\ 0 & -1 \end{pmatrix}. \tag{53}$$

(52)式意味着，若粒子在波 $\psi(r)$ 的点 r 上找到的话，它就有自旋 $S(r)$。但目前，我们还不知道粒子的位置 r，只知道(50)式给出的概率密度 $\rho(r)$。于是，自旋是一**隐变量**。

我们来考虑空间中两个不同的方向 a 和 a'。在做任何测量**之前**，如果我们假定，在一给定的时刻粒子局域在波中的一定点 r 上，则前面的公式就给出自旋在方向 a 和 a' 上的如下值：

$$s(a,r) = \frac{\psi^* r \cdot a \psi}{\psi^* \psi}, \quad s(a',r) = \frac{\psi^* r \cdot a' \psi}{\psi^* \psi}. \tag{54}$$

但要注意，$s(a,r)$ 和 $s(a',r)$ 这两个量是**同时定义**的但**并非是同时可测**的！不要将它们误认为是贝尔不等式中的 $A(a,\lambda)$ 和 $A(a',\lambda)$。后两个量是测量的结果。**到这一步**，这些量仍是隐蔽的量（我们将在下面考察测量的问题），并且服从一经典的统计。这一统计很容易构造，但它也是隐蔽的，而且要避免将它与测量统计相混淆。

为了建立隐蔽的统计，我们将 $r, s(a,r), s(a',r)$ 进一步简记为 r, s, s'，而且用 R, S', S'' 来表示随机变量，其可能的值分别为 r, s, s'。首先，我们有条件概率密度（δ 为狄拉克函数）：

$$\rho_s^{(R)}(\alpha,r) = \delta[\alpha - s(r)],$$
$$\rho_{s'}^{(R)}(\alpha',r) = \delta[\alpha' - s(r')]. \tag{55}$$

这无非是说，如果 R 取值为 r 的话，则根据假设，S 的取值当然是 $s(r)$，S' 的取值当然是 $s'(r)$。S 和 S' 的概率密度为

$$\rho_s(\alpha) = \int \rho(r) \delta[\alpha - s(r)] dr,$$
$$\rho_{s'}(\alpha) = \int \rho(r) \delta[\alpha - s'(r)] dr. \tag{56}$$

在这里，我们看到，粒子在波中的**位置** r 起着贝尔不等式中 λ 的作用。$\rho(r)$ 由(50)式给出。我们不要忘记前面所说过的，该概率不是隐蔽的而是**存在的**。当然，我们还可以定义 S 在 $(\alpha, \alpha + d\alpha)$ 中取值**并且** S' 在 $(\alpha', \alpha' + d\alpha')$ 中取值的联合概率为

$$\rho(\alpha, \alpha') = \int \rho(r) \delta[\alpha - s(r)] \delta[\alpha' - s'(r)] dr. \tag{57}$$

立即可以验证

$$\rho_s(\alpha) = \int \rho(\alpha, \alpha') d\alpha',$$
$$\rho_{s'} = (\alpha') \int \rho(\alpha, \alpha') d\alpha. \tag{58}$$

于是，我们有了经典的统计方案(58)式，从该式中可以推出贝尔不等式。**但此方案是隐蔽的。故而贝尔不等式也是如此**。这是因为，如果我们试图**测量**一自旋分量而不干扰波的形式、不改变密度 ρ 或其他所有概率分布的话，我们就不可能成功。

为了确信这点，我们先来考虑对平行于某一方向 a 的自旋分量的测量。让粒子进入一取向为 a 的非均匀磁场中就可进行这样的测量。这一磁场将波分裂成两个独立的波列。于是，如果粒子在某一波列中被找到的话，我们就可认为 $s(a,r)=1$，而若在另一波列中找到粒子的话我们则知道 $s(a,r)=-1$。

将方向 a 取成 z（即 x_3）轴，根据（50）和（52）式，我们有

$$s(a,r) = s_3(r) = \frac{\psi^* \sigma_3 \psi}{\psi^* \psi} = \frac{\psi_1^* \psi_1 - \psi_2^* \psi_2}{\psi_1^* \psi_1 + \psi_2^* \psi_2} \text{。} \tag{59}$$

$s_3 = 1$ 的波列是这样的：

$$\psi^+ = \begin{pmatrix} \psi_1 \\ 0 \end{pmatrix} \text{。} \tag{60}$$

而 $s_3 = -1$ 的另一波列则为

$$\psi^- = \begin{pmatrix} 0 \\ \psi_2 \end{pmatrix} \text{。} \tag{61}$$

离开磁场的总波为 $\psi = \psi^+ + \psi^-$，但因为两个分量在空间是分开的，并占据两个分立的区域 R^+ 和 R^-，故而，得到自旋 s_3 分量为 $+1$ 的概率是

$$P_3(+) = \int_{R^+} = \psi^* \psi \, dV = \int |\psi_1|^2 dV \text{。} \tag{62}$$

而得到 -1 的概率是

$$P_3(-) = \int_{R^-} = \psi^* \psi \, dV = \int |\psi_2|^2 dV \text{。} \tag{63}$$

波的归一化保证

$$P_3(+) + P_3(-) = 1 \text{。} \tag{64}$$

可以这样理解，即自旋的 s_3 分量才有分布值，而 $P_3(+)$ 和 $P_3(-)$ 给出了分布所服从的基本概率规律。还可以发现，这样的一个规律不同于测量前产生隐分布的规律。

我们现在假定，a' 方向为有别于 a 的另一方向上的待测自旋分量方向。于是，我们应当再增设一台仪器，除了磁场的取向应为 a' 方向以外，它完全类似于上面的那台。因而，它又将初始波分裂成两个波列（显然与上面得到的不同），每一波列对应于分量 $s(a,r)$ 的 $+1$ 或 -1 值。进而，我们就得到了对应于这两个值的一定概率 $P'_3(+)$ 和 $P'_3(-)$，其表达式类似于上面所给出的那几个式子。但是，为了做到这一点，需要改变参考系，z 轴不再沿 a 方向而应取成 a' 方向。在方程（62）和（63）中，显然我们又有了新的函数 ψ'_1 和 ψ'_2。

可见，如果假定隐参量是粒子的坐标的话，那么，测量一自旋的两不同分量，要求将初始波列作两次分裂，两次分开的波列是不一样的而且互不相容。显然应有，从属于初始波的概率密度 $\rho(r)$ 在磁场的作用下给出两个不同的密度 $\rho(a,r)$ 和 $\rho(a',r)$，它们对应于自旋的 $S'(a)$ 和 $S(a')$ 两分量的测量。

这里，我们当然无法写出类似于（37）式那样的积分，即用 A 和 B 来表示测量结果。于是，该隐变量理论彻底粉碎了贝尔不等式的基本思想。

六、结论

上面已强调说明了德布罗意思想中的主要概念，这就是，他坚信：物质波在物理上是存在的；微粒是局域于物质波中的；波频与粒子的钟频间的关系起着突出的作用。简要概括起来，这就是德布罗意的科学遗产。

现在，只能将其双重解理论看作是一种可能的模型。为了在这些概念的基础上构造一个理论，他提出了这一模型。实际上，尽管这一理论有着某些引人之处（如有可能将波粒二象性加以形象化），而且对波传播问题也得到某些特别的结果（如对衍射现象的描述），但它尚处于襁褓之中。

然而，即使是在目前的状况下，该理论已经导致了两个重要概念的形成，即：量子力学中**孤立子**的引入（30 年前），以及物理上的（不仅是操作上的）量子测量理论的研究。尽管后者仍限于第一种类的测量（即**没有**干扰相关的粒子）且仅在某些特殊情况下适用于第二种类的测量（即**有**关联）。

该测量理论建立在与隐参量有关的普遍概念之上。由于许多物理学家固执地无视这一非常重要的概念，因此我想不厌其烦地强调：我现在所说的当然是，如果要谈及隐变量的话，就绝对地要求区分开隐蔽的、预测的和存在的概率。当我看到，在这一问题上，本书中的其他大多数文章所持的观点与我的观点有分歧时，我想再次强调我的主张：我认为，贝尔不等式完全是与量子力学的统计陈述相抵触的，而在为检验贝尔不等式所做的所有那些实验中，量子力学的统计陈述当然是与物理事实相一致的。据此，贝尔不等式在实验上的破缺与所谓"非局域性"或"非可分性"**毫无瓜葛**。我的看法是，这种破缺不过是表明了，**量子概率不是经典概率**；这一事实是半个多世纪前发现的，妙的是它又再次得到证实。但也许没有必要做那么多复杂而又精致的实验，如果仅仅是为了接受这一事实的话，依我看，这种实验的真正兴趣在于证实量子力学的如下陈述的正确性，即可以将两个（先前作用着的）粒子看成是构成了一个纯态。该陈述原先是用在非常小的体系（如分子）上的，但要说它对空间上的分离远达数十米的粒子仍保持成立，这在先验上一点也不显然。而事实上它确实成立，这才是名副其实的进步。也许这一事实就是一个谜，但无论如何，它并无碍于隐参量的可能存在。其基本理由是：否定隐参量的断言是以一不等式为基础的，此不等式作了一统计假设，而它甚至对于**单个**粒子也不成立，于是，该不等式也就失去了任何物理意义。

我不能仅以这几句评述作为结语。我还要提请诸位注意到这样的事实，即在科学发展史的某一阶段，一个人所能做得最好的事情莫过于偏向这样或那样的理论假设并提出或多或少的有益论据。对于一个科学论断的最终描述，人们必须格外小心。因为任何科学论断总是有待于修正的。科学中，将一主张说得天花乱坠不留任何余地是非常危险的，即使是暂时没有人提出异议。（眼下并非这样！）这种态度不属于科学问题，而是思想意识问题，要说它的功用是引起后辈嘲笑倒是十分贴切的。当然，这面镜子既照人也照我自己。我从未忘记，有可能精心构造出一种新的微观物理学，而与隐参量毫无关系。但是，仅仅考虑到一种可能性并不等同于强令他人去接受一条最终的科学禁令，其间还是有着巨大差别的。

（参考文献略）

在波动力学思想上德布罗意
与薛定谔之间的异同[*]

洛切克（Georges Lochak）

一、引 言

很奇怪，德布罗意和薛定谔相互之间并不熟悉：他们很少晤面，一生中通过的信也只有半打。德布罗意从未告诉我，他们间有经常的科学通信。当薛定谔夫人授权奥地利科学院出版其丈夫关于波动力学的通信时，其中没有一封是德布罗意的信，或者给他的信的复本。

尽管德布罗意和薛定谔只通过正式的论文渠道进行交流，但他们之间确有默契，这正好说明了为什么他们能共创波动力学。而他们的思想却相互补充。他们都尊重对方，甚至互相崇拜，但他们之间从未发生过严重的优先权问题。他们主动承认对方的贡献，正如经多次引证的那段话中所说的：

"首先，我不能淡忘这一事实：推动目前工作的原动力就是德布罗意先生的杰出理论。"薛定谔1926年在其第一篇名著中写道。随后他又指出：

"德布罗意和我的理论不同之处在于，他只考虑行波，在全波处理基础上得到驻波。"

正是这一思想打动了德布罗意，因为这意味着几何光学近似在原子内部的失效。在德布罗意的第一篇评论文章中，他称之为"薛定谔的基本要点。"

在相当多的地方他们见解一致，但涉及物理实在或者波动力学的根本目标时，他们又有很多分歧。消极的影响是阻止他们通力合作，积极的方面是理论得以扩充。在修筑同一座宫殿时，他们是如此密切，但当考虑到理论的各个方面和发展可能性时，他们又如此疏远。

下面我要谈谈德布罗意和薛定谔观点间的主要异同。但首先我想谈谈他们在关于科学文化、历史方面的一致性观点。这些观点从根本上将他们与哥本哈根学派区分开来，同时又不仅使他们两人，而且使他们与另一个熟知的导师爱因斯坦联成一个整体。爱因斯坦的思想正是波动力学的源头。

（1）首先，德布罗意和薛定谔相信现象的客观实在性。他们赞赏爱因斯坦的著名见解：

---

* 译自 *Foundations of Physics*，<u>17</u>（1987）1189～1203。（1987.4.20.收到）

"物理系统有一种'真实状态',它客观存在,并独立于观测和测量,进而在原则上它能以物理方式进行描述……我毫不含糊地将这一观念称作我思想的核心。"

(2)作为上述这一观念的结果,他们坚持应用经典概率概念,反对哥本哈根学派所引入的量子力学概念。因此,薛定谔写道:

"这些天来,我感到概率概念的混乱十分可怕。概率是不确定性的描述,只有用于判断某事**是**这样或**不是**这样时才正确,反之,其意义就是人们已确定了的事**是**这样而不是那样。概率判断预先假定了所有现象对应于'实在'……而在量子力学中人们的做法好像是概率描述**只能**用于'实在'模糊了的事件。"

我们可以在德布罗意的许多书中找到同样的句子。例如:

"玻尔和海森伯的诠释不仅将物理学完全归结于概率,而且赋予这一概念以新的科学含义。而经典时代的所有巨匠,从拉普拉斯到庞加莱,则经常宣称现象是可测的;概率之所以被引入物理学,乃是我们不知如何或无法进行完备测量。按照目前量子力学诠释,我们使用的是'纯概率',它不是来自隐含的确定量的结果。"

(3)德布罗意和薛定谔都相信物理学不仅能解释观测到的现象,预言新的结果,而且能对时空中发生的自然现象进行可理解的描述。除必要的数学形式外,这种描述不应当是只有少数人才懂得的东西,而应当通过多种渠道介绍给每个人。否则,科学将与其背景和文化根基相隔裂。遗憾的是,科学正处于这种状态。薛定谔和德布罗意在文学、诗作、历史方面都受过良好的教育并具有雄厚的个人素养,所以他们比任何人更清楚这种令人恼恨的情形。难怪他们经常提到这些。

在《有量子跃迁吗?》一文中,薛定谔写道:

"物理学不仅要设计新颖实验,而且要得到观测现象的合理解释。所以我确信,隔绝历史背景的严重危险……理论科学从未意识到,这些与目的有关的重要结构显然是由概念堆积起来的,而概念则有赖于社会教育。概念是普遍的世界图像——理论科学中的一部分。我说的意思是,哪里忘记了这一点,那里的创造思想便只能由一小群冒险家所理解,那里的创造就必然与其他文化思想相隔绝。"

薛定谔称现代物理学中古怪而又无用的抽象为贡戈拉主义[①]。

在"德布罗意基金会"所举办的研讨班的开学典礼上,德布罗意也有同样的说法:

"我相信,当我们开始研究某一领域中的物理现象时,有必要将它们作为一个图像的源头。这正是普朗克所断言的,每一个理论都必须有一个世界图像,即德语中的**世界观**……理论家所使用的数学表达,只是对被研究对象的特征进行精确描述的手段,而不能将其演化为简单的智力体操。"

在早年的一本书中,德布罗意写道:

"人们可以毫不夸张地断言,知识只有一个目标:我们的内在生活。我们所知道的一切皆来自它,并受其检验:我们的思想、理解、感觉、动机、希望、判断或行为的欲望和科学本身。这就是为什么在我看来,除涉及全部人类生活的那种文化外,没有其他真正的文化的原因。"

---

① Gongora(1561—1627),西班牙诗人,晚年陷于神秘主义。

　　无论德布罗意或薛定谔都不满意哥本哈根学派用含糊不清的哲学构筑起来的那种特别的"人择"科学。

　　"某些人对波动现象提出了一种超验的,几乎是心理上的解释……当我们听到这些情况时,德布罗意一定也同我一样感到震惊和沮丧。"

　　薛定谔这样写道。(爱因斯坦也有同样感觉)同年,作为回答,德布罗意写道:

　　"玻尔在近代物理学中所表现出来的风格与伦勃朗相仿,他经常表现出对'明暗对照''阴阳互补'有着强烈的嗜好。他曾以他的风格说过,粒子是在一定的时空范围内无法确定的客体。至于波,在他眼里甚至比粒子更没有价值:波已失去了原先的物理意义,它仅仅成了探测概率的一根拐棍。"

　　德布罗意经常怀着谨慎的欣赏引用薛定谔的妙语:"ψ波理论已沦为心理学理论。"

　　(4)我们可以说,哥本哈根学派和德布罗意、薛定谔观点之间的矛盾可以用一个简单的方式加以概括。追随玻尔的理论物理学家在某种程度上认为,量子态和量子跃迁是一种并且是唯一一种描述物理世界的方法。为了抓住现象,并在新的"哥本哈根精神"中诠释它们,他们因此发展了数学形式。截然不同的是,德布罗意和薛定谔反对将量子态和量子跃迁用作新量子大厦的基石。他们努力解决的问题是想搞清楚微观世界**为何表现**得如此古怪,并想找到一种新的描述来替代这些古怪性质;这种描述仍然采用时空中的连续过程;且物理直觉仍适用于它。

　　正是为了解决这一基本疑难,使他们发现了波动力学。但他们之间却产生了根本的分歧,因为德布罗意想去**解释**和**描述**量子和量子跃迁,而薛定谔则想先去**取消**它们。

二、有量子跃迁吗?

　　实际上,该问题不是德布罗意在波动力学初创时期所询问的那一个。他问的是:"**为何有量子态**?"并且他的第一个回答不是驻波思想,而是粒子性思想:他假设粒子具有内在周期运动,粒子划出闭合轨道;只是当内在运动周期是轨道周期的整数倍时,此轨道才是稳定的。

　　人们会明白这一思想所体现的绝不是惠更斯或菲涅耳的精神,而是牛顿的精神,还与用发射和反射的牛顿"猝变"理论解释其著名的干涉环很相似。在德布罗意工作的第二阶段,当他明白无法使其上述思想保持相对论不变性,但只要波动与粒子以简洁形式缔合起来,后一个条件立即得以满足时,德布罗意不得不承认引入波动的必然性[①]。但应当注意到,德布罗意并未抛弃粒子性或内在频率的假设:他的第一个关于量子态(开普勒轨道的玻尔量子化)的解释并非基于驻波,而是基于他所假定的内在频率与波频之间的"相位和谐"(其结果便是协变)。作为评注,他又指出:

　　"因此我们知道为什么确定的轨道是稳定的,但我们不知道一条定态轨道是**怎样**跃迁到另一条定态轨道的。只有借助于经适当修正后的电磁理论,我们才能研究伴随这种运动的瞬态变化。但我们至今还没有做到这一点。"

---

　　① 在德布罗意的《微观物理学中的新远景》一书中为"猝变"理论加了一段评语:"什么是出色的思想,什么是波动力学的原型? 它产生在科学史的早期,尽管没有得到发展但也没有被忘却。"

很清楚,从初创波动力学起,德布罗意就否定量子**跃迁**,但承认量子**渐变**,并且希望将来有可能将它作为一个动力学过程加以描述。

薛定谔的立场大不相同。当他问"有量子跃迁吗?"时,这意味着他完全拒绝这个意思,甚至包括量子态间的渐变。例如,他在《统计热力学》*一书中写道**:

"认为一个物理过程包括了能量包在微观子系间进行持续跳跃式的转移,这一观点认真思考起来,除了有时当作一个方便的比喻外,常常是行不通的。"

在一本书的附录中,薛定谔讨论了在不假设每一微观体系占据一个能级,而在狭窄的能级间随机跃迁的条件下,能级模型是否满足热力学平衡的情况。薛定谔的批判尤为深刻:

"当详细地描述所谓'稳定'态时,原子具有通常的、比较平凡的周期。但如果碰巧没有这种态,则有关的渐变周期或量子跃迁理论也就没有了……"

"……它们中一定有什么在发生!"德布罗意补充说。他引用了薛定谔的话,并赞同这一批判。

但同意一种观点要比赞成一项计划容易得多。实际上,德布罗意从未同意过薛定谔的主要思想,即强调态叠加,原子辐射相当于弦或金属板的振动发声等,尽管他一生中甚信相似性。这种相似毫无疑问是薛定谔连续解的产物。薛定谔巧妙地运用这种方法,它不仅能计算频率、极化,而且能计算谱线的相对强度,其结果惊人地准确。虽然计算如此成功,但薛定谔仍认为声光相似才是波动力学最显著的特征。这一观点博得几乎所有其他人的赞同,只有德布罗意是例外,因为难以用光的两种(波和粒子)性质来协调这种相似。

德布罗意不赞成薛定谔的思想,正是出于这种考虑。而随着他们在波粒二象性上的分歧增大,观点的分歧也愈来愈深。

三、有粒子吗?

这一重大问题的答案决定了波动力学描绘出的世界图像,波动力学两位伟大的主角的分歧即在于此。人们或许能说出个大概,但不敢断定,德布罗意是牛顿的继承者,而薛定谔却追随着惠更斯和菲涅耳。人们觉得不太合理的是,德布罗意是那么深知波动理论,惠更斯和菲涅耳的概念又是那么的触动着他,而他在这一领域中发表了大量的论文,他甚至有点崇拜菲涅耳,这不仅仅是科学家之间的崇敬,而是有一个偶然的巧合:菲涅耳正好出生在诺曼底(Normandy)的布罗意(Broglie)城①——他家族的封地上;德布罗意视其为兄长。

如果我们还记得这些的话,这听起来似乎有点矛盾。其实不然,德布罗意的先驱的确是牛顿,正如上面所说的,因为牛顿只相信粒子而不是波。德布罗意经常强调,波不是能指出的东西:我们看到的只是粒子,它携带着即使不是全部也至少是大部分的能量。

---

* Schrödinger. E. , *Statistical thermodynamics* , Cambridge(1952)中文版,《统计热力学》,科学出版社(1964)。
** 有关译文引用徐锡申的;与本文中其他译文相比,在有些术语上有细微的差别。
① 菲涅耳的父亲是一位建筑师,曾在布罗意城工作。

波的作用是引领运动,在由绕射(衍射)波所具有的势能(量子势)影响下,它会在障碍物附近偏折。这几乎全同于牛顿所想象的光衍射:由于附近的障碍物通过"以太"对光粒子施力,以太折射率的微小变化将使光线偏折。我们不要忘记牛顿的"猝变"理论和德布罗意的"内在频率"有极大的相似,"内在频率"通过**相位和谐定律**与波频缔合起来。"如果我确实有过这么一个(伟大的)思想的话,那无疑就是我在 1924 年于我的博士论文第一章中所表达出来的相位和谐定律。"德布罗意这样说过。但薛定谔思想绝对地不同,因为他将自然描述成是由波所组成的,而且只有波,如同光在惠更斯和菲涅耳心目中一样。当然,牛顿**选择**粒子诠释是因为它适于阐明直线传播,但不要忘记衍射问题仍未完满解决。因此薛定谔情愿**选择**用纯粹波来描述物质,而将它意识到的巨大困难置于一旁。他在《物理评论》上写道:

"这里采用的观点……质点是且仅仅是波动系统。这一重要概念或许是错的。事实上,为什么只有与具有有限质量和电荷的点粒子有关的波动系统才存在于自然界,这无法解释。与此相反的其他观点,则略去了德布罗意波的性质,它只能处理质点的运动。这一观点已给原子力学带来严重的困难——将在 100 年以后得到发展和改进——在其对应物上施加夸大了的力,似乎不仅不危险,而且正是所必需的,至少目前是这样。这样做时,我们当然会意识到,物理现象的共同特征可能正是由这些极端情况的协调一致体现出来的。"

薛定谔关于德布罗意波的第一篇论文是统计力学方面的。他在文中提到,没有粒子只有波包。而且他也立即知道了如果推广现有理论将引起的争论是什么,至少在波动的线性理论中。

但不管概念中的困难在何处,薛定谔仍选择了纯粹波动描述。他马上得到了回报,因为这使他跳过了几何光学近似。而德布罗意不受此制约,他毫不犹豫坚持轨道和向导定律。人们将发现,德布罗意的概念在传播现象上(粒子的特权)优于薛定谔的概念;而在定态现象方面(波动的特权)薛定谔则优于德布罗意。原子是束缚系统,这正说明了在波谱领域中薛定谔取得直接辉煌胜利的原因。

涉及"实在"到底表现为波还是粒子的问题,德布罗意和薛定谔对此的反应明显不同。德布罗意在其学位论文中喜欢证明,由于相对论理由,代表波动性的多普勒效应,移动镜面上的反射、黑体辐射的压强等,都可以由光的纯粹粒子(光子)性推导出来。而薛定谔则喜欢证明代表粒子性的康普顿效应等现象,可以由波动理论推导出来。

但德布罗意经常将康普顿效应和光电效应看作是波动理论的绊脚石,因为它似乎更符合粒子表象的范畴。这也是洛伦兹在 1926 年的意见:

"无论从氢原子电子中得到什么,我们也一定能从其他原子的电子中得到它。我们一定要用波动系统代替它,但我怎样才能理解光电效应和热金属发射电子的现象呢?粒子性在这里显得很清楚,不可动摇。但一旦将它们分离,又怎样使它们重新凝聚起来呢?"

这也是爱因斯坦的见解:

"……最后,在我看来,它似乎应在有力——例如势能(或者例如康普顿效应,在波场中)——作用的地方,置以一种有原子结构的东西。"

　　当然薛定谔与德布罗意之间的反差似乎并不强烈,因为两者有重叠。真正的差别在于德布罗意(当然也有洛伦兹,或许还有爱因斯坦)相信波中的粒子具有**永久**的局域性;更确切地说,德布罗意认为粒子表现为局域于波中的峰。他明白这种情形只有在非线性方程中才存在,因而他经常引用**孤立波**的例子;他的驼峰状波实际上是**孤立子**。但另一方面,它也可以被认为是薛定谔波包的复杂形态。这并不奇怪:我们不能忘记波动力学中的群速度理论是由德布罗意提出来的,而薛定谔的波包概念正是有基于此。

　　但他们无法调和!因为最终的差别在于薛定谔不相信局域粒子,正如他在纪念德布罗意50周岁纪念文集与一篇文章中所说的:

　　"这些不一致将在改进了的波动理论中消失,该波动理论永远不会被骰子奇迹所取代。当然它不是昔时的海波理论,而是基于粒子二次量子化和连续性的精巧理论。"

　　对薛定谔来说,粒子不是永恒的物性,而仅仅是一些实验设施的响应特征;二次量子化计算会给出安排。需要注意的是,以上所引洛伦兹的观点,从纯理性上来讲仿佛不能令人信服:还未证实从原子实体中离析出来的电子与原子内部的电子具有相同的性质。

四、空间、时间、相对论

　　不容置疑,薛定谔忽略了相对论!他经常偏离相对论,而德布罗意则忠实地坚持它。

　　相对论是德布罗意理论出台的骨架:(1)因为他的"相位和谐"规律基于相对论不变性;(2)通过将等式 $mc^2 = h\nu$(m 为粒子质量,ν 为波频)进行推广至动量平方和波矢平方,他发展了**光学**和**力学**的相似性,得到了著名的**波长**公式 $p = hk$。没有相对论,德布罗意无从理解波动力学。这也是他致力于狄拉克方程而很少顾及薛定谔方程的原因(其光子理论的出发点就是狄拉克方程;他的几乎所有工作都是基于相对论的)。需要强调的是,尽管他深知哈密顿在光学与力学相似性方面的工作,但他仍将注意力集中在费马原理和莫培督原理上,因为他需要轨道和射线。

　　与此相对,薛定谔放弃了相对论、轨道和射线,但也取得了同样的成功。在他看来,光学和力学的相似性(他已知道了很长时间)是哈密顿的;因此他的工作基于哈密顿-雅可比方程,也即是基于哈密顿主函数与波相之间的相似。值得注意的是,在这些概念中只有轨道和射线的**集合**或**系综**才是直接定义的;独立运动当然也能定义,但只适用于一种特殊情形,其前景暗淡。这或许仅仅是迈向彻底的波动理论的第一步。放弃独立粒子,选择纯粹的波动立即给薛定谔带来直接的好处:(1)他的著名的方程;(2)**连续解**思想,其中不出现粒子但得出许多优美的结果;(3)**粒子系统**的方程;由于众所周知的原因,该方程未能纳入相对论框架。

　　后一个方程存在于基矢空间中,这使德布罗意感到十分困惑。因为,对他来说太难以接受这种波了。这种波所能给出的物理衍射效应(在 $\mathbf{R}^3$ 空间),应当在抽象的 $\mathbf{R}^{3n}$ 空间中失效,但薛定谔下意识地用了惠更斯原理!德布罗意认为这种处理只是权宜之计。他在物理空间中的理论系统上做了许多尝试,但只取得了部分成功,薛定谔对其理论系统也存在类似的保留。他在1927年的索尔维会议上说:

　　"不言而喻,q 空间的使用,只是数学技巧;此外,它常用于早期力学。归根结底,事件将在一个时空中描述，但实际上人们还未能成功地协调这两种观点。"

随着时间的推移，他的理论系统被证实为是成功的。薛定谔习惯于在 R^{3n} 空间中写出他的方程，并认为将要完成的最后目标就是进行时空中的预测。情况就是这样。另一方面，德布罗意从未让步，他坚持需要的不仅是一个预测现象的时空，而且必须在时空中描述它们。他认为 R^{3n} 波不是真正的波，而波只能是物理空间中粒子的个体的波。R^{3n} 波不可能比一种统计特征更好，它模糊了个体性质。

在空间和相对论波动力学的发展中当然不能抹杀薛定谔对狄拉克方程所作的贡献。我用一小节谈谈这些。他在这方面写了不少论文，其中我只知道他用法文写的一篇长达 40 页的论文（恕我寡闻）。那是德布罗意邀请薛定谔来庞加莱研究所时，他所作的报告。

在此文中能找到著名的**震颤摆动**，以及有关此现象的原因是正负能量波之间相干的证明。负能量显然最令薛定谔担忧：在当时，它不仅是个物理难题，而且对所有的物理学家来说，都是个折磨人的疑问[1]。薛定谔尝试着分离出狄拉克方程中的"有用"部分，特别是速度的"完整"部分，它独立于混合能量。在无外力场情况下，它与哈密顿算符对易。但"不完整"的那部分不对易。（可得到**震颤摆动**。）然后他对略去的"不完整"部分提出了质疑。略去它就等于略去了正能量至负能量跃迁的可能性。它发现，它只能产生很小的"扰动"，但"小"而不能忽略，因为它们与真空极化相对应，且负能态实际上是正电子态；这是我们后来才知道的。因此，略去"不完整"部分不是个好主意。但将它与"完整"部分分开确实有趣。此外，这一难题使薛定谔提出了一个至今都未解决的疑问：当考虑光的线动量和海森伯的不确定关系引起的麻烦时，如何在量子力学中调整伽利略系统中不同点上的时钟，使其同步并符合爱因斯坦著名的相对论陈述。薛定谔的结论是：

"德布罗意的结论基于相对论，也可以这么说，充满着相对论。当人们在研究中企图寻找波动方程和本征值这一显眼的问题时，他们对最初被迫**抛弃**相对论观点感到有点害臊。希望这仅是临时的、短暂的情况，并且当方程中再次引入相对论时将不会有这么多的麻烦。但是相反，这些麻烦似乎年复一年地在增加，已到了令人吃惊的程度。"

有一些问题，如负能量，自这些文章问世后已得到了令人信服的解决。但我们从本质上注意到，薛定谔的态度仍然固执。德布罗意也一样，他认为，即使找到满足洛伦兹不变条件的波动方程，而且此方程也能给出许多重要的结果，但也不能认为量子力学和相对论已达到最终的协调。我们不得不寻求一条将这两种理论的世界图像综合起来的道路，即：找一幅共同的世界图像，它必须比仅用代数规则得到的结果具有更多的东西。

五、薛定谔思想在现代量子力学中的作用

一天，一位朋友告诉我："如果你找到了对他们（科学大众）方便的公式或实用的结果，那么'他们'将不得不听你的，至少让你讲。"

当然，很少有人找到像薛定谔方程那样实用的结果。显然，"他们"将允许薛定谔讲，

---

[1] 参阅 de Broglie. L., *L'électro magnétique*, Hermann,（1934）Pauli. W., *Die allgemeinen prinzipen de Wellenmechanik*, Springer,（1958）。

而同样的德布罗意，则完全沉默……因为，如果科学结果能使发现者在社会中取得一席地位的话，那么他不必去说服任何人去听他的见解，甚至他不讲使其成名的见解也行。需要澄清一下的是，某人可能出于不充足的理由却得到了一个好结果。徒有其名！这种情况事实上是有的，但不经常。辩论常容易驳倒他。当然也可以辩解说，如果结果好的话，这或许意味着理由不那么差劲。

结果的重要性与听众或读者之间的脱节的真正缘由在于：我们看待世界的方式与纯客观科学探究疑问的方式相去甚远，而在很大程度上受哲学、理想、流行思想的影响，尤其是流行思想的影响，它左右着谁对谁错的公众舆论。

在薛定谔时代，量子物理的主导学派是哥本哈根学派。实际上它不光是主导学派，而且仅有这一个学派：与哥本哈根学派对仗的只有少数几个人（无论如何他们是有声望的）。他们的影响无法与玻尔相比。因为玻尔不仅是学派领袖，而且他的思想确实与时代精神一致。逆时代精神而行，即便不是不可能的话，也常常寸步难行。最好是在未来的世纪中，某人能得到几个有兴趣者或志同道合者的理解。这就是薛定谔的情况。德布罗意同他一样，对此深感不满。

"我认为，德布罗意先生过去像我一样不喜欢波动力学的概率诠释，但此后长时期内，作为权宜之计，不得不接受它。"

他又说："可以预料会有这样的反驳：'先生，你能做得更好吗？'我可以坦率地承认，我不能。然而，我仍要求答辩，目前我几乎是单枪匹马地在探索着我的道路，并且是同一大群公认的、在思想路线上全力以赴的聪明人相对垒。"

在这些情绪明显地表露出来的那一年，德布罗意也觉得他的波，他的物理的和物质的波，在经过小孔或晶格后衍射或相干，最后却蜕变成一种概率幅，这难以接受。建立在他的物质波思想基础上的薛定谔体系，现在竟成了计算矩阵元和跃迁概率的工具，这使他决定拒绝接受。

这一切发生在 35 年前。但不能忘记，自此以后，事情基本上没有改观。这是十分自然的。因为在这期间什么也未发现。能够驳斥量子力学或者能开辟一个认为量子力学是严重地无能为力加以解释的新的实验领域，这样的思想或事实并没有出现。或许这样的重大发现正在我们的眼皮底下，正如在科学史上时有发生的那种，只是无人注意到罢了。

我们断言，只有当提出一个新问题——并且用新的精神加以**回答**时——量子力学才会有新的改观。只有新的科学结果才能动摇科学学派的垄断和它们的世界图像（或它们的不承认有任何图像）。新的科学结果将完全脱离这一学派诞生以来就有的精神及由此而来的科学框架。关于佯谬、哲学原理以及过于普遍的问题，如"这样那样的参量是否存在"之类，这些方面的斗争不会有最终的结果，因为给不出直接的结果就无法开辟新的科学战线。这些争论无法成为新理论的起点。一旦新理论产生，就是它们被抛弃之时。

作为结论，我想讲一段与这些问题有关的逸事。多年前，我在研究德布罗意中，经过对很多专题的长时间讨论后，突然我向他承认，有一件事长期地困扰着我，即涉及对爱因斯坦、薛定谔和他本人的非难的问题（实际上当时爱因斯坦和薛定谔已经谢世）。事实上不仅他们两人都支持他反对强大而团结的哥本哈根学派，尽管没有一个联合阵线，而且他们三人之间也相互指责其他两方理论中的不同观点。我便问："为什么你们不写一篇宣言,通过三人的权威声明,你们在发展反对正统诠释的课题中,哪些地方是你们一致同意的,哪些地方你们已经表达了一些共同的基本物理观点,正像人们熟悉的那样? 这样的文章会给许多年轻的物理学家留下极其深刻的印象。"

德布罗意回答的意思非常接近于下面这段话:

"在爱因斯坦、薛定谔和我之间的问题属于个人主义。我们每个人在过去都以自己的、且能被别人所接受的方式获得了重大成果。我们无论怎样也组织不成一个科学学派,因为我们不承认任何领袖,甚至爱因斯坦。尽管薛定谔和我深深崇敬他,将他视做主心骨、科学巨匠,但也绝不是领袖。事实上,哥本哈根学派基本上依赖于玻尔个人的组织才能和好斗精神。截然不同的是,无论是爱因斯坦,还是薛定谔,还是我,在我们自己的国内也不是领袖(遗憾的是,很长时间以后,才有国家接纳爱因斯坦和薛定谔)。我们都有学生和协作者,但我们中没有一人认为他本人是在以一个群体的名义发言,或者在表达共同的思想,因为我们每个人仍是孤单的探索者。因此,我们能一起发表什么声明? 只是否定(一些众所周知的事是反对正统诠释的理论和实践),或者对决定论、时空图像以及诸如此类进行普遍的考虑。但没有什么真正直接的东西。我们每个人做得最好的事就是在学生帮助下发展自己的概念,等待未来,等待必然到来的那一天。那时,新的实验事实将带来新的问题;为解决新问题,将重新审查量子理论的基本性质。"

(参考文献略)

德布罗意的物理学观[*]

洛切克(Georges Lochak)

德布罗意是一个直觉的、实在的和现实的思想家,有着三维空间中简单的物理图像。从任一量的本体论属性到深奥的数学表示,尤其是在多维空间中(例如在希尔伯特空间中)或在动力学组态空间中的数学表示,他都重新考察过。他认为它们只是方便的工具,因为

"有助于推理,十分实用而且在某些时候甚至差不多是必不可少的。但是人们切勿忘记",他补充说:"这些深奥的表示不具备物理真实性。物理真实性仅仅属于时间过程中在局域空间中的位移。"[***]

人们注意到德布罗意不说"在时空中";尽管他是相对论者,他还是认为

"平坦时空作为相对论的结果之一是有用的,当然多少含有不合理的特征。实际上,空间和时间是真实的而且是完全不同的。首先,时间延伸,对我们不幸的是,它永远在同

---

[*]　译自 *Foundation of Physics*,23.1(1993)123～131。(1992.11.2.收到)

[**]　见 Ann. Fond. L. de Broglie. 1(1976)116。

一方向,这就是它的基本特征;但在空间中,任一轨道及其逆轨道都是可能的。"*

他认为分析动力学和统计力学中的时间反演只能作为方便的理论虚构而不能当作物理真实。在他年轻的时候就思考过这一细节**,他弄清了一种简单的理论虚构(一种有用的模型)同一种实际的真实描述之间的区别。在确信其中存在着超乎我们之外的,并且是独立于我们的观察和我们的知识的某些事物之后,他认为物理学的任务不仅在于揭示预言现象的规则系统,而且物理学还必须在物理空间描述它们,并且为我们提供一种世界视角———一种"世界观",他经常用德语这么说。在意识到或迟或早所产生的世界图像的调整这种形而上学特征的必然性和必要性之后,他警告不要去做那种靠不住的物理理论:

"人们经常被太多地诱惑",他说:"去创立某些一般的,始终遭受修正的哲学理论,以掩盖科学知识的真相。"***

与此相关,他有一次给我一份短论文手稿****,并说了这些话:

"我过去学过写于 1900 年前后关于光学方面的某些工作。光学在目前是一门宏伟的理论体系。菲涅耳的计算,经过一代物理学家的完善和加工,仿佛给了我们一种光的完整和确定无疑的表示。然而本质部分是不清楚的,因为图像中不含有光子!"

但是同时他认为,尽管有其可以修正的特征,一种充分一般和实验上可以证实的理论允许有一种本体论的见解,某些有待于被科学发展最终确认为正确的事物是可以在新理论中被重新发现的,即使它们从根本上改变了我们的世界图像并给出了新的事实和新的原理。旧的图像并非被完全抛弃。它至少部分地将重新发现,并且以极限情况的形式出现在新理论中。

德布罗意不迷信任何被实验预言是正确的但不能提供一种世界图像的所谓权威理论——这就是他批判目前量子力学的原因——但他承认实验验证是真实情况的终极判据。他与布里渊类似,甚至属于少数绝对完全信赖广义相对论的物理学家之一:

"这是一种令人钦佩的数学结构,"他告诉我,"尽管形式复杂,它仍然是十分直觉的,而且是一座金字塔,其顶尖之处在于用很小的效应便可证实。由这一观点可知量子力学无法与之相比,量子力学有赖于一批不同的实验及其应用。"

相形之下,他所完全信赖的狭义相对论要比广义相对论更多地依赖于实验,狭义相对论隐含着量子力学的基础,特别是隐含着同样得到大量验证的波动力学的基础。

德布罗意另一个科学见解的重要观点来自他是一个彻底的原子学家;颠倒乾坤的是,他是一个以波动理论闻名的人,但他却将粒子置于第一位。人们可以从上面涉及光子的引证中看到这一点。他不是二元论者,直至他生命结束他都经常谨慎地不说"二象性",而代之以波和粒子的"共存"。这是他将他自己同真正的二元论者玻尔严格地区分开来的一点。

确实,对玻尔来说,波和粒子构成了事物的两张脸(正如众所周知,他用"互补性"来描述这一点)。对他来说,这两张脸是完全平等的,这张脸或那张脸仅仅以某种两分法相

---

* 见 Ann. Fond. L. de Broglie. 1(1976)116。

** *Ondes et mouvements*,Gauthier-Villars(1926).

*** *Gertitudes et incertitudes de la science*, Albin-Michel. (1966).

**** 他以这种习惯将论文的一部分给其学生,其中有他所写的要点和分析。

互排斥地出现在任一实验中：自然，根据玻尔，要回答是一个波的形式或一个粒子形式中的哪一个——但绝对不能同时是二者——依赖于我们提问题的方式。

相比之下，德布罗意拒绝像对称性那样的东西并坚持认为粒子比波更基本，因为"在人们的观察中，"他说，"它始终是粒子，而不是波。"我们只是从粒子碰撞的一种分布的统计效应来猜测波的存在。在实验场所中波和粒子是不平等的。况且，必须注意到一个粒子的空间位形只能支配微观物理学中人们所能构造的尺度；而所有其他的量（速度、动量等）都知道仅仅是间接的——它们来自位形的尺度。德布罗意拒绝在不同的物理量中谈任意对称性（习惯上公认，在量子力学中，数学对称性通称为"变换理论"），因为像形式上的对称性那样的东西，同实验操作相矛盾，在实验中不能用相同的步骤来处理不同的物理量。关于二象性，他还说过：

"它对表示粒子不再同时在其粒子性和波状形态两方面显示它本身的互补性原理是不够正确的。恰恰相反，在记录干涉或衍射的照相胶片上所显示的干涉条纹，是由无穷多局域亮点形成的，它表示了入射粒子的最终到达，尽管干涉条纹的总体效果是一种统计波的形态。"

然而，玻尔关于干涉实验的说法是不正确的；他说，如果人们想要找到两个干涉波中的粒子（光子或电子），人们就必须破坏干涉现象并使之失去波的形态。但是，德布罗意在论证此事时在方式上是与玻尔不同的：由海森伯的不确定性的原理玻尔否定有粒子轨道存在，德布罗意不仅研究轨道而且指出不能由实验确定它，除非人们能够沿着一条选出的轨道浓缩全部的波，而这与干涉现象是相矛盾的。[*]

人们在这里看到了德布罗意所持的不变态度：人们不能让他们自己既不用数学程式又不用重要原理来讨论实在。他需要找到来自经验的观念，以进行更深一层的研究。意味深长的是，撇开他的研究不谈，他不但在他的科学院办公室里接待理论家，而且更愿意长期倾听实验工作者和工程师们同他谈他们的工作，而且十分刻苦地和仔细地阅读关于实验物理中的高技术工作。在有了用一种有把握的方法而不是其他方法进行的可靠的物理测量之后，人们就会考虑他所说的正确的东西。也可能因此他不受理论家的欢迎，甚至到他逝世之后都如此。他不理睬他们，因为他发现他们相当固执。例如他曾对我说，在接纳青年研究人员加入他的工作之前，他希望他们能在实验室中工作几年；他之所以这样指出是因为进入组织之后再要改换不同的研究领域就困难了。他还向我坦陈，他在与庞加莱研究所的理论家和数学家们的合作中（在研究所中他走完了他的全部历程）也许有失误，那就是没有造就比以前更多的实验工作者。

现在还是回到波。根据他以前的工作，德布罗意发现自己处于一种相互矛盾的境地：一方面，他已从全部实验数据中看出了粒子起支配作用；而另一方面，他知道，光子像实物粒子一样，它之可以被预言成粒子仅仅是基于波的相位；这就是全部场论的真谛：我们所记录的既不是德布罗意波，又不是电荷、电流、光能或微粒碰撞的电磁场；但理论的基本方程是薛定谔方程、狄拉克或麦克斯韦方程；这就是全部场论。我们只知道力和物

---

[*] *Ondes et mouvements*，Gauthier-Villars(1926)，pp. 64～65.

质运动；还有我们将它们归于其中的引力场，不仅有最优美的场论广义相对论，而且还有可以被我们写成一种分析形式的经典牛顿理论。

所有重要的近代理论都这样建立起来以描述场，这是我们不想看到的。但是，多亏他们，才使我们有能力预言粒子的运动并追踪它们，而且可以测量其能量效应。而这种二象性仍有缺点，因为它是支配场的演化规律而对定义粒子的运动并非充分的：人们需要增加一个我们可以看出来的附加假设，它是关于服从运动定律的粒子的特殊的场行为，可以被最终地测量出来，于是便出现了一个中级假设，它仿佛是一种人为的东西。人们知道在所有的理论中都有一种趋势，那就是在一个服从一种独特规律的统一体中统一场和粒子，独特规律联结着粒子运动和场的演化。

电动力学中在这一方面的第一次尝试可追溯至 1922 年，它属于米，并在 1936 年由玻恩和英费尔德的新方程而发扬光大。其思想是用一个"波包"或电磁场中的一个"结块"来描述带电粒子，但至今未取得最后结果。广义相对论中一个类似的思想归功于爱因斯坦和格罗斯曼，但他们感兴趣的是用一个波包来代替作为引力场中无限奇异的点的类点实物（质点）的结构。多亏这一简化，使他们完成了在简单情况中对场方程演化的证明；引力场满足著名的爱因斯坦方程，它充分描述了奇点的运动而不需附加假设*。

从他的首次工作开始，在博士论文答辩前一周，在爱因斯坦之前，德布罗意就已认识到在波动力学中研究这一类似特征的必要性，并打算研究作为波的奇点的粒子**。在他们的论文结尾处，爱因斯坦和格罗斯曼也评论说（没有提到德布罗意的论文，毫无疑问他们还没有读到），他们的结果可以被应用于量子力学。因而爱因斯坦具有与德布罗意相同的思想，这就是他为何要在索尔维会议上支持德布罗意的原因。

但是在 1924 年德布罗意还不能进一步发展他的思想，因为他还没有波动方程。只是到了 1926 年，在薛定谔的论文之后，他才能尝试继续双重解理论方面的工作。这一理论只取得部分可喜的成果，还不能说最终成功，因为该理论只是一个完整的流行思想系统中的一部分；在流行思想系统中最终目标是在一个统一的包装下描述粒子和场。德布罗意的思想是 20 世纪伟大创造的标志之一，它至今未完成的事实并不出乎意料，因为波和粒子的问题也许是物理学中总是最难被攻克的。例如我们可以评论薛定谔本人试图用波包表示粒子给出对他的方程的诠释这件事；他的思想是不可行的，因为至少在他的方程中，波包将遭到快速弥散。

薛定谔的失败亦如德布罗意的失败，至少部分地是起源于量子力学的方程是线性的这一事实；线性方程的含义为，任意数的波的叠加仍是一个服从相同方程的波。这一特征在理论中起到的作用是概率诠释，但它既不传输可能表征粒子的稳态波包，又不能沿轨道向导这些波包。实际上，只在个别情况下需要用大量波的组合，例如人们发现在相对论的爱因斯坦方程中，就与量子力学相反，它不是线性的。于是，德布罗意需要抛弃量

---

* 例如早年有一种假设："短程原理"，是一个关于最短路径的原理。爱因斯坦和格罗斯曼定理证明了奇点必然随最短路径运动。

** *CRAS* <u>179</u>(1924)109.

子力学的线性,而寻求可以定义新波的非线性方程;这些新波与用作概率诠释的波不同,而必须是"实在的"能向导粒子运动的德布罗意波。无论如何,它与已发现的方程是十分不同的,因为**非线性不是一种特征而是没有特征**。其实,线性与其说是简单的特征,还不如说是方程中的特别种类;人们期望用增加较少的附加条件获得一个正确的方程。非线性不用先验地强加任意条件,因而为我们留下的是一个有多种可能性的方程。为了得到正确的方程,因而必然需要寻找新的特定原理,这既非德布罗意也非他的学生所能发现的。

这一关于非线性的研究是德布罗意原子学概念中的一个重要见解,它引导他探索宏观现象背后的各种微观结构。他知道,当人们为着手宏观效应及统计规律的阐述而在微观物理学中工作时这是十分自然的,而且按现状这种研究也不会结束。

"我关于这一课题的基本思想是,任何统计理论,即使它是完全精确的,都不是物理实在的完备描述。它仅仅是对我们来说是看不见的微观单元的分布的一种平均表示。这就是运动论及其推广教会我们的。这些可能是非常先验的论点道出了,目前一般来说是完全正确的量子力学,其实来自看不见的单元的无规运动的统计表示。"[*]

这种采用熟知的"隐变量理论"的约定并不会使我们误解德布罗意对一般的和有几分抽象的,存在某些变量的课题的兴趣。前一理论与他的兴趣相左。对他来说,隐变量的存在是显然的:自然界无疑比我们所了解的更为复杂,在它之中谅必会显示出仍不为所知的事物,为了掌握这些事物我们要引入新的参数,其中为我们所无法测量的就是隐的。对他来说感兴趣的问题,不是知道是否有参数存在,而是怎样寻找正确的实在,而且有一天能用实验识别它们。这就是德布罗意为何要提出双重解理论的道理;在双重解理论中有着十分简单的隐变量,换言之也就是粒子坐标的明确表示。我自然省略了讨论这一理论是否好的问题,但是它至少作为一种尝试性的物理理论尚在发展而且比抽象的论述优越。

德布罗意从不参与任何有关隐参量存在的讨论,除非他发觉他自己的研究中存在致命的缺憾。这种讨论的毛病是,任何有助于证明隐参量存在或者不存在的结果都是建立在预先设定参量在某一等级之上的:人们无法证明没有假设的定理。为了设定高等级的参量,人们就要强加最一般的假设,但它们仍然是假设。以上所有这些都始终是附加假设,其理由对人们来说也许是再明显不过的了,但在现实中它们只有部分明确性而规定了所研究的参数的等级。最后,如果人们所得到的实验结果是否定的,其结局是不平常的无论什么值,则所有的人都会说,那是预先设定的参数等级不够高。这就是在暗含隐变量满足量子力学假定的著名的冯·诺伊曼定理中所发生的事。它与贝尔不等式的情况类似,在贝尔不等式中人们不适当地将量子测量用于经典统计规律。

在很长一段时间内,同许多其他人一样,德布罗意对冯·诺伊曼定理是犹豫的,在25年中没有可能反对它。只是到了1951年他才看出这一定理必须被修正,并从它的制约中解脱出来。更迟一些,直到20世纪70年代中叶,他对贝尔定理还未加注意,对这种问题没有什么兴趣。他后来有兴趣仅仅是在明白了他自己的理论有可能成为靶子之后。然而,给予他的时间不多了,他其他的工作需要他剩下的时间;他因而要求我在他那里投入这一问题;我在他那度过了几个月。在他全部的时间里,他镇静地继续他自己的工

---

[*] *Ann. Fond L. de Broglie*, 1(1976)116.

作,因为贝尔定理还不能完全迷惑他! **必须说的是,即使因为我们不同意贝尔定理而同他辩论,但他还是德布罗意所赞赏的人,我们不乐意看到的是他的定理不仅变成德布罗意思想的对立面而且变成他自己的希望的对立面。**

在上面谈到的围绕隐参数的一段谈话中,德布罗意断言:"所有的统计理论……从来就不是物理实在的完备描述。"人们知道,他是一个决定论者。更确切地说,他是一位更特定的因果论者。"对你说,"他有一天告诉我:"我相信有我自己的自由意志。你猜想我信奉一般的决定论吧?"在这里他所评价的除了爱因斯坦之外还有他本身。但是,在其他方面,他认为:

"因果性研究是人类精神的一种本能追求。它贯穿于被公认的现象中;这些现象显示了它们自己对我们来说是有序的而不是随机的,而且可以从一个得到另一个;因果性与它们当中的任一个都有关;这就是对这些阐述所引出来的一个必然推断……科学研究的全部目标必须是最终地描绘这些明显的关系;这些关系存在于越来越多的隐层次之中并含有全部物理学实在的有序形态。在研究统一可观测现象的因果联系时,对我们仿佛不可取的、但往往是急功近利的通行做法是只为我们提供现象描述方面的进展,而没有提供阐明它们的真正本质。人们必须始终要想到有一种新的尝试,它能够在某一天允许我们较好地进行对保证物理现象有序性的因果联系的详细分析。"*

我们知道,这种模型主义和因果论的观点无情地将德布罗意同我们时代的大多数理论家分隔开,而他们更倾向于形式主义和非决定论,德布罗意的生活方式可参阅我的新著**。我只希望注意,到本世纪为止物理学仍是因果论的,而量子力学对我们的准则来说只是唯一的例外。非决定论"革命"毫无疑问是暂时性的;爱因斯坦认为它是一种"统计狂热",并确信是"**人们对时空表示的倒退**"***。对模型主义来说,像许多"诺贝尔通信"和像形式主义那两种趋向,都永远是背离了物理学的良心;在他们之中有一些伟人,经常从一条纲领转到另一条纲领来表明自己的信念。从这一观点看来,德布罗意不是例外。他认为他自己作为一个模型主义者实际上有他的固有偏爱,但在需要的时候他不会含糊的,他不会为获得结果而变成形式主义者,特别是不会为引起对代数公式的兴趣而抛弃相对论协变性。

因而,关于德布罗意,人们可以说,形式主义只是一种兴奋剂。他所擅长的领域是分析。人们记得,在所有这些分析中他提出过:莫培督原理与费马原理之间的分析,这两个原理与(涉及热平衡的)卡诺原理之间的分析,玻尔量子数与谐振现象之间的分析,光的偏振与极的取向(他首先引入光子的自旋)之间的分析,非线性方程的峰状波与水中的孤立波(后来的孤立子)之间的分析,作用量与熵之间的分析,物质波的"钟频"与温度之间的分析,等等。为了寻求一种物理图像,他不但综合了各种重大理论,而且对十分简单的分析兴味盎然,这些分析涉及他所知道的在日常生活中或在技术设计中的个别实际情况——因为他不像有些哲学家那样或多或少只是适当地关心伟大的思想,他这位作为本

* *Ann. Fond. L. de Broglie*,2(1977)69.

** *Louis de Broglie: Un Prince de la Sicence*,Flammarion,(1992).

*** Speziali. P.,*Einstein-Besso Correspondence*,Hermann(1972).

世纪伟人之一的物理学家也通晓物理学的全部应用，特别是电子学和无线电。他从他的埃菲尔铁塔时代打下基础，随着技术的全面发展，与专家对话，读他们的论文，并访问他们的实验室，他学会了这一切，而这些知识并没有难倒他。

德布罗意——物理学家和思想家

维吉尔（Jean-Pierre Vigier）

伟大的物理学家正在进行伟大的战斗。

《物理学基础》编辑部决定以两期特刊的形式来祝贺本刊最著名的一位编委 90 岁华诞，*说明他们非常重视这一事。当然，仅以两期的内容是无法完整地描绘出德布罗意教授过去所取得的全部成就的。在这里，他们所强调的，只是德布罗意作为一位研究方向上的先锋、战士和指挥员现在所处的地位；这一研究方向指的是，由于他与绝大多数理论物理学家所持的意见不同，因而在玻尔-爱因斯坦之争中他坚定地站在爱因斯坦一边的立场。

在这样的文章中将我们自己局限于评估以前的争论是不适宜的。毋庸置疑的是，德布罗意现在成为组成人类思想史的不可或缺的一部分。因为，每位物理学工作者都知道，德布罗意发现了波动力学，即将爱因斯坦所发现的光的波粒二象性推广到所有粒子，建立了 $E=h\nu$ 这一普遍适用的关系。然而，正如有一次他跟我说的那样，这一成就与他的光理论的研究，费米子凝聚成复合态，波动力学拓展到基本粒子理论以及他对相对论、热力学和概率论的贡献，全部都应被看作向着理解更重要认识论的出发点；他对这些问题继续进行分类和归纳。因此，他正如笛卡儿那样，不仅在量子论的诠释方面，而且也在科学知识本身的意义和价值方面开辟了科学家之间互相切磋的新领域（正如有关 EPR 佯谬实验中当前所出现的那种混乱状况）。

为了阐明德布罗意在 EPR 问题上过去和现在战斗的重要性，我们不得不回忆和研究一下当前的理论状况和实验状况。正如从这两期《物理学基础》上所看到的内容，我们仅限于四类主要问题。

第一类问题是与物理学理论密切相关的。中心问题极为简单：微观物理学理论的目的是否应当尽可能精确地在相对论时空范围内对客观的、物质的实际物理运动作出预言，我们是否应当为了捍卫海森伯的著名论断——"在各种微观现象中只有可观测量才有意义"——而将自己故步自封于预言那些可能的可观测结果？

对于德布罗意、爱因斯坦和他们的追随者来说，第一命题是从由笛卡儿和伽利略所建立起来的传统中得到的，根据这一观点，德布罗意的波缩模型（或双重解）的起源，以及爱因斯坦的由幽灵波所携带的辐射线是可以被证实的。如果各种现象在空间和时间的

---

* 本文作于 1982 年 8 月。原载 *Foundations of Physics*，12.10(1982)923～930。由本文可看出，维吉尔的观点，与洛切克明显不同。

客观坐标系中都具有真实的物理对应物,那么微观现象的二象性性质——既反映了类似于波又类似于粒子的性质——在空间就应当有真实的对应物;因此粒子将沿着真实的(漂移加随机)路径,而由真实的 ψ 波所引领——这就仿佛马赫数为 1 的飞机在飞行时由雷达波所引领或由其本身周围的声波所引领一样;在这样一种模型中,组态空间退化为描述多体理论的一种数学工具。正如本期发表的论文所表明的那样,爱因斯坦和德布罗意关于 ψ 波的可能实在性这样一种观点是极为重要的,目前已经到了这样一种地步:正在考虑和讨论为了证明这种波的存在而设计的实验并进行具体的实施;有关这方面的问题尤其可以参阅下一期中 Franco Selleri* 的论文。

第二类问题同第一类问题紧密相关,但是更进了一步。它涉及统计学的意义和科学知识的可能极限问题。众所周知,爱因斯坦、德布罗意以及他们的追随者,从未接受玻尔关于量子概率代表人类知识最终极限这样一种假定。在这一意义上,作为牛顿和拉普拉斯的直接继承者,他们总是认为概率分布是随机关联的亚量子因果性运动真实作用的结果,这一概念意味着为了解释量子力学场(或场方程)所作的概率描述必须正确地引入亚量子隐变量。换言之,人们应当将隐变量加上,这种隐变量描述了 ψ 波中德布罗意的真实漂移运动,新的随机变量意味着由于粒子与真正"真空"相互作用而产生的一组累计随机运动(使人联想起费恩曼路径);目前认为真空是一个更深一级层次的(当然是协变的)激烈运动着的亚量子分布,因而充满了涨落与随机运动。正如玻姆和我本人所注意到的,如果人们将这一背景看作是普适的、各向同性的,并在空间无所不在,则很容易使人想起"以太"理论。德布罗意或许是对这种新的世界模型做出决定性贡献的人,他提出的这一"空间的更深背景"(无论我们称它为"亚量子水平",或者是"以太零点涨落",或者"隐恒温器"都无关紧要),可以看成是一种"热浴"。在这里头粒子可以用热的方式交换能量。因此他将量子势解释为真实波在这种新物质真实中传播,就像"热能"随机交换一样;而力学中的莫培督原理似乎成了热力学第二定律——于是与粒子从一点运动到另一点时,其能量随之而变——新的量子力学反映了周围宇宙的"整体性"。

这一新以太模型实际上已经引起了一系列非常有趣的最新研究。现简述如下:

在理论方面,爱因斯坦所推翻的以太概念仅仅是经典的静止以太模型,而现在并没有证据说不可能存在"隐"变量。其次,1951 年狄拉克首先提出的现代协变随机以太模型提供了现代量子场论的现实性解释,在这里所有物质的特性都用量子力学对"真空态",即用对所谓虚空空间的量子力学平均数的方法来确定的。当然所提出的新以太的详细特征完全不同于 19 世纪所讨论的以太,因为这种实体现在被认为是自旋振子的协变分布,这就导致了新的相对论性的统计(以光速随机跃迁);新的统计允许自旋由 0、1 和 1/2 的波动方程所导出,允许在多体问题中粒子因果性行为的导出。

在实验方面,与认为这样一些随机模型是无用的、形式化的、推测性尝试的、缺乏可观测结果的普遍意见相反,从有关这些争论的讨论中可以看出,似乎德布罗意的波缔理论如果成立(即如果我们能够证明波的存在是独立于物质粒子性的存在的话),就可以反驳玻尔的波函数编缩概念,从而解决了实验证实的问题。

---

* Selleri. F. , *On the Direct observability of quantum waves*, *Foundations of Physics*, 12, 11(1982)1087～1112.

如果真能做到这样，这一自然界的"真空"新描述意味着对抗牛顿和拉普拉斯世界观的一场哥白尼式的革命，因为它有机地将因果性运动与永久的随机性结合起来了。它将量子力学解释成光速马尔科夫过程，这就复活了赫拉克利特的世界（这里的物质是在太古的混沌或"火"上面有组织的运动），而不是德谟克利特的原子世界机制。与通常观点相反，人们不能因此全然将爱因斯坦和德布罗意对量子力学流行解释的抨击说成是维护陈旧世界观的顽固不化的"机械唯物论"的保守行为。例如，可以看到德布罗意（以及汤川秀树）首先背离了点粒子模型，他们力图把所谓不同的"基本"粒子看作是对应于不同类型的量子化的亚量子内部运动。这一努力必将开拓对高能物理中最新发现的量子数目以更深刻的新理解的疆域。

第三类问题涉及自然规律本身的物理起源问题。这一主张本身就是令人诚惶诚恐的。的确，一般公众和科学团体完全不可想象竟会存在这样的问题。他们认为，物理定律就像古希腊人的"命运"那样存在着的，这些定律支配着自然界的永恒行为。科学发现的目的只不过是构造出可证伪的理论去揭示这些规律——因此理论是知识的可检验形式，以辨别其真假。特殊规律存在的原因是留给形而上学解决的问题。现在人们从物理学中所能索取的全部只不过是预言对于给定观测者所做的特殊实验其统计结果的一些处方。因为所有的预言都是如同哥本哈根学派占优势的说法那样，在本质上是概率性的。因而人们就得将量子理论看成本质上是终极知识的普遍形式。如果当真如此，我们的知识绝不会再增长，最后只不过是以进一步新的基本粒子、新的拉格朗日算符、新的量子数、新的相互作用而聊以度日。

爱因斯坦和德布罗意的理论概念与上述所说基本上是不同的。用玻姆的话来说，对于他们"实在绝不是封闭的也不可能在整体上被最终掌握，实在作为整体是无限的和无边无垠的"。于是每种理论只不过是洞察力的一种特殊形式，只能说是能够阐明实在的某一局部的一种见识，而这些局部见识只是未确定的或未知的整个知识海洋的一部分。所以我们可以预料到，洞察力将以不断更新的形式无止境地向前发展，而不是稳定地趋向于"整个宇宙真是这样的"一类固定的终极知识。这可以用德布罗意所引用的爱因斯坦说的一句话来很好地表述："科学家们相继揭开自然界的面纱，但面纱后面的自然界却隐藏着更深的行为。"或者也可用德布罗意关于实在的模型（或者其他人的模型）来说明：确定尺度和结构的"层次"，每一层次含有其本身的因果律和统计规律——而统计规律也是更深一层的亚层次行为的结果。在这种意义上，德布罗意因果性显然比机械论因果性更为丰富，它取决于所考虑的层次。它可以假定诸如"反馈机制"一类的新定性特征。

回到具体研究上来。这一观点将爱因斯坦引向广义相对论，即寻找引力背后的"隐含"机制，也就是寻求一种办法，用弯曲时空来描述变化着的实在物质场，这些场（也像协变以太一样）沿着光锥携带着引力相互作用。这种惊人的解释（很有意思，这发表在 1924年一篇名为"关于'以太'"的文章中）很少引起人们的注意，这是因为由于在玻尔-爱因斯坦争论中爱因斯坦的失利，以及后来他与物理学界的隔绝状态。没过几年，这就促成了他将粒子考虑为 g_{μ} 场中的奇异性，而去统一物质和引力场这一著名的尝试。这一利用短程线轨道的描述，（据我看来）是运动力学规律的第一个唯物论解释——现在自然是引力场局部连续性的结果。

在这方面德布罗意明显地与爱因斯坦具有共同的观点。他的试验性"双重解"模型将局部的、非线性的、类孤立子波的奇异性与粒子的行为联系起来。通过他的波缔原理（粒子与其周围的线性引领波 ψ 以同相位脉动），振幅的奇异性必然按照德布罗意的漂移流线传播——于是在这一模型中，在更深一层的亚量子分析中，人们就可以解释、理解和说明粒子的行为了。

不管这些尝试的最终结果是什么，它显然代表了另外一种科学知识应当是什么的观点，它的最终命运将改变物理学未来的发展。

第四类问题涉及自然界中因果性存在问题，并包括在爱因斯坦-波多耳斯基-罗森实验中由贝尔所发现的，现在非常可能得到证实的量子力学非定域特性预言所引起的争论。

为了知道问题的严重性，人们必须回顾过去。哥本哈根学派所遭遇的，并为爱因斯坦、德布罗意及他们的追随者所维护的概念是：无论在经典意义上还是在相对论意义上，物理学实在的机制是决定论的和因果性的。

目前，经典因果性依据三条基本假定，即

1. 自然规律是普适的。不依赖于观测者的，且支配着物质的客观行为。

2. 空间中所有物质的存在独立于观测者（观测者本身是物质的一部分），并随时间向前传播。

3. 在给定时间内，从完全确定的初始条件出发沿着时间流逝的方向，我们可以求解柯西问题。

在这一框架中，相互作用既可以通过粒子交换为中介，也可以通过长程力为中介，就像牛顿引力情况中那样，而长程力可以是瞬时作用。

众所周知，相对论对以上三条假定加上了三条补充限制：

1. 自然规律必须是协变的（也就是与观测者无关），因此任何因果理论对于空间膨胀和反演所满足的庞加莱群应当是不变的。

2. 所有粒子和反粒子的运动必须是类时的（也就是包含在向前光锥之内），在向前的时间方向内只能携带正能量（因为 $E=mc^2$）。

3. 所有相互作用以及（或者）各项信息都是由位于光锥之内或沿着光锥的点粒子（或相互作用）传递的，因此每个物理系统可以分解成可局域化的部分，也就是说"元素"由这样一些相互作用相联结，它们彼此之间的通信并不意味着所有组成"部分"瞬时的和总体上的相互关联或相互贯穿。

现在这三条限制在 EPR 实验关于因果性争论中是决定性的。它定义了爱因斯坦著名的局域性。爱因斯坦，继而德布罗意，直到今天仍将局域性看作是加在任何可接受物理学理论上的不可避免的限制。这就解释了为什么德布罗意非要坚持使用纯局域隐变量理论的原因。此乃基于他的这种信念：所有超距非局域作用必然破坏经典因果性和相对论因果性。

目前，这一情况所碰到的麻烦既有理论方面的又有实验方面的。理论方面的麻烦始于 1965 年，贝尔发现所有局域隐变量理论都意味着关联粒子对偶在观测关联时出现不等式，而这是与量子力学预言相矛盾的。这便在玻尔-爱因斯坦争论中揭开了一个新时期，它意味着隐变量理论必须进行根本上的修正（如果实验证实量子力学预言的话，纯局域隐变量将无立足之地），并引出了宏观尺度上（在阿斯派克特实验中为 12 米）由两个（或更多个）独立的仪器进行测量时，可以测出瞬时（超光速）关联的惊人事实的解释问题。这里我们应当注意到，对于操作仪器的类空分离部分来说，这正是一位观测者的探测作用使 ψ 波函数在所有坐标系中瞬时编缩的非相对论概念的推广。用爱因斯坦的话来说，当做实验时上帝真的是在"掷骰子"玩——这是没有先例的。

实验方面的麻烦始于玻姆所提出的将 EPR 实验简单地推广到关联光子极化（或自旋）的测量，这样便打开了进行新式测量的缺口，目前这一测量在阿斯派克特和 Rapisarda 的实验中已达到白热化的程度。据我看来，这些实验非常有可能证实量子力学的非局域性。由于超出本辑内容，不予讨论。

这些情况在玻尔和爱因斯坦，德布罗意的追随者之间，同样造成了危机。

为了解释量子的非局域性，维格纳、Stapp 和博勒加尔及其他一些人已经将量子测量理论扩展为反电话机制，在时间上反演但在局部范围内违反能量守恒——这就为解释直接观测者对观测结果的影响这一仿佛不可思议现象的"变戏法一样的"（德布罗意语）实在物理学的可能性铺平了道路，因此他们是在发展玻尔的马赫经验主义哲学。本期中波普对此做了讨论。

为了解释在 EPR 实验中的同一种非局域性，玻姆和海利证明，可以从组态（和真实）时空中多体量子势的超距相互作用特性，推断出该性质。为了拯救因果性，人们或许必须牺牲局域性。当然，如果我们按照狄拉克的建议，在粒子本身内部引入非局域隐变量（也就是放弃点粒子图像），就可以取得这样一种可能性，即超距作用作为相位运动在（扩大了的）真空单元上的传播——由此仍保留了上述的由相对论加之于因果性的头两条限制*。

但是，这还很不够，因为又产生了这样的问题：在相对论和量子力学理论中有没有为保留因果性所必备的超距作用的地位？奇妙的是，与新的观测无关，数学家们（主要是法兰西学派）最近曾证明在相对论力学中可以保留超距作用，它既保留了上述三条经典因果性条件又保留了头两条相对论对因果性的限制：它们的相对论标量哈密顿算符泊松括号为零。这种所谓"预言性相对论力学"现已被推广到多体量子势；因此，实际情况是：德布罗意-玻姆多体量子势将是（若实验证实德布罗意波缔理论确实正确的话）唯一的超光速相互作用，也就是说在多体问题所有相关对偶的静止坐标系中它是瞬时的。此外，还可以证明不允许用它来传递超光速信息，因为在多体系统的静止坐标系中，它们只交换动量但不交换能量。当然，这仅仅是研究的出发点。还应当探索其他可能的解释（诸如与为真空非线性相互作用而设计的测量仪器之间的"并协"）。然而意味深长的是（据我看来是这样），这不会破坏爱因斯坦-德布罗意的因果性观点，倒反而会与量子力学的非局域性和平共处。这就提供了"以太"存在的证据。加强（而不是削弱）他们的是这样一种基本观念：我们所知的宇宙是一部因果性的、决定论的机器——这就表明，在玻尔-爱因斯坦争论中，爱因斯坦基本上是正确的。

正如德布罗意教授所曾经向我指出的那样："物理学史已有多次这种战斗，表面上被打倒的理论多次复活；这可以回忆一下原子理论和麦克斯韦-玻耳兹曼气体运动论的命

---

　　*　有关这一问题，参阅 Bohm. D. J. 和 Hiley. B. J.，《德布罗意波导理论及其最新进展》第三节中的评论。

运。"科学上的真理不是少数服从多数的问题，而是推理和实验的问题，因为最终的裁判是自然界，它不可能受人的左右、讹诈或贿赂。像爱因斯坦那样，德布罗意坚持自己的主见，忍受孤立，为自己的隐参量观念而战斗，尽管不时有明显不可能的证据在骚扰他。不管德布罗意斗争的最终结果是什么，他的学生和追随者们却只能以贝尔的这样一种结论聊以自慰："然而可能的情况是，或许从德布罗意那里始终可以继续得到鼓舞的是这样一些人：他们怀疑由不可能性证据所证实了的那些东西是缺乏想象力之故。"

从笛卡儿和牛顿到爱因斯坦和德布罗意*

维吉尔（Jean-Pierre Vigier）

我有个人的和一般的理由，为有机会介绍这四（和最后一）集专门用于纪念德布罗意的《物理学基础》表示感谢，他显然是笛卡儿之后最伟大的法兰西物理学家；他是一个不同于笛卡儿的人，在最初著名的发现之后随之而来的是一个有争议的研究方向，因而耗尽他的孤独的和相对湮没的一生。

个人的理由我不想细谈，在当了多年的德布罗意的助手和合作者之后，我应该公开在这里表示我的感谢；作为他的学生和作为他的私人代表，没有他的关照，我无法成为法国的专业物理学家。

一般的理由涉及科学和哲学两方面在现在和将来的发展。众所周知，德布罗意是：

——一个唯物主义者。他认为全部现象的物质上的客观真实性，独立于所有有意识的测量。

——一个完全的决定论者。他认为因果定律的无条件有效性，支配着粒子和场。

——一个反机械唯物论者。他认为物质结构中存在着的无穷多层次，由特殊的规律和永久相互作用所支配。

——一个实在论者。与笛卡儿相似，他认为所有微观客体都是被延伸的类波本征场分布所包围的类粒子客体的延伸（即局域场凝聚）；类粒子客体在考虑其周围时空边界条件的新量子势影响下，运动于黎曼时空。

在这一献词中显然没有必要讨论在第二次世界大战之前以德布罗意的姓氏命名的著名发现。他的波与粒子的缔合（波动力学）现在已是成为定论的科学知识中的一部分。人们很不熟悉德布罗意对今天的量子力学的贡献。在《物理学基础》四集纪念德布罗意的特刊上已发表的许多文章中都阐述了德布罗意的深刻洞察力；这些洞察力也是爱因斯坦（一位德布罗意的盟友）在考虑产生于量子力学层次上的微观客体在实验中的行为时所具有的。他们清晰地阐明了目前的思想状况；这些思想是开拓者们在他们那个时代发展起来的和论证了的，据我看来，他们的思想和意见绝非空穴来风，将会由最近在单个粒

---

* 译自 *Foundations of Physics*，<u>23</u>.1(1993)1～4。（1992.11.2.收到）

子探测方面的进展得到确证。我们将所讨论的意见罗列如下：

(1) 德布罗意的新的最重要的(从波导模型着手)假设是，当 $\psi(x_\mu) = \exp\left(P + \frac{\mathrm{i}S}{\hbar}\right)$ 时单个微观客体的粒子，将沿着给出的时空路径 $p_\mu = \partial_\mu S$ 的切线运动。其追随者(玻姆、维吉尔、Cufaro-Petroni、Garbaczewski 等人)后来的工作证明了这些路径是平均路径；真实的物理轨道最近被处理成(关于任意自旋的)有确定概率的加权值，而费恩曼图的基元(作为表示真实的随机运动)现在有了一个真实的诠释，同时量子统计用一种真实的特殊类型的亚量子运动来解释。根据玻姆、维吉尔、纳尔逊和德布罗意本人的最初设想，H 定理可以用众所周知的场方程来证明。爱因斯坦和汤川秀树，同德布罗意一样，认为粒子对应于非线性场的奇点并可以赋予它一个频率由粒子静态时的公式 $h\nu_0 = m_0 c^2$ 所确定的内部类钟运动。根据爱因斯坦和德布罗意(由德布罗意、Maric、维吉尔等人完成)的研究中甚至引入新的(随机的或非随机的)内部自由度，以与一个基本粒子的量子数(如同位旋、奇异数、魅力等)相联系。如果人们在薛定谔方程中加入(有一适当因子的)量子势，经过计算显然有可能得到对应的波动方程的非线性的奇异的类孤子解，它沿着德布罗意所预言的轨道同一个线性解相缔合。

(2) 德布罗意的第二个创新建议当然是引入真空的"导波"而对应于量子势。这一理论进展神速。现在我们知道，对单一的微观客体，粒子的自场 ϕ 可以由场的随机曲率得到，而无规路径对应于具体的无规轨道；另一方面，德布罗意-玻姆运动表示平均路径与平均场 $\langle g_{\mu\nu} \rangle$ 有关。

德布罗意原始的量子势现在可以与一个随机亚量子场的渗透能相缔合；亚量子场是一种不计耗散的、实际上是用微扰量子力学波来表示的时间可逆超流类型的分布。这种用波和粒子联立表示的微观客体(类似于马赫数为 1 的飞机被它本身的声波所围绕)导致对 Th. 杨的双缝实验的一种新见解和对量子统计的意义及程式的不同解释。它还导致对著名的双缝实验与各分立微观客体的重新诠释，对爱因斯坦、德布罗意和玻姆来说，这些客体的粒子形态只能通过一条缝：一种普遍认为是"或门"或"与门"实验的特征。如在某些目前被邀的论文中所看到的那样，中子和光子实验现在倾向于支持这些思想家的原始观念。它们也支持德布罗意断言粒子只同它周围的波同相位的"向导定理"；即与 Selleri 等人所辩解的相反，它们不受其他粒子的波的影响。

(3) 最后一个课题——现在所讨论的与物理学相距较远——是爱因斯坦和德布罗意关于量子力学的异端观点的一个直截了当的结果，即，他们的多体问题实在论因果诠释所考虑的是与一个具体的真实的物理时空中的场和粒子运动有关的实在，这实际上可以用两个主要的问题，即他们的模型的直接结果来阐明。

第一个问题(由薛定谔首先揭示)涉及如何辩解对组态空间(或纯动量空间)中与量子态有纠缠的行为的描述。众所周知，利用相空间(p_i, q_i)是经典哈密顿程式的一个直截了当的结果，而且是与有关粒子在一个具体的真实空间(涉及所有有关的 q 空间)中的联立描述是一致的。

在量子力学中有不同的局面。在量子力学中人们只用 q 空间或者只用 p 空间。问题只是在最近才被解决，并实际上使爱因斯坦的一个老的结果(1917)获得再生；他指出，按照正式的玻尔-索末菲量子化规则的次序,所有有关的量子运动都隐含着相空间中 $p_i = \partial_i S$ 的约束,即它们必须处在对应于库普曼-爱因斯坦表面 Ω 的总的相空间 (q_i, p_i) 的表面上;此表面:(1) 对应于组态空间,(2) 有可能成为全部有关粒子运动对通常的、在四维空间中有关粒子运动的影射——当然是在多体的非局域量子势的作用之下。

这最后一个(量子力学的非局域性)特征也许是爱因斯坦和德布罗意对现代思想的最杰出的新贡献。尽管爱因斯坦和德布罗意自己感到疑虑,迹径思想的讨论还是引导玻姆、贝尔等人得到了量子力学程式必然隐含着非局域相关的明确的数学证明,即与爱因斯坦和德布罗意所捍卫的因果性发生明显的矛盾。这一结果导致了他们的追随者 Selleri、洛切克以及其他仍然支持局域性(以修改现有量子力学程式为代价)的人,同证明了这一特别的量子非局域性是可以同爱因斯坦的因果性相对论描述相容的贝尔、玻姆、维吉尔等人之间的深刻分裂。* 这里还有最新的实验(阿斯派克特等人)目前趋向于支持存在量子力学程式、即非局域特征的预言。

*　　*　　*　　*　　*

在快要结束这一献辞的时候,我惊悉尊敬的科学家和我最好的朋友之一——玻姆的逝世。这一事件所产生的震动充分注解了他作为爱因斯坦和德布罗意的最出名的追随者之一的业绩。我现在突然结束对德布罗意的敬意。因而,读者将发现,以下直接是由霍兰德和我本人给 Dave** 的第一篇祭文。

---

   * 由此可以看出,在德布罗意的学生中间,现在已分裂成两派。
 ** 指玻姆。

附 录 Ⅳ
德布罗意年谱、家谱、论著目录

· Appendix Ⅳ ·

　　德布罗意的博士论文答辩虽说已获通过，但人们仍不十分放心；这可从大学当局对此论文的评价"我们赞扬他以非凡的能力坚持做出的为克服困扰物理学家的难题所必须作的努力"中听出弦外之音。朗之万为保险起见，将德布罗意的论文副本寄给了爱因斯坦。爱因斯坦的赞语是众所周知的：他赞扬德布罗意的博士论文"掀开了巨大面纱的一角"。他告诉哲学家迈尔森，德布罗意的工作是"天才的一笔"；他对玻恩说："这篇仿佛出自疯子的文章，还真有点道理呢！"最后，爱因斯坦于1924 年 12 月 16 日写信告知洛伦兹："我相信这是照亮我们最难解开的物理学之谜的第一束微弱的光。"德布罗意直到爱因斯坦逝世后才看到这封信的内容。

量子力学奠基人玻恩（Max Born，1882—1970），1954年获诺贝尔物理学奖。

德布罗意年谱

沈惠川

▲ 路易·德布罗意（Louis de Broglie）（以下"德布罗意"特指"路易·德布罗意"）1892 年 8 月 15 日诞生于塞纳河下游的迪厄浦（Dieppe，Seine inférieure）。"布罗意"是诺曼底（Normandie）地区的一座小城，是德布罗意祖先的封地。著名波动说物理学家菲涅耳就出生在布罗意城。多年后，德布罗意为菲涅耳作传。

▲ 德布罗意家族在法兰西是名门望族（见本书"德布罗意家谱"）。德布罗意家族的第一代公爵是弗朗索瓦·德布罗意（François-Marie de Broglie，1671—1745），其父德·塞诺谢（Victor-Maurice Broglia de Senonches）侯爵是德布罗意家族中的第一位元帅。弗朗索瓦为子孙后代的题词"为了将来"，后来成了于 1976 年建立的"路易·德布罗意基金会（Fondation Louis de Broglie）"的铭牌，并印在每一期《路易·德布罗意金会纪事》（AFLB）的封面上。弗朗索瓦之子维克托·弗朗索瓦（Victor-François de Broglie，1718—1804）公爵于 1759 年因战功被封为德国亲王，这是一个全家人都可享用的头衔，而法国公爵的头衔只能由嫡长世袭。德布罗意家族中还出了许多首相、总理、外交部部长、司法部部长、驻英大使，但由于第三代（准）公爵维克托-克劳德（Victor-Claude de Broglie，1756—1794）被革命党斩杀于断头台的悲剧阴影一直笼罩着德布罗意家族的子孙们，"为了避免沿着军事或外交的仕途发展"，德布罗意的长兄莫里斯（Maurice de Broglie，1875—1960）最终选择了科学作为自己的职业。1901 年祖父雅克-维克托-阿贝尔（Jacques-Victor-Albert de Broglie）去世后，莫里斯从海军部中无限期地休假，1906 父亲维克托（Victor de Broglie，1846—1906）去世后，莫里斯正式辞去了在海军部的军职，并在 1908 年投师于物理学家朗之万攻读博士学位。他的反叛行为影响了德布罗意。

▲ 少年德布罗意接受的是一些基督徒的家庭教育，"读了许多新奇的虚构故事"，"有时候他到远处去散步，可以自言自语几小时"；直至 1906 年父亲去世后他才到沙叶（Sailly）的简森（Janson）公学去注册。尽管在简森公学中也能接触到数学和哲学，但由于家庭的影响，少年德布罗意只对政治和历史感兴趣。大姐阿尔贝特娜（Albertine de Broglie）后来在回忆录中说，早在 1904 年，12 岁的德布罗意就会以令人惊讶的口才抨击议会政治，"提议对某些怪诞的法律进行讨论修改"，并对第三共和国经常更迭的内阁部长的完整名单如数家珍。在公学中，德布罗意主修历史，打算继承祖父雅克-维克托-阿尔贝的事业，成为一名研究中世纪的历史学家。他举办了私人展览会，展出了自己的手稿和原始图表，后来又撰写了一篇有关约 1717 年间统治者、阁员和议会更替的论

文。父亲去世后，比德布罗意年长 17 岁的莫里斯和大嫂凯米尔（Camille de Rochetaillée)起到了半兄（嫂）半父（母）的作用。

▲ 1909 年,德布罗意通过中学会考进入巴黎大学。1910 年,德布罗意取得了历史学学士学位。在取得学士学位之后,德布罗意又花了一年时间专攻法律。在此期间,柏格森关于时间、延续性和运动的思想吸引了他。他后来写道:"甚至在我十分年轻的时候我就研究柏格森,但这是因为他的思想是可靠的,因而吸引了我;老实说我从来不是一名拥护者。"与此同时,德布罗意还研究了庞加莱的两本书:《科学和假设》(*La science et l'hypothèse*, Flammarion, 1902)和《科学的价值》(*La valuer de la science*, Flammarion, 1905)。在青年德布罗意的心目中,庞加莱就是法兰西科学的同义语。

▲ 早在 1911 年 10 月的第一届索尔维学会议期间,德布罗意就对量子理论产生了浓厚的兴趣。他关于量子的知识,是莫里斯担任索尔维会议秘书期间向他提供的。他后来说:"凭着我青年时代的热情,我对人们正在探讨的那些问题产生了浓厚兴趣。我暗自发誓要献出我所有的力量去弄清由普朗克十多年前引入理论物理学中来的量子概念。此神秘量子的深刻含义至今仍未被认识清楚。"

▲ 庞加莱逝世于 1912 年 7 月 17 日。德布罗意是第二天在由巴黎回老家度国假日的火车上得知这一消息的。他如闻晴天霹雳。在后来的回忆录中,德布罗意说:"我感觉到大难临头了,似乎处在伟大革命时期的法国科学,在瞬间被残酷地扼杀了。我认为对物理学来说,他的存在是必需的。"庞加莱的去世,激发了德布罗意钻研物理学的热情。长兄莫里斯后来回忆道:"路易希望取代庞加莱的地位成为一名革命领袖。""路易懂得物理哲学多于物理学本身,但路易沿着自己的道路终于回到了物理实在。"1913 年,德布罗意取得了物理学硕士学位,指导老师就是其长兄莫里斯的博士生导师朗之万。

▲ 在 1913 年 10 月 31 日召开的第二届索尔维会议上,莫里斯得知了布拉格关于"问题的关键并不在于判定 X 射线的两种理论哪个更为正确,而在于去寻找一种理论,它能同时容纳二者"的思想,并将此转达给德布罗意。在此之前的 1912 年,劳厄-弗里德里奇-克尼平的 X 射线衍射图已经发表。德布罗意后来回忆道:"我的大哥把 X 射线看作是波与粒子的结合;但他不是搞理论的,因此对这一问题没有特别清晰的想法。"德布罗意本人则将布拉格的思想牢记在心。

▲ 在 1914 年至 1919 年的第一次世界大战中,德布罗意应征入伍,效力于由费里埃将军和布雷诺上校指挥下的军事无线电部门,军衔为下士。(他在 1929 年 12 月 12 日诺贝尔奖演讲中所说的第一句话"由于一些身不由己的原因,我曾长期中断了理论物理学的研究",就是指这场战争。)他为长期中断理论物理学方面的研究而遗憾,(他后来说过:"1914—1918 年间的世界大战成了若干年前思路的野蛮拦路虎,而这一思路在以后的发展中表明是一种好的指导方针。")但对能学到实用电子技术和在实验室气氛中工作感到幸运;他格外热衷于研究利用埃菲尔铁塔作为军事无线电发射台用途的计划。他后来回忆:"埃菲尔铁塔的位置在市区,在那里进行改造是困难的。"费里埃将军不仅是一位军人,而且是一位伟大的科学家,他对德布罗意的影响是深远的。在 30 年后(1949)的一次纪念费里埃将军的集会上,德布罗意有一篇深情的讲话。在第一次世界大战中的军事生涯使德布罗意对来自实验的思想十分重视,这一点十分明显地反映

在他以后的工作中：每当他在数学方程式中再也找不到物理实在的时候，他就将目光转向实验。他后来在科学院工作时，也经常倾听实验工作者和工程师们的意见，并十分刻苦和仔细地阅读实验物理中有关高技术方面的报告。他有关物理测量方面的论述，都源于此段经历。

▲　1919年，德布罗意复员回家，并在莫里斯的私人实验室中从事X射线方面的研究。兄弟俩经常长时间讨论。莫里斯十分乐意与年轻的幼弟交换意见。

▲　自1920年开始，德布罗意就有论文陆续问世。早期的论文中有几篇是德布罗意兄弟俩合作完成的。可以猜想得到，莫里斯是其中的主角。德布罗意的早期论文中，除了前几篇是由笛朗德尔和佩兰推荐的以外，其余都是莫里斯推荐或递交的，直至德布罗意成名。德布罗意的头几篇论文，都是围绕玻尔的思想展开的。他用玻尔原子模型解释了X射线的吸收，又与莫里斯合作对光电效应产生的谱线进行了分析，与多维勒一起研究了重原子的X射线谱。1922年1月德布罗意在《物理学杂志》（*Journal de Physique*，Ⅵ）上发表的题名为“黑体辐射和光量子”（*Rayonnement noir et quanta de lumière*）的论文，就已采用了“光的量子假说”，比对康普顿效应的光量子解释的出现还早1年；而且由此得到了斯特藩-玻耳兹曼公式和黑体辐射的维恩公式。在1922年11月发表于《法国科学院通报》（*CRAS*）的题名为“干涉和光量子理论”（*Sur les interférences et la théorie des quanta de lumière*）一文中，德布罗意说：“如果仔细地考察这些公式，就不难看出它们具有如下意义：从光量子理论的观点来看，干涉现象可以同光原子的集合联系起来，这些光原子不是相互独立的，而是相干的。因此，做出如下假定将是十分自然的：如果有一天光量子理论能够解释干涉现象，那么采用这种量子集合的思想就是必需的。”“人们如此彻底地将光同其他粒子分开的想法，对我来说是无法接受的。”至1924年11月博士论文答辩前，德布罗意共发表论文25篇，其中包括关于波动力学的最初3篇论文。

▲　德布罗意关于相对论的知识和对相对论的坚定信念，都来自朗之万1921年12月至次年5月的讲课。朗之万认为“爱因斯坦比牛顿更伟大”；他的物理学观和对爱因斯坦相对论的理解，是处在时代前列的。德布罗意在其博士论文第二章中，曾提到有关朗之万的一个小故事：“最近爱因斯坦在巴黎逗留期间，潘勒维提出一些很有趣的异议来批驳相对论，朗之万不费吹灰之力就化解了潘勒维的异议。因为这些意见都同加速度有关，而洛伦兹-爱因斯坦变换只适用于匀速运动。”德布罗意关于物质波与实物粒子相缔合的思想则来自M.布里渊。他接受了M.布里渊将整数与周期性现象同电子联系在一起的思想，而抛弃了M.布里渊关于电子发射波、波在以太中传播的错误思想。此外，在德布罗意后来提出的“双重解理论”（la théorie de la double solution）及其退化形式“波导理论”（la théorie de l'onde-pilote）中得到广泛应用的“向导公式”（la formule du guidage），也来自M.布里渊的一篇论文。据L.-N.布里渊的回忆，德布罗意早在1921—1922年就已有了“波粒二象性”的想法。“我可能不敢讲出来”，德布罗意后来称。但是，德布罗意心目中的“波粒二象性”与玻尔所说的“波粒二象性”完全不同；玻尔相信一种两面性的东西，而德布罗意认为始终只有一种物理实在。

▲　德布罗意曾希望获得1921年第三届索尔维会议的邀请信，但由于索尔维会议只是一

种小型的"物理学首脑"会议，人数限制很严，而当时的德布罗意还没有任何出色的工作，因此他的这一愿望最后落空了。事情的结局使德布罗意大受刺激，他发誓要以自己的出色工作来赢得别人的尊重。然而，由于在对应原理的解释方面、在量子数的作用和能级数目的解释方面、在发现第72号元素铪的优先权方面、在量子条件的应用方面，他都深深地卷入了与玻尔学派和索末菲学派的纷争，因此对他很不利。德布罗意从青年时代开始，就处在物理学主流派之外，孤军奋战，一直到老都是如此。要不是有爱因斯坦对他的赏识，恐怕德布罗意的发现将永远湮没在故纸堆中，至少在当时，他的工作会默默无闻。

▲ 1923年9月10日、9月24日、10月8日，德布罗意分别以"波和量子"(*Ondes et quanta*)、"光量子、衍射和干涉"(*Quanta de lumière, diffraction et interférences*)、"量子、气体运动论和费马原理"(*Les quanta, la théorie cinétique des gaz et le principe de Fermat*)为题，连续在《法国科学院通报》上发表了3篇论文，阐述了波动力学的基本思想。这3篇划时代的论文证明了，如果应用于某一电子运动的莫培督最小作用量原理解析地对应于某一波列的费马原理，那么每一物质粒子都与其缔合波相对应。德布罗意的缔合相位波是真实的物质波，它与后来出现的薛定谔"组态波"(或"位形波")和玻恩"概率波"是完全不同的。由物质波理论，可以导出玻尔的那些对应于实验光谱资料的电子所具有的稳定非连续最优化轨道；在德布罗意的理论中，最优化轨道只不过是物质波的相重干涉。1923年9月12日，德布罗意在《自然》(*Nature*)杂志上发表了一篇短文《波和量子》(*Waves and Quanta*)；1924年10月1日，又在《哲学杂志》(*Philosophical Magazine*)上发表了一篇长文《光量子试论》(*A Tentative Theory of Light Quanta*)。在宣读博士论文前，德布罗意还写了5篇与相位波有关的论文。在《光量子动力学》(*Sur la dynamique du quantum de lumière et les interférences*)一文中，德布罗意说："物质粒子是波的奇点。"已经指出，德布罗意的"物质波"是物质粒子的缔合波；它与日后薛定谔将所有粒子简化成波包并称之为"物质波"的那种波不是同一个概念。一般将德布罗意理论中的波称为"德布罗意波"。洛切克认为，德布罗意在波动力学中所阐述的思想不是惠更斯或菲涅耳的，而是牛顿的。顺便说一句，麦克金农在《物理学基础》(*Found Phys*)1981年第11/12期上的一篇文章中指出，电子衍射实验中的干涉现象清楚而明确地证明了电子波是德布罗意波而不是薛定谔波。

▲ 在1924年11月博士论文答辩之前，德布罗意经常与莫里斯讨论问题中的难点："我和大哥对一些成功实验的解释进行了长时间的讨论……对我来说，这些讨论有助于促使我深入地思考将波和粒子两个方面结合起来的必要性。"论文答辩委员会由佩兰、物理学家朗之万、数学家嘉当、晶体学家莫吉安等人组成。

▲ 1924年11月25日下午6时，答辩委员会见证了这一历史性时刻的到来。德布罗意向巴黎大学提交了他的博士论文《量子理论的研究》(*Recherches sur la Théorie des Quanta*)。论文的引言为"历史回顾"。据洛切克说，德布罗意博士论文的第一个词就是"历史"这并非偶然的巧合，因为德布罗意曾告诉过他，"相信自己读过的历史书比物理方面的书多得多"。洛切克认为"这不仅是博学的嗜好和消遣"，而是德布罗意"综合思想的原动力"。在论文的第一章中，德布罗意应用全套相对论公式，包括时钟频率的

相对论变化和质量的相对论变化,提出了"相位和谐定律";通过此定律,将物质周期现象的内在频率与缔合波的波频联系起来。德布罗意在 80 岁时曾说:"如果一生中我有过重大思想的话,那就是它。"在博士论文中,德布罗意得到一个很重要的公式:运动参考系中驻波的相速度 V 和它的群速度 v 之间,应满足关系 $Vv=c^2$。此公式甚至比另一关系式 $mc^2=h\nu$ 还重要。有趣的是,通常量子力学教科书中所一再强调的"德布罗意波长"公式 $\lambda=h/p$,在德布罗意的博士论文中只是在第 90 页谈到玻尔原子时才给出的,而且是顺便提到。德布罗意所定义的缔合波是一种调幅波而不是一个波包。他在博士论文中说:"电子的能量分布在整个空间,但只在线度很小的一个区域内有极高的能量密度。"在论文的后几章中,德布罗意又将费马原理与莫培督原理之间的对应推广到四维时空。他讨论了相位波在原子结构、统计力学和光学领域中的应用。整篇论文充满了创造性和革命思想,以至于参加论文答辩的许多专家学者都目瞪口呆。德布罗意的论文使全场倾倒,人们提不出任何问题。当时只有佩兰问了一句:"这些波怎样用实验来证实呢?"德布罗意胸有成竹地回答:"用晶体对电子的衍射实验可以做到。"关于相位波的实验验证,在论文答辩前莫里斯曾建议加进一段,但德布罗意认为无此必要。论文获一致通过。论文通过评语是由导师朗之万和主席佩兰签署的;时间是1924 年 11 月 25 日。(《路易·德布罗意基金会纪事》上已刊出论文评语全文。)答辩会后,佩兰在回答别人的提问时说:"对这个问题我所能回答的是,德布罗意无疑是一个很聪明的人。"而朗之万的回答则是:"我虽然很难信服德布罗意的这种观点,但是他的论文实在是才华横溢,因此我还是同意授予他博士学位。"德布罗意的博士论文后来成了他的诺贝尔物理学奖获奖论文。

▲ 德布罗意的博士论文答辩虽说已获通过,但人们仍不十分放心;这可从大学当局对此论文的评价"我们赞扬他以非凡的能力坚持做出的为克服困扰物理学家的难题所必须作的努力"中听出弦外之音。朗之万为保险起见,将德布罗意的论文副本寄给了爱因斯坦。爱因斯坦的赞语是众所周知的:他赞扬德布罗意的博士论文"掀开了巨大面纱的一角"。他告诉哲学家迈尔森,德布罗意的工作是"天才的一笔";他对玻恩说:"这篇仿佛出自疯子的文章,还真有点道理呢!"最后,爱因斯坦于 1924 年 12 月 16 日写信告知洛伦兹:"我相信这是照亮我们最难解开的物理学之谜的第一束微弱的光。"德布罗意直到爱因斯坦逝世后才看到这封信的内容。信的真迹现已收入《路易·德布罗意基金会纪事》所重印的《量子理论的研究》。

▲ 1920 年至 1927 年期间,是德布罗意风华正茂、激扬文字的最佳时期;许多新思想、新观念都是那时产生的。1925 年 2 月 16 日,德布罗意在《法国科学院通报》上发表的《电子的固有频率》(*Sur la fréquence proper de l'électron*)中证明了,若相位波

$$\varphi(x_k,t)=\psi(x_k,t)\exp[2\pi i\nu(t-x_3/v)]$$

满足达朗贝尔方程,则其振幅 $\psi(x_k,t)$ 服从以下方程:

$$\nabla^2\psi-(1/c^2)(\partial^2\psi/\partial t^2)=-(2\pi\nu_0/c)^2\psi \quad (\nu_0=m_0c^2/h)。$$

此方程不同于后来的克莱因-戈登方程,因为二者等号右边的符号是相反的。符号的反向并非推导错误,而是出发点不同。薛定谔的工作一发表,德布罗意就立刻修改了他的结果。此外,他并未求解过此方程,也未推导过有外场存在条件下的类似波动

方程。

▲ 1926 年 5 月 27 日，洛伦兹在致薛定谔的信中问："n 维位形空间中的波的意义如何解释？"薛定谔无法解答。德布罗意对这一问题十分重视，认为如何将位形空间中的波转化为物理空间中的波应该是正确的量子理论必须遵守的原则。

▲ 1926 年夏，德布罗意发表《新波动力学原理》(Les principes de la nouvelle mécanique ondulatoire)。在此文中，他那时所理解的"物质粒子是波的奇点"中的奇点，还仅仅是线性波动方程的奇异解。当时尚无"非线性"的概念。

▲ 1927 年，在做了一系列预备工作之后，德布罗意在《物理学杂志》上发表了一篇题为"物质及其辐射的波动力学和原子结构"(La mécanique ondulatoire et la structure atomique de la matière et du rayonnement)的长篇论文。此文是德布罗意"双重解理论"和"非线性波动力学"的褓褓形式，其意义无论如何评价都不算过分。在此论文中，德布罗意首次得到质量为 m 的粒子的动量 p_k 或速度 v_k 在非相对论近似下，与缔合波的相位 S 之间有如下向导公式（原文公式 26'）

$$p_k = \partial_k S \quad \text{或} \quad v_k = (\partial_k \dot{S})/m。$$

德布罗意的向导公式与 M. 布里渊的类似公式有本质上的不同。巴黎矿务学校的法尔格教授后来指出了向导公式的适用范围："对不可压缩流体它是严格成立的；当波长的量级（10^{-10} m）大于粒子特征长度（10^{-15} m）时它是必然成立的；在相位和谐定律下它是肯定成立的。"在若干年以后的 1956 年，德布罗意又将此向导公式作了相对论推广，并为此专门写了一节"附录"；其重要性可想而知。利用向导公式，还可以计算粒子的运动轨迹。在 1927 年的这篇文章中，德布罗意同时最先得到了所谓"量子势"的表达式（原文公式 21、32、37、46、47）：

$$Q = -(\hbar^2/2m)\left(\frac{\nabla^2 R}{R}\right)。$$

但当初他并没有特别强调这一专门名词。"量子势"的一个意料不到的功能，是可以用它来判断各种量子理论的"局域性"或"非局域性"。可惜的是，文章最后一节"结果和评述"中，德布罗意由于数学上的困难随手将正确的"双重解理论"退化为现在看来是不正确的"波导理论"。这一波导理论埋下了"德布罗意反复无常"悲剧的种子。这篇长文是德布罗意在 1920—1927 年其巅峰时期的最后一篇文章。

▲ 由于德布罗意当时的声望如日中天，使得索尔维会议的组织者不得不对他刮目相看。在 1927 年 10 月的第五届索尔维会议之前，德布罗意终于如愿以偿，收到了会议主席洛伦兹的邀请信。邀请信中说，希望收信人就波动力学作一席专题报告。

▲ 在选择报告内容的时候，德布罗意错误地挑选了"波导理论"而不是"双重解理论"。这种波导理论失去了因果理念的逻辑一致性。在 1927 年的第五届索尔维会议上，波导理论遭到了以玻尔、海森伯、泡利、玻恩为首的哥本哈根学派的围攻。泡利以他特有的犀利语言指责："德布罗意先生的理论竟然无法处理两粒子的相互作用！"当时，洛伦兹年事已高，说不出个所以然来；薛定谔则忙于为自己的波包理论做宣传；而爱因斯坦"对这种努力似乎没有给予足够的重视"。德布罗意这里所说的"这种努力"，指的是"寻找简单、直观的量子理论图像"的努力。德布罗意多年后回忆道，由于他本人从双重解理论立场向波导理论立场的退让，"实际上大大地削弱了自己的地位"；而"1927

年 10 月的索尔维会议上这一努力的失败，产生了一个意想不到的后果，事实上这次失败造成纯概率诠释表面上大获全胜的态势"。后来的冯·诺伊曼也正是抓住波导理论中的逻辑矛盾来大做文章的。德布罗意承认："波导理论无论在哪一点上似乎都与冯·诺伊曼定理中的某种缺陷相一致。"德布罗意自从在第五届索尔维会议上摔了一个大跟头以后，便再也没有在索尔维会议发言。

▲ 但是也有让人高兴的事：当爱因斯坦在发展玻色统计的文章中提到德布罗意的相位和谐定律（尽管没有提出这一名称）之后，当薛定谔在德布罗意博士论文的基础上发展了波动力学并提出著名的"薛定谔方程"之后，当 1927 年贝尔电话公司的戴维森和革末意外发现电子在镍晶材料中的衍射现象并得到玻恩的认证之后，德布罗意名声大振；经过爱因斯坦的亲自提名，德布罗意终于荣获 1929 年诺贝尔物理学奖。1929 年 12 月 12 日，瑞典皇家科学院诺贝尔物理学奖委员会主席在谈到德布罗意的获奖工作时称赞："您为您那已经闻名几个世纪的家族增添了新的光彩！"同年，法国科学院授予他首届庞加莱奖章。

▲ 诺贝尔物理学奖得主的光彩并没有给德布罗意带来多少兴奋，他仍沉思于第五届索尔维会议的失败之中。当时，德布罗意误认为"双重解理论"也可能是错误的，因而暂时放弃了在这方面的进一步探索。自 1927 年至 1932 年，除偶尔做些综述外，他未发表过一篇有创意的论文！1930 年，由于发表综述《波动力学研究》(*Introduction à l'étude de la mécanique ondulatoire*)，获摩纳哥阿尔伯特一世奖。他违心地加入了"正统"量子力学哥本哈根学派主张的行列。作为令人痛苦的抉择，他被迫接受了另外一种信仰。1932 年，他同意任庞加莱研究所和巴黎大学自然科学系的教授职位，分别在这两处讲授理论物理学，但究竟讲授哪一方面的理论仍使他感到为难。他想利用讲课的机会，重新对量子力学基础问题进行深入的研究。

▲ 1932 年，冯·诺伊曼的《量子力学的数学基础》德文版出版。此书给出了关于隐变量理论的一种"不可能性"的证明。由于此书数学艰深，使德布罗意望而却步，长期认为冯·诺伊曼的说法是坚不可摧的。

▲ 德布罗意接着过了几年隐居生活。1934 年，他建立了复合粒子的波动方程和一整套数学变换方法（全是"正统"的）。利用这些变换，德布罗意证明了由两个狄拉克方程聚合而成的德布罗意方程可分解为两类：其中一类与在当时实验还未证实的自旋为零的粒子有关；另一类是含有电磁势补充项的简化麦克斯韦方程。后来，德布罗意又将此方法推广到任意自旋的粒子。他为此奋斗了 10 年并奉献了 20 篇论文和 6 本书。德布罗意提出了一种所谓"聚合方法"，将自旋数大于 1/2 的粒子全部分解为自旋 1/2 粒子的组合。有意思的是，即使在这些用正统诠释阐述的著作中，德布罗意也没有完全顺从玻尔的观点，而更多的则是作者本人的深刻思想和出自心底的理解。海森伯后来写道："根据 1936 年德布罗意的思想，光量子一定是复合实体；作为一个重大原理它所带来的难题与物质波发现所引起的困扰同样重要。"德布罗意之所以钟情于狄拉克方程是与他绝对信赖相对论有关的。他有一次对洛切克谈起广义相对论："这是一种令人钦佩的数学结构，尽管形式复杂，它仍然是十分直观的，而且是一座金字塔。其顶尖之处在于用一个十分小的效应便可加以证实。由这一情况可知，量子力学无法与之相比。量子力学有赖于一批不同的实验及其应用。"洛切克认为他"同 L.-N. 布里渊一

样,甚至属于少数绝对完全信赖广义相对论的物理学家之一";他也"完全信赖比广义相对论更多地依赖于实验的狭义相对论"。洛切克后来说:"相对论是德布罗意理论的基本骨架,因为他的相位和谐定律正是基于相对论不变……没有相对论,德布罗意无从理解波动力学。这也就是他致力于狄拉克方程而极少顾及薛定谔方程的原因(他的光子理论的出发点就是狄拉克方程)。他的几乎所有工作都是基于相对论的。"

▲ 1935 年,爱因斯坦、波多耳斯基、罗森在《物理评论》(*Phys Rev*)第 47 卷第 777 至 780 页上发表了著名的 EPR 论文。在 EPR 论文的第二部分中指出:"我们假设有两个体系,Ⅰ 和 Ⅱ,在时间 $t=0$ 到 $t=T$ 之间允许它们相互发生作用,而在此以后,假定这两部分不再有**任何**相互作用。""由于在量度时两个体系不再相互作用,那么,对第一个体系所能做的无论什么事,其结果都不会使第二个体系发生**任何**实在的变化。这当然只不过是两个体系之间不存在相互作用这个意义的一种表达而已。"德布罗意立即就注意到了 EPR 论文在量子力学基础理论中的重要性。

▲ 据博勒加尔回忆,在 1940 年时,德布罗意就"不盲目相信有一种……可接受的形式体系";而且更使博勒加尔惊奇的是,早在那时,德布罗意就认为现有的量子力学形式体系不可能与(广义)相对论相协调。

▲ 在第二次世界大战期间,德布罗意作为德国亲王未受德军骚扰,但生活上的缺衣少食使他十分狼狈。他离开了在巴黎拜伦路(rue Perronet)上宫殿似的家,住进尚蒂依(Chantilly)树林中(属于法兰西研究所所有)的一间烧木炭的小屋子,过着隐居生活,常常为找一本书,冻得哆哆嗦嗦。这种修道士似的生活一直延续到战争结束之后。在此期间的研究工作尽管没有中断,但德布罗意觉得有一点失落。在光子的波动力学已完成得差不多以后,将何以为继呢?尽管对原子核问题稍有兴趣,但不值得投入全部精力。德布罗意在此期间发表的论文,内容涉及光与自旋粒子(愈来愈少)、相位波和电子本征频率(20 年中第一次)、导波、自旋测量的实验问题、量子场论、概率量子系综的结构、原子核、电子光学、经典力学的绝热不变性、经典力学和电动力学的热力学模拟、温度变换的相对论定律,等等。在 1950 年前,德布罗意就已发现核理论所面临的困难,他说过:"目前,波动力学的解释能力在各方面都仿佛显得软弱。"他认为量子电动力学在时空描述方面存在根本性的缺陷。此外,德布罗意还不时对当时流行的或正统的量子力学诠释提出质疑。这些论文十分"正统",论说有据,证明充分,充满了最根本的考虑。可以看出,作者具有非凡的物理分析能力。洛切克认为这些作品中有一部分是应同事之邀的即兴之作。1940—1942 年,德布罗意的书《光的新理论:光子波动力学》(*Une nouvelle théorie de la lumière: La mécanique ondulatoire du photon*)两卷本出版。1942 年,德布罗意当选为法国科学院数学科学终身常务秘书。

▲ 法国是 1944 年八九月间获得解放的,但自 1944 年年初起,庞加莱研究所的理论物理学讨论班就已决定在每年春季举办为期数周的研讨会,以研讨当前最热门、最有趣的理论物理学课题。德布罗意是这一会议的主席,而且在 1944 年和 1945 年亲自为会议撰写论文。1944 年他的论文题目是"介子"(*Le méson*),1945 年他的论文题目是"光电子学"(*L'Optique électronique*)。每年的会议论文都汇编成册,德布罗意多次为这些小册子作序。1944 年,德布罗意任经纬局委员和法国科学院法兰西研究所研究员;1946 年后兼任法国原子能协会科学委员会委员。

▲ 1947 年,德布罗意的《物理学和微观物理学》(*Physique et microphysique*)出版。爱因斯坦在为该书所写的序中说:"我发觉,从新近得到的概念的观点来看,柏格森和芝诺的哲学见解是非常令人神往的。"

▲ 1947 年,在一次讨论 EPR 论文的学术交流后,德布罗意的双眼中发出奇光。托内拉特夫人悄悄对博勒加尔说:"你有没有注意到德布罗意亲王的眼神? 它实在怪极了⋯⋯"1951 年,博勒加尔在普林斯顿收到了一封"几乎不相信自己的眼睛"的来自德布罗意的回信:"德布罗意说他已改变立场,转为支持爱因斯坦的观点。"博勒加尔后来与德布罗意的观点相左,他的这一回忆应该是可信的。

▲ 1950 年至 1957 年期间,德布罗意兼任法国国防委员会委员。他是 18 个国家(西班牙、罗马尼亚、波士顿、苏联、比利时、爱尔兰、斯坦尼斯拉斯、英国、美国、罗马等)的科学院院士,又是 6 所世界著名大学(华沙大学、布加勒斯特大学、雅典大学、洛桑大学、魁北克大学、布鲁塞尔大学)的名誉博士。

▲ 1951 年,玻姆的《量子理论》(*Quantum theory*)一书出版。书中建议用统计学中的关联函数来描述两自旋 1/2 粒子之间的量子关联,并将 EPR 实验改为他自己的实验。玻姆说:"现在让我们来描述 ERP 的假想实验。我们把这个实验稍微修改了一下,但其形式本质上与他们提出的相同,不过在数学上处理起来要容易得多。""假定有一个双原子分子,处于**总自旋等于零**的状态,再假定每个原子的自旋等于 $\hbar/2$。""现在假定分子在某一过程中被分解成原子,且在这个过程中其总角动量保持不变。于是两个原子开始分开,并很快就**不再有显著的**相互作用。"玻姆的"**不再有显著**"相互作用,与 EPR 的"**不再有任何**"相互作用是有实质性差别的。EPR 实验必须是彻底相对论的,而玻姆实验则必然是非相对论的。实际上,玻姆实验倒是与他后来提出的量子力学"量子势"诠释一脉相承的。德布罗意在观念上并不同意玻姆的诠释。

▲ 1952 年玻姆在《物理评论》第 85 卷第 2 期上发表了两篇总题名为"关于量子理论隐变量诠释的建议"(*A Suggested interpretation of quantum theory in terms of hidden variables*)的论文。泡利在得到玻姆论文的预印本后重复他 1927 年的批评:"这完全是新瓶装陈酒!"而德布罗意在得到同样的预印本后向玻姆指出,此文实际上是他 1927 年不成功的"波导理论"的翻版,同时他对波导理论的否定态度不会改变。但是,玻姆的论文促使德布罗意加快重新思考他原来的"双重解理论"。德布罗意说过:"从双重解理论来看,波导理论是没有什么价值的。"此外,德布罗意的另一名学生维吉尔在准备其博士论文期间曾向他指出,"双重解理论"在观念上有些类似于广义相对论中沿"短程线"运动的物体。德布罗意立即领悟到,要正确地描写波和粒子的缔合就必须用到两个方程:一个线性方程用来描述波动(犹如广义相对论中的短程线),另一个非线性方程用来描述粒子结构(犹如广义相对论中的场方程);而这两个方程必须以相位和谐定律相联系(犹如广义相对论中的场方程已经包含物质运动方程一样)。在以后的日子里,这一图像"越来越清晰",他越来越认为这才是自己所追求的。另一件促使德布罗意改变观点的事,是在为纪念他 60 华诞而出版的《路易·德布罗意:物理学家和思想家》一书中薛定谔所使用的激将法;薛定谔说:"⋯⋯我认为,德布罗意先生过去像我一样不喜欢波动力学的概率诠释。""目前我几乎是单枪匹马地在探索我的道路,并且是同一大群⋯⋯聪明人相对垒。"薛定谔的这番话肯定激发了德布罗意家族一员的

自尊心和勇气。在重新回到"双重解理论"的立场上以后,德布罗意不断地"战斗"着(维吉尔语);他坚信自己的事业"必定成功",当然也"绝不否认还有大量的困难要克服"。1952年,德布罗意获联合国教科文组织授予的一级卡琳加(Kalinga)奖。

▲ 与玻姆两篇论文发表差不多时候,名古屋大学的高林武彦也发表了一篇长文,同样得到了德布罗意1927年的不成功的"波导理论",以及所谓的"量子力学的流体力学表象"。此"流体力学表象"可追溯到1927年10月(与德布罗意向第五届索尔维会议提出"波导理论"在同一天)由马德隆在《物理学杂志》上所发表的另一篇文章《量子力学的流体力学形式》(*Quantentheorie in hydrodunamischer form*)。据洛切克分析,马德隆的文章只是提供了一种解释,而德布罗意的报告则是为了发展新的观念。必须立即指出,流体力学表象中的向导公式与德布罗意的向导公式之间是有微妙差别的:德布罗意向导公式中的速度,确确实实就是粒子的运动速度;而马德隆向导公式中的速度,则是流线在空间各处的"当地速度"。此外,马德隆流体力学表象中有一个致命的缺陷:粒子不见了!(法尔格认为这其中还有许多问题可探讨。)高林武彦首先指出,德布罗意"波导理论"中和马德隆"流体力学形式"中以及玻姆"隐变量诠释"中的"量子势",实际上与连续介质力学中的"应力张量"有关。(或者,也可写成"等熵流"中"量子熔"的形式。)

▲ 1952年,德布罗意在《量子物理是非决定论的吗?》(*La physique quantique restera-t-elle intéterministe?*)一文中说:"在伟大天才们的经典时期,从拉普拉斯到庞加莱,总是宣传着自然现象的决定论……将概率引进科学理论中来,那是我们无知的结果。"还说:"玻尔先生从某种意义上来说已成了现代物理学中的伦勃朗,因为他有些颠倒黑白……"

▲ 早在1952年,德布罗意就注意到物理量的测量问题。他说过:"实际上,在所有能够实际加以测量的物理量中,位置单独作为一方,所有其他可能的变量的集合作为另一方,其间存在着很强的非对称性。一般说来,位置是任何物理学系统中唯一可以加以观测而无须制备的物理量。你只需记录下,比如说,一个波撞到一堵墙上发生什么就行;利用一块感光板或任何其他记录仪,你就知道在何处,即在波的哪一点上,粒子是局域化的。"德布罗意认为时间和空间也具有某种不对称性。他曾说过:"实际上,空间和时间是真实的而且是完全不同的。首先,时间的延伸,对我们不幸的是,它永远在同一方向,这就是它的基本特征,但在空间上,任何轨道及其逆轨道都是可能的。"他认为分析动力学和统计力学中的时间反演只能作为方便的理论虚构,而不能视为物理真实。他的这一思想无疑来自柏格森。洛切克注意到,德布罗意从来没有说过"在时空中"这个词,尽管他是一个彻底的相对论者。

▲ 在1952年或1953年间,德布罗意开始重新研究双重解理论并提出新的解决方案。他将新方案寄给爱因斯坦征求意见。1953年5月,爱因斯坦在回信中说:"你建议以下列形式表示物理学的实在(完备描述):$\Psi = \psi \Omega$;在这个乘积中,一个余因子表示粒子结构,另一个表示波结构;毫无疑问这里包含着使我们能在实验上接受的令人满意的双重结构概念。这将真正是一个新的理论,而不是对旧理论的补充。"爱因斯坦还对德布罗意的方案提出了修改意见。德布罗意确实听从了爱因斯坦的修改意见;在1956年

的传世之作中,他将 $\psi\Omega$ 乘积改成了 $u\left(u=f\exp\left(\dfrac{\mathrm{i}S}{h}\right)\right)$,其中 f 表示粒子结构。

▲ 由于德布罗意重新回到双重解的立场,使他的处境变得很糟糕。洛切克在 1984 年回忆说,当时,"在庞加莱研究所的走廊上,人们喊喊喳喳,似乎德布罗意犯了重病,最好还是离他远点","那时,所有官方科学委员会都认为,这完全是毫无趣味的无稽之谈,它只能说明德布罗意已经不折不扣地变成了一位老朽"。德布罗意则处之泰然,"这并没有影响善意、虔诚、安静的听众蜂拥着去参加他的讲座和研讨班,而德布罗意仍像平时一样镇定自若和友好,装做什么也不知道"。

▲ 1953 年,德布罗意的书《量子与波动力学理论概要》(*Eléments de théorie des quanta et de mécanique ondulatoire*)出版。

▲ 1955 年,冯·诺伊曼的《量子力学的数学基础》英文版(*Mathematical foundation of quantum mechanics*)出版。德布罗意仔细阅读了该书,此书中的一些结论对刚刚重新转向双重解立场的他是一种严峻的挑战。

▲ 1955 年 4 月 18 日,爱因斯坦逝世。此时薛定谔已是暮年。唯一剩下的敢于同哥本哈根学派抗争的就只有德布罗意了。1956 年以后,他逐渐成为非正统量子力学的(继爱因斯坦之后的)新领袖。

▲ 1956 年,德布罗意在《微观物理学中的新观点》(*Perspectives nouvelles en microphysique*)一书中说:"冯·诺伊曼的抽象和精细的证明产生了很大的影响,我长期认为它是无法驳倒的。"它"具有简洁明了的特点而且具有令人满意的形式体系和无懈可击的外表"。但"其结论却很难使人接受","由于测量过程使用了过分抽象的方法令人难以接受这些预言"。德布罗意发现"冯·诺伊曼曾经极其严格地证明了,不可能引进隐变量,然而与他的初衷相反,他并没有证明,引入隐变量以后每一时刻使粒子具有确定的位置和确定的运动这件事是不可能的","冯·诺伊曼证明声称不准将波动力学解释为具有隐变量的决定论理论;但是,要知道,双重解理论或波导理论尽管不能认为是已被证实的,它们却总是存在的;因此我们可以反问一下:它们的存在怎样与冯·诺伊曼的证明相协调呢?"德布罗意认为对纯概率诠释来说,"双重解理论或波导理论在这一点上与此没有矛盾;它们都假设,由连续波 ψ 的振幅平方所给出的关于位置的概率分布在任何一次测量之前就已存在,而其他力学量的概率分布(例如关于动量的概率分布)可以由测量来显示;所以,作为冯·诺伊曼证明基础的假设,对它们失效,从而也就推翻了他所证明的结论。纯概率假设预定了所有概率分布的绝对等同"。

▲ 1956 年,德布罗意获法国国家科学研究中心的金质奖章。同年,他的传世之作《因果诠释和非线性波动力学:双重解理论》(*Une tentative d'interprétation causale et nonlineaire de la mécanique ondulatoire:La théorie de la double solution*)出版。此书被德布罗意学派视为非正统量子力学的"圣经"。德布罗意在此书出版前后已认识到,描述粒子内部结构和运动的方程必定是非线性的。他特别注意到当时刚出现于流体力学中的孤立波解析理论。他认为双重解理论中描述粒子内部结构及其运动的那个解一定与孤立波十分相似。在此书第 18 章的一个脚注中,德布罗意明白无误地表达了自己的这一思想。在他的学生中,都称当时尚未命名"孤立子"的解为"驼峰解"。1956 年时,国际上尚未对孤立子理论进行大规模开发;德布罗意的先见之明可谓是超越时

代的。"双重解原理"系指："相当于波动力学中传播方程的每一连续界 $\psi = R\exp(\mathrm{i}S/\hbar)$，必然有一个与 ψ 具有同相位 S 的奇异解 $u = f\exp(\mathrm{i}S/\hbar)$，而奇异解的振幅 f 包含有一个一般是能动的奇异点。"有用的向导公式也被全面移植到双重解理论中来。德布罗意指明了，在建立双重解理论时，有三条原则必须遵守：(1) 物质波应当被描述于物理空间而不是位形空间；(2) 粒子必须永久局域于物质波中；(3) 描述波动的线性方程的相位，必须同描述粒子的非线性方程的相相位和谐。洛切克说，这就是德布罗意的科学贡献。在此书的"前言"中，德布罗意说："我非常希望富有物理洞察力的青年物理学家们和富有经验的数学家们，对……我所提出而不能真正加以辩解的那些假设发生兴趣。"

▲ 1957 年，德布罗意的《波动力学的测量理论：流行诠释和因果诠释》(*La théorie de la mesure en mécanique ondulatoire：Interpretation usuelle et interpretation causale*) 一书出版。他在此书中对测量理论做了补充和修改。德布罗意的测量理论包括两方面的内容：(1) 微观物理学中所有那些可测量的物理量中，位置的测量是极为特殊的；(2) 与位置测量紧密相关的是关于概率的三种定义，即所谓的存在概率、预测概率和隐概率。与一个不需任何制备就可加以观测的事件有关的概率，称为存在概率；与一个在测量前必须对系统加以制备的事件有关的概率，称为预测概率；涉及隐变量统计分布而同时又满足经典计算方法的概率，称为隐概率。德布罗意还区分了"经典"和"量子"两种统计方案。正统量子力学教科书中不承认有隐概率，而且故意混淆存在概率和预测概率、经典统计方案和量子统计方案之间的区别。德布罗意将正统量子力学教科书中的这种概率称为"纯概率"。在引入三种不同的概率定义后，他说："在这一统计方案中，那些由正统诠释考察同一问题时所出现的奇谈怪论就被一扫而空了。"洛切克后来说："当冯·诺伊曼宣称隐变量理论不可能时，他就错了。因为他忽视了这么一件事实：在该理论中，概率必须都是经典的，而且，还必须是'隐'的（而不是存在的）。冯·诺伊曼的错误在于，他试图将隐变量指派给量子的预测概率，而不是经典的隐概率。"针对海森伯所主张的"物理理论只应当接受可观测的量"的观点，德布罗意在此书中说："我不能同意那种微观物理学实在的测量必须以可观测的宏观现象为中介的意见，因为宏观现象与粒子的局部运动是无关的。在这里我要附带说一句：粒子在空间的永久局域基本概念正是双重解理论的结果。"

▲ 1960 年，莫里斯公爵去世。由于莫里斯没有子嗣（高林武彦说他"终生未娶"，有误），德布罗意袭用"法国公爵"称号。

▲ 1961 年，德布罗意在《法国科学院通报》上发表论文《单粒子的热力学》(*La thermodynamique de la particule isolée*)，将莫培督原理、费马原理与平衡态热力学中的卡诺原理（或称为吉布斯原理）对应起来，建立了单子热力学的概念。至 1976 年在《路易·德布罗意基金会纪事》上发表《绝热不变性和粒子的隐热力学》(*L'Invariance adiabatique et la thermodynamique cachee des particules*)，德布罗意在吉布斯变分原理及其应用方面总共贡献了十多篇论文。但是，在德布罗意的论文中，主要研究的是热力学的拉格朗日形式而未涉及平衡态热力学的正则方程。在这些论文中，他分析了作用量与熵函数之间的对应关系，使经典动力学同热力学之间的关系更加对称。

▲ 1961 年，德布罗意的新书《维吉尔先生及其同事的粒子新理论：导论》(*Introduction：A*

la nouvelle théorie des particules de M. Jean-Pierre Vigier et de ses collaborateurs）
出版。书的序言中提到维吉尔的同事有：高林武彦、哈尔勃瓦茨、希利昂和洛切克。除
了这些人和博勒加尔、托内拉特夫人之外，在德布罗意周围，还有西班牙科学家安杰
拉德。

▲ 1962 年，德布罗意以 80 岁高龄退休。

▲ 1963 年，德布罗意的书《波动力学流行诠释基础的批判研究》（*Etude critique des bases
de l'interprétation actuelle de la mécanique ondulatoire*）出版。

▲ 1964 年，德布罗意的书《单粒子的热力学》（*La thermodynamique de la particule
isolée*）出版。

▲ 1964 年，贝尔在《物理》（*Physics*）上发表了论文《关于量子力学的隐变量问题》（*On the
problem of hidden variables in quantum mechanics*）；其后的 1966 年，又在《现代物理
评论》（*Rev Mod Phys*）上发表了论文《关于 EPR 佯谬》（*On the Einstien-Podolsky-
Rosen parodox*）。在前一篇文章中，贝尔在二分量自旋空间构造了一个与正统量子力
学相容、但又避开冯·诺伊曼"可加性假设"的隐变量模型；他说，要击破 EPR 论证，必
须"找到一些对局域性条件或对远距离系统的可分性的'不可能性'证明"。在后一篇
文章中，贝尔将玻姆的自旋关联方案具体化，导出了所谓的"贝尔不等式"；同时，他提
出了现在称为"贝尔定理"的结论——"任何局域隐变量理论都不可能重现量子力学的
全部统计性预言"。贝尔定理和贝尔不等式后来被正统量子力学学派和主张"非局域
性"的量子力学学派所利用，用作攻击 EPR 论文和"局域实在论"的工具。德布罗意对
贝尔定理和贝尔不等式的注意是在自己的双重解理论可能成为攻击对象之后。洛切
克说："即使因为我们不同意贝尔定理而同他辩论，贝尔仍是德布罗意所赞赏的人。我
们不乐意的是，他的定理不仅是德布罗意思想的对立面，而且也是他自己的期望的对
立面。"

▲ 1966 年，纳尔逊在第 150 卷《物理评论》上首先提出现代意义上的"量子力学随机诠
释"。此后的 1969 年，德·拉·佩纳又重新发现了它。随机诠释起源于玻姆的量子势
诠释和马德隆-高林武彦的流体力学表象；它统一了布朗运动科耳莫果罗夫方程（其中
前瞻科耳莫果罗夫方程即为福克-普朗克方程）和量子力学的薛定谔方程，并且建立起
经典概率同量子概率之间的严格对应关系。这一诠释引起了许多物理猜测，并成为若
干年来研究量子力学基础问题之一。随机诠释用严格的数学演绎证明了态函数的演
化相当于位形空间中的马尔科夫过程，因此量子力学同分子布朗运动一样，都可以用
表示经典概率时间演化的福克-普朗克方程来描述；其次，随机诠释恢复了经典概率和
随机过程在量子力学推理中的主导地位。德布罗意早在 1967 年就对纳尔逊的工作作
出了积极反应；他在《法国科学院通报》第 264B 上发表了一篇题名为"波中微粒的布朗
运动"（*Le mouvement Brownien d'une particule dans son onde*）的论文。德布罗意认
为，如果随机诠释正确，那么粒子周围的"真空"就应该是一种"有更深激烈运动背景
（当然是协变的）"的亚量子分布。他提出的这种"空间的更深背景"（或别人所谓的"亚
量子水平""以太零点涨落""隐恒温器"等），可视为在其中运动粒子可用热形式交换能
量的"热浴"，如同花粉在液体中的布朗运动一样。因此，如果随机诠释正确，随机力就
应该是运动粒子同周围"亚量子分布"交换热能的一种机理描述。然而，由于"亚量子

分布"实际上是相当于"以太"那样的一种东西，表现出很强的"非局域性"；由于福克-普朗克方程并不总是在所有情况下都是非线性的；由于随机诠释必然同相对论相对立；大为失望的德布罗意最终还是否定了它。但他的学生们因而分裂成两派：以洛切克为首的一派反对随机诠释，而以维吉尔为首的一派则赞成随机诠释并与玻姆和贝尔合流。

▲ 1968 年，德布罗意在给库勃利的信中说："人们习惯认为的振幅是不对的；如果振幅是常数（如一个电磁波），那么它就不会包含粒子。"

▲ 直到 19 世纪 70 年代中叶，德布罗意对贝尔定理还未加注意，"对这种问题没有什么兴趣。他后来有兴趣仅仅在明白了他自己的理论有可能成为靶子之后"。洛切克说："然而，给予他的时间不多了，其他的工作需要他剩下的时间。他因而要求我在他那里投入这一问题。我在那里度过了几个月。在他全部的时间中，他镇定自若继续他自己的工作，因为贝尔定理还不能完全迷惑他。"

▲ 1973 年，德布罗意在《法国科学院通报》第 277B 卷第 71 页上发表题为"论量子力学基本思想的实在性"（Sur les véritables idées de base de la mécanique ondulatoire）的文章，以纪念其博士论文出版近 50 周年。此文现已与其博士论文收录在同一本书（1992 年出版）内。

▲ 1974 年，德布罗意在一篇题为"反驳贝尔定理"（Sur la refutation du theoreme de Bell）的讲话中指出，在贝尔推导其不等式时用到的一个公式"反映了位形空间中两电子波函数的反对称化。然而，正为此故，我很久前就注意到这种反对称化是无法证明的"。因为"它们的运动……总是关联的，而且这种关联对于费米子是以反对称化公式显示出来的，对于玻色子则是以对称化公式显示出来的"。他接着指出此式的有效性在物理上也是不成立的。他说，由于"与粒子缔合的波"的波长都很小（除激光的发射外），尤其电子"其波长只是 μm 级或 10^{-6} m 的量级"，因此当"最初处在同一波列中的两电子受到斯特恩-革拉赫型仪器的作用后回按不同的方向甩出，它们的波列……会在不超过 10^{-12} s 的时间内析离"，此时该式"不再有效"，亦即"贝尔定理失效"。他认为"大部分量子理论家都未思及这一点"。德布罗意还指出贝尔不等式的推理违背相对论："如果，对两个分立电子自旋的测量是关联的，即在两台测量仪器之间出现'即时'的信息交流，这就违背了相对论。这一批判是有力的，因为粒子不可能不是局域的。"受德布罗意的委托而研究贝尔不等式有了一段时间的洛切克于 1976 年一篇发表在《物理学基础》上的文章中说："$\rho(\lambda)$（同 λ 一样）在系统的初态中取定，以使测量结果的统计不依赖于测量过程本身。就是这个假设与量子力学相矛盾！"因为它已"隐含了（与海森伯不确定性和实验相矛盾的）对同一粒子的两自旋分量作同时测量的可能性"。换言之，在贝尔的推理过程中已隐含着对测量统计的经典方案。

▲ 1976 年，"路易·德布罗意基金会"成立；并出版了《路易·德布罗意纪事》一卷一期。德布罗意在此期上撰文。

▲ 1976 年，德布罗意与洛切克等人合作，完成了其一生最后一篇论文《存在概率、预测概率和隐概率》（Present, predicted, and hidden probabilities），此文载于《物理学基础》第 6 卷。

▲ 1976 年，波兰华沙大学的比卢拉（Bialynicki-Birula）和摩切尔斯基（Mycielski）发表了

一篇题名为"非线性波动力学"（*Nonlinear wave mechanics*）的论文，导出所谓 BB-M 方程。此文与德布罗意 1956 年所出版的一本书的英译本同名。但必须指出的是，德布罗意在书中讲的主要是双重解理论，而 BB 和 M 两人在论文中所讲的则完全是波导理论。

▲ 1981 年和 1982 年，阿斯派克特等人在《物理评论快报》（*Phys Rev Lett*）上发表了两篇验证贝尔不等式的实验报告（*The experimental tests of realistic local theories via Bell's theorem*；*Experiment realization of Einstein-Podolsky-Rosen-Böhm gedanken experiment*：*a new violation of Bell's inequalities*）。正统量子力学学派和主张"非局域"量子力学的学派认为胜利在望，但德布罗意及其学生洛切克等人对此已不再感兴趣。实际上，阿斯派克特第二篇论文的题目就是错误的：玻姆实验并不等价于 EPR 实验。

▲ 1982 年，德布罗意出版了《海森伯不确定性和波动力学的概率诠释》（*Les incertitudes d'Heisenberg et l'interprétation probabiliste de la mécanique ondulatoire*）一书。洛切克在此书一篇文章中说："使德布罗意感到欣慰的是，与 1956 年前只有少数几个人谈论非线性方程和基于这种想法试图改造量子力学的状况相比，物质波的干涉和衍射中出现非线性效应的可能性已备受重视，这无疑是非常重大的进步。"洛切克若干年后在一篇纪念德布罗意的文章中援引他的话说："非线性不是一种特征而是没有特征，而线性则是一种特征；其实，线性与其说是简单的特征，倒不如说只是方程的一种特殊情况。"

▲ 1982 年是德布罗意 90 岁华诞。洛切克、维吉尔和博勒加尔都在《物理学基础》上发表了纪念文章。洛切克在文中说："德布罗意把他澄清物理规律，寻找简单、直观的理论图像的事业留给了基金会。更重要的是，他将自己的根本信条传了下来，那就是：绝没有理论和假说一经建立便永不可破，也绝没有批评和新思想不经彻底辨析而被抛弃的。""争论始终没有停止，怀疑量子力学的基础已很普遍，尽管这一基础曾被人们所偏爱，也曾以赞美的或默认的方式为全体所通过。"维吉尔在文中说，德布罗意是一位真正的战士，"他经常大声疾呼，反对科学集团日益增长的势力和专家委员会讨厌的影响。他觉得那些东西有禁锢思想的倾向"。德布罗意认为"物理学史上已有多次这种战斗，表面上被打倒的理论会再次复活：这可以回忆一下原子理论和麦克斯韦-玻耳兹曼气体运动论的命运"。博勒加尔则回忆了与德布罗意亲密相处的日子。他认为德布罗意是一位深邃的思想家，一个懂得物理学史的人，一个真正的人文学家："在他的群体中，我们的关系很融洽。我们经常请他写总评。他常在办公室写，随后归还，常常是注释满篇。当他向学生们解释经典的或'新'的物理课题中的问题症结，并指出我们可能会误入的歧途时，他从不吝啬时间和精力。他的学识和直觉令人惊奇。他的耐心和他传授的一切，使我们获益匪浅。我永远也忘不了那些激动人心的谈话。他的声音、表情和他充满智慧及时代精神的眼神，面临疑难时的深沉，（经典的或'新'的）解释完满时的安详，你或我误入歧途时的责怪，或者他觉得没问题而你的提议却与之相反时的微嗔——这一切都使我永生难忘。"博勒加尔记得有一次在德布罗意家中花园里与他谈到瓦莱里（Valéry）的诗作《蛇的素描》的情景："最后我们谈到了知识的不可抗拒的增长。从下里巴人，到阳春白雪。"

▲ 1982 年，盖雷（Guéret）和维吉尔在《物理学基础》第 12 卷上发表论文，求得了 0 自旋量子所满足的（符合德布罗意"双重解理论"和爱因斯坦局域性条件的）德布罗意方程。他们所使用的方法是几何的，而且相当复杂。德布罗意对此未做评论。

▲ 洛切克在 1984 年出版的、为纪念德布罗意 90 岁华诞的书《波粒二象性》（*The wave-particle dualism*）里的一篇文章中谈到了德布罗意与正统量子力学哥本哈根学派之间的斗争。洛切克说："对于一种科学论断的最终描述，人们必须要千万小心，因为任何的科学论断总是有待修正的。在科学中，将一种主张说得天花乱坠不留任何余地是非常危险的，即便是暂时没有人提出异议。（眼下并非如此！）"洛切克指出，贝尔的错误正好同冯·诺伊曼的错误相反：后者将测量结果的量子统计归结为不可能有隐变量，而前者则将隐变量的经典统计归结为测量结果的非局域解释；二者都忽视了由德布罗意所指出的经典的隐概率和量子的预测概率之间的差别。

▲ 由于年老体弱，德布罗意生命的最后几年是在离纳伊（Neuilly）不远的塞纳河谷（Val-de-Seine）医院［属于伊夫林省（Yvelines）的卢夫西恩地区（Louveciennes）］度过的。1987 年 3 月 19 日，德布罗意在这所由美国人开办的医院里无疾而终，享年 95 岁。翌日，法国大小报章纷纷刊载了这一消息。《费加罗报》的通栏标题是"路易·德布罗意逝世/波动力学的生父/法兰西的爱因斯坦"；一张满头银发的照片下面写着"路易·德布罗意：近代物理学的重要人物"。《人道报》的通栏标题是"路易·德布罗意公爵逝世/波和光子的结合"，并以约 1/2 的版面刊登了德布罗意与朗之万和约里奥-居里于 1945 年的合影。洛切克在《物理学基础》上报道德布罗意逝世消息的一篇短文中说："德布罗意的物理思想和影响仍然存在；他仍旧活在我们中间，虽然在现代物理学和生活中，他常常被人冷落甚至遭人厌烦……我们一定要记住，德布罗意不仅阐述了篇首（指洛切克的文章"德布罗意"）那些思想（这仅仅是其基本物理思想的一部分），而且还提出了一幅世界图像。正是由于他追求着这幅世界图像，德布罗意才发现了科学遗产中最辉煌的那一部分。"德布罗意著作等身；自 1920 年以来，他共发表论文（包括回忆）153 篇，书 37 本（逝世后又出版了若干本），科学哲学作品 10 本（篇），学术评论和演讲 20 篇，会议论文和综述 68 篇。

德布罗意家谱

沈惠川

☞ de Broglie 家族的远祖于公元 10 世纪前居住在现意大利境内佩德蒙特（Piedmont, Italy）地区的蔡里（Chieri，米兰南方 50 公里处）。公元 10 世纪，de Broglie 家族随一支诺曼（Norman）人迁居至法国塞纳河口，并接受了法兰西文化。当地人称他们为诺曼底（Normandie）人。

☞ 姓氏 Broglie 是 Broglia 的法语化；取自 Normandie 的小城 Broglie。

☞ 第一代贵族：Amedeo Broglia de Cortandone 伯爵。

☞ 第二代贵族：Francesco-Maria Broglia de Cortandone 伯爵；乃 Amedeo Broglia de Cortandone 之子。

☞ 第三代贵族：Victor-Maurice Broglia de Senonches 侯爵；乃 Francesco-Maria Broglia de Cortandone 之子。

☞ 第四代贵族：François-Marie de Broglie(1671—1745)公爵(1742 由 LouisXIV 册封)和 Guillanme de Broglie 侯爵；乃 Victor-Maurice Broglia de Senonches 之子。

☞ 第五代贵族：Victor-François de Broglie(1718—1804)公爵，1759 年由圣罗马帝国封为德国亲王；François-Marie de Broglie 之子。

☞ 第六代贵族：Victor-Claude de Broglie(1756—1794)伯爵，1794 年被斩于断头台；Victor-François de Broglie 之子。

☞ 第七代贵族：Achille-Charles-Victor de Broglie(1785—1870)公爵，1851 年因 Napoleon 政变而退休；Victor-Claude de Broglie 之子。娶妻 Albertine de Staël。

☞ 第八代贵族：Jacques-Victor-Albert de Broglie(1821—1901)公爵和 August-Théodore-Paul de Broglie 亲王(后成为神甫)；Achille-Charles-Victor de Broglie 之子。

☞ 第九代贵族：Victor de Broglie(1846—1906)公爵；Jacques-Victor-Albert de Broglie 之子。娶妻 Pauline d'Armaillé。

☞ 第十代贵族：(1) 长女 Albertine de Broglie，婚后成为 Albertine de Luppé 侯爵夫人；(2) 长子 Maurice de Broglie(1875—1960)公爵；娶妻 Camille de Rochetaillée；(3) 次子 Philippe de Broglie 亲王，7 岁夭折；(4) 次女 Pauline de Broglie，婚后成为 Pauline de Pange 伯爵夫人；(5) 幼子 Louis de Broglie(1892/08/15—1987/03/19)亲王，1960 年继袭亲王。五人皆为 Victor de Broglie 之子女。

　　Louis de Broglie 的全名为 Louis Victor Pierre Raymonde de Broglie；其中 Louis 来自他的外公 Louis d'Armaillé，Victor 来自他的父亲 Victor de Broglie 和家族传统，Pierre 来自他的教父(后来成为他大姐的公爹的)Pierre de Luppé 侯爵，Raymonde 来自他的教母 Raymonde de Galard。

德布罗意论著目录

I　通报和学术论文

[1] *Sur le calcul des fréquences limites d'absorption K et L des éléments lourds*, C. R. Acad. Sci., **170**, 1920, p. 585.

[2] *Sur l'absorption des rayons X par la matière*, C. R. Acad. Sci., **171**, 1920, p. 1137.

［3］ *Sur le modèle d'atome de Bohr et les spectres corpusculaires*，C. R. Acad. Sci.，**172**，1921，p. 746.

［4］ *Sur la structure électronique des atomes lourds*，C. R. Acad. Sci.，**172**，1921，p. 1650，en collaboration avec M. A. Dauvillier.

［5］ *Sur la distribution des électrons dans les atomes lourds*，C. R. Acad. Sci.，**173**，1921，p. 137，en collaboration avec M. A. Dauvillier.

［6］ *Sur le spectre corpusculaire des éléments*，C. R. Acad. Sci.，**173**，1921，p. 527，en collaboration avec M. Maurice de Broglie.

［7］ *Sur la dégradation du quantum dans les transformations successives des radiations de haute fréquence*，C. R. Acad. Sci.，**173**，1921，pp. 1160～1162.

［8］ *Sur la théorie de l'absorption des rayons X par la matière et le principe de correspondance*，C. R. Acad. Sci.，**173**，1921，p. 1456.

［9］ *Sur le système spectral des rayons Roentgen*，C. R. Acad. Sci.，**175**，1922，p. 685，en collaboration avec M. A. Dauvillier.

［10］ *Sur les analogies de structure entre les séries optiques et les séries Roentgen*，C. R. Acad. Sci.，**175**，1922，p. 755，en collaboration avec M. A. Dauvillier.

［11］ *Sur les interférences et la théorie des quanta de lumière*，C. R. Acad. Sci.，**175**，1922，pp. 811～813.

［12］ *Remarques sur les spectres corpusculaires et l'effet photoélectrique*，C. R. Acad. Sci.，**175**，1922，p. 1139，en collaboration avec M. Maurice de Broglie.

［13］ *Remarques sur le travail de E. Hjalmar concernant la série M des éléments*，C. R. Acad. Sci.，**175**，1922，p. 1198，en collaboration avec M. A. Dauvillier.

［14］ *Rayons X et équilibre thermodynamique*，J. Phys. Paris，série VI，t. III，1922，pp. 33～45.

［15］ *Rayonnement noir et quanta de lumière*，J. Phys. Paris，série VI，t. III，1922，pp. 422～428.

［16］ *Ondes et quanta*，C. R. Acad. Sci.，**177**，1923，pp. 517～519.

［17］ *Quanta de lumière，diffraction et interférences*，C. R. Acad. Sci.，**177**，1923，pp. 548～550.

［18］ *Les quanta，la théorie cinétique des gaz et le principe de Fermat*，C. R. Acad. Sci.，**177**，1923，pp. 630～632.

［19］ *Waves and quanta*，Nature，**112**，n° 2815，1923，p. 540.

［20］ *Sur la vérification expérimentale des projections d'électrons prévues lors de la diffusion des rayons X par les considérations de Compton et Debye*，C. R. Acad. Sci.，**178**，1924，p. 383，en collaboration avec M. Maurice de Broglie.

［21］ *Sur la définition générale de la correspondance entre onde et mou-vement*，C. R. Acad. Sci.，**179**，1924，pp. 39～40.

[22] *Sur un théorème de Bohr*, C. R. Acad. Sci. , **179**, 1924, pp. 676~677.

[23] *Sur la dynamique du quantum de lumière et les interférences*, C. R. Acad. Sci. , **179**, 1924, pp. 1039~1040.

[24] *Sur le système spectral des rayons X et la structure de l'atome*, J. Phys. Paris, série VI, t. V, 1924, p. 119, en collaboration avec M. A. Dauvillier.

[25] *A tentative theory of light quanta*, Philosophical Magazine, XLVII, 1924, pp. 446~458.

[26] *Sur la fréquence propre de l'électron*, C. R. Acad. Sci. , **180**, 1925, pp. 498~500.

[27] *Sur l'interprétation physique des spectres X d'acides gras*, C. R. Acad. Sci. , **180**, 1925, p. 1485, en collaboration avec M. J.-J. Trillat.

[28] *Remarques sur la nouvelle mécanique ondulatoire*, C. R. Acad. Sci. , **183**, 1926, pp. 272~274.

[29] *Sur la possibilité de relier les phénomènes d'interférences et de diffraction à la théorie des quanta de lumière*, C. R. Acad. Sci. , **183**, 1926, pp. 447~448.

[30] *Les principes de la nouvelle mécanique ondulatoire*, J. Phys. Paris, série VI, t. VII, n° 11, 1926, pp. 321~337.

[31] *Sur le parallélisme entre la dynamique du point matériel et l'optique géométrique*, J. Phys. Paris, série VI, t. VII, n° 1, 1926, pp. 1~6.

[32] *Sur la possibilité de mettre en accord la théorie électromagnétique avec la nouvelle mécanique ondulatoire*, C. R. Acad. Sci. , **184**, 1927, pp. 81~82.

[33] *La structure atomique de la matière et du rayonnement et la mécanique ondulatoire*, C. R. Acad. Sci. , **184**, 1927, pp. 273~274.

[34] *Sur le rôle des ondes continues en mécanique ondulatoire*, C. R. Acad. Sci. , **185**, 1927, pp. 380~382.

[35] *Corpuscule et onde* Ψ, C. R. Acad. Sci. , **185**, 1927, pp. 1118~1119.

[36] *L'Univers à cinq dimensions et la mécanique ondulatoire*, J. Phys. Paris, série VI, t. VIII, n° 2, 1927, pp. 65~73.

[37] *La Mécanique ondulatoire et la structure atomique de la matière et du rayonnement*, J. Phys. Paris, série VI, t. VIII, n° 5, 1927, pp. 225~241.

[38] *Rapport au V-ème Conseil de Physique Solvay sur la "nouvelle dynamique des quanta"*, 1928, pp. 105~132.

[39] *Sur les équations et les conceptions générales de la mécanique ondulatoire*, Bull. Soc. Math. France, mai, 1930.

[40] *Remarques sur les intégrales premières en mécanique ondulatoire*, C. R. Acad. Sci. , **194**, 1932, pp. 693~695.

[41] *Sur les densités des valeurs moyennes dans la théorie de Dirac*, C. R. Acad. Sci. , **194**, 1932, pp. 1062~1063.

[42] *Sur une analogie entre l'électron de Dirac et l'onde électromagnétique*, C. R. Acad. Sci. , **195**, 1932, pp. 536~537.

[43] *Remarques sur le moment magnétique et le moment de rotation de l'électron*, C. R. Acad. Sci. , **195**, 1932, pp. 577~578.

[44] *Sur le champ électromagnétique de l'onde lumineuse*, C. R. Acad. Sci. , **195**, 1932, pp. 862~864.

[45] *Quelques remarques sur la théorie de l'électron magnétique de Dirac*, Arch. Sci. Phys. & Natur. , 5-éme période, vol. XV, 1933, pp. 465~483.

[46] *Sur la densité de l'énergie dans la théorie de la lumière*, C. R. Acad. Sci. , **197**, 1933, pp. 1377~1380.

[47] *Sur la nature du photon*, C. R. Acad. Sci. , **198**, 1934, pp. 135~138.

[48] *L'équation d'ondes du photon*, C. R. Acad. Sci. , **199**, 1934, pp. 445~448.

[49] *Sur le spin du photon*, C. R. Acad. Sci. , **199**, 1934, pp. 813~816, en collaboration avec M. J. Winter.

[50] *Sur l'expression de la densité dans la nouvelle théorie des photons*, C. R. Acad. Sci. , **199**, 1934, pp. 1165~1168.

[51] *Remarques sur la théorie de la lumière*, Mém. Acad. Roy. Sci. Liège, 3-ème série, t. XIX, 1934.

[52] *Une remarque sur l'interaction entre la matière et le champ électro-magnétique*, C. R. Acad. Sci. , **200**, 1935, pp. 361~363.

[53] *Sur le théorème de Koenig en mécanique ondulatoire*, C. R. Acad. S-ci. , **201**, 1935, pp. 369~371, en collaboration avec M. J.-L. Destouches.

[54] *La théorie du photon et la mécanique ondulatoire relativiste des systèmes*, C. R. Acad. Sci. , **203**, 1936, pp. 473~477.

[55] *La variance relativiste du moment cinétique d'un corps en rotation*, J. Math. Pures & Appl. , XV, 1936, pp. 89~95.

[56] *Les récentes conceptions théoriques sur la lumière*, Ann. Soc. Sci. Bruxelles, 1-ère série, CLVII, 1937, pp. 99~110.

[57] *La quantification des champs en théorie du photon*, C. R. Acad. Sci. , **205**, 1937, pp. 345~349.

[58] *Sur un cas de réductibilité en mécanique ondulatoire des particules de spin 1*, C. R. Acad. Sci. , **208**, 1939, pp. 1697~1700.

[59] *Sur la théorie des particules de spin quelconque*, C. R. Acad. Sci. , **209**, 1939, pp. 265~268.

[60] *Champs réels et champs complexes en théorie électromagnétique quantique du rayonnement*, C. R. Acad. Sci. , **211**, 1940, pp. 41~44.

[61] *Sur l'interprétation de certaines équations dans la théorie des particules de spin 2*, C. R. Acad. Sci. , **212**, 1941, pp. 657~659.

[62] *Sur la propagation de l'énergie lumineuse dans les milieux aniso-tropes*, C. R. Acad. Sci. , **215**, 1942, pp. 153~156.

[63] *Sur la représentation des grandeurs électromagnétiques en théorie quantique des champs et en mécanique ondulatoire du photon*, C. R. Acad. Sci. , **217**, 1943, pp. 89~92.

[64] *L'introduction des constantes de Coulomb et de Newton en mécanique ondulatoire*, C. R. Acad. Sci. , **218**, 1944, pp. 373~376, en collaboration avec Mme M. -A. Tonnelat.

[65] *Remarques sur quelques difficultés de la théorie du photon liées à l'emploi d'une solution d'annihilation*, C. R. Acad. Sci. , **218**, 1944, pp. 889~892, en collaboration avec Mme M. -A. Tonnelat.

[66] *Sur un effet limitant les possibilités du microscope corpusculaire*, C. R. Acad. Sci. , **222**, 1946, pp. 1017~1019.

[67] *Remarques sur la formule de Boltzmann relative aux systèmes périodiques*, C. R. Acad. Sci. , **223**, 1946, pp. 298~301.

[68] *Sur l'étude des très petites structures au microscope corpusculaire*, C. R. Acad. Sci. , **223**, 1946, pp. 490~493.

[69] *Sur l'application du théorème des probabilités composées en mécanique ondulatoire*, C. R. Acad. Sci. , **223**, 1946, pp. 874~877.

[70] *Sur les électrinos de M. Thibaud et l'existence éventuelle d'une très petite charge du neutron*, C. R. Acad. Sci. , **224**, 1947, p. 615.

[71] *La diffusion cohérente et le microscope corpusculaire*, C. R. Acad. Sci. , **224**, 1947, pp. 1743~1744.

[72] *Le principe d'inertie de l'énergie et la notion d'énergie potentielle*, C. R. Acad. Sci. , **225**, 1947, pp. 163~165.

[73] *Sur la fréquence et la vitesse de phase des ondes planes monochromatiques en mécanique ondulatoire*, C. R. Acad. Sci. , **225**, 1947, pp. 361~363.

[74] *Sur la variance relativiste de la température*, Cahiers de Physique, janvier1948, p. 1.

[75] *Sur la statistique des cas purs en mécanique ondulatoire*, C. R. Acad. Sci. , **226**, 1948, pp. 1056~1058.

[76] *Sur la possibilité de mettre en évidence le moment magnétique propre des particules à spin*, C. R. Acad. Sci. , **226**, 1948, pp. 1765~1767.

[77] *Sur la possibilité de mettre en évidence le moment magnétique propre des particules de spin 1/2*, J. Phys. Paris, série VIII, t. IX, 1948, pp. 265~272.

[78] *La statistique des cas purs en mécanique ondulatoire et l'interférence des probabilités*, Revue Scientifique, 87-ème année, 1948, pp. 259~265.

[79] *Sur le calcul classique de l'énergie et de la quantité de mouvement d'un électron purement électromagnétique*, C. R. Acad. Sci. , **228**, 1949, pp. 1265~1268.

[80] *Sur une forme nouvelle de l'interaction entre les charges électriques et le champ électromagnétique*, C. R. Acad. Sci. , **229**, 1949, pp. 157~161.

[81] *Nouvelles remarques sur l'interaction entre une charge électrique et le champ électromagnétique*, C. R. Acad. Sci. , **229**, 1949, pp. 269~271.

[82] *Sur la théorie du champ soustractif*, C. R. Acad. Sci. , **229**, 1949, pp. 401~404.

[83] *Sur les champs créés par le proton et par le neutron*, C. R. Acad. Sci. , **229**, 1949, pp. 640~643.

[84] *Pénétration d'une onde électromagnétique dans un milieu où la constante diélectrique varie linéairement*, Note préliminaire**129**, 1949, pp. 1~9.

[85] *Une conception nouvelle de l'interaction entre les charges électriques et le champ électromagnétique*, Portugaliae Mathematica, **8**, 1949, pp. 37~58.

[86] *Energie libre et fonction de Lagrange. Application à l'électrodynamique et à l'interaction entre courants et aimants permanents*, Portugaliae Physica, III, 1949, pp. 1~2.

[87] *Sur les champs mésoniques liés à l'électron dans la nouvelle théorie du champ soustractif*, C. R. Acad. Sci. , **230**, 1950, pp. 1009~1010, en collaboration avec M. René Reulos.

[88] *Sur la possibilité d'une structure complexe pour les particules de spin 1*, C. R. Acad. Sci. , **230**, 1950, pp. 1329~1332, en collaboration avec Mme M. -A. Tonnelat.

[89] *Remarques complémentaires sur la structure complexe des particules de spin 1*, C. R. Acad. Sci. , **230**, 1950, pp. 1434~1437.

[90] *Sur la convergence des intégrales dans le problème de la polarisation du vide*, C. R. Acad. Sci. , **230**, 1950, pp. 2061~2063.

[91] *Sur une forme nouvelle de la théorie du champ soustractif*, J. Phys. Paris, XI, 1950, pp. 481~570.

[92] *Schéma lagrangien de la théorie du champ soustractif*, C. R. Acad. Sci. , **232**, 1951, pp. 1269~1272.

[93] *Quelques considérations sur les transformations de jauge et la définition des tenseurs de Hertz en théorie du corpuscule maxwellien de spin 1*, C. R. Acad. Sci. , **232**, 1951, pp. 2056~2058, en collaboration avec M. Bernard Kwal.

[94] *Remarques sur la théorie de l'onde pilote*, C. R. Acad. Sci. , **233**, 1951, pp. 641~644.

[95] *Sur la possibilité d'une structure complexe des particules de spin 1*, J. Phys. Paris, XII, 1951, pp. 509~516.

[96] *Sur le tenseur énergie-impulsion dans la théorie du champ soustractif*, C. R. Acad. Sci. , **234**, 1952, pp. 20~22.

[97] *Sur la possibilité d'une interprétation causale et objective de la mécanique ondulatoire*,

C. R. Acad. Sci. ，**234**，1952，pp. 265~268.

［98］*Sur les relations entre les coefficients de charge et de masse dans la théorie du champ soustractif*，C. R. Acad. Sci. ，**234**，1952，pp. 1505~1507.

［99］*Sur l'introduction des idées d'onde pilote et de double solution dans la théorie de l'électron de Dirac*，C. R. Acad. Sci. ，**235**，1952，pp. 557~560.

［100］*Sur l'interprétation de la mécanique ondulatoire des systèmes de corpuscules dans l'espace de configuration par la théorie de la double solution*，C. R. Acad. Sci. ，**235**，1952，pp. 1345~1349.

［101］*La mécanique ondulatoire des systèmes de particules de même nature et la théorie de la double solution*，C. R. Acad. Sci. ，**235**，1952，pp. 1453~1455.

［102］*Sur l'interprétation de la mécanique ondulatoire à l'aide d'ondes à région singulière*，C. R. Acad. Sci. ，**236**，1953，pp. 1453~1456.

［103］*Sur l'interprétation causale et non linéaire de la mécanique ondulatoire*，C. R. Acad. Sci. ，**237**，1953，pp. 441~444.

［104］*Considérations de mécanique classique préparant la justification de la mécanique ondulatoire des systèmes dans la théorie de la double solution*，C. R. Acad. Sci. ，**239**，1954，pp. 521~524.

［105］*Justification du point de vue de la double solution de la mécanique ondulatoire des systèmes dans l'espace de configuration*，C. R. Acad. Sci. ，**239**，1954，pp. 565~567.

［106］*Une nouvelle démonstration de la formule du guidage dans la théorie de la double solution*，C. R. Acad. Sci. ，**239**，1954，pp. 737~739.

［107］*Ondes régulières et ondes à région singulière en mécanique ondulatoire*，C. R. Acad. Sci. ，**241**，1955，pp. 345~348.

［108］*Illustration par un exemple de la forme des fonctions d'onde singulières de la théorie de la double solution*，C. R. Acad. Sci. ，**243**，1956，pp. 617~620.

［109］*La signification du $|\Psi|^2$ pour les états stationnaires pour l'interprétation causale de la mécanique ondulatoire*，C. R. Acad. Sci. ，**243**，1956，pp. 689~692.

［110］*Idées nouvelles concernant les systèmes de corpuscules dans l'interprétation causale de la mécanique ondulatoire*，C. R. Acad. Sci. ，**244**，1957，pp. 529~533，en collaboration avec M. Joao Luis Andrade e Silva.

［111］*Tentative de raccord entre l'équation de Heisenberg et l'équation de l'onde ν en théorie de la double solution*，C. R. Acad. Sci. ，**246**，1958，p. 2077.

［112］*Sur la nomenclature des particules*，C. R. Acad. Sci. ，**247**，1958，p. 1069.

［113］*Deux remarques en relation avec le problème du disque tournant en théorie de la relativité*，C. R. Acad. Sci. ，**249**，1959，pp. 1426~1428.

［114］*Problèmes classiques et représentation bilocale du rotateur de Nakano*，C. R. Acad. Sci. ，

249，1959，p. 2255，en collaboration avec MM. Pierre Hillion et J.-P. Vigier.

[115] *L'interprétation de la mécanique ondulatoire*，J. Phys. Paris，**20**，1959，pp. 963~979.

[116] *La thermodynamique de la particule isolée*，C. R. Acad. Sci.，**253**，1961，pp. 1078~1081.

[117] *Remarques sur l'interprétation de la dualité des ondes et des corpuscules*，Cahiers de Physique，n° 147，1962，pp. 425~445.

[118] *Nouvelle présentation de la thermodynamique de la particule isolée*，C. R. Acad. Sci.，**255**，1962，pp. 807~810.

[119] *Quelques conséquences de la thermodynamique de la particule isolée*，C. R. Acad. Sci.，**255**，1962，pp. 1052~1054.

[120] *Sur un point de la théorie des lasers*，Commun. Acad. Sci. Lisbonne，**21**，1963，p. 1.

[121] *Application de la théorie de la fusion au nouveau modèle étendu des particules élémentaires*，C. R. Acad. Sci.，**256**，1963，p. 3390，en collaboration avec M. Jean-Pierre Vigier.

[122] *Table des particules élémentaires associées au nouveau modèle des particules élémentaires*，C. R. Acad. Sci.，**256**，1963，p. 3551，en collaboration avec M. Jean-Pierre Vigier.

[123] *Surl'introduction de l'énergie libre dans la thermodynamique cachée des particules*，C. R. Acad. Sci.，**257**，1963，pp. 1430~1433.

[124] *Sur la théorie des foyers cinétiques dans la thermodynamique de la particule isolée*，C. R. Acad. Sci.，**257**，1963，pp. 1822~1824.

[125] *La thermodynamique cachée des particules*，Ann. Inst. Henri Poincaré，I，n° 1，1964，p. 1.

[126] *Ondes électromagnétiques et photons*，C. R. Acad. Sci.，**258**，1964，pp. 6345~6347.

[127] *Sur la relation d'incertitude $\delta n \delta \varphi \geqslant 2\pi$*，C. R. Acad. Sci.，**260**，1965，pp. 6041~6043.

[128] *Sur la transformation relativiste de la quantité de chaleur et de la température et la thermodynamique cachée de la particule*，C. R. Acad. Sci.，**262**，série B，1966，pp. 1235~1238.

[129] *Sur le déplacement des raies émises par un objet astronomique lointain*，C. R. Acad. Sci.，**263**，série B，1966，pp. 589~592.

[130] *Sur l'interprétation de l'opérateur hamiltonien H_{op} et de l'opérateur "carré du moment angulaire" M^2_{op} de la mécanique quantique*，C. R. Acad. Sci.，**263**，série B，1966，pp. 645~648，en collaboration avec M. J. Andrade e Silva.

[131] *Sur la formule $Q = Q_0 \sqrt{1-\beta^2}$ et les bases de la mécanique ondulatoire*，C. R. Acad. Sci.，**263**，série B，1966，pp. 1351~1354.

[132] *Le mouvement brownien d'une particule dans son onde*，C. R. Acad. Sci.，**264**，série B，1967，pp. 1041~1044.

[133] *Sur la dynamique des corps à masse propre variable et la formule de transformation relativiste de la chaleur*, C. R. Acad. Sci. , **264**, série B, 1967, pp. 1173~1175.

[134] *Sur l'équation* $\Delta W = \Delta Q + \Delta L$ *en thermodynamique relativiste*, C. R. Acad. Sci. , **265**, série B, 1967, pp. 437~439.

[135] *Sur les discussions relatives à la formule* $Q = Q_0 \sqrt{1-\beta^2}$ *et la définition de la pression en thermodynamique relativiste*, C. R. Acad. Sci. , **265**, série B, 1967, pp. 589~591.

[136] *La dynamique du guidage dans un milieu réfringent et dispersif et la théorie des anti-particules*, J. Phys. Paris, **28**, mai-juin, 1967, pp. 481~486.

[137] *Thermodynamique relativiste et mécanique ondulatoire*, Ann. Inst. Henri Poincaré, IX, n° 2, 1968, pp. 89~10.

[138] *Sur l'application de la mécanique ondulatoire à la théorie des guides d'ondes*, C. R. Acad. Sci. , **266**, série B, 1968, pp. 1253~1255.

[139] *La thermodynamique relativiste et la thermodynamique cachée des particules*, Int. J. Theor. Phys. , I, n° 1, 1968, pp. 1~2.

[140] *Interpretation of a recent experiment on interferences of photons beams*, Phys. Rev. , **172**, n° 5, 1968, pp. 1284~1285.

[141] *Sur l'interprétation des relations d'incertitude*, C. R. Acad. Sci. , **268**, série B, 1969, pp. 277~280.

[142] *Sur le choc des particules en mécanique ondulatoire*, C. R. Acad. Sci. , **268**, série B, 1969, pp. 1449~1451, en collaboration avec M. J. Andrade e Silva.

[143] *Sur une nouvelle présentation des formules de la mécanique ondulatoire*, C. R. Acad. Sci. , **271**, série B, 1970, pp. 549~551.

[144] *The reinterpretation of Wave Mechanics*, Found. Phys. **1**, 1970, pp. 5~10.

[145] *Spins et moments de quantité de mouvement*, C. R. Acad. Sci. , **272**, série B, 1971, pp. 349~352.

[146] *Sur un problème du mouvement d'une particule dans un milieu réfringent*, C. R. Acad. Sci. , **272**, série B, 1971, pp. 1333~1335.

[147] *Masse du photon. Effet Imbert et effet Goos-Hnchen en lumière incidente polarisée*, C. R. Acad. Sci. , **273**, série B, 1972, p. 1069, en collaboration avec M. J.-P. Vigier.

[148] *Sur la répartition des potentiels d'interaction entre les particules d'un système*, C. R. Acad. Sci. , **275**, série B, 1972, pp. 899~901.

[149] *Sur les véritables idées de base de la mécanique ondulatoire*, C. R. Acad. Sci. , **277**, série B, 1973, pp. 71~73.

[150] *Sur la réfutation du théorème de Bell*, C. R. Acad. Sci. , **278**, série B, 1974, p. 721.

[151] *Stong processes and transient states*, Found. Phys. **4**, 1974, pp. 321~333.

[152] *L'invariance adiabatique et la thermodynamique cachée des particules*, Ann. Fond.

Louis de Broglie, I, n° 1, 1976, p. 1.

II 科学作品和文集

[1] *Recherches sur la théorie des quanta*, Faculté des Sciences de Paris, 1924, Thèse de doctorat soutenue a Paris le 25 novembre 1924 (Annales de Physique, l0-ème série, III, 1925, pp. 22~128; traduction allemande, Akademische Verlagsgesellschaft, Leipzig, 1927).

[2] *Ondes et mouvements*, Gauthier-Villars, Paris, 1926, Collection de Physique mathématique, fascicule I.

[3] *Introduction à la physique des rayons X et γ*, Gauthier-Villars, Paris, 1928, traduction allemande J. A. Barth, Leipzig, 1930, en collaboration avec M. Maurice de Broglie.

[4] *La mécanique ondulatoire*, Gauthier-Villars, Paris, 1928, Mémorial des Sciences physiques, fascicule I.

[5] *Selected papers on wave mechanics*, Blackie and Son, Glasgow, 1928, en collaboration avec M. Léon Brillouin.

[6] *Ondes et corpuscules*, Hermann, Paris, 1930.

[7] *Introduction à l'étude de la mécanique ondulatoire*, Hermann, Paris, 1930, Traduction anglaise Methuen and Co., Londres et traduction allemande Akademische Verlagsgesellschaft, Leipzig.

[8] *Théorie de la quantification dans la nouvelle mécanique*, Hermann, Paris, 1932.

[9] *Sur une forme plus restrictive des relations d'incertitude*, Hermann, Paris, 1932, Collection des Exposés de physique théorique, fascicule I.

[10] *Le passage des corpuscules électrisés à travers les barrières de potentiel*, Annales de l'Institut Henri Poincaré, **III**, 1933, pp. 349~446.

[11] *L'électron magnétique (théorie de Dirac)*, Hermann, Paris, 1934.

[12] *Une nouvelle conception de la lumière*, Hermann, Paris, 1934, Exposés de physique théorique, fascicule XIII.

[13] *Nouvelles recherches sur la lumière*, Hermann, Paris, 1936, Exposés de physique théorique, fascicule XX.

[14] *Le principe de correspondance et les interactions entre la matière et le rayonnement*, Hermann, Paris, 1938, Collection des Exposés de physique théorique, p. 704.

[15] *La mécanique ondulatoire des systèmes de corpuscules*, Gauthier-Villars, Paris, 1939, Collection de Physique mathématique, fascicule V.

[16] *Une nouvelle théorie de la lumière*, *la mécanique ondulatoire du photon I*, Hermann, Paris, 1940, tome I: La lumière dans le vide.

[17] *Problèmes de propagation guidée des ondes électromagnétiques*，Gauthier-Villars，Paris，1941.

[18] *Une nouvelle théorie de la lumière，la mécanique ondulatoire du photon II*，Hermann，Paris，1942，tome II：L'interaction entre les photons et la matière.

[19] *Théorie générale des particules à spin*，Gauthier-Villars，Paris，1943.

[20] *De la mécanique ondulatoire à la théorie du noyau，tome I*，Her-mann，Paris，1943.

[21] *Corpuscules，ondes et mécanique ondulatoire*，Centre de documentation universitaire，Paris，1943，Conférences à l'Ecole Supérieure d'Electricité. Réédition Albin Michel，Collection Sciences d'aujourd'hui，Paris，1945；traduction espagnole et italienne.

[22] *De la mécanique ondulatoire à la théorie du noyau，tome II*，Hermann，Paris，1945.

[23] *De la mécanique ondulatoire à la théorie du noyau，tome III*，Hermann，Paris，1946.

[24] *Mécanique ondulatoire du photon et théorie quantique des champs*，Gauthier-Villars，Paris，1949.

[25] *Optique ondulatoire et corpusculaire*，Hermann，Paris，1950.

[26] *La Théorie des particules de spin 1/2（Electrons de Dirac）*，Gauthier-Villars，Paris，1951.

[27] *Eléments de théorie des quanta et de mécanique ondulatoire*，Gauthier-Villars，Paris，1953.

[28] *La physique quantique restera-t-elle indéterministe?* Gauthier-Villars，Paris，1953，en collaboration avec M. J. P. Vigier.

[29] *Une tentative d'interprétation causale et non linéaire de la mécanique ondulatoire：la théorie de la double solution*，Gauthier-Villars，Paris，1956，Traduction anglaise，Elsevier，Amsterdam，1960.（有中文版《非线性波动力学》，上海科学技术出版社，1966）

[30] *La théorie de la mesure en mécanique ondulatoire（interprétation usuelle et interprétation causale）*. Gauthier-Villars，Paris，1957.

[31] *La nouvelle théorie des particules de MM. Jean-Pierre Vigier et de ses collaborateurs*. Gauthier-Villars，Paris，1961，Traduction anglaise，Elsevier，Amsterdam.

[32] *Etude critique des bases de l'interprétation actuelle de la mécanique ondulatoire*. Gauthier-Villars，Paris，1963.

[33] *La thermodynamique de la particule isolée（thermodynamique cachée des particules）*，Gauthier-Villars，Paris，1964.

[34] *Ondes électromagnétiques et photons*，Gauthier-Villars，Paris，1968.

[35] *La réinterprétation de la mécanique ondulatoire. 1ère partie：Principes généraux*，Gauthier-Villars，Paris，1971.

[36] *Jalons pour une nouvelle microphysique*，Gauthier-Villars，Paris，1978.

III 科学哲学文集

[1] *La physique nouvelle et les quanta*，Flammarion，Paris，1937，Bibliothèque de philosophie scientifique，dirigée par Paul Gaultier，traduit en italien.

[2] *Matière et lumière*，Albin-Michel，Paris，1937，Collection Sciences d'aujourd'hui，dirigée par André George，traductions anglaise，américaine，allemande，italienne，japonaise，espagnole et hollandaise.

[3] *Continu et discontinu en physique moderne*，Albin-Michel，Paris，1941，Collection Sciences d'aujourd'hui，dirigée par André George，traductions allemande，hollandaise et italienne.

[4] *Physique et microphysique*，Albin-Michel，Paris，1947，Collection Sciences d'aujourd'hui，dirigée par André George，traductions italienne，espagnole et allemande. (有中文版《物理学和微观物理学》,商务印书馆,1982)

[5] *Savants et découvertes*，Albin-Michel，Paris，1951，Collection Les savants et le monde，dirigée par André George,traduction espagnole.

[6] *Perspectives nouvelles en microphysique*，Albin-Michel，Paris，1956，Collection Sciences d'aujourd'hui，dirigée par André George，traduction anglaise，Basic Books，New York，1962.

[7] *Sur les sentiers de la science*，Albin-Michel，Paris，1960，traduction italienne，Paolo Boringhieri，Turin，1962.

[8] *Certitudes et incertitudes de la science*，Albin-Michel，Paris，1966.

[9] *Les représentations concrètes en microphysique*（in：*Logique et Connaissance Scientifique*），1967.

[10] *Recherches d'un demi-siècle*，Albin-Michel，Paris，1976.

IV 通讯和学术报告

[1] *La vie et l'oeuvre d'Emile Picard lue à la séance*，publique du 21 décembre 1942.

[2] *La vie et l'oeuvre d'André Blondel lue à la séance*，publique du 18 décembre 1944.

[3] *Discours de réception à l'Académie française prononcé sous la Coupole le 31 mai 1945*，édition de luxe，par Albin-Michel.

[4] *La réalité des molécules et l'oeuvre de Jean Perrin lue à la séance*，publique du 17 décembre 1945.

［5］ *Rapports sur les prix de vertus lus à la séance*，publique du 10 janvier 1946.

［6］ *La vie et l'oeuvre de Charles Fabry lue à la séance*，publique du 16 décembre 1946.

［7］ *La vie et l'oeuvre de Paul Langevin lue à la séance*，publique du 15 décembre 1947.

［8］ *La physique contemporaine et l'oeuvre d'Albert Einstein lue à la séance*，publique du 19 décembre 1949.

［9］ *La vie et l'oeuvre de Hendrik Antoon Lorentz lue à la séance*，publique du 10 décembre 1951.

［10］ *La vie et l'oeuvre d'Aimé Cotton lue à la séance*，publique du 14 décembre 1953.

［11］ *Le dualisme des ondes et des corpuscules dans l'oeuvre d'Albert Einstein lue à la séance*，publique du 5 décembre 1955.

［12］ *Notice sur la vie et l'oeuvre d'Emile Borel lue à la séance*，publique du 9 décembre 1957.

［13］ *Notice sur la vie et l'oeuvre de Frédéric Joliot lue à la séance*，publique du 14 décembre 1960.

［14］ *Notice sur la vie et l'oeuvre de Georges Darmois lue à la séance*，publique du 9 décembre 1962.

［15］ *Notice sur la vie et l'oeuvre de Jean Becquerel lue à la séance*，publique du 9 décembre 1964.

［16］ *Notice sur la vie et l'oeuvre de Camille Gutton lue à la séance*，publique du 11 décembre 1965.

［17］ *Notice sur la vie et l'oeuvre d'Albert Pérard lue à la séance*，publique du 11 décembre 1967.

［18］ *Notice sur la vie et l'oeuvre de Bernard Lyot lue à la séance*，publique du 8 décembre 1969.

［19］ *Notice sur la vie et l'oeuvre d'André Danjon lue à la séance*，publique du 13 décembre 1971.

［20］ *Discours prononcé le 20 novembre 1973 à la séance inaugurale de la Fondation Louis de Broglie à l'Institut de France.*

Ⅴ　演讲和一般性文章

［1］ *Continuité et individualité dans la physique moderne*，Cahier Nouv. Jour.，n° 15，p. 60.

［2］ *La théorie des quanta，synthèse de la dynamique et de l'optique*，Rev. Gén. Sci.，35-ème année，n° 22，1925，p. 629.

［3］ *Deux conceptions adverses de la lumière et leur synthèse possible*，Scientia，1926，p. 128.

［4］ *L'oeuvre de Fresnel et l'évolution actuelle de la physique*，Rev. Opt. Théor. &. Exp.，**6**，1927，p. 493.

[5] *La physique moderne et l'oeuvre de Fresnel*, Rev. Métaphys. & Mor., XXXIV, n° 4, 1927, p. 421.

[6] *La crise récente de l'optique ondulatoire*, Rev. Scientifique, 67-ème année, n° 12, 1929, p. 353.

[7] *Déterminisme et causalité dans la physique contemporaine*, Rev. Métaphys. & Mor., XXXVII, n° 4, 1929, p. 433.

[8] *Relativité et quanta*, Rev. Métaphys. & Mor., XL, 1929, pp. 269~272.

[9] *Ondes et corpuscules dans la physique moderne*, Rev. Gén. Sci., XLI, n° 4, 1930, pp. 101~121.

[10] *Sur la nature ondulatoire de l'électron*, Rev. Scientifique, 68-ème année, n° 1, 1930, p. 1.

[11] *Les idées nouvelles introduites par la mécanique quantique*, L'enseignement mathématique, 32-ème année, 1932, p. 137.

[12] *La représentation simultanée des possibilités dans la nouvelle physique*, Rev. Métaphys. & Mor., XXXIV, n° 2, 1932, p. 141.

[13] *L'état actuel de la théorie électromagnétique*, Congrès Int. Electricité, Paris, 1932.

[14] *Voies anciennes et perspectives nouvelles en théorie de la lumière*, Rev. Métaphys. & Mor., XLI, 1934, p. 445.

[15] *Réalité et idéalisation*, Rev. de Synthèse, VIII, 1934, p. 125.

[16] *Sur la représentation des phénomènes dans la nouvelle physique*, Rev. Univ. Bruxelles, n° 3, 1934, p. 277.

[17] *Coup d'oeil sur l'histoire de l'optique*, Thalès, 1-ère année, 1934, p. 3.

[18] *Quelques considérations sur les notions d'ondes et de corpuscules*, Scientia, vol. 40, 1934, p. 177, en collaboration avec M. Maurice de Broglie.

[19] *Un exemple des synthèses successives de la physique: les théories de la lumière*, Thalès, 2-ème année, 1935, pp. 9~20.

[20] *Les progrès de la physique contemporaine*, Rev. Française de Prague, n° 68, 1935, p. 93.

[21] *Réflexions sur les deux sortes d'électricité*, Rev. Métaphys. & Mor., XLIII, 1936, pp. 173~185.

[22] *L'évolution de l'électron*, Livre Centenaire d'Ampère, 1936.

[23] *L'invention dans les sciences théoriques*, Sciences, 2-ème année, n° 14, 1937.

[24] *Individualité et interaction dans le monde physique*, Rev. Métaphys. & Mor., XLIX, 1937, pp. 353~368.

[25] *Etat actuel de nos connaissances sur la structure de l'électricité*, Nuovo Cimento, ann. XIV, n° 9, 1937.

[26] *Physique ponctuelle et physique du champ*, Rev. Métaphys. & Mor., L, 1938, pp. 325~338.

[27] *La théorie quantique du rayonnement*, Rev. Métaphys. & Mor. , LI, 1939, pp. 199~210.

[28] *Récents progrès dans la théorie des photons et autres particules*, Rev. Métaphys. & Mor. , LII, 1940, p. 1.

[29] *Souvenirs personnels sur les débuts de la mécanique ondulatoire*, Rev. Métaphys. & Mor. , LIII, 1941, pp. 1~2.

[30] *Les conceptions de la physique contemporaine et les idées de Bergson sur le temps et sur le mouvement*, Rev. Métaphys. & Mor. , 1941, p. 261.

[31] *L'avenir de la physique dans l'avenir de la science*, collection Présences, Plon, Paris, 1941.

[32] *Les particules élémentaires de la Matière et les nouvelles théories du noyau de l'atome*, L'Astronomie, 56-ème année, 1942, pp. 1~6.

[33] *L'oeuvre d'André Blondel en physique générale dans Commémoration de l'oeuvre d'André-Eugène Blondel*, Paris, Gauthier-Villars, 1942, pp. 7~10.

[34] *Recherche scientifique et recherche technique*, Rev. générale du Caoutchouc, **20**, 1943, pp. 45~49.

[35] *L'essor de la physique en France de 1815 à 1825*, Collection Hier et Demain, n° IV, 1943, pp. 80~10.

[36] *Sur les notions de lois rigoureuses et de lois statistiques*, Rev. Econo. Contemp. , 3-ème année, n° 25, 1944, pp. 1~3.

[37] *Hasard et contingence en physique quantique*, Rev. Métaphys. & Mor. , LV, 1945, pp. 241~252.

[38] *Grandeur et valeur morale de la science*, N. R. F. , mars, 1945, p. 41.

[39] *L'activité du Centre de physique théorique de l'Institut Henri Poincaré pendant les dernières années*, Experientia, II, n° 1, 1946.

[40] *La lumière dans le monde physique*, Cahiers du monde nouveau, 2-ème année, n° 3, 1946.

[41] *Le microscope électronique et la dualité des ondes et des corpuscules*, Rev. Métaphys. & Mor. , LVII, 1947, p. 1.

[42] *Le rôle des mathématiques dans le développement de la physique théorique contemporaine Les grands courants de la pensée mathématique*, Cahiers du Sud, 1948.

[43] *Sur la complémentarité des idées d'individu et de système*, Dialectica, 1948, p. 325.

[44] *Sur la relation d'incertitude de la seconde quantification*, Rev. Int. Philo. , n° 8, 1949.

[45] *L'espace et le temps dans la physique quantique*, Rev. Métaphys. & Mor. , LVIII, 1949, pp. 119~125.

[46] *L'enseignement de la physique*, Rev. Métrol. Pratiq. & Lég. , 27-ème année, 1949, p. 5.

[47] *L'avenir influe-t-il sur le présent?*, L'orientation médicale, **16**, n° 2, 1950, p. 11.

[48] *Un nouveau venu en physique : le champ nucléaire*, Rev. Métaphys. & Mor. , 56-ème année, 1951, p. 117.

[49] *Sens philosophique et portée pratique de la cybernétique*, 1951.

[50] *La physique quantique restera-t-elle indéterministe?*, Rev. Hist. Sci. , V, 1952, pp. 289～317.

[51] *Les particules de la microphysique*, Palais de la Découverte, série A, n° 174, 1952.

[52] *Une interprétation nouvelle de la mécanique ondulatoire est-elle possible?*, Nuovo Cimento, 1. 37.50, 1955.

[53] *La lumière, les quanta et la technique de l'éclairage*, Palais de la Découvertesérie A, n° 255, 1960.

[54] *La coexistence des photons et des ondes dans les rayonnements électromagnétiques et la théorie de la double solution*, Energie nucléaire, **7**, n° 3, 1965.

[55] *La réinterprétation de la mécanique ondulatoire*, Physics Bulletin, **19**, 1968, p. 133.

[56] *Quelques vues personnelles sur l'évolution de la physique théorique*, Philo. Contemp. (chronique), La Nuova Italia, Florence, 1968, pp. 217～222.

[57] *The reinterpretation of wave mechanics*, Foundations of Physics, I, n° 1, 1970, p. 5.

[58] *Vue d'ensemble sur l'histoire et l'interprétation de la mécanique ondulatoire*, Rev. Franç. Electr. , 43-ème année, n° 228, 1970, p. 13.

[59] *Ondes électromagnétiques et photons en radioélectricité*, Onde électrique, 1970, p. 657.

[60] *Waves and particles*, Physics Bulletin, **22**, 1971.

[61] *L'interprétation de la mécanique ondulatoire par la théorie de la double solution*, Il Corso Academic Press, 1971.

[62] *Les ondes et la mécanique ondulatoire*, Science Progrès Découvertes, 1971, pp. 39～47.

[63] *Discours prononcé à la première séance de la Fondation Louis de Broglie*, Ann. Fond. L. de B. , N° spécial, 1975, pp. 7～20.

[64] *Réflexions sur la physique contemporaine*, Ann. Fond. L. de B. , **1**, n° 2, 1976, pp. 49～52.

[65] *Treize remarques sur divers sujets de physique théorique*, Ann. Fond. L. de B. , **1**, n° 3, 1976, pp. 116～128.

[66] *Réflexions sur la causalité*, Ann. Fond. L. de B. , **2**, n° 2, 1977, pp. 69～72.

[67] *Toute description complète de la réalité implique l'intervention de la causalité*, Ann. Fond. L. de B. , **2**, n° 2, 1977, pp. 133～136.

[68] *Nécessité de la liberté dans la recherche scientifique*, Ann. Fond. L. de B. , **4**, n° 1, 1979, p. 62.

科学元典丛书

扫描二维码，收看科学元典丛书微课。